国家科学技术学术著作出版基金资助出版

煤矿冲击矿压防治

Rockburst Prevention and Control of Coal Mine

窦林名　牟宗龙　曹安业　巩思园　贺　虎　陆菜平　著

本书的研究得到了以下基金资助

国家重点研发计划资助(2016YFC0801403)
国家自然科学基金重点项目资助(51634001)
国家自然科学基金项目资助(51404269,51674253)
中国博士后科学基金面上项目资助
江苏省重点研发计划资助(BE2015040)
江苏高校品牌专业建设工程资助项目

科学出版社
北　京

内 容 简 介

随着矿井采深加大、地质条件恶化、生产速度加快，冲击矿压已经成为制约深部煤炭资源安全高效开采的主要灾害形式。本书在系统统计与分析我国煤矿冲击矿压显现特点与规律的基础上，提出煤岩动静叠加诱冲原理，分析覆岩空间结构、顶板、底板型冲击的机理，研究冲击巷道支护理论，提出冲击矿压的强度弱化减冲原理，为冲击矿压防治提供了理论依据。研究断层褶皱附近应力分布与冲击规律。建立多参量一体化预警模型及准则以及冲击危险的分级分区监测预警理论与体系。详细分析冲击矿压灾害的危险性评价及监测方法，如应力分析法、综合指数与多因素耦合法、数值模拟法、电磁辐射法、微震法、弹性波CT反演法、煤层应力在线监测法等。分析冲击矿压的区域性防范与控制原理与技术，提出防治临空巷冲击的巷道错层位布置技术与煤柱设计方法，针对煤层上方赋存厚层坚硬关键层的特殊情况，提出具体的防冲技术方案。研究冲击矿压局部解危技术，包括煤体深孔爆破参数的选择与优化、深孔断顶爆破技术、定向水力致裂坚硬顶板技术、底板卸压释放水平载荷技术、卸压巷控制冲击危险技术、深部煤巷过断层群期间防冲技术、高冲击巷道的柔性蓄能支护技术体系、避让与个体防技术等，以及各类技术在采矿实践中的应用。

本书可供从事冲击矿压、矿震或其他煤岩动力灾害等领域的科技工作者、研究生、本科生、工程技术人员参考使用。

图书在版编目(CIP)数据

煤矿冲击矿压防治＝Rockburst Prevention and Control of Coal Mine/窦林名等著. —北京：科学出版社，2017.9
ISBN 978-7-03-054452-0

Ⅰ.①煤… Ⅱ.①窦… Ⅲ.①煤矿-矿山压力-冲击地压-防治 Ⅳ.①TD324

中国版本图书馆CIP数据核字(2017)第222061号

责任编辑：李 雪 / 责任校对：桂伟利
责任印制：吴兆东 / 封面设计：无极书装

科学出版社 出版
北京东黄城根北街16号
邮政编码：100717
http://www.sciencep.com

北京虎彩文化传播有限公司 印刷
科学出版社发行 各地新华书店经销

*

2017年9月第 一 版　开本：720×1000 1/16
2022年6月第五次印刷　印张：24 3/4
字数：488 000
定价：188.00元
（如有印装质量问题，我社负责调换）

前 言

煤炭工业是关系国家经济命脉和能源安全的重要基础产业。我国煤炭产量居世界首位,并将长期维持大规模、高强度开采。由于矿井采深加大、地质条件恶化、高强度集约化生产,以矿震、冲击矿压、煤与瓦斯突出等为代表的动力灾害发生频度与致灾烈度呈急剧上升态势,严重制约着深部煤炭资源的安全高效开采。

冲击矿压是煤矿开采空间围岩突然破坏,释放大量能量的一种强烈动力现象,具有突发性、瞬时震动型、巨大破坏性和复杂性的特点。我国已经成为受冲击矿压灾害影响最严重的国家,目前,发生冲击矿压矿井已达 140 余对,发生地点遍布全国主要产煤区。我国冲击矿压灾害一个引人关注的现象是不但在东部深部矿区越发严重,同时西部浅埋煤层也开始出现,并且呈上升态势。

我国科研学术界对冲击矿压一直非常重视,2010 年设立了国家重点基础研究发展计划(973 计划)"煤炭深部开采中的动力灾害机理与防治基础研究"项目,对煤矿冲击矿压问题进行了重点研究,取得了一系列重要研究进展和突出的研究成果。但是,由于机理复杂,冲击矿压的防治还没有完全解决,冲击矿压灾害将长期是我国深部资源开采中的重大安全隐患,需要进行长期艰苦的探索和实践才能取得长足的进展,对于以煤炭为主要能源的中国,开展这一研究尤为重要。

《煤矿冲击矿压防治》一书是在广泛参阅前人研究成果的基础上,根据作者几年来在冲击矿压理论研究成果与工程实践完成。全书概括了冲击矿压的影响因素、发生机理、危险性评价与监测、防范解危等各方面的理论与技术。全书共分 6 章,第 1 章主要介绍我国典型冲击矿压事件,综述国内外冲击矿压研究概况,梳理总结冲击矿压机理、监测预警与防治的理论研究现状,统计总结我国冲击矿压发生的规律与特点,提出冲击矿压的分类方法。第 2 章介绍冲击矿压发生原因与控制机理,重点论述作者提出的"动静载叠加诱冲机理",该机理揭示了冲击矿压发生的力学本质与力学过程,同时给出冲击矿压发生的应力判别方法。建立煤矿覆岩空间结构演化模型,分析不同覆岩结构下的动静载特征,提出煤冲击倾向性的主成分-模糊综合判别方法,研究组合煤岩体冲击倾向性变化规律,在此基础上,建立描述冲击矿压发生的煤岩体弹塑脆性模型,以及煤岩体变形破坏过程中电磁辐射耦合规律。提出冲击矿压的强度弱化减冲原理,针对不同冲击矿压类型,研究巷道围岩的强弱强结构效应及防冲机理、顶板型冲击矿压的冲能原理、水平应力诱发巷道底板冲击原理、动载作用下巷道锚杆支护结构破坏机理等,从理论上为冲击矿压防治提供基础。第 3 章针对构造区冲击矿压现象,研究断层褶皱附近应力分布与冲击规律。第4章则从煤岩变形破坏的过程出发，提出冲击矿压监测预警力学基础，建立多参量一体化预警模型及准则以及冲击危险的分级分区监测预警理论与体系，详细分析冲击矿压灾害的危险性评价及预测预报方法，主要包括应力分析法、综合指数与多因素耦合法、数值模型分析法、电磁辐射法、微震法、声发射法、弹性波CT反演法、煤层应力在线监测法等。第5章介绍冲击矿压的区域性防范与控制原理与技术，确定冲击矿压的防治原则，分析保护层开采的原理与应用，介绍冲击矿压煤层开采技术参数的确定方法，提出防治临空巷冲击的巷道错层位布置技术与煤柱设计理论方法。针对煤层上方赋存厚层坚硬关键层的特殊情况，提出具体的防冲技术方案。而第6章从主动解危措施方面介绍冲击矿压治理的方法，包括煤体深孔爆破参数的选择与优化、深孔断顶爆破技术、定向水力致裂技术、底板卸压技术、卸压巷技术、深部煤巷过断层群期间防冲技术、高冲击危险巷道的柔性蓄能支护技术体系、避让与个体防技术等。全书组织大量的素材，自成体系，并附有大量的图表来说明问题，易于理解和学习。

本书是作者负责和承担的国家重点研究发展计划（973计划）"深部煤岩动力灾害的前兆信息特征与监测预警理论"（2010CB226805）（2005CB221504），国家科技支撑计划项目"采动动力灾害监测、预警与控制关键技术"（2006BAK04B02）、"岩爆与突出动力灾害监测预警关键技术研究"（2012BAK09B01），国家自然科学基金和神华集团有限公司联合资助项目"采动动载对煤巷锚网支护结构稳定性损伤机理研究"（51174285），国家自然科学基金项目"坚硬顶板诱发冲击矿压机制及其预测研究"（50474068）、"煤岩应力、破坏与电磁辐射耦合规律及应用研究"（50074030）、"深部动压扰动下煤体致裂诱冲机制的试验研究"（51204165）、"基于动静载荷综合作用下的诱冲关键层机理研究"（51104150），中波政府间合作项目"采动覆岩运动型冲击矿压机理及防治研究"（31-07A），波兰国家科学基金"采用应力、应变分析法和模糊数学法发展冲击矿压危险性评价综合方法的研究"（9T12A05519），教育部博士点专项基金"煤岩冲击破坏预警区电磁辐射特性及预测研究"（20030290017），博士后基金"煤岩破坏与电磁辐射关系及应用研究"，江苏高校优势学科建设等课题研究成果的整理和总结。同时，得到国家重点研发计划等在研项目资助。

本书的编写，参阅了国内外大量有关冲击矿压的专业文献，谨向文献的作者表示感谢。衷心感谢 Bernard DRZEZLA 教授、Jozef BUBINSKI 教授、Wladyslaw KONOPKO 教授、Jozef KABIESZ 教授、Adam LURKA 教授、Grzegorz MUTKE 教授的指导和帮助。衷心感谢钱鸣高院士、周世宁院士、谢和平院士、彭苏萍院士、袁亮院士、何满潮院士、蔡美峰院士、岑传鸿教授、何学秋教授、姜耀东教授、潘一山教授、鞠杨教授、周宏伟教授、王金安教授、纪洪广教授、姜福兴教授、刘长武教授、王恩元教授、齐庆新研究员、李世海研究员等老师、朋友的关心和指导。同时感谢中国矿业大学矿业工程学院，煤炭资源与安全开采国家重点实验室，四川大学水力学与山区河流开发保护国家重点实验室，以及众多煤矿企业等合作单位的大力支持，本书中的许多实验室试验、现场试验和测试内容都是在这些单位完成。感谢冲击矿压课题组的博士研究生、硕士研究生同学们，由于他们在书稿的文字录入、绘图排版和校对等方面的辛勤劳动，使得本书得以尽快出版与大家见面。

本书中有许多关于冲击矿压方面的新思想、新观念、新技术，其中某些有待于进行更深入细致的研究。由于作者水平有限，书中不足之处，敬请读者不吝指正。

著　者

2016年4月

目 录

前言
第1章 煤矿冲击矿压概述 ··· 1
   1.1 煤矿冲击矿压现象 ··· 2
   1.2 冲击矿压研究综述 ··· 5
   1.3 冲击矿压显现规律 ·· 12
   1.4 冲击矿压类型 ··· 15
第2章 冲击发生原因及控制原理 ·· 18
   2.1 动静载叠加诱冲机理 ·· 18
   2.2 覆岩空间结构演化规律 ··· 22
   2.3 组合煤岩的冲击倾向性特征 ·· 27
   2.4 煤岩冲击破坏的电磁辐射特征 ··· 54
   2.5 冲击矿压的强度弱化减冲原理 ··· 62
   2.6 巷道围岩的强弱强结构效应及防冲机理 ··· 70
   2.7 煤岩冲击破坏的冲能原理 ··· 76
   2.8 水平应力诱发巷道底板冲击原理 ··· 96
   2.9 动载作用下巷道锚杆支护结构破坏机理 ······································· 103
第3章 断层褶皱附近应力分布与冲击规律 ··· 117
   3.1 构造应力特点及分类 ·· 117
   3.2 断层带对地应力场及岩体强度的影响 ·· 118
   3.3 采动影响断层区应力分布规律及冲击危险特征 ···························· 125
   3.4 褶皱对地应力场的影响 ··· 142
   3.5 采动影响褶皱区应力场变化规律 ··· 150
第4章 冲击矿压危险的监测预警 ··· 157
   4.1 监测预警力学基础 ··· 157
   4.2 多参量一体化预警模型及准则 ·· 158
   4.3 冲击危险的分级分区监测预警 ·· 159
   4.4 冲击危险的应力分析法 ··· 165
   4.5 冲击危险性评价的综合指数法及多因素耦合法 ···························· 168
   4.6 冲击危险性的数值模拟分析法 ·· 175
   4.7 冲击危险的电磁辐射监测 ··· 179

4.8 矿山震动规律及微震监测技术 …………………………………… 191
4.9 冲击危险的声发射监测技术 …………………………………… 245
4.10 煤层应力分布的弹性波 CT 技术 ……………………………… 269
4.11 煤层应力在线监测技术 ………………………………………… 275

第 5 章 冲击矿压的区域性防范与控制 …………………………………… 278
5.1 冲击矿压的防治原则 …………………………………………… 278
5.2 合理布置与分区开采 …………………………………………… 279
5.3 保护层开采 ……………………………………………………… 282
5.4 冲击矿压煤层开采技术参数 …………………………………… 287
5.5 防治临空巷冲击的巷道错层位布置 …………………………… 296
5.6 冲击危险区域煤柱宽度的设计 ………………………………… 302
5.7 上覆厚层坚硬关键层的控制 …………………………………… 314

第 6 章 冲击矿压的局部解危 ……………………………………………… 326
6.1 煤体深孔爆破参数的选择与优化 ……………………………… 326
6.2 深孔断顶爆破技术 ……………………………………………… 332
6.3 定向水力致裂技术 ……………………………………………… 338
6.4 底板卸压技术 …………………………………………………… 344
6.5 卸压巷控制冲击危险 …………………………………………… 360
6.6 深部煤巷过断层群期间防冲对策 ……………………………… 363
6.7 高冲击危险巷道的柔性蓄能支护体系 ………………………… 373
6.8 避让与个体防护 ………………………………………………… 379

参考文献 …………………………………………………………………… 381

第 1 章　煤矿冲击矿压概述

我国《能源中长期发展规划纲要(2004—2020 年)》中已经确定,我国将"坚持以煤炭为主体、电力为中心、油气和新能源全面发展的能源战略"。显然,煤炭工业是我国的基础产业,其健康、稳定、持续地发展是关系到国家能源安全的重大问题。为满足我国国民经济建设的需要,近十年我国煤炭产量呈大幅上升趋势,由于我国的资源赋存状况,在今后相当长的历史时期内我国以煤为主的能源格局不会有大变化。我国煤炭资源开采深度会逐渐增大,开采条件会更加复杂,瓦斯突出、瓦斯爆炸、透水、煤层自燃、冒顶和冲击矿压等矿井灾害会时刻威胁着煤炭资源的安全高效开采。

冲击矿压(也称"冲击地压",非煤矿山或其他岩土工程也称为"岩爆",在英文文献中称为 rockburst 或 coal bump,本书采用"冲击矿压")是一种较为典型的矿山动力灾害现象,主要表现为煤岩体中所积聚的弹性应变能突然、剧烈的释放,其发生的突然性和剧烈的破坏性对矿山安全构成很大的威胁。世界上几乎所有国家都不同程度地受到冲击矿压的威胁,1783 年英国在世界上首先报道了煤矿中所发生的冲击矿压现象,此后在苏联、波兰、南非、德国、美国、加拿大、印度、英国、中国等几十个国家和地区,都发生了冲击矿压现象。

我国煤矿的冲击矿压最早于 1933 年发生在抚顺胜利煤矿。随着煤矿开采深度的增加和开采范围的逐渐扩大,我国煤矿的冲击矿压灾害日趋严重。目前,发生冲击矿压的矿区包括北京、枣庄、抚顺、阜新、辽源、大同、天池、开滦、新汶、徐州、义马、鹤壁、双鸭山、鸡西、七台河、淮南、大屯、韩城、兖州、华亭、古城、鹤岗、平顶山、贵州等地近 100 个矿区(井),范围不断扩大到 19 个省区。另外,我国的煤矿大多建于 20 世纪 50～60 年代,随着煤炭资源的开发转向深部,冲击矿压问题将更加严重、更加突出、更为普遍。

冲击矿压还可能引发其他矿井灾害,如瓦斯和煤尘爆炸、火灾及水灾、干扰通风系统,强烈的冲击矿压还会造成地面建筑物的破坏和倒塌等。2005 年 2 月 14 日,阜新矿业(集团)有限责任公司孙家湾煤矿海州立井发生一起由于冲击矿压导致的特别重大瓦斯爆炸事故,造成多人伤亡,直接经济损失达 5000 万元。该事故的直接原因是:冲击矿压造成 3316 风道外段大量瓦斯异常涌出,3316 风道里段掘进工作面局部停风造成瓦斯积聚、瓦斯浓度达到爆炸界限,工人违章带电检修临时配电点的照明信号综合保护装置,产生电火花引起瓦斯爆炸。因此,冲击矿压是影响我国深部煤炭资源开采的重大矿井灾害,是深部煤炭资源可持续利用面临的头等难题。冲击矿压的预测与治理将成为 21 世纪井工开采与岩石力学领域亟待解决的主要难题之一。

在国家重点基础研究发展计划(973 计划)项目(2010CB226805,2005CB221501)、国家"十一五"科技支撑计划资助项目(2006BAK04B04,2006BAK03B06、2012BAK09B01)、国家自然科学基金重大项目(50490273)、国家自然科学基金和神华集团有限公司联合资助项目(51174285)、国家自然科学基金面上项目(50490273,50474068)、波兰国家科学基金项目(9T12A05519)、中波政府合作项目(31—07A)、中国博士后科学基金项目(中博基[2000]23 号)、教育部博士点基金项目(20030290017)、教育部中波引智合作项目(wj2002141)、教育部聘请外专重点项目(教外司专 2003—239,教外司专 2004—229)等 20 多项纵向项目和一大批企业合作项目的支持下,针对目前煤矿坚硬顶板区、煤柱区、断层褶曲构造区的冲击危险性预测及治理的关键技术问题,以岩层运动与围岩应力场为基础,研究提出煤岩体的强度弱化减冲理论与巷道围岩的强弱强结构效应,形成以综合指数法、矿震法、电磁辐射法和钻屑法为一体的冲击矿压、矿震分区分级预测技术,以松散煤岩体为主的治理技术,以柔性蓄能为主的防冲支架与支护技术,从而建立了煤矿冲击矿压防治理论与技术体系。研究成果先后获得国家科学技术进步二等奖 1 项、波兰经济部采矿奖 1 项,省部级一、二等奖 9 项,出版《冲击矿压防治理论与技术》《采矿地球物理学》《煤矿开采冲击矿压灾害防治》《冲击矿压理论与技术》《煤矿围岩控制与监测》等专著 6 部,发表论文 100 余篇,论著被 SCI、EI 等收录 50 多篇。获国家专利 6 项。1 篇博士论文被评为全国百篇优秀博士论文,3 篇博士论文被评为江苏省优秀博士论文,5 篇博士论文被评为中国矿业大学优秀博士论文。

煤矿冲击矿压灾害监测与治理理论与技术先后在江苏省徐州市三河尖煤矿、龙固煤矿、大屯孔庄煤矿,山西省大同 5 矿,山东省新汶华丰煤矿、兖州东滩煤矿、济宁二号煤矿、济宁三号煤矿、枣庄陶庄煤矿、微山崔庄煤矿、田陈煤矿、古城煤矿、星村煤矿,河南省义马千秋煤矿、跃进煤矿、平顶山十一矿,北京市木城涧煤矿,甘肃省华亭县砚北煤矿、华亭煤矿、山寨煤矿,黑龙江省鹤岗峻德煤矿、七台河桃山煤矿,波兰 Katowice 煤矿、Zofiofka 煤矿等进行了现场治理和实施应用,取得了良好的效果和巨大的社会经济效益。

1.1　煤矿冲击矿压现象

义马煤业集团跃进煤矿自 2006~2009 年发生冲击矿压 24 次,其中 95% 以上表现为底板冲击破坏,严重的冲击造成底板突起,巷道几乎合拢。发生冲击的巷道累计破坏 1500m 左右,造成大量设备损坏、人员伤亡。其中,2007 年"6·19"冲击事故是最严重的一次,造成 25080 工作面整条下巷约 300m 基本堵死,上巷外段的

80m 范围严重底鼓,累计冲出煤量达 3700m³,造成运输系统瘫痪,设备破坏,工作面被迫停产近 1 个月,直接经济损失近千万元。25080 工作面"8·6"冲击事故和 23130 工作面"12·27"冲击事故虽然破坏范围相对较小,但是冲击强度大,造成了人员伤亡。

义马煤业集团千秋煤矿发生过多次冲击矿压事故,其中大部分有底鼓和底板震动的现象。2008 年 6 月 5 日,21201 回采工作面下巷发生底板型冲击矿压,此次冲击显现对 21201 工作面下巷造成巨大破坏,距巷口 725~830m 间有 105m 巷道顶底板合拢,巷道底鼓量在 2m 以上,支架卡环大部分断裂,棚腿滑动量大,底鼓后底板至顶板只有 0.3~0.5m,所剩下的空间被挤压变形的皮带架子和管路充塞。此次冲击造成 215m 巷道严重受损,锚喷皮脱落,受损巷道累计 565m,其他区域也受到此次冲击的影响,此次冲击造成了人员伤亡。2008 年 8 月 21 日 13 时,21141 工作面下巷 560~650m 发生冲击矿压,造成部分巷道底鼓,鼓起量为 0.3~1.2m,36U 形钢拱形可缩性支架下宽由原来的 5.2m 收敛为 3.5~4.5m,支架上帮内敛较大,造成棚腿梁搭接处收缩量很小或失去了一定的可缩性,下帮棚腿梁搭接处伸缩量为 0.1~1.8m,皮带架倾斜,3 名职工不同程度受伤。

华丰煤矿从 1991 年 1 月 14 日至 1996 年 7 月 2 日,1405(上)工作面距终采线 80m 共记录 96 次冲击矿压现象,其中造成巷道或工作面底鼓、底板震动现象发生次数约占总数的 30%以上。

煤峪口煤矿位于大同煤田向斜的东北端,大同煤田主向斜轴在井田西部通过,井田内总体地质构造简单,主要以一些较宽的褶皱构造为主。2003 年 5 月 25 日 307 盘区巷道发生了冲击矿压现象,巷帮煤大量涌入巷道,底鼓为 1.8m 左右。2005 年 2 月 21 日 412 盘区 81202 工作面下巷掘进至 520m 处,发生冲击,距迎头 80 多米范围内巷道围岩发生急剧破坏,底鼓严重(底板大部分为块状鼓起、翻转),五节拱支架变形、折损严重(肩部连接件破坏,拱形支架高抗压、高可缩结构特性失效),煤体大量向巷道抛出并充满巷道,卡缆部分崩断,皮带扭转,轨道翘起。

唐山煤矿,自 1964 年 6 月 7 日发生第一次冲击矿压以来,随着开采面积的扩大及采深的增加,冲击矿压日趋严重,有记录的冲击矿压显现 90 多次,其中有人员伤亡和严重巷道破坏的 11 次,造成多人伤亡,数千米巷道遭到破坏,机电设备损坏,给生产和安全造成极大威胁。在十三水平北翼区 5 煤层首采工作面 3652 开采时,曾发生严重的冲击矿压事故,风道超前 50~150m 范围巷道断面急剧缩小,断面高度由 2.16m 缩小到 1.12m,最低仅 0.13m,底板鼓起 0.18~1.10m,造成 2 人死亡、3 人受重伤,工作面停产 53 天。

甘肃华亭煤业有限公司砚北煤矿位于华亭复式向斜之中,井田内有单斜、背斜和向斜基本构造形态。其 250205$_上$ 工作面为 2502 采区第一个工作面,自向斜轴部附近开始回采,2006 年 3 月 10 日首采以来至当年 9 月,推进仅 300m,累计发生冲击矿压显现就多达 28 次。2006 年 7 月 21 日,工作面运输顺槽 1550～1700m 段发生冲击矿压,底鼓约 1m,轻伤 3 人。2006 年 8 月 3 日,该面前溜机头至转载机头 30m 范围内又发生一起冲击矿压,造成顶梁端 3m 处压断,底鼓 1m 左右,顶板下沉严重,造成人员伤亡。

华亭煤矿 2004 年 6 月 8 日 11 时 30 分,在 509 回风顺槽(顶板巷道)掘进工作面发生了严重的冲击矿压,在距掘进工作面 120m 范围内的巷道受到冲击破坏,其中距掘进工作面 40m 以外的近 60m 巷道破坏极其严重,单体支架全部向顶板侧倾倒,靠近顶板侧的工字钢架棚扭曲变形严重,部分锚索被拉断,底鼓达 1.2m,煤层被切断,此次事故造成 1 人死亡。

阜新五龙矿是我国典型冲击矿压矿井,采用分层开采方法开采厚煤层。2003 年 3 月 28 日发生一起冲击矿压事故,冲击位置在 331 面外胶带道,中心位于上层停采线(煤柱)外 32m 处,震级 M_L(里氏震级)2.1 级。此次冲击导致巷道严重变形,破坏长度达 100m,片帮底鼓严重,并造成 1 人死亡,4 人受伤。

1995 年 6 月 24 日赵各庄矿采八区 2337 工作面东一中巷发生冲击矿压事故。冲击发生时,突然一声巨响,巷道底鼓非常严重,刮板输运机被掀起,巷道断面缩小到 300mm 高,支架严重变形。在发生过程中伴有强烈的瞬时震动,出现冲击波和大量煤尘飞扬,造成 1 人死亡。

鹤岗矿业集团公司富力煤矿发生多次破坏性冲击矿压。1998 年 6 月 15 日发生了一次冲击矿压,发生冲击时产生较强的震动,底板鼓起,并有大量的破碎煤向已采空间抛出,但是顶板没有冒落。此次冲击造成巷道破坏长度达 20 多米,堵塞巷道约 300m,造成 2 人死亡。

鹤岗南山矿属冲击矿压矿井,可采煤层总厚度为 2.4～4.6m,煤层倾角在 10°左右,顶板为页岩,井田地质构造中等,采区埋深 350m。三号工作面四层煤分上下两块回采。在使用掘进机掘上块回风道和溜子道时,先后发生四次冲击矿压,在下块开采上分层过程中,又发生一次冲击矿压。1981 年 3 月 26 日,掘进工作面后 20m 处,突然一声巨响,6 架棚子腿向内收拢,底鼓 0.2m;1981 年 4 月 29 日,推进机正在割煤时,突然一声巨响,掘进机后退 0.6m,棚腿收进 0.7m,底板隆起 0.6m;1982 年 1 月 20 日,掘进工作面后 9m 处底鼓 0.5m,铁道凸鼓 0.6m;1982 年 4 月 23 日,推进工作面后 20～50m 底鼓 0.4m,4 根棚腿和三根顶梁折断;1983 年 3 月 15 日,回采工作面放炮 30 分钟后,突然一声巨响,煤尘飞扬,铁道鼓起 0.4m,上帮煤可见破坏深度 0.8m,折断 7 根棚腿和 3 根顶梁。

2007 年 3 月 13 日,南屯煤矿 $93_上04$ 综放工作面中间巷发生一起冲击矿压事故,造成在此区域内工作的 3 名职工受伤。其中,跟班副队长在距离工作面 65m 处的电站车上打电话,被弹起的轨道和电站车挤碰腰脊椎受伤;在电站操作台工作的电工、汇报工作的安监员 2 人轻度擦伤。据南屯煤矿地震观测站和集团公司矿震观测台网同一时间检测,本次冲击矿压引起的矿震等级分别为 $M_L2.8$、$M_L2.1$。

北京城子矿于 1974 年 10 月 25 日在-340m 水平二槽煤层大巷的护巷煤柱工作面前方巷道发生一次严重的冲击矿压。在发生冲击震动的瞬间,煤尘飞扬,大量煤块从巷道一侧抛出,底板鼓起,在 64.5m 长的范围内巷道严重堵塞,轨道被抬高,距顶板最近处只有几十厘米,巷道内的混凝土支架折断,损坏严重。工作面和工作面附近的巷道顶板下沉量并不大,回采工作面的破坏程度亦较轻,这次冲击矿压造成了重大伤亡事故。

冲击矿压发生的原因复杂,影响因素也较多,不同煤矿发生的冲矿矿压显现形式不同,但同一矿区或矿井,由于地质条件相似,煤岩性质也相似,采掘方法也基本相同,冲击矿压往往表现出相同的规律,所以冲击矿压往往具有区域相似性。根据冲击矿压不同的发生位置找出冲击的力源,掌握发生规律,查明本矿区或矿井的冲击矿压发生原因,为冲击矿压防治工作提供理论依据,以采取有针对性的防冲措施是非常重要的(窦林名等,2006)。

1.2 冲击矿压研究综述

冲击矿压是煤矿开采中典型的动力灾害,最早记录并报道冲击矿压的历史可以追溯到 1738 年发生在英国南史塔福煤田的莱比锡煤矿。从那时起到现在的 270 余年里,其危害几乎遍布世界各采矿国家,德国、波兰、苏联、南非等 20 多个国家和地区都不同程度地受到冲击矿压灾害的威胁。例如,1989 年 3 月 13 日德国 Merker 附近发生一起开采导致的冲击矿压,并引起局部地震,震级 5.4 级,造成地面 3 人受伤、建筑物部分损坏。2001 年 6 月 21 日法国东北部洛林矿区的 Merlebach 煤矿发生了一起震级 3.6 级的冲击矿压,摧毁巷道 200m(李世愚等,2007)。

Cook(1963,1964,1965,1967a,1967b,1978,1983)依据南非多年的微震监测数据,首次对冲击矿压的本质做出了有重大意义的解释,认为矿体围岩系统破坏时所释放的能量大于所消耗的能量,就会发生冲击矿压,释放的能量源则来自于重力或构造应力储存的弹性变形能。

Obert 和 Duvall(1967)将冲击矿压定义为岩石在其围岩体中发生突然、剧烈的爆炸,其原因是应力超过岩石的强度。现在人们已认识到,冲击矿压是矿山井巷和采场周围煤、岩体由于弹性能释放而产生的以突然、急剧、猛烈的破坏为特征的动力现象。

由于冲击矿压破坏后果的严重性和发生机制的复杂性,其研究引起了各国的关注,国际岩石力学学会成立了冲击矿压研究小组,1977 年在收集整理世界各国有关岩爆(冲击矿压)事件的详细资料和数据的基础上,编写了《1900~1977 年岩爆注释资料》一书。近年来,几乎所有国内外岩石力学学术会议都有有关冲击矿压或岩爆研究的成果发表（Slawomir and Stanislaw，2001；Blake and Hedley，2003；Iannacchione and Tadolini，2016）。

1. 冲击矿压分类

目前，国际上还没有形成统一的冲击矿压分类方法，就我国而言，主要有以下几种（窦林名和何学秋，2001）。

按原岩（煤）体应力状态不同，冲击矿压可分为以下几种。

（1）重力型：主要受岩层重力作用，没有或只有较小构造应力影响而引起的冲击矿压。

（2）构造型：若构造应力较高，主要受构造应力的作用引起的冲击矿压，常见的地质构造为断层、褶皱等。

（3）中间型：重力和构造应力共同作用引起的冲击矿压。

按诱发冲击的能量来源，冲击矿压可分为以下几种。

（1）煤体压缩型：主要由垂直应力和水平构造应力引起，多发生在厚煤层开采的采煤工作面和回采巷道中。

（2）顶板断裂型：由顶板岩石破断失稳而产生。多发生于工作面顶板为坚硬、致密、完整且厚的采空区的大面积空顶部位。

（3）断层错动型：由断层围岩体滑移失稳造成。发生在采掘活动接近断层时，受采矿活动影响而使断层突然破裂错动。

按震级和抛出的煤量，冲击矿压可分为以下几种。

（1）轻微冲击（Ⅰ级）：抛出煤量10t以下，震级1级以下的冲击矿压。

（2）中等冲击（Ⅱ级）：抛出煤量10~50t，震级1~2级的冲击矿压。

（3）强烈冲击（Ⅲ级）：抛出煤量50t以上，震级2级以上的冲击矿压。

根据冲击矿压灾害发生的震源和显现的地点，窦林名课题组认为，可以将冲击矿压分为由采矿活动引起的采矿型冲击矿压和由构造活动引起的构造型冲击矿压。而采矿型冲击矿压又可分为压力（煤柱）型、动力（围岩）型和复合型（窦林名等，2006）。

压力型（煤柱型）。压力型冲击矿压是由巷道周围煤体中的压力由亚稳态增加至极限值，其聚集的能量突然释放造成的。

动力型（围岩型）。动力型冲击矿压是由煤层顶底板厚岩层突然破断或位移引发的，它与震动脉冲地点有关。在某种程度上，构造型冲击矿压也可看做冲击型。

复合型。复合型冲击矿压则介于上述两者之间，当煤层受较大压力时，同时受到来自围岩内的动力冲击脉冲作用而发生的冲击矿压。

2. 冲击矿压和矿震

冲击矿压与矿震两者虽都是煤岩体内能量释放而造成的矿山岩石力学现象，但其具有不同的表征意义。冲击矿压往往造成煤岩体的振动、采掘空间中支护设备的破坏及变形，严重时造成人员的伤亡，甚至可能引起局部地震。因此冲击矿压是灾害性的矿山破坏现象(齐庆新等，2003；齐庆新和窦林名，2008；窦林名等，2006；钱七虎，2014)。

矿震(mine earthquake, mining tremor)是采矿活动引起的一种诱发地震(Gibowicz，1990；Gibowicz and Kijko，1994；李铁等，2006)。较小矿震不会对井巷或工作面产生破坏，常以"煤炮"或"板炮"的形式释放弹性能，较大矿震往往能诱发冲击矿压、煤与瓦斯突出等灾害，有时地面都有震感。大的矿震主要发生在地质构造比较复杂、构造应力较大、断裂活动比较显著的区域。因此，按照区域构造应力场的属性，矿震可以分为两大类型：①现今构造运动调制型；②残余构造应力释放型。

可以看出，冲击矿压和矿震的基本关系为：①冲击矿压是矿山震动的事件集合之一；②冲击矿压是岩体震动集合中的子集；③每一次冲击矿压的发生都与岩体震动有关，但并非每一次岩体震动都会引发冲击矿压(窦林名等，2006；Dou et al.，2014)。

自世界上开展冲击矿压研究以来，冲击矿压研究主要集中在冲击矿压机理、冲击矿压预测预报和冲击矿压治理三个方面。

1.2.1 冲击矿压机理研究

冲击矿压机理是预测和防治冲击矿压发生的理论基础，是国内外学术界和工程界的重要研究内容。各国学者在实验室研究和现场调查的基础上，从不同的角度先后提出了一系列重要的理论，主要有强度理论、刚度理论、能量理论、冲击倾向性理论、三准则理论和变形系统失稳理论等。这些理论从不同角度研究了冲击矿压发生的条件和机理，但各个理论都有其自身的特点和局限性。强度理论以及随后的煤岩体夹持理论具有简单、直观和便于应用的特点。井巷和采场周围煤岩体经常出现局部应力超过其强度极限的现象，但即使是具有强烈冲击倾向的煤层在多数情况下都能平稳进入峰后变形阶段，只在少数情况下才发生突然破裂形成冲击矿压，说明强度理论只能判断煤岩体是否破坏，不能回答破坏的形式是静态破坏还是动态破坏。它是冲击矿压发生的必要条件，而不是充分条件。刚度理论用于判别煤柱稳定性具有简单、直观的特点，但这一理论没有正确反映煤体本身在煤体-围岩系统中不但能积蓄能量，而且还可以释放能量这一基本事实，同时，矿山结构的刚度在概念上并不十分明确，且矿山结构达到峰值强度后的刚度难于确定。

能量理论认为,矿体-围岩系统在其力学平衡状态破坏时所释放的能量大于所消耗的能量时就会发生冲击矿压,其从能量转化的角度解释冲击矿压的成因,是冲击矿压理论研究的一大进步。但能量理论没有说明矿体-围岩系统平衡状态的性质及其破坏条件,特别是围岩释放能量的条件,因此冲击矿压的能量理论判据尚缺乏必要条件。冲击倾向性理论用一组冲击倾向性指标来评价煤岩体本身的冲击危险,具有实际意义,然而冲击矿压的发生与采掘条件和地质环境有关,而且实际的煤岩物理力学性质随地质与开采条件的不同有很大的差异,实验室的测定结果往往不能代表各种环境下的煤岩性质,这也给冲击倾向性理论的应用带来了局限性。"三准则"机理模型是我国学者李玉生(1982,1985)提出的,该模型比较全面地揭示了冲击矿压的发生机理。作为机理模型,相对来说是比较完善的,但这只是一个原则性的表达式,特别是强度准则和能量准则,由于影响因素众多,各参数几乎无法确定,因此该模型的实际应用难度很大,这正是目前预测方法和冲击矿压机理之间脱节的重要原因。稳定性理论认为煤岩介质受采动影响而在采场周围形成应力集中现象,煤岩体内高应力区局部形成应变软化介质与尚未形成应变软化(包括弹性和应变硬化)的介质处于非稳定平衡状态,在外界扰动下动力失稳,形成冲击矿压。由于其较符合采矿现场实际,因而得到了一定的应用(章梦涛,1987;章梦涛等,1991,1992)。

在目前的研究中,以断裂力学、损伤力学和稳定性理论为基础的围岩近表面裂纹的扩散规律、能量耗散和局部围岩稳定性研究备受关注。Vardoulakis(1984)研究指出近自由表面的裂纹一旦开始扩展,将失去稳定,导致表面局部屈曲,临界屈曲应力随自由表面与裂纹间距离的减小而急剧减小。Dyskin(1993)对壁面附近裂纹扩展方式及裂纹贯穿后的壁面稳定性进行了分析,认为压应力集中造成初始裂纹以稳定的方式平行于最大压应力方向扩展,这种扩展与自由表面相互作用加速了裂纹的增长并最终导致失稳扩展,裂纹面出现分离,分离层屈曲破坏形成冲击矿压。黄庆享和高召宁(2001)采用了断裂力学中的 Griffith 能量理论及能量判据,考虑了材料的损伤积累,把裂纹扩展过程与材料损伤过程耦合起来,确定了发生冲击矿压的临界应力。缪协兴等(1999)、张晓春(1999a,1999b)以及冯涛和潘长良(2000)分别从断裂力学角度出发,建立了煤矿巷道片帮型冲击矿压和岩爆的层裂板结构失稳破坏模型,认为采场或巷道壁面的局部失稳是由高应力集中区形成的层裂板结构区的稳定性控制的,冲击矿压或岩爆是煤壁形成的层裂板结构区的局部压曲。齐庆新等(1995,1997)建立了冲击矿压的摩擦滑动失稳模型,开展了煤岩摩擦滑动实验研究,用摩擦滑动中的黏滑现象解释了冲击矿压的发生机理。窦林名和何学秋(2002)建立了煤岩体冲击破坏的弹黏脆性体突变模型,该模型可以反映煤体材料在应力作用下的脆性破坏特征,也可以反映煤岩体材料在载荷作用下的时间效应及其稳定或脆性破坏特征,较好地解释了冲击矿压的发生、载荷的突变对煤岩体破坏的影响、煤岩体从流变到突变的破坏特征、煤岩体破坏过程中释放的能量大小等。

以谢和平教授为首席专家的国家自然科学基金创新研究群体以复合型能量转化为中心的冲击矿压分类为基础,结合以往冲击矿压机理研究和实际发生条件的现场调研,将冲击发生机理归结为三条定律:①能量聚积定律;②地质弱面的能量释放定律;③工程释放定律(谢和平等,2006)。

近几年,窦林名领导的冲击矿压研究小组取得了如下主要进展:①提出了冲击矿压的动静载叠加作用机理,指出煤岩体中静载应力与矿震形成的动载应力叠加大于煤岩体冲击破坏的临界应力时,可诱发冲击矿压。②针对煤系地层结构特点,研究了组合煤岩试样的冲击倾向性特征,得出组合煤岩的冲击倾向性与顶板的强度及厚度、煤样强度之间的关系,并依此建立了组合煤岩的强度弱化减冲原理。③基于煤岩介质中应力波传播理论和巷道围岩强度理论,提出了冲击震动巷道围岩的强弱强结构控制机理,认为可以在巷道周边围岩支护体小结构与冲击应力波传递大结构之间设置一个衰减弱化冲击震动波的松软层弱结构,使得作用在支护体小结构上的冲击应力小于支护体的承载能力,从而达到保护巷道围岩免受冲击的目的。④针对坚硬顶板型冲击地压,提出了顶板岩层诱发冲击的冲能理论,研究认为顶板岩层诱发冲击的机理分为顶板处于稳定时的"稳态诱冲机理"和处于运动态时的"动态诱冲机理"两种类型,建立了顶板岩层断裂与滑移突变模型,给出了顶板岩层影响下煤体冲击危险的"诱冲关键层"判别准则和顶板型冲击控制关键技术。⑤针对断层构造型冲击地压,深入研究了采动影响下断层滑移诱发煤岩冲击机理,建立了断层滑移诱发煤岩冲击的力学模型,揭示了断层冲击矿压力学机制,分析了采动影响下断层活化矿震活动规律。⑥针对褶曲构造区域冲击地压,通过研究最大水平应力对冲击矿压的作用机制、褶皱区最大水平应力与采动应力分布规律及其和冲击矿压的关系,提出了针对褶皱区工作面防冲优化布置方案和控制对策。⑦针对采场大范围覆岩破断运动诱发冲击地压,提出了覆岩整体空间结构模型与演化规律及诱冲机理。⑧针对开采应力场测试困难,无法掌握大范围应力场分布规律,研究了弹性波与震动波层析成像反演应力场技术及其预测煤矿冲击危险原理,为区域应力场分布规律的快速获取提供了可能。同时,对于放顶煤、孤岛工作面、残采区、煤柱区域、炮采、水力采煤及解放层开采工作面等不同开采技术条件下冲击地压显现机制与规律也进行了深入研究(高明仕,2006;牟宗龙,2007;陆菜平,2008;李志华,2009;陈国祥,2009;曹安业,2009;巩思园,2010;徐学锋,2011;贺虎,2012)。

近年来,现代非线性科学的分叉混沌理论、突变理论、自组织理论、耗散结构理论和神经网络方法这些新理论与新方法也开始渗入冲击矿压的发生机理和预测预报研究领域中,有些理论成果已在现场付诸应用(潘岳和王志强,2004a,2004b;左宇军等,2005)。尽管其中有些理论仅仅是将概念引入冲击矿压研究领域,并未提出实质性的、可操作性的冲击发生判据等指标,但已能反映出冲击矿压的发生具有对初始条件的敏感依赖性及能量的耗散特性,同时也具有在表现形式上的随机性和无序性,在无序中孕育着发生的周期性,较好地吻合了现场冲击矿压显现的非线性特点,因此受到岩石力学与工程学术界的高度重视。

以上几个主要的冲击矿压发生理论都是从不同角度对冲击矿压的发生条件和发生过程进行描述和论证的。虽然很多学者对于冲击矿压机理的研究付出了很多努力,也得出了很多有益的成果,但是由于冲击矿压发生的复杂性,影响因素众多,时至今日我们也不能说已经完全了解和掌握了冲击矿压的发生规律和发生机理,它至今仍然是岩石力学和采矿工程中最困难的研究课题之一。

1.2.2 冲击矿压预测预报

冲击矿压的预测是冲击矿压防治的基础,其预测预报主要有以下两类(窦林名等,2006,2014)。

一是采矿方法,包括根据采矿地质条件确定冲击矿压危险性的钻屑法、综合指数法、煤岩层冲击矿压倾向性分类法、数值模拟分析法等。钻屑法是根据最高煤粉量、与煤壁的距离,以及钻进过程中出现的动力现象来判定冲击危险程度。但其对冲击危险的监测在时间上是不连续的,监测范围有限,其监测结果的可靠性受施工设备及操作人员的技术和经验等人为因素的影响,因而经常被作为一种辅助、配合的监测手段。综合指数法综合了各种影响冲击矿压的发生因素,常常在进行采区设计、工作面布置和采煤方法时被应用,确定主要冲击危险区域,为后期冲击矿压的治理打下基础。冲击矿压倾向性分类法主要采用冲击能量指数、弹性能指数和动态破坏时间指标来确定煤的冲击倾向性,是鉴定冲击倾向性煤层的依据,也为后期冲击矿压的治理打下基础。巷道围岩变形监测和顶板离层监测也是常规的冲击矿压监测方法,在一些矿区仍起着重大作用。数值模拟分析法是随着计算机技术的发展而发展起来的,可以确定工作面中应力分布状态,也可以预测开采空间、开采参数、开采历史对冲击矿压的影响。其在冲击矿压预测中被广泛应用,王金安等(2007)以及王金安和李飞(2015)应用该方法在矿震等诸多方面取得了较多研究成果。但这种方法对煤岩体进行了简化处理,只能作为一种近似方法使用,多年实践证明,数值模拟结果对于确定冲击矿压危险区域是有效的,但不能作为点预测。

二是采矿地球物理方法,包括微震法、声发射法、电磁辐射法、振动法及重力法等。微震法与记录和分析大地地震的方法相类似,衡量矿山震动程度的大小采用单位时间内矿山震动的次数和震动的能量(McGarr, 1993, 2000; Ge, 2005; Alber et al., 2009; Lu et al., 2015)。声发射法也称地音是以脉冲形式记录弱的、低能量的地音现象;声发射变化与煤体应力变化过程相似,声发射活动集中在采区某一部位,且当声发射事件的强度逐渐增加时,预示着冲击矿压危险,分为站式连续监测和便携式流动地音监测,主要记录声发射频度(脉冲数量)、一定时间内脉冲能量的总和、采矿地质条件及采矿活动等(Lockner,1993;唐春安,1993;窦林名等,2000;贺虎等,2011)。电磁辐射法认为,煤岩电磁辐射是煤岩体受载变形破裂过程中向外辐射电磁能量的一种现象,与煤岩体的变形破裂过程密切相关,电磁辐射信息综合反映了冲击矿压等煤岩动力现象的主要因素,电磁辐射信号可以反映煤岩体破坏的程度和快慢,主要记录指标有电磁辐射信号强度辐值和脉冲次数(何学秋,1995;何学秋和刘明举,1995;王恩元和何学秋,2000;窦林名等,2001,2005;何学秋等,2003,2007;王恩元等,2009;Wang et al.,2011)。近年来,有学者用混沌、分形理论分析电磁辐射参数曲线的分形特征,用关联维数描述电磁辐射强度、电磁辐射脉冲数等参数随时间的变化规律,为电磁辐射监测数据的处理方法提供了新的思路(撒占友和王恩元,2007;刘晓斐,2008)。振动法一开始用来研究开采层的连续性及揭露其构造的非均匀性。其测量参数为地震波的传播速度,后来被用来确定矿压参数,特别是用来确定巷道周围的应力应变状态(Friedel et al.,1995;Glazer and Lurka,2007;He et al.,2011;Dou et al.,2012;Hosseini et al.,2012a,2012b,2013)。重力法是根据地层中岩石介质质量分布的不均匀性来测量重力的异常变化,主要应用于开采引起的岩体体积变化、地层震动的预测、小范围内煤层构造的变化和局部空洞的定位等(Casten and Gram,1989;Fajklewicz and Jakiel,1989;Casten and Fajklewicz,1993)。

由于发生冲击矿压的时间、地点、区域、震源等的随机性、复杂多样性和突发性,使得冲击矿压的预测工作变得极为困难复杂,是亟待解决的世界性难题。目前,普遍采用的预测方法单一、适用范围有限,可靠性低。为了更好地解决上述问题,窦林名建立了冲击矿压的分级预测准则,形成了冲击矿压的分级预测技术体系,即通过连续监测预警技术和系统集成,应用综合指数法、微震法、电磁辐射法和钻屑法,形成冲击矿压的时空分级预测技术体系,在时间上对冲击危险进行早期综合分析预测与即时预测相结合,在空间上进行区域预测与局部监测、点预测相结合,对冲击矿压的危险性根据危险指数的大小,按无、弱、中等和强冲击危险分四级进行预测。根据预测的冲击矿压危险等级,采取加强监测、解危甚至撤人等防治对策。目前,该技术在现场得到了广泛的运用,并取得了良好的效果。(窦林名和何学秋,2007;Dou et al.,2009)

1.2.3 冲击矿压治理

对于冲击矿压的治理措施,主要从战略性防御和主动解危两个方面进行。战略性防御措施主要有开采解放层,即先开采无冲击危险的煤层或在进行开采设计时,选择合适的开采顺序、开采方法和采煤工艺,力争消除形成冲击矿压发生的因素。冲击矿压的主动解危措施主要有卸压爆破、煤层注水、钻孔卸压、定向裂缝法等方法(窦林名等,2006)。此外,窦林名等(2004)还提出了采用离层注浆法防治冲击矿压危险。目前,在煤矿使用较多的是卸压爆破、钻孔卸压和煤层注水方法。在波兰,对坚硬顶板定向水力裂缝技术较成熟,目前该项技术正在忻州窑煤矿济三煤矿等进行冲击矿压防治的实践(He et al.,2012;Fan et al.,2012)。

窦林名提出了冲击矿压的强度弱化减冲理论(窦林名等,2005;Dou et al.,2005;陆菜平等,2006)。其核心思想为:监测煤体中聚集的弹性应变能的大小(或应力大小),当煤岩体所释放的能量接近临界灾变能量时,可以利用卸压爆破等方法释放煤体的弹性应变能,使得煤体所释放的能量达不到临界能量;或者人为诱发冲击矿压,使冲击矿压发生在一定的时间和地点,避免更大的损害,从而实现冲击矿压的动态防治。该理论主要包括三个方面的含义:一是对工作面巷道周围的煤岩体进行弱化,降低其强度,防治冲击矿压的发生;二是对煤岩体的强度进行弱化后,使得应力高峰区向岩体深部转移,并降低应力集中程度;三是采取一定的措施后,降低发生冲击矿压的强度,使其降低对周围巷道和工作面、工作人员等的伤害程度。目前,该理论在多个矿区得到了广泛的应用。

1.3 冲击矿压显现规律

通过对兖州、义马、华亭、新汶、北京、鹤岗等矿区为主进行调研,总结了冲击矿压发生的规律。冲击矿压诱发成因是多尺度、多因素、多形式的,与区域范围内断层、褶皱等地质活动和构造应力场有关(如兖州矿区、华亭矿区等),或由采掘面厚硬覆岩破断运动(如兖州鲍店矿区、新汶华丰矿区、义马矿区等)、开采布局、煤柱留设不合理(如义马常村)等引起的高应力集中及工程爆破(如北京木城涧、跃进、华亭等)所诱发。

图1-1和表1-1为冲击矿压统计数据及结果,可总结出如下规律。

(1) 空间上,冲击矿压91%发生在巷道;时间上,采掘作业期间发生的冲击占86%,其中1/4发生在掘进工作面,3/4发生在回采工作面的超前两巷,特别是沿空侧的巷道内。

(2) 冲击发生时,均记录有强矿震;中及厚煤层中发生冲击时的最小矿震能量等级为1.0万J,最大达1.0亿J。

(3) 矿震震源与冲击地点不在同一位置,水平方向上间距离一般在150m内,最大达到500m;垂直方向上一般位于煤层顶板90m和底板60m范围以内。

(4) 冲击发生时,巷道破坏长度一般在90m以内,最大达1000m。

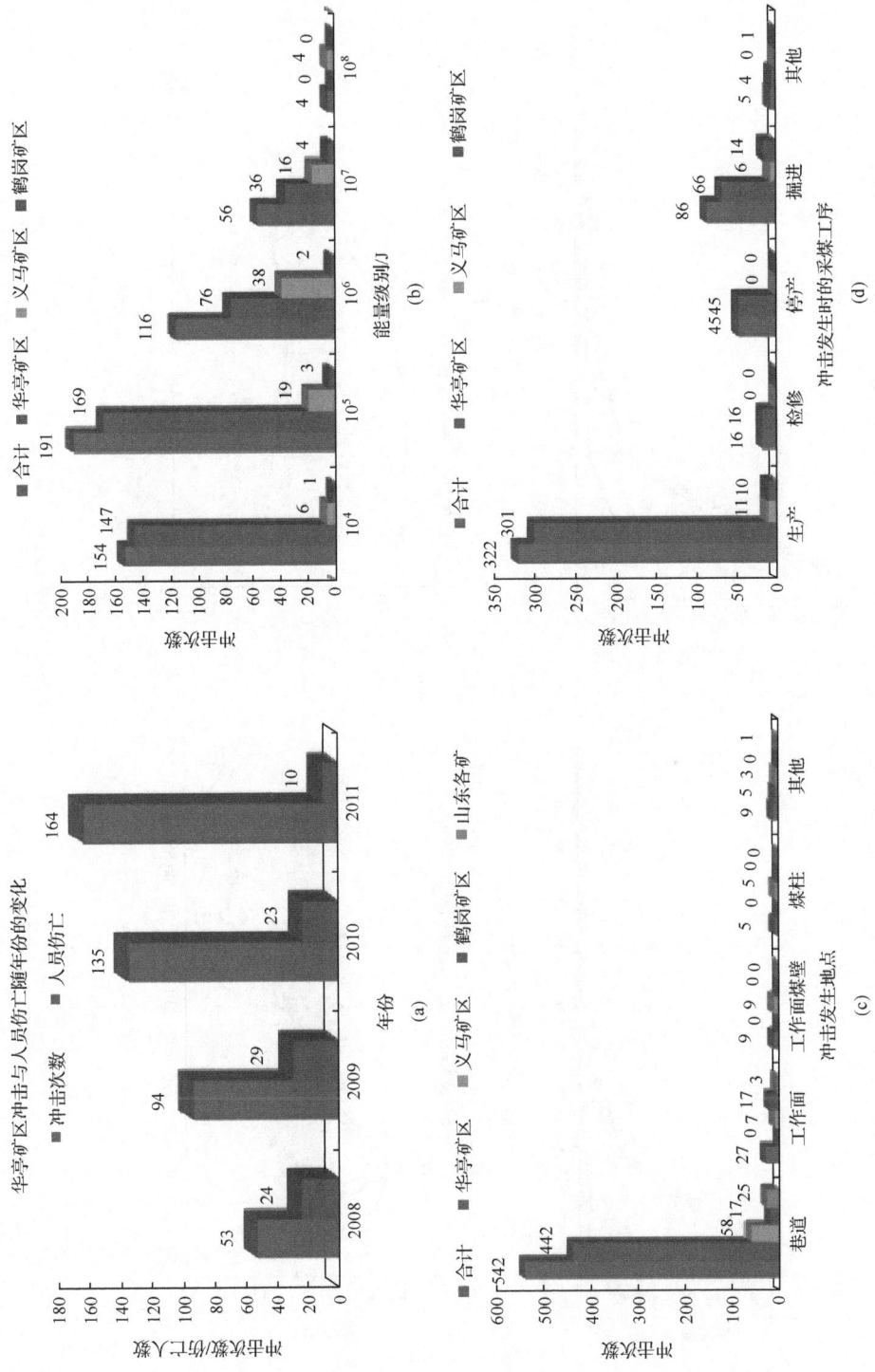

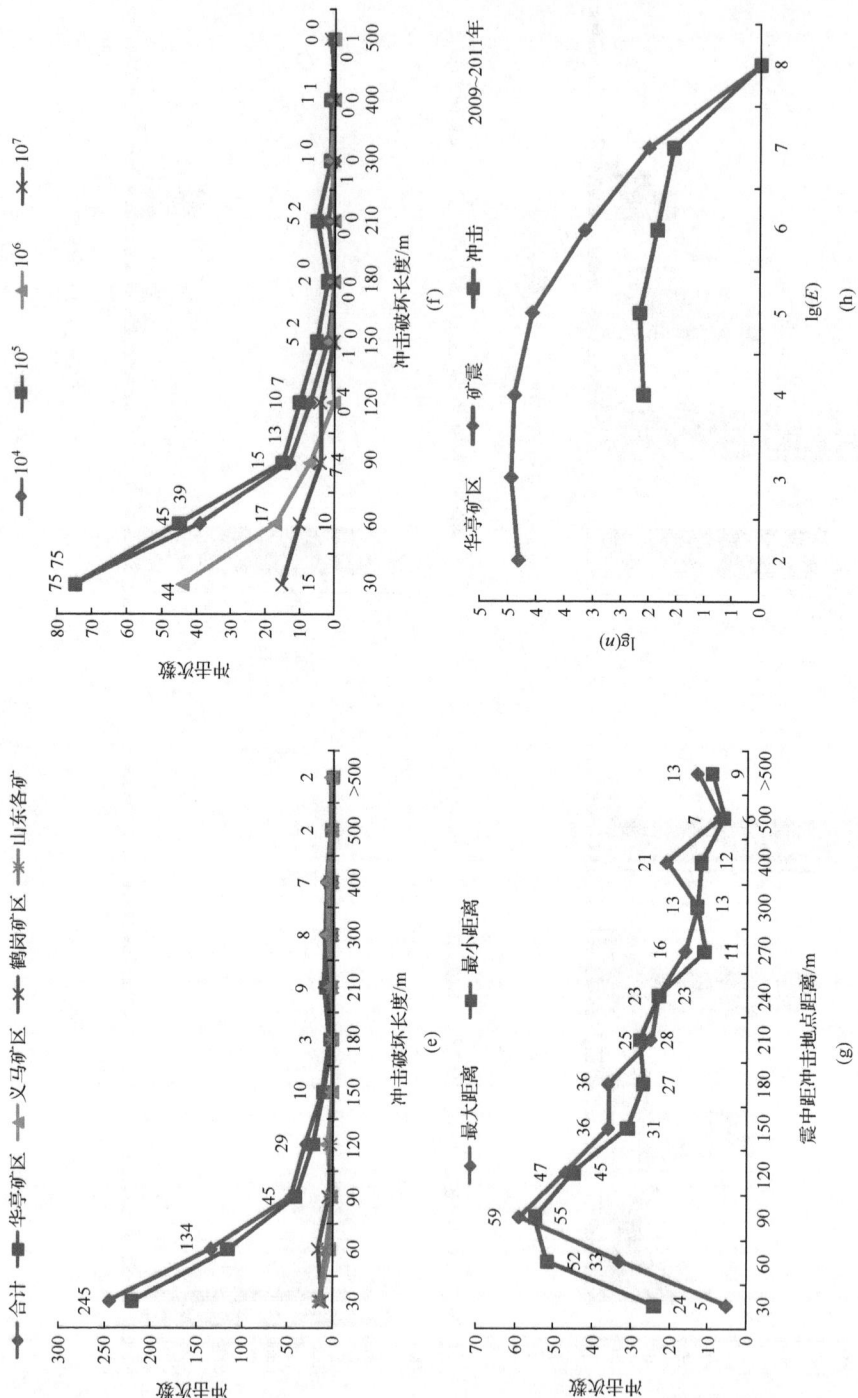

图 1-1 冲击矿压统计结果分析

表 1-1　冲击矿压统计数据来源

采煤工艺	冲击次数	数据来源
薄煤层开采	56	桃山矿
综　放	563	华亭和义马矿区为主,鹤岗 6 次记录
综　采	4	鹤岗和山东数据
普　采	2	
炮采放顶煤	2	
高档普采	1	鹤岗矿区
分层普采	1	
分层高档普采	3	
合计	632	

注：统计时间段为华亭矿区 2008-05~2011-12；义马矿区 2009-06~2011-12；鹤岗矿区 2003-10~2011-08；七台河矿区 2001-05~2011-11

通过对大量冲击矿压现场实例的分析发现,冲击矿压在以下情况下容易发生。

(1) 工作面单次见方、二次见方、三次见方等见方阶段时,冲击矿压多发。

(2) 工作面上覆坚硬顶板的大范围破断运动容易诱发冲击矿压。

(3) 采掘相互扰动容易诱发冲击矿压,采深越大,采掘扰动越容易诱发冲击。

(4) 坚硬煤层、坚硬顶底板条件、孤岛煤柱、褶曲等构造应力集中区和断层滑移易诱发冲击矿压。

(5) 所有冲击矿压事故均与矿震应力波有关,且冲击矿压发生地点位于采掘形成的高应力集中区,矿震能量越大、距离采掘高应力区越近,则冲击越易发生。

1.4　冲击矿压类型

根据调查及统计分析,按照冲击矿压位置及影响因素的不同,冲击矿压可分为四种类型,即煤柱型、褶曲构造型、坚硬顶板型和断层型(蔡武,2014)。

1) 煤柱型冲击矿压

如图 1-2 所示,煤柱型冲击矿压的破坏形式主要为煤柱的压破坏及底板的瞬间鼓起。冲击力源上,以煤柱中集中静载应力为主体,附加矿震震动应力波扰动而诱发,集中静载应力主要为垂直应力。巷道帮部煤体中主要受垂直应力作用,巷道底板主要受水平应力作用,包括自身承载的水平构造应力作用和帮部煤体垂直应力在底板内转化的水平应力作用。

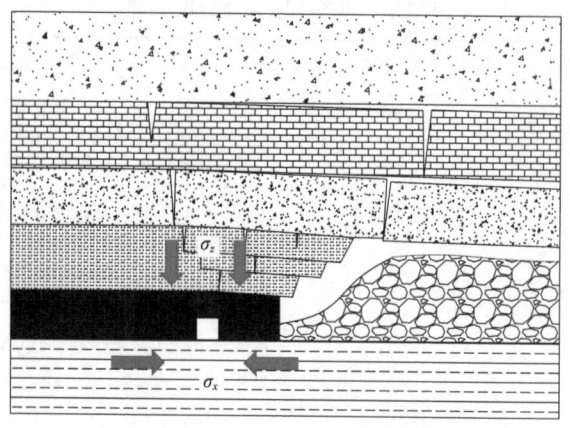

图 1-2　煤柱型冲击矿压机制示意

2）褶曲构造型冲击矿压

如图 1-3 所示，褶曲构造型冲击矿压的破坏形式主要为底板的瞬间鼓起及帮部破坏。冲击力源上，以煤体中集中静载应力为主体，附加矿震震动应力波扰动而诱发，集中静载应力主要为水平应力。巷道底板主要受水平应力作用，帮部煤体中主要受垂直应力及由底板水平应力在帮部煤体中转化的垂直应力作用。

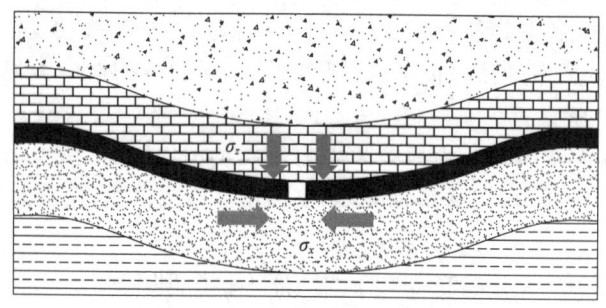

图 1-3　褶曲构造型冲击矿压机制示意

3）坚硬顶板型冲击矿压

如图 1-4 所示，坚硬顶板型冲击矿压的破坏形式主要为煤岩体强烈震动、重型设备移动、底板瞬间底鼓、煤帮破坏及锚网索断裂。冲击力源上，以坚硬顶板破断滑移运动时形成震动应力波为主体（矿震动载），附加煤体中集中静载应力。

4）断层型冲击矿压

如图 1-5 所示，断层型冲击矿压的破坏形式主要为煤岩体强烈震动、重型设备移动、底板瞬间底鼓、煤帮破坏及锚网索断裂。冲击力源上，以断层活化运动时形成震动应力波为主体（矿震动载），附加煤体中集中静载应力。

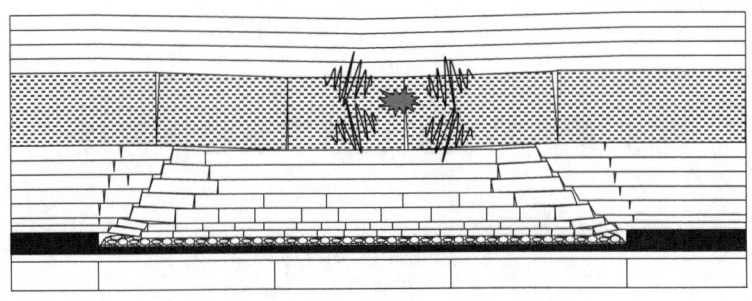

图 1-4　坚硬顶板型冲击矿压机制示意

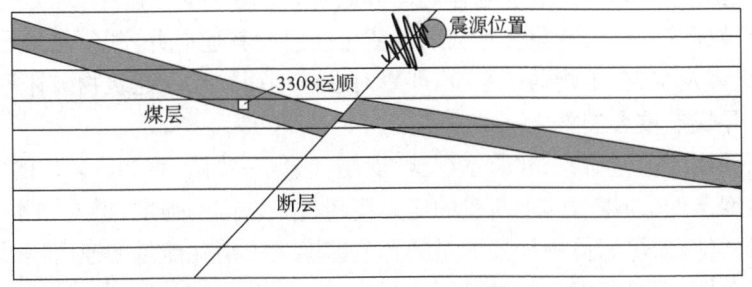

图 1-5　断层型冲击矿压机制示意

上述四种类型的冲击矿压均受静载应力场和震动应力场的叠加影响,是煤岩体中静载应力和矿震动载应力波双重作用的结果,不同点是静载应力和动载应力波在冲击矿压发生时的贡献大小不同。

第 2 章 冲击发生原因及控制原理

2.1 动静载叠加诱冲机理

冲击矿压是聚积在巷道和采场周围煤岩体中的能量突然释放,将煤岩抛向巷道,同时发出强烈声响,造成煤岩体震动和破坏,支架与设备损坏,人员伤亡,部分巷道垮落破坏等的动力现象。还会引发或可能引发其他矿井灾害,尤其是瓦斯、煤尘爆炸,火灾及水灾,干扰通风系统,严重时造成地面震动和建筑物破坏等。因此,冲击矿压是煤矿重大灾害之一。

根据长期的理论研究、实验室试验、现场试验,一致认为,冲击矿压的发生必须要满足强度条件(即煤岩体上所受的应力要超过煤岩体的强度,煤岩体才会发生破坏)、能量条件(即煤岩体中聚集能量的释放速度大于消耗能量的速度)和煤岩体具有冲击倾向性(即具有发生脆性破坏的能力)三个条件。这里,前一个条件是必要条件,而后两个是充分条件,即煤岩体所受的应力没有超过煤岩体的强度,煤岩系统就不会发生破坏,就不会出现强矿压现象;煤岩系统中虽然能够聚集能量,但耗散的速度大于聚集的速度,就不会突然释放,也不会发生冲击矿压;而煤岩系统没有突然破坏的能力,也就不会发生冲击矿压现象(窦林名等,2006)。

2.1.1 动静载叠加诱冲机理

根据能量准则,冲击矿压是煤体-围岩系统在其力学平衡状态破坏时所释放的能量大于所消耗的能量时产生的动力现象,可用式(2-1)表示:

$$\frac{dU_R}{dt} + \frac{dU_C}{dt} + \frac{dU_S}{dt} > \frac{dU_B}{dt} \tag{2-1}$$

式中,U_R 为围岩中储存的能量;U_C 为煤体中储存的能量;U_S 为矿震能量;U_B 为冲击矿压发生时消耗的能量。

煤岩体中储存的能量和矿震能量可用式(2-2)表示。式中,σ_S 为煤岩体中的静载荷;σ_d 为矿震形成的动载荷。

$$U = \frac{(\sigma_S + \sigma_d)^2}{2E} \tag{2-2}$$

而冲击矿压发生时消耗的最小能量可表示为

$$U_{bmin} = \frac{\sigma_{bmin}^2}{2E} \quad (2-3)$$

式中，σ_{bmin} 为发生冲击矿压时的最小载荷。

因此，冲击矿压的发生需要满足如下条件，即

$$\sigma_S + \sigma_d \geqslant \sigma_{bmin} \quad (2-4)$$

也就是说，采掘空间周围煤岩体中的静载荷与矿震形成的动载荷叠加，超过了煤岩体冲击的最小载荷时，就发生冲击矿压灾害，这就是冲击矿压发生的"动静叠加原理"，如图 2-1 所示。

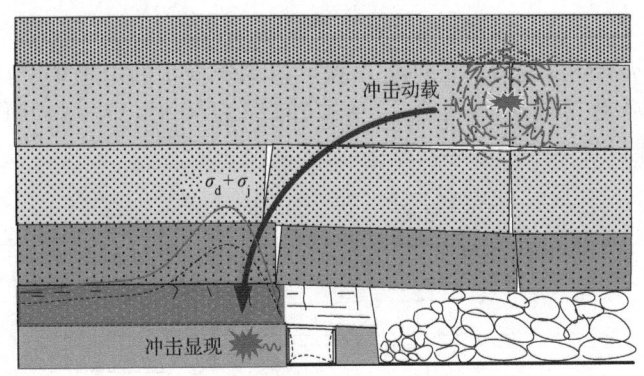

图 2-1 冲击矿压的"动静叠加原理"示意图

动静载叠加诱发冲击主要表现为以下三种情形（曹安业，2009；贺虎，2012；何江，2013；窦林名等，2015）。

（1）高静载情形。深部开采中，巷道或采场围岩原岩应力很高，巷道开挖或工作面回采导致巷道或采场周边高静载应力集中，此时应力水平虽未超过但已接近临界载荷，远场矿震产生的微小动载应力增量便可满足动静载叠加诱冲条件，从而导致煤体冲击破坏。此时，矿震产生的动载应力扰动在煤体冲击破坏时主要起诱发作用，是目前最为普遍的一种形式。

（2）高动载情形。浅部开采中，巷道或采场围岩原岩应力不是很高，但远场矿震强度很大，震动波传至煤体的瞬间动载应力增量很大，巷道或采场周围静载应力与动载应力叠加超过临界载荷导致煤体冲击破坏。此时，矿震的动载应力扰动在煤体冲击破坏时起主导作用。另外，在高加载速率下，煤样的冲击倾向性比标准状态下更强，原本鉴定为无冲击倾向的煤样也具有冲击倾向。这给出了浅部开采及原本鉴定为无冲击倾向的煤层仍然发生冲击地压的原因。

（3）低临界载荷情形。因煤体的不均匀性及物性差异，不同区域发生冲击矿压的临界载荷不同。当煤体中静载应力较低，且矿震引发的动载应力不高时，若采

掘空间煤岩体的物理力学性质或应力状态突然变化，导致冲击临界载荷降低，小于动静载叠加应力，也会发生冲击矿压。例如，在断层附近进行采掘活动，断层面上受力处于临界平衡状态，冲击矿压主要由断层滑移失稳诱发，具体可由应力场局部调整触发，也可由震动波触发。此时，动载荷通过改变断层区的应力状态或物性而使临界应力降低从而诱发冲击。

2.1.2 煤岩体冲击破坏的最小应力

根据煤岩体的"动静载叠加诱冲"原理，要发生冲击动力破坏，煤岩体上所受的载荷要超过发生冲击破坏的最小载荷。图2-2为实验室试验所得的煤岩体发生冲击破坏的最小载荷与煤的单向抗压强度之间的关系。图2-2中，横坐标为煤的单项抗压强度，纵坐标为应力水平，C_1为煤试块发生冲击时所需的最小应力值。三条曲线分别为在三轴应力状态下，某方向应力降为 $\Delta\sigma=2.5\mathrm{MPa}$、$5.0\mathrm{MPa}$、$7.5\mathrm{MPa}$时，煤样发生冲击破坏的最小应力。

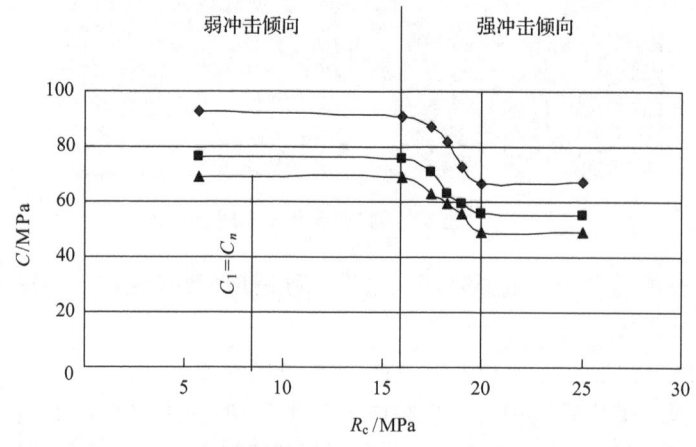

图2-2 发生冲击破坏的应力与煤单向抗压强度之间的关系

由试验可知，煤层发生冲击破坏与煤的强度以及其上所受的应力有关。煤的强度越大、应力越高，煤层越容易发生冲击破坏。当煤的单向抗压强度 $R_C>20\mathrm{MPa}$ 时，要发生强矿压冲击破坏，煤体上所受的应力需要在50MPa以上；而当煤的单向抗压强度 $R_C<16\mathrm{MPa}$ 时，要发生强矿压冲击破坏，煤体上所受的应力至少要达到70MPa以上；而当煤的单向抗压强度 $R_C=16\sim20\mathrm{MPa}$ 时，发生强矿压冲击破坏的应力为50～70MPa。

由实验可知，煤岩体发生冲击破坏的最小应力水平要远大于煤的单向抗压强度，完全满足冲击破坏的强度条件（即煤岩体上所受的应力要超过煤岩体的强度，煤岩体才会发生破坏），也满足冲击倾向性条件。

因此,"动静载叠加诱冲机理",即式(2-4)完全反映了冲击矿压发生的强度条件、能量条件、冲击倾向性条件"三准则原理"。

2.1.3 静载荷分析

一般情况下,采掘空间周围煤岩体中的静载荷由原岩应力和支承压力组成,即

$$\sigma_S = \sigma_{S_1} + \sigma_{S_2} = (k+\lambda)\gamma H \tag{2-5}$$

式中,γ 为上覆岩层的容重;H 为上覆岩层的厚度;λ 为水平应力系数;k 为支承压力集中系数。

而原岩应力则由自重应力和构造应力组成。

$$\sigma_{S1} = \gamma H + \lambda\gamma H = (1+\lambda)\gamma H \tag{2-6}$$

支承压力则可表示为

$$\sigma_{S2} = (k-1)\gamma H \tag{2-7}$$

2.1.4 动载荷分析

矿井开采中动载产生的来源主要有开采活动、煤岩体对开采活动的应力响应等。具体表现为采煤机割煤、移架、机械震动、爆破、顶底板破断、煤体失稳、瓦斯突出、煤炮及断层滑移等。这些动载源可统一称为矿震。

假设矿井煤岩体为三维弹性各向同性连续介质,则应力波在煤岩体中产生的动载荷可表示为

$$\begin{cases} \sigma_{dP} = \rho v_P (v_{pp})_P \\ \sigma_{dS} = \rho v_S (v_{pp})_S \end{cases} \tag{2-8}$$

式中,σ_{dP}、σ_{dS} 分别为 P 波、S 波产生的动载;ρ 为煤岩介质密度;v_P、v_S 分别为 P 波、S 波传播的速度;$(v_{pp})_P$、$(v_{pp})_S$ 分别为质点由 P 波、S 波传播引起的峰值震动速度。

微震监测表明矿井质点峰值振动速度可达 $0.1\sim1.0$m/s,甚至更高,则对应的动载强度为 $1.5\sim15$MPa,或者更大。

矿震震动波随传播距离的增大呈幂函数关系衰减,即

$$v_0(L) = v_{0,\max} L^{-\lambda} \tag{2-9}$$

式中,$v_{0,\max}$ 为震源边界质点峰值速度,可理解为塑性与弹性区交界面质点峰值速度;L 为震动波传播距离;λ 为峰值速度衰减系数,井下煤岩体可取 1.526。

因此,矿震产生的动载荷随距震源距离的增大而迅速降低,在距离震源足够远

处的煤岩体可认为不受矿震动载扰动的影响。

2.1.5　冲击矿压的监测与防治

由冲击矿压的"动静叠加诱冲原理"可知,冲击矿压主要是在静载和动载的共同作用下发生的,因此,冲击矿压的监测防治也主要从这两个方面进行(窦林名等,2012)。

静载的监测:主要是监测采掘工作面周围的应力分布状态,可采用煤体应力监测,钻屑法监测和弹性波CT透视法监测等。

动载的监测:主要监测煤岩体的破断运动规律,可采用微震法进行矿井区域和工作面局部监测,声发射、电磁辐射工作面局部监测等。

静载的防治:采取降低应力集中程度,将应力高峰往煤体深部转移,如大直径钻孔、煤体爆破、保护层开采等措施。

动载的防治:采用破坏煤体的结构,减少煤岩体的运动程度的措施。即,采取降低震源的震动能量,加大震源距采掘工作面的距离,增加震动波的衰减程度,如走向和倾向爆破切顶、顶底板深孔爆破、保护层开采等措施。

2.2　覆岩空间结构演化规律

2.2.1　工作面顶板运动的"O-X"结构

煤层开采后,上覆岩层要破断运动,对巷道和回采工作面施加静载荷和动载荷,诱发冲击矿压灾害。而上覆岩层的运动不仅是单个工作面回采的结果,也可能是多个工作面回采共同作用的结果。微震监测表明,对于采用小煤柱护巷,尤其是覆岩中存在厚层坚硬关键层的矿井,冲击矿压震源往往集中在相邻采空区中的厚硬岩层中,这说明煤矿覆岩存在空间结构,并且随着采空范围(边界条件)的不同,覆岩的空间结构是动态演化的(贺虎,2012;Dou et al., 2014)。

煤矿覆岩在层面方向上各关键层破断成"O-X"形态,不同层位的"O-X"结构形态空间上将形成柱台形旋转曲面体,与之相邻的边界覆岩在竖向剖面上形成"F"型结构。覆岩层面方向破坏的"O-X"结构会向上发展直达地表;剖面方向上的"F"结构也会发生破断失稳。因此,"O-X"与"F"结构及其相互转化构成了煤矿覆岩的整体空间结构形态,"O-X"与"F"结构的形成与失稳不断进行,称为煤矿覆岩空间结构的动态演化(窦林名和贺虎,2012)。

工作面四周边界条件为实体煤或足以隔断采空区联系的大煤柱。钱鸣高院士(1982)提出,工作面开采后顶板形成"O-X"破断。同样覆岩也会形成"O-X"结构形态,平面上呈现"O-X"状,走向与倾向剖面断裂后岩体呈现"砌体梁"结构平衡状态。如图 2-3 所示,"O-X"结构形态与范围由本工作面长度、煤层厚度、关键层层位与物理力学性质决定。根据关键层的破断与否,"O-X"型空间结构分为两种结构:①主关键层破断后,全空间"O-X"结构;②主(亚)关键层尚未破断时,半空间"O-X"结构。"O-X"型空间结构因为四周为实体煤,开采过程中矿压显现主要受覆岩各关键层"砌体梁"结构形成与失稳过程造成的应力场变化与冲击动载的影响。当存在坚硬厚层老顶时,由于自身坚硬来压步距大,扰动强。存在多层亚关键层时,在满足一定条件下会出现关键层的复合破断,工作面的矿压显现更为强烈。

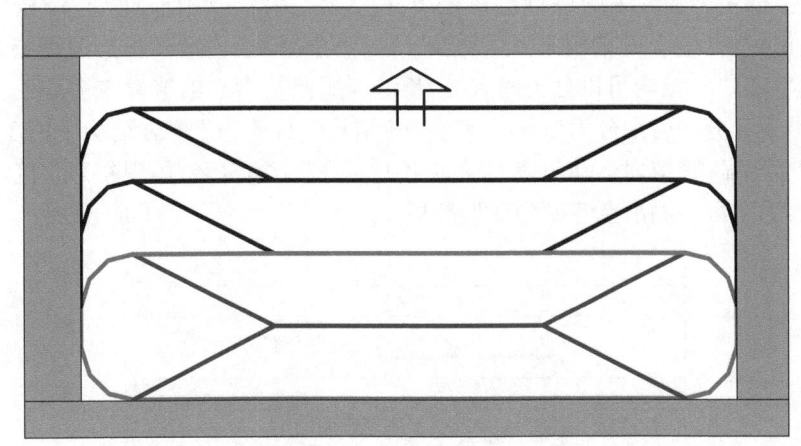

(a) 工作面覆岩"O-X"破断形成"OX"结构平面图

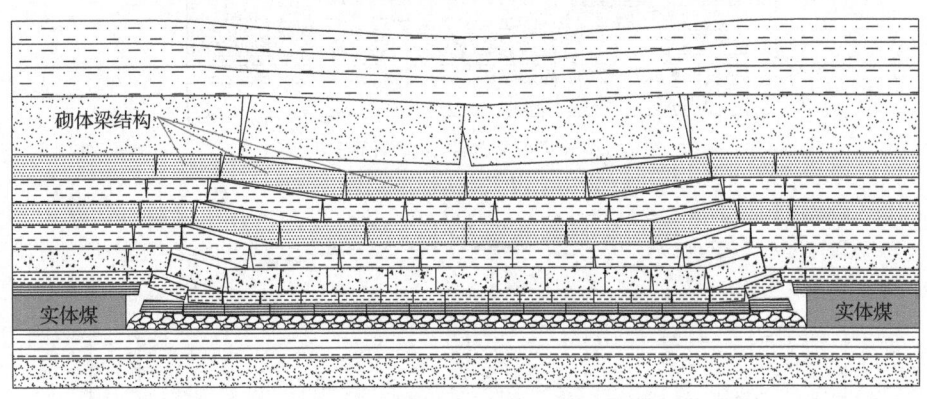

(b) "O-X"结构沿走向剖面的"砌体梁"结构

图 2-3 "O-X"覆岩空间结构示意图

覆岩"O-X"破断形成的"O-X"型结构是覆岩空间结构演化的基本形式,同时也是其他空间结构形式的边界条件与演化过程的重要组成部分。

2.2.2 相邻工作面顶板的"F"结构

如图 2-4 所示为一侧相邻采空区,并且两工作面煤柱宽度小于隔离采空区所需最小宽度,而另一侧为实体煤或者大煤柱的工作面,由于其覆岩边界条件一侧为实体,一侧为相邻工作面"O-X"型结构的弧三角板,似字母"F",因此,命名为"F"型覆岩空间结构。"F"结构的主要特点是小煤柱侧采空区覆岩会对下一工作面开采后造成显著影响,即下一工作面覆岩会与采空区覆岩结构一部分协同运动,而本工作面上部覆岩随开采的进行也将经历"O-X"结构演化特征,即"F"结构包括了"F"臂在采动影响下的结构失稳运动及"O-X"结构演化。同样,根据关键层的性质与破断特征,"F"结构可以分为两大类:长臂与短壁"F"结构,当存在多层亚关键层时,每类下又分别可细分为单层与多层"F"结构。处于"F"覆岩结构下的工作面,开采时矿压显现、覆岩运动与应力场演化比"O-X"结构复杂,体现在采空区震动频繁,造成采空区一侧沿空巷剧烈变形破坏。

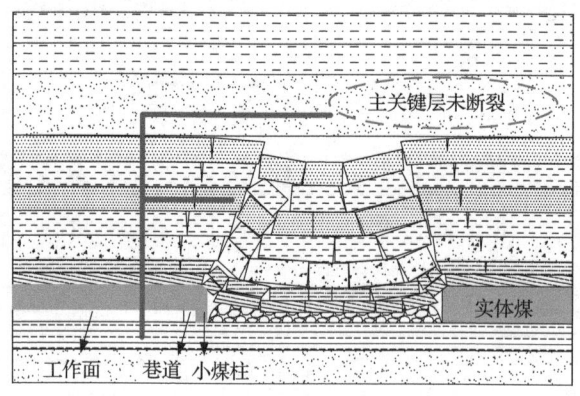

(a) 长臂"F"覆岩结构剖面示意图

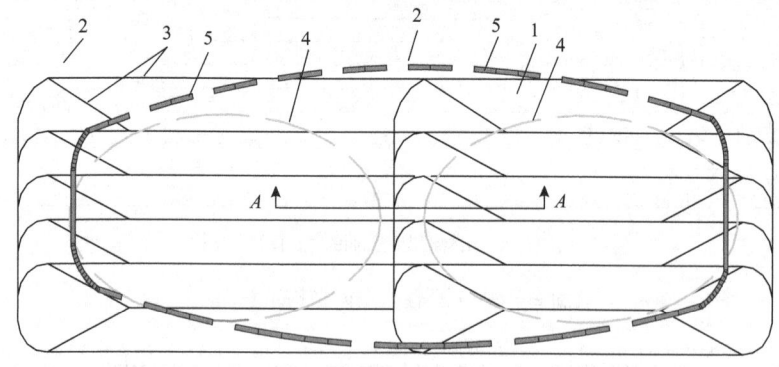

(b) 长臂"F"覆岩结构平面示意图

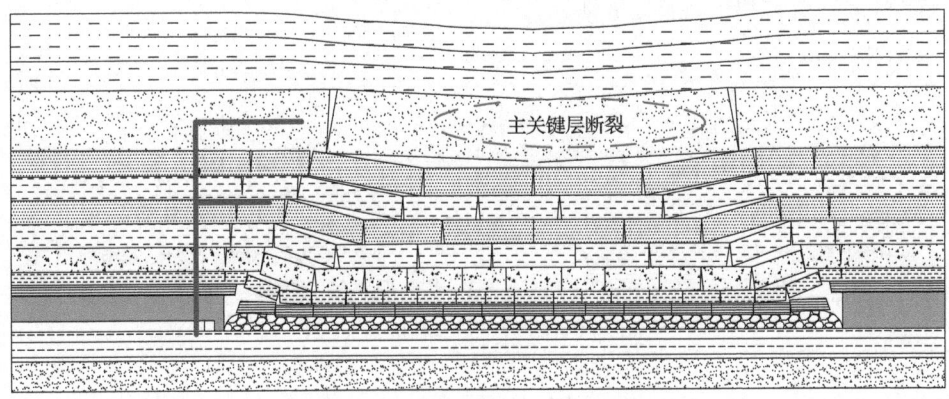

(c) 短臂"F"覆岩结构剖面示意图

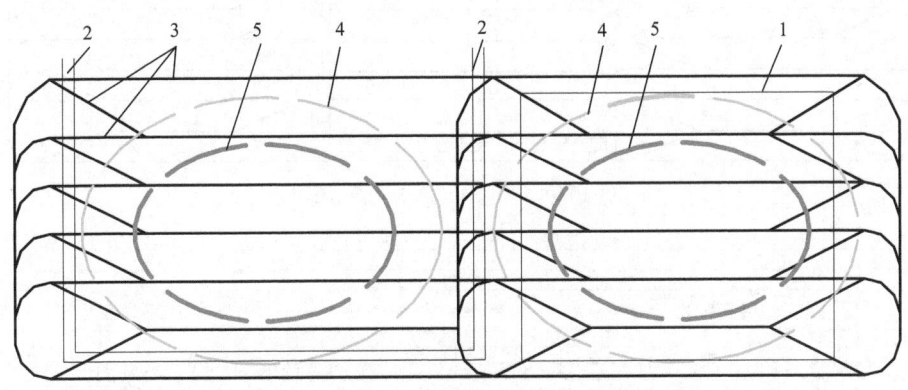

(d) 短臂"F"覆岩结构平面示意图

图 2-4 "F"覆岩空间结构示意图与分类

1. 上区段采空区；2. 下区段工作面平巷；3. 低位亚关键层断裂线；
4. 高位亚关键层断裂线；5. 主关键层断裂线

2.2.3 孤岛工作面顶板的"T"结构

工作面两侧及两侧以上边界为采空区,称为孤岛工作面。孤岛工作面应力集中程度高、覆岩运动剧烈,矿压显现强于非孤岛工作面,极易出现冲击矿压动力灾害。由于孤岛工作面周边覆岩均已发生断裂,工作面开采后周边覆岩与工作面顶板岩层将协同运动、相互影响,导致孤岛工作面支承压力场峰值高、扰动远、变化快。孤岛工作面两侧覆岩边界条件均成"F"结构,整体似字母"T",称为"T"型覆岩空间结构。"T"结构可以分为三大类：两侧主关键层均断裂的对称短臂"T"结构；两侧存在尚未断裂的关键层的对称长臂"T"结构；一侧关键层未断裂,一侧主关键层断裂的非对称"T"结构。当存在多层亚关键层时,每类下又分别可细分为单层与多层"T"结构,如图 2-5 所示。

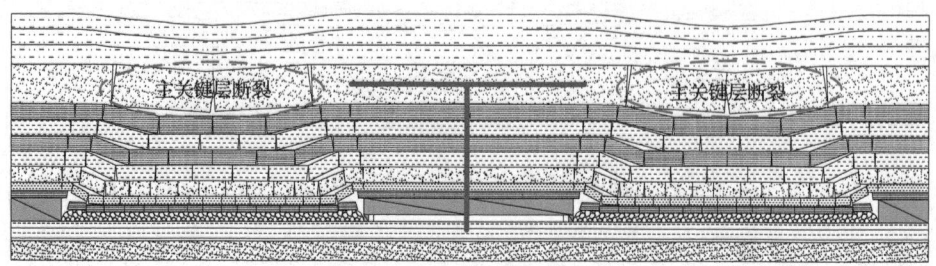

(a) 短臂对称"T"覆岩结构剖面示意图

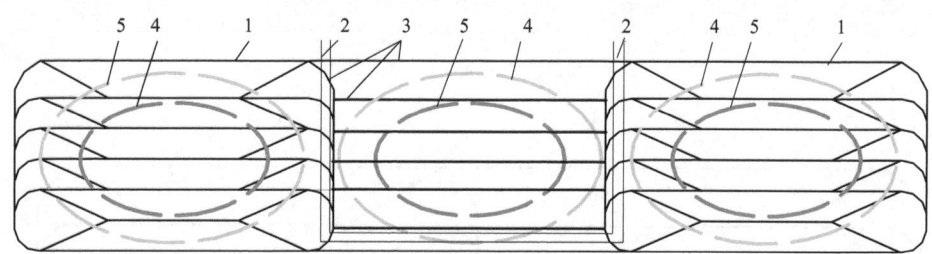

(b) 短臂对称"T"覆岩结构平面示意图

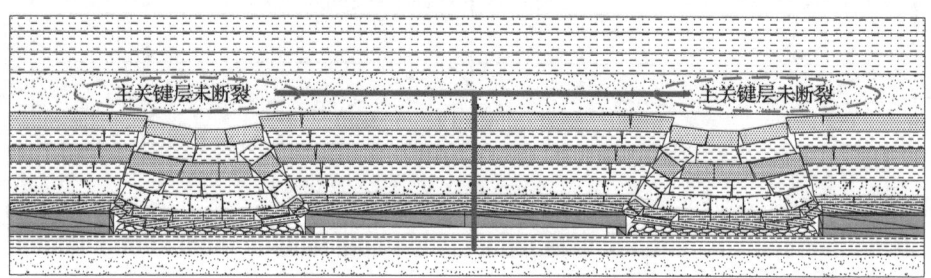

(c) 长臂对称"T"覆岩结构剖面示意图

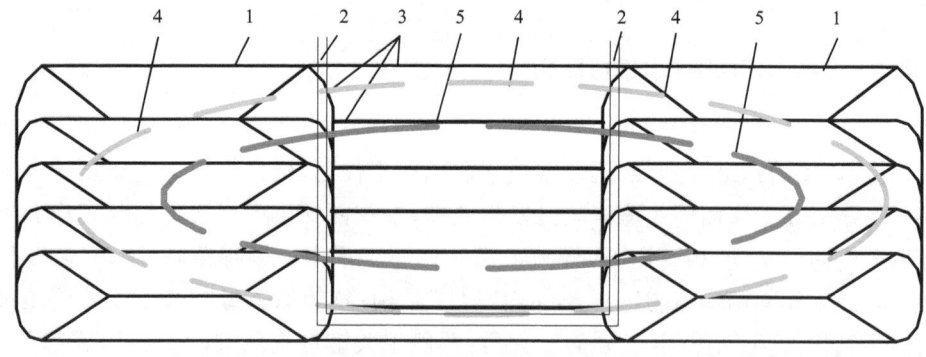

(d) 长臂对称"T"覆岩结构平面示意图

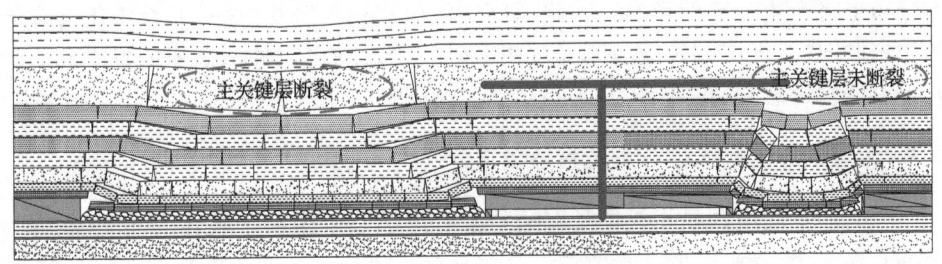

(e) 非对称"T"覆岩结构剖面示意图

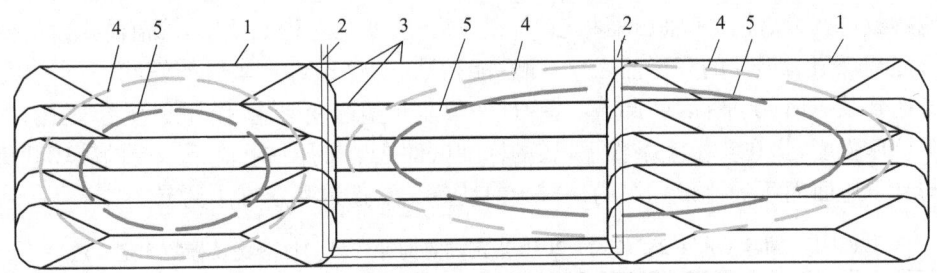

(f) 非对称"T"覆岩结构平面示意图

图 2-5 "T"覆岩空间结构示意图与分类

不同的结构对应着不同的矿压显现规律。第一类结构整个工作面范围矿压显现与短臂"F"结构采空侧的矿压显现类似。对称长臂"T"结构由于两侧关键层尚未断裂,工作面两侧支承压力要高于第一类结构,两巷维护难度加大,煤体震动增多,并且当工作面推进一段距离后,由于关键层跨度的增大,会出现关键层断裂来压现象,从而引起高能量级别矿震。虽然破裂源主要集中在两侧采空区与本工作面中部,但是高能量震动波传播至工作面后,仍极有可能造成工作面冲击矿压事故。对于第三类不对称"T"结构,开采前其支承压力场分布短臂一侧与第一类类似,而长臂一侧则与第二类类似,工作面推进初期,矿压显现规律也与两类结构类似。但是,当尚未断裂的关键层开始断裂运动时,则矿压显现要比前两类剧烈很多,主要原因就是,此时关键层的一侧断裂线位于工作面巷道上方,中间的断裂线也靠近另一条巷道上方,因此,关键层断裂诱发的高能级震动对巷道的破坏作用要高得多。

2.3 组合煤岩的冲击倾向性特征

根据已经发生的冲击矿压顶底板岩层结构来看,很大一部分发生在坚硬顶底板条件下,特别是煤层上方坚硬厚层砂岩顶板是影响冲击矿压发生的主要因素之一。在这种"两硬"条件下,煤层的硬度与厚度的不同对于煤岩体开挖后的二次应力分布也将产生一定的影响。因此,研究"顶板-煤层-底板"这一系统中组合煤岩的冲击倾向性、煤层的硬度与厚度对冲击矿的压影响将对冲击矿压的发生和防治有重要的参考意义(窦林名等,2006)。

2.3.1 煤的冲击倾向性分类及指数测定方法

煤的冲击倾向性是指煤体具有的积聚变形能及产生冲击破坏的性质,它分为无、弱、强三个类型,由四个指数测试并综合分析得到。这四个指数分别为:动态破坏时间,指煤试件在单轴压缩状态下,从极限强度到完全破坏所经历的时间;冲击能指数,指煤试件在单轴压缩状态下,在应力-应变全过程曲线中,峰值前积蓄的变形能与峰值后损耗的变形能之比;弹性能指数,指煤试件在单轴压缩状态下,当受力达到某一值(破坏前)时卸载,其弹性变形能与塑性变形能(损耗变形能)之比;单轴抗压强度,指在实验室条件下,煤的标准试件在单轴压缩状态下承受的破坏载荷与其承压面面积的比值。煤的冲击倾向性分类及指数测定方法见表2-1。

表 2-1 国标 GB/T 25217.2—2010 规定的煤的冲击倾向性分类及指数测定方法

冲击倾向指数		动态破坏时间 D_T/ms	冲击能指数 K_E	弹性能指数 W_{ET}	单轴抗压强度 R_C/MPa
指数计算示意图		(应力-时间曲线图,标注 R_C, D_T)	(应力-应变曲线图,$QF=QE$, $K_E=\dfrac{A_S}{A_X}$)	(应力-应变曲线图,$\sigma_A=75\%\sim85\%R_C$, $W_{ET}=\dfrac{A_E}{A_P}$)	
标准试样尺寸		圆柱体:Φ50mm×100mm;或方柱体:50mm×50mm×100mm			
测试所需标准试样数量		≥5	≥5	≥5	≥3
试验机加载方式		载荷控制	位移控制	载荷控制	
加载速率		0.5~1.0MPa/s	$0.5\times10^{-5}\sim1.0\times10^{-5}$m/s	0.5~1.0MPa/s	
冲击倾向性类别	无	$D_T>500$	$K_E<1.5$	$W_{ET}<2$	$RC<7$
	弱	$50<D_T\leqslant500$	$1.5\leqslant K_E<5$	$2\leqslant W_{ET}<5$	$7\leqslant RC<14$
	强	$D_T\leqslant50$	$K_E\geqslant5$	$W_{ET}\geqslant5$	$RC\geqslant14$
采用模糊综合评判时,4个指数的权重		0.3	0.2	0.2	0.3

2.3.2 煤冲击倾向性的主成分-模糊综合判别方法

1. 主成分-模糊综合评判方法

1) 主成分分析原理

主成分分析由 Hotelling 于 1933 年首先提出。其基本思想是在保留原始参量尽可能多信息的前提下达到降维的目的,从而简化问题的复杂性并抓住问题的主要矛盾。其几何意义就是坐标系旋转的过程,各主成分表达式就是新坐标系与原始坐标系的转换关系,在新坐标系中,各坐标轴的方向就是原始数据变差最大的方向。

2) 具体分析步骤

(1) 建立原始变量矩阵 x,设有 n 个样本,每个样本有 p 个指标变量,构成数据矩阵:$x = (x_{ij})_{n \times p}$,$x_{ij}$ 表示第 i 个样本的第 j 项指标值。

(2) 由于各个因子的量纲、大小及评价标准差别很大,可比性差,因此需要先进行标准化,使其具有良好的可比性。运用极差标准化原理进行无量纲化,其运算式为

$$X_{ij} = \frac{x_{ij} - \bar{x}_j}{R_j}, \quad i = 1,2,3,\cdots,n, \quad j = 1,2,3,\cdots,p \tag{2-10}$$

式中,$R_j = \max\{x_{ij}\} - \min\{x_{ij}\}$;$\bar{x}_j = \frac{1}{n}\sum_{i=1}^{n} x_{ij}$ 为第 j 个指标的均值。

(3) 计算标准化数据的相关系数矩阵 $\boldsymbol{R}$。
(4) 求相关系数矩阵 $\boldsymbol{R}$ 的特征根和特征向量。
(5) 建立主成分方程并计算主成分值。
(6) 计算各因子客观信息权重。

3) 模糊综合评判原理

模糊综合评判主要分为两步:第一步先按每个因素单独评判;第二步再按所有因素综合评判。

(1) 建立因素集。因素集是影响评判对象的各种因素中所有元素组成的一个普通集合。用大写字母 U 表示,即 $U = \{u_1, u_2, \cdots, u_p\}$。

(2) 建立权重集。各因素的重要程度一般是不同的,因此不能等同视之。为了反映各因素的重要程度,对各因素应赋予相应的权数,由各权数所组成的集合 $A = \{a_1, a_2, \cdots, a_p\}$,称为因素权重集,简称权重集。

通常,各权数应满足归一性和非负条件:

$$\sum_{i=1}^{p} a_i = 1, \quad a_i \geqslant 0, \quad i = 1, 2, \cdots, p \tag{2-11}$$

(3) 建立备择集。备择集是对评判对象可能做出各种评判集合的总体。用 V 表示,即 $V=\{v_1,v_2,\cdots,v_n\}$,各元素 v_i 即代表各种可能的评判结果。

(4) 单因素模糊综合评判。单独对一个影响因素进行评判,以确定评判对象对备择集元素的隶属程度,称为单因素模糊评判。

设评判对象按因素集中第 i 个因素 u_i 进行评判,对备择集中第 j 个元素 v_j 的隶属程度为 γ_{ij},则第 i 个因素 u_i 评判的结果可表示为 $R_i=\{\gamma_{i1},\gamma_{i2},\cdots,\gamma_{in}\}$,将各因素评判集的隶属度排列成行,构成单因素评判矩阵

$$R=\begin{bmatrix} \gamma_{11} & \gamma_{12} & \cdots & \gamma_{1n} \\ \gamma_{21} & \gamma_{22} & \cdots & \gamma_{2n} \\ \vdots & \vdots & & \vdots \\ \gamma_{m1} & \gamma_{m2} & \cdots & \gamma_{mn} \end{bmatrix} \tag{2-12}$$

(5) 模糊综合评判。单因素模糊评判仅仅反映了一个因素对评判对象的影响,模糊综合评判的目的,是要综合考虑所有因素的影响。模糊综合评判集可表示为 $B=A\cdot R=(b_1,b_2,\cdots,b_m)$。式中,$b_j$ 的含义是,当综合考虑所有因素的影响时,评判对象对备择集中第 j 个元素的隶属度。

(6) 评判指标的处理——最大隶属度法。得到评判指标 b_j 之后,取最大的评判指标 $\max_j b_j$ 相对应的备择集元素 v_L 为评判的结果,即

$$V=\{v_L\,|\,v_L\to\max_j b_j\} \tag{2-13}$$

2. 应用实例

1) 权重集建立

以某工作面上、中、下不同采样点 13 组冲击倾向性试验数据为基础,建立影响整个工作面煤层冲击倾向性的因素集,见表 2-2。对表 2-2 中各指标原始数据进行标准化处理,并计算得到相关系数矩阵,最后求得相关系数矩阵的特征根及其对应的特征向量,见表 2-3。

定义:第 k 个主成分 Y_k 与原始变量 X_i 的相关系数 $\rho(Y_k,X_i)$ 称为因子负荷量。

因子负荷量是主成分解释中重要的解释依据,因子负荷量的绝对值大小刻画了该主成分的主要意义及其成因。

根据定义可得

$$\rho(Y_k,X_i)=\frac{\mathrm{cov}(Y_k,X_i)}{\sqrt{\mathrm{var}(Y_k)}\sqrt{\mathrm{var}(X_i)}}=\frac{u_{ki}\sqrt{\lambda_k}}{\sqrt{\sigma_{ii}}} \tag{2-14}$$

式中，u_{ki} 为系数向量；σ_{ii} 为 X_i 的标准差；λ_k 为第 k 个特征值。

表 2-2　各指标原始数据及其处理结果

试样来源	试验组号	抗压强度 Rc/MPa	弹性能指数 W_{ET}	冲击能指数 K_E	动态破坏时间 D_T/ms
工作面上部	1	21.00	6.44	9.51	140
	2	14.57	5.13	2.19	109
	3	13.05	11.20	2.95	797
	4	14.34	14.74	6.92	141
工作面中部	5	10.94	7.92	6.67	172
	6	5.37	3.40	2.17	328
	7	4.33	3.86	3.15	250
	8	16.55	13.40	2.47	141
	9	9.17	4.69	2.77	250
工作面下部	10	10.14	16.17	12.17	31
	11	5.26	2.09	3.25	31
	12	6.82	9.63	5.13	438
	13	20.37	10.03	4.11	203

表 2-3　主成分分析表

主成分	特征向量				特征根	贡献率/%	累积贡献率/%
	Rc	W_{ET}	K_E	D_T			
Y_1	−0.485(−0.678)	−0.579(−0.806)	−0.595(−0.803)	0.274(0.340)	1.870	46.754	46.754
Y_2	−0.269(−0.349)	−0.404(−0.481)	0.223(0.194)	−0.845(−0.829)	1.075	26.886	73.640
Y_3	0.796(0.706)	−0.293(−0.227)	−0.473(−0.394)	−0.238(−0.164)	0.732	18.288	91.928
Y_4	−0.242(−0.158)	0.645(0.403)	−0.610(−0.363)	−0.392(−0.114)	0.323	8.072	100.000

注：括号中为因子负荷量

由式(2-14)知因子负荷量与 u_{ki} 成正比，与 σ_{ii} 成反比，因此，不能将因子负荷量与系数向量混淆。在解释主成分的成因或是第 i 个变量对第 k 个主成分的重要性时，应当根据因子负荷量而不能仅根据 Y_k 与 X_i 的变换系数 u_{ki}。

可采用如下公式计算各指标客观权重：

$$\rho_i = \sum_{j=1}^{4} \lambda_j \cdot \frac{|\rho(Y_j, X_i)|}{\sum_{i=1}^{4} |\rho(Y_j, X_i)|} \quad (2-15)$$

式中，ρ_i 为第 i 个指标因子的权重；$i=1,2,3,4$ 分别代表抗压强度、弹性能指数、冲击能指数和动态破坏时间。经归一化处理,可得客观权重集 $A_1=\{0.27,0.27,0.25,0.21\}$。

以国际《煤的冲击倾向性分类及指数的测定方法》(以下简称《标准》)中给出的权重集作为主观权重集,即 $A_2=\{0.3,0.2,0.2,0.3\}$。

为了综合主观权重和客观权重各自优点,本书采用结合赋权法:

$$A(i)=\frac{A_1(i)A_2(i)}{\sum_{i=1}^{4}\{A_1(i)A_2(i)\}} \qquad (2\text{-}16)$$

式中,$A_1(i)$ 为第 i 个指标因子的客观权重;$A_2(i)$ 为第 i 个指标因子的主观权重;$i=1,2,3,4$ 分别代表抗压强度、弹性能指数,冲击能指数和动态破坏时间。

最终,得出主客观综合权重集 $A=\{0.33,0.22,0.20,0.25\}$。

2) 备择集及隶属函数确定

按照《标准》中的规定,煤层冲击倾向性分为三个等级,即强冲击、弱冲击和无冲击,对应各指标判别标准见表 2-1。为了克服冲击倾向性指标"清晰分界"反映冲击倾向强、弱、无模糊概念的不合理现象,采用三相模糊统计法,得到各指标对备择集的隶属函数如图 2-6 所示。

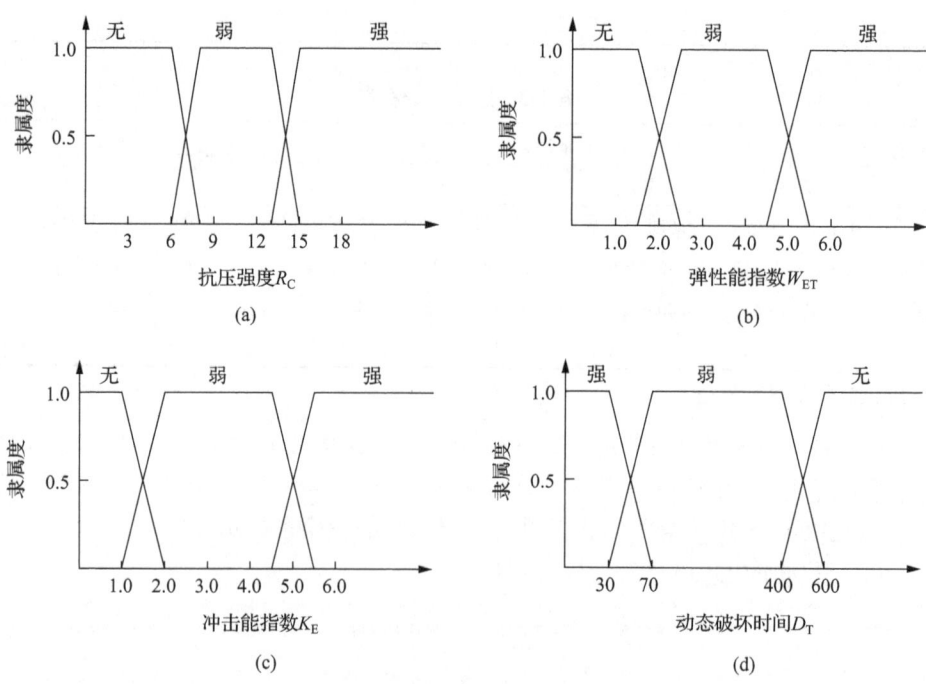

图 2-6 各冲击倾向性指标隶属函数图形

3）单组试验煤层冲击倾向性评判

根据模糊综合评判中的最大隶属度法，重新得到各试样冲击倾向性鉴定结果，并与《标准》评判结果对比，见表 2-4。

表 2-4 各试样冲击倾向性综合评判

试样来源	试验组号	隶属度			主成分-模糊综合评判	《标准》评判				
		强	弱	无		综合评判	R_C	W_{ET}	K_E	D_T
工作面上部	1	0.746	0.254	0.000	强	强	强	强	强	弱
	2	0.395	0.605	0.000	弱	无法评判	强	强	弱	弱
	3	0.228	0.518	0.254	弱	弱	弱	强	弱	无
	4	0.638	0.362	0.000	强	强	强	强	强	弱
工作面中部	5	0.419	0.581	0.000	弱	弱	弱	强	强	弱
	6	0.000	0.673	0.327	弱	弱	无	强	弱	弱
	7	0.000	0.673	0.327	弱	弱	无	强	弱	弱
	8	0.547	0.453	0.000	强	无法评判	强	强	弱	弱
	9	0.042	0.958	0.000	弱	弱	弱	强	弱	弱
工作面下部	10	0.667	0.333	0.000	强	弱	弱	强	强	强
	11	0.247	0.336	0.417	无	弱	无	强	强	强
	12	0.345	0.413	0.241	弱	强	无	强	强	强
	13	0.547	0.453	0.000	强	无法评判	强	强	弱	弱

4）多组试验煤层冲击倾向性指标综合值及评判

令 Σ 为变量 X_1, X_2, X_3 的协方差矩阵，$\boldsymbol{X} = (X_1, X_2, X_3)^T$，$\boldsymbol{u} = (u_1, u_2, u_3)^T$。考虑到 $(\boldsymbol{X} - \boldsymbol{u})^T \Sigma^{-1} (\boldsymbol{X} - \boldsymbol{u}) = d^2$（$d$ 为常数），$\boldsymbol{X}$ 为标准化数据数组，于是 $\boldsymbol{u} = 0$。

根据 $\Sigma = \boldsymbol{P} \boldsymbol{\Lambda} \boldsymbol{P}^T$，$\Sigma^{-1} = \boldsymbol{P} \boldsymbol{\Lambda}^{-1} \boldsymbol{P}^T$，式中，$\boldsymbol{P} = (\gamma_1, \gamma_2, \gamma_3)$；$\boldsymbol{\Lambda} = \begin{bmatrix} \lambda_1 & 0 & 0 \\ 0 & \lambda_2 & 0 \\ 0 & 0 & \lambda_3 \end{bmatrix}$；$\gamma_1, \gamma_2, \gamma_3$ 为相应的标准正交特征向量，$\boldsymbol{P}$ 为正交阵。因此有

$$d^2 = \boldsymbol{X}^T \Sigma^{-1} \boldsymbol{X} = \frac{Y_1^2}{\lambda_1} + \frac{Y_2^2}{\lambda_2} + \frac{Y_3^2}{\lambda_3} \tag{2-17}$$

可知式(2-17)是一个椭球方程。为了使上述主成分组成的椭球方程意义更为明显，用遵从正态分布的变量进行分析，设变量 X_1, X_2, X_3 遵从三元正态分布，则其概率密度函数为

$$f(X_1, X_2, X_3) = \frac{1}{(2\pi)^{3/2} |\Sigma|^{1/2}} \exp\left(-\frac{1}{2} \boldsymbol{X}^T \Sigma^{-1} \boldsymbol{X}\right) \tag{2-18}$$

式中，$|\mathbf{\Sigma}|$ 为协方差矩阵 $\mathbf{\Sigma}$ 的行列式。

很显然，式(2-17)为三元正态分布的等概率密度椭球曲面，即椭球体积越大，说明椭球表面处样本出现的概率越小，分布的离散程度越高；反之，椭球表面处样本出现的概率越大，集中程度越高。由统计学理论可知，一组指标，如果其离散程度越大，则认为该组指标能够反映某种物理概念的可靠性越差，应该赋予这组数以较小的权数，反之应赋予较大的权数。因此，可利用主成分等概率密度椭球的概率作为各试验在评判煤层冲击倾向性时的权重，推广到四维空间，等价于采用式(2-19)，其主成分及权重分布效果如图 2-7 所示。于是可采用式(2-20)计算出各指标综合值。

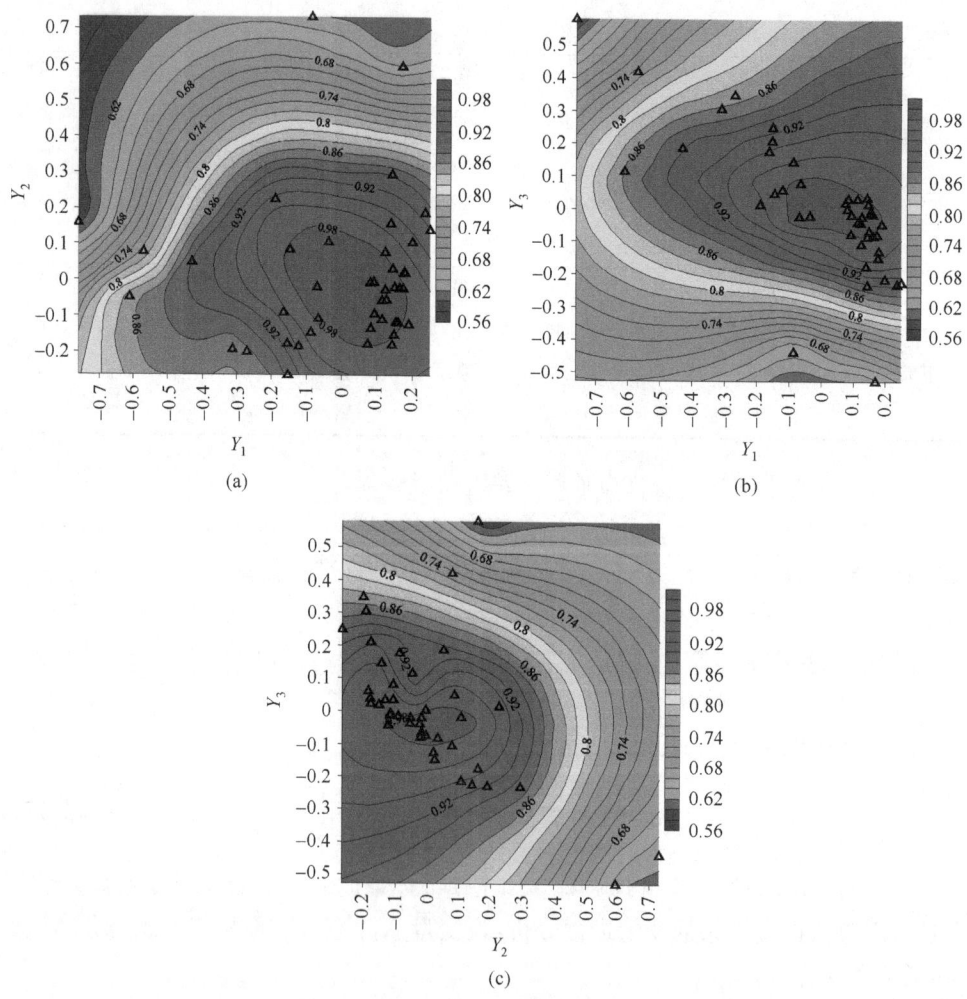

图 2-7　主成分坐标空间中的主成分及权重分布效果图

$$f = \exp\left\{-\frac{1}{2}\left(\frac{Y_1^2}{\lambda_1} + \frac{Y_2^2}{\lambda_2} + \frac{Y_3^2}{\lambda_3} + \frac{Y_4^2}{\lambda_4}\right)\right\} \qquad (2\text{-}19)$$

$$\text{Index} = \frac{\sum_{i=1}^{n} f_i \cdot \text{Index}_i}{\sum_{i=1}^{n} \text{Index}_i} \qquad (2\text{-}20)$$

式中，Index 为各指标综合值；f_i 为第 i 次试验在评判煤层冲击倾向性时的权重；Index_i 为第 i 次试验指标值；n 为试样个数。

最终得到该工作面煤层冲击倾向性指标综合值为：抗压强度 11.37，弹性能指数 8.15，冲击能指数 4.70，动态破坏时间 233.61ms。根据模糊综合评判中的最大隶属度法，得到该工作面煤层冲击倾向性综合鉴定结果(表 2-5)。

表 2-5 甘肃某煤矿工作面煤层综合冲击倾向性

指标值	抗压强度	弹性能指数	冲击能指数	动态破坏时间	隶属度			综合评判
					强	弱	无	
平均值	11.69	8.36	4.88	233.15	0.296	0.704	0	弱
综合值	11.37	8.15	4.70	233.61	0.259	0.741	0	弱

5) 结果分析与讨论

从表 2-4 中可以看出，主成分-模糊综合评判法得出的结果不仅大部分与《标准》评判的结果一致，而且对于《标准》无法判别的试验组 2 组、8 组、13 组，主成分-模糊综合评判法也能定量给出评判结果，提高了评判结果的准确性。至于试验组 11 组、12 组评判结果不一致问题，认为主成分-模糊综合评判法得出的结果更合理，因为该法充分考虑了各指标试验数据的主客观信息，并克服了冲击倾向性指标"清晰分界"反映冲击倾向强、弱、无模糊概念的不合理现象。

为更好地解决无法判别的问题，建议采取如下方法，即当单组试验综合评判最大隶属度取值同时属于多个备择子集时，根据最不利原则，选取最危险的子集作为评判结果，如隶属度为(0.432,0.432,0.136)时，评判结果为强。

从表 2-5 中可以看出，在数值大小上，综合值比平均值偏小，这是因为平均值忽略了各试验组在评判整个煤层冲击倾向性时所占的权重。一般来说，平均值代表了试验数据组的"几何重心"，它容易受个别奇异数值的影响，而以试验数据在空间上分布密集程度为基础，合理赋予每个试样权重得出的综合值是试验数据组的"物理重心"，当然，如果数据的离散度比较小，平均值是可以代表试验数据组。具体针对这个问题，说明该组试验数据离散度较小，但仍然存在个别奇异数值的影响。很显然，综合值有利于提高评判结果的可靠性，尤其是解决数据离散度大的问题。

根据模糊综合评判中的最大隶属度法,采用综合值和平均值综合评判得出的冲击倾向性结果一致,即为弱冲击,其中采用综合值评判时隶属更明显,说明采用综合值进行模糊综合评判比采用平均值更合理。

与当前煤层冲击倾向性综合评价方法的不同之处在于,新提出的评价方法在评判单组试验煤层冲击倾向性时,充分考虑了各指标的主客观信息,并克服了划分冲击倾向性强弱程度的标志及界限,以及不同程度冲击危险之间过渡存在模糊性的问题,从而完善了目前单组试验煤层冲击倾向性综合评判方法。同时还给出了多组试验煤层冲击倾向性的综合评判方法,即根据《标准》单组试验测试方法,通过增加试样数量,首先采用主成分分析中的等概率密度椭球模型确定各组试样在评判煤层冲击倾向性时的权重,其次计算综合指标值,最后进行模糊综合评判。为综合评判整个工作面,甚至整个煤层的冲击倾向性提供了思路。

2.3.3 组合煤岩的冲击倾向性测试

1. 组合煤岩试样及加载设备

从三河尖矿区、古城矿区、济三矿区及平顶山矿区选取煤岩样,把煤岩样加工成直径为 50mm 的标准试样。将顶板岩样、煤样及底板岩样均按不同比例用强力胶水将煤岩样组合成高度为 100mm 的标准试样,如图 2-8(a)所示。其中三河尖煤矿顶板岩样为坚硬中砂岩,底板岩样为粉细砂岩,煤样单轴抗压强度为 15MPa;古城煤矿顶底板岩样均为中粗砂岩,煤样单轴抗压强度为 21.0MPa;济三煤矿顶底板岩样均为中砂岩,煤样单向抗压强度为 15.07MPa;平顶山煤矿顶底板岩样均为粉砂岩,煤样单轴抗压强度为 6.43MPa。通过组合煤岩试样的单轴循环加卸载抗压试验,测定其变形破裂过程中的应力-应变曲线,求得其基本力学参数和动态破坏时间 D_T,弹性能量指数 W_{ET},冲击能量指数 K_E,从而研究岩层结构对冲击矿压的影响。加载装置采用高精度能控制加载速度及调节油压的 MTS815 伺服材料实验机。

2. 组合煤岩样的试验结果

1) 组合煤岩样的破坏形态

对于强冲击危险的煤岩样来说,在组合煤岩试件单向加载受压的条件下,破坏主要是发生在煤样部分。破坏的形式是煤样部分脆性破坏,而岩样部分基本上没有破坏,或者破坏成几个大块,见图 2-8(b)所示。

2) 组合煤岩的应力应变特征

图 2-9 为组合煤岩加载过程的应力-应变全程曲线,图 2-9 中曲线 1 是煤岩比为 0.3072 的组合试样;曲线 2 是煤岩比为 0.4730 的组合试样;曲线 3 是纯煤试

(a) 破坏前

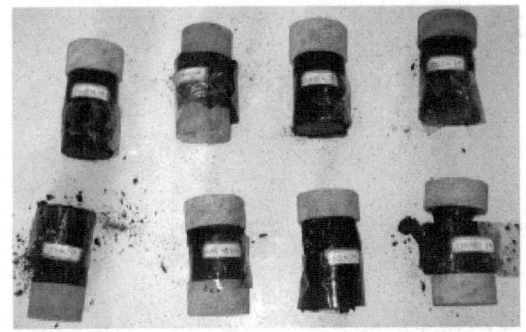

(b) 破坏后

图 2-8　组合煤岩样形态

样。从试验结果可知,曲线 1 和曲线 2 两种模型峰前斜率比纯煤模型 3 的斜率陡,这就说明煤岩组合试样的弹性模量比纯煤的高,经计算统计,试样 1 为 4461MPa,试样 2 为 3052MPa,试样 3 为 1119MPa。曲线 1 和曲线 2 两种模型强度极限远远高于纯煤模型 3,说明煤岩体组合试样单轴抗压强度比纯煤试样要高。曲线 1 和曲线 2 两种模型峰后斜率比纯煤模型 3 的斜率陡,说明煤岩组合试样比纯煤试样破坏猛烈。曲线 1 比曲线 2 峰前、峰后斜率陡,说明模型中顶板岩样越高,弹性模量越高,煤破坏的越猛烈,冲击倾向性就越强。曲线 1 比曲线 2 强度极限高,说明模型中顶板岩样越高,试样单轴抗压强度越高。

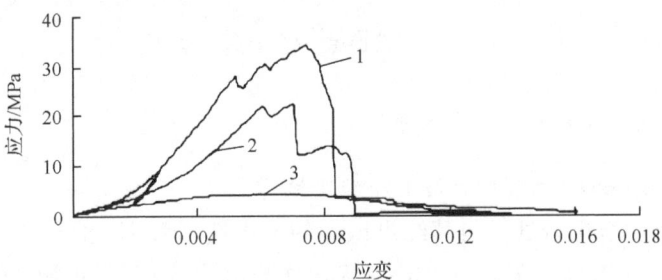

图 2-9　组合煤岩样的应力-应变曲线

3) 组合煤岩的单轴抗压强度与煤岩比例之间的关系

图 2-10 为组合煤岩试样中煤岩高度比值 c 与单轴抗压强度之间的关系曲线。令 $c=M/h$,其中 h 为组合煤岩试样中顶底板岩样的高度之和;M 为组合煤岩试样中煤样的高度。这说明组合煤岩试样中顶底板所占比重越大,则组合煤岩的强度也就越强。

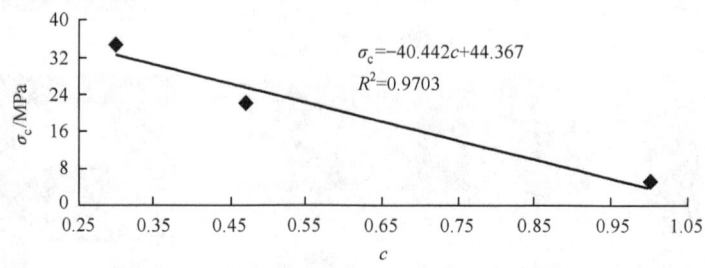

图 2-10　单轴抗压强度-煤岩高度比值关系曲线

4) 组合煤岩的弹性模量与煤样百分比的关系

图 2-11 所示为组合煤岩试样的弹性模量 E 与煤样百分比 b 之间的关系曲线。令 $b=M/H_z$,其中 H_z 为组合煤岩试样高度。由此可见组合煤岩试样的弹性模量随着煤样百分比的增加而呈现逐渐减小的趋势。

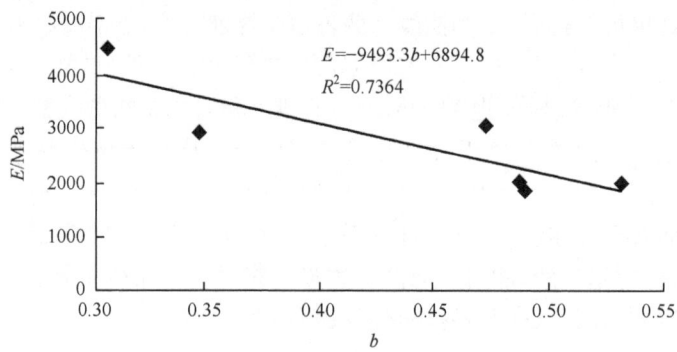

图 2-11　弹性模量-煤样百分比曲线

3. 组合煤岩样的冲击倾向性分析

1) 组合煤岩样冲击倾向性要高于纯煤试样

表 2-6 为组合煤岩试样与其纯煤试样的冲击能指数 K_E 的对比,三河尖矿纯煤试样的冲击能指数以 9112 工作面 9 煤试样测定结果为准,即纯煤试样的冲击能指数 $K_E=2.91$;济三矿纯煤试样的冲击能指数以 6303 工作面煤试样测定结果为准,即纯煤试样的冲击能指数 $K_E=3.84$。从表 2-6 中可以发现,组合煤岩试样明

显比纯煤试样的冲击能量指数要大,三河尖矿平均大 27%,济三矿平均大 44%。由此说明,由顶板与煤组成的组合煤岩试样的冲击倾向性要高于纯煤试样,说明坚硬顶板对煤层的冲击倾向具有显著影响。

表 2-6 组合煤岩试样与纯煤试样冲击能指数 K_E 值的对比分析

三河尖试样号	1	2	3	4	5	6	7	8	9	10	平均
组合	5.21	1.54	2.55	2.65	4.52	2.45	0.79	2.85	4.00	2.55	2.91
组合/纯煤	2.27	0.67	1.11	1.15	1.97	1.07	0.34	1.24	1.74	1.11	1.27
济三矿试样号	1	2	3	4	5	6	7	8	9	10	平均
组合	3.50	3.10	2.00	3.00	1.50	1.80	2.80	8.45	9.26	3.00	3.84
组合/纯煤	1.31	1.16	0.75	1.12	0.56	0.68	1.05	3.17	3.47	1.12	1.44

2) 顶板厚度与冲击倾向性之间的关系

图 2-12 为冲击能指数 K_E 与组合煤岩试样中顶板煤样高度比值 a 之间的关系曲线。令 $a = h_d / M$,其中 h_d 为组合煤岩试样中顶板岩样的高度。从图 2-12 中可以看出,组合煤岩试样的冲击能指数随着顶板与煤样高度比值的增加呈现逐渐增加的趋势。由此说明,组合煤岩试样中顶板岩样厚度越厚,则其冲击倾向性相应就越强。

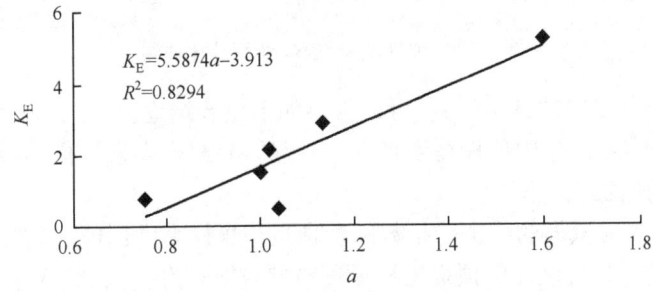

图 2-12 冲击能指数与顶煤高度比值之间的曲线

3) 组合煤岩的冲击能指数与煤样百分比之间的关系

图 2-13 所示为冲击能指数 K_E 与组合煤岩试样中煤样百分比 b 之间的关系曲线。由此可知,组合煤岩试样的冲击能指数随着煤样百分比的增加呈现先逐渐减小、后逐渐增加的趋势。但在实际现场,煤样所占百分比值均小于 0.45,故组合煤岩试样的冲击能指数随着煤样百分比的增加呈现逐渐降低的趋势。当煤样百分比值 b 大约为 0.45 时,冲击能指数达到最小值。

4) 组合煤岩中煤厚与弹性能指数之间的关系

图 2-14 所示为组合煤岩试样弹性能指数 K_{ET} 与煤样百分比 b 之间的关系曲线。由此说明,组合煤岩试样的弹性能指数随着煤样百分比的增加而呈现逐渐增加的趋势。这说明组合煤岩试样中煤层厚度越大,则其弹性能指数就越大。

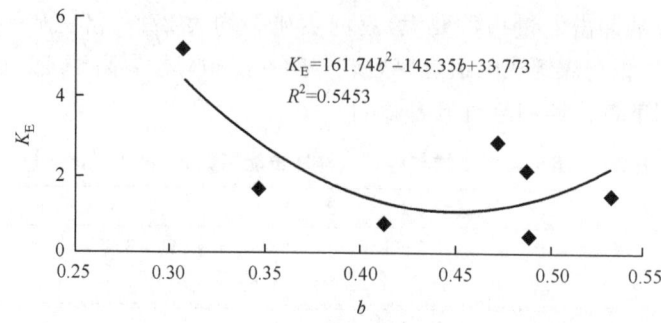

图 2-13　冲击能指数-煤样百分比曲线

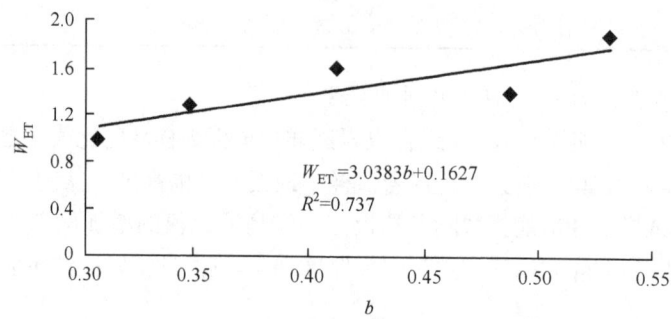

图 2-14　弹性能指数-煤样百分比曲线

通过对组合煤岩的试验研究,可以得出如下主要结论。

(1) 组合煤岩试样中顶板高度越大,强度越强;组合煤岩试样的弹性模量随着煤样百分比的增加而逐渐减小。

(2) 组合煤岩试样的冲击能指数随着顶板与煤样高度比值的增加呈现逐渐增加的趋势。组合煤岩试样中顶板岩样厚度越厚,冲击倾向性相应就越强;组合煤岩试样的冲击能指数随着煤样百分比的增加呈现逐渐降低的趋势;组合煤岩试样的弹性能指数随着煤样百分比的增加而呈现逐渐增加的趋势;组合煤岩试样中煤层厚度越大,则其弹性能指数就越大。

2.3.4　两硬条件工作面应力分析

顶板的硬度越大,工作面周围的应力集中程度就越大,垂直应力就越高。图 2-15 为在开采深度为 700m,煤层之上的顶板厚度为 6m、20m、10m,体积模量和弹性模量分别为 16GPa、27GPa、16GPa 和 4GPa、3GPa、4GPa 条件下,模拟的工作面周围垂直应力分布的情况。从图 2-15 中可以看出,顶板坚硬的条件下煤岩体中的垂直应力明显要高于顶板较软弱时的垂直应力。最大垂直应力相差近 44MPa,软顶时煤体中最大垂直应力下降了约 45%。而且在顶板坚硬情况下采空区靠近煤体侧上方的岩层中出现了局部应力集中现象。

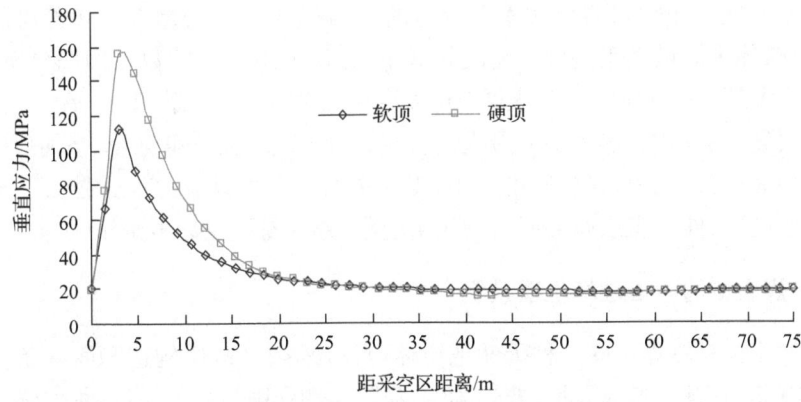

图 2-15 不同顶板硬度时工作面前方煤体中的垂直应力分布

同时,可以得出在"两硬"条件下,煤层厚度与硬度的改变对煤体中垂直应力的分布将产生很大的影响,见图 2-16。随着煤层硬度的减弱,煤体中的垂直应力也

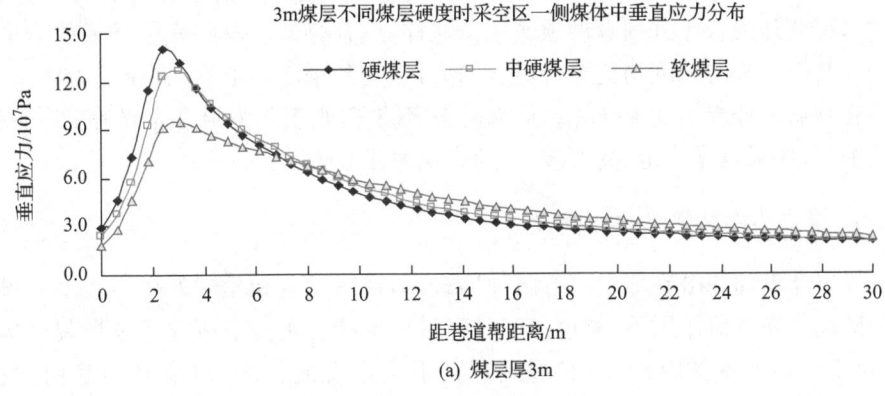

(a) 煤层厚3m

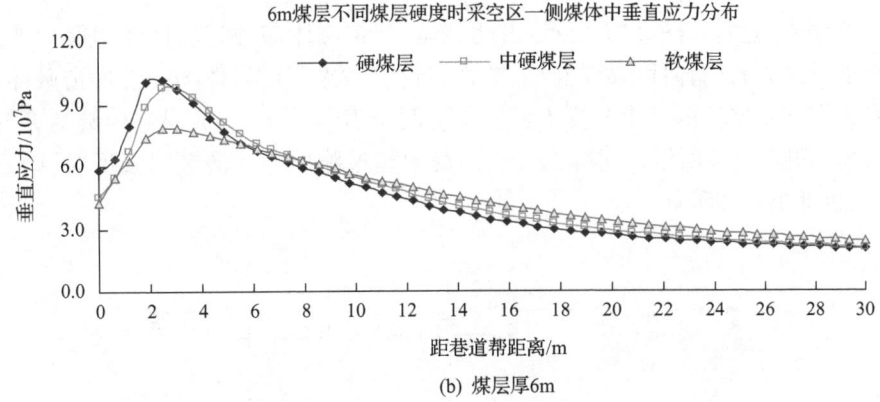

(b) 煤层厚6m

图 2-16 煤层硬度与实体煤侧垂直应力分布的关系

随之减小。硬煤和软煤的最大垂直应力的减弱程度达 44.8MPa。随着煤层厚度的增加,煤体中的最大垂直应力将随之减小,通过模拟试验的数据回归分析,可以得出煤体中最大垂直应力 F 与煤层厚度 h 存在二次多项式关系:$F = ah^2 - bh + c$;随着煤层硬度的增加,煤体中的最大垂直应力将随之增大。可见在"坚硬顶板-煤层-坚硬底板"系统中,煤层厚度越小,煤体中的最大垂直应力也就越大。也就是说,在"两硬"条件下煤层厚度所占的比重越小,越容易引发冲击矿压。

2.3.5 煤岩体的冲击破坏机理模型

煤岩作为自然界中的一种天然地质体,具有复杂的地质构造和赋存条件。煤岩体具有非均质性、各向异性、非连续性、裂隙性和弹脆塑性等特征,加之煤矿开采过程中煤岩体受力的复杂性,使得研究起来非常困难,而在煤矿开采过程中发生的冲击矿压现象就更加复杂和多变。根据现场观测和实验室的观察都发现煤岩体在冲击破坏时表现出了蠕变和突变破坏的特点,所以可从蠕变突变,损伤破坏等方面进行研究。此外,在煤矿中,可将煤层及其附近的顶底板看做一个整体(组合煤岩结构),将此外的岩体分别看做顶底板。这样,组合煤岩、顶板、底板构成一个平衡系统。其中顶板的强度均比组合煤岩的大,当受到采动影响后,在压缩力作用下,必将在软弱部分产生变形破坏。如果是稳定破坏,则表现为组合煤岩的变形,巷道的压缩等,如果是非稳定、突然破坏,则表现为冲击矿压。

1. 煤岩体蠕变突变破坏模型

煤岩体震动冲击破坏主要有两种形式,即瞬时发生和延时发生。大多数煤岩体的破坏是在载荷作用下,经过一定时间后发生的。实验室研究及现场观测均表明,对于许多固体材料破坏,在稳定载荷下会出现流变现象(窦林名和何学秋,2004)。

西原体模型,如图 2-17 所示,由胡克体、开尔文体和理想塑性体串联而成,最能全面反映岩石的弹性-黏弹性-黏塑性特性。考虑到煤岩体的突然冲击破坏,因此考虑在开尔文体的两个分支上分别加上两个脆性单元,构成煤岩体蠕变突变破坏模型,如图 2-18 所示。这样当一支的受力超过脆性单元的极限强度时,则模型破坏,也即煤岩体破坏。

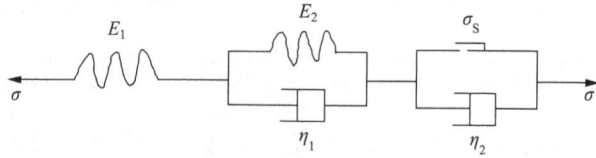

图 2-17 西原体模型

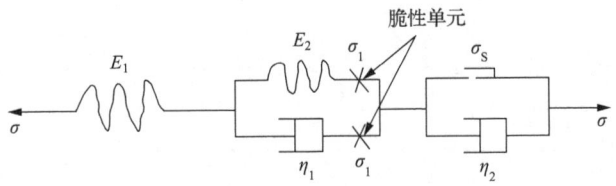

图 2-18 煤岩体蠕变突变破坏模型

其中,脆性单元的强度临界值为 σ_l,材料的破坏程度用损伤因子 D 来描述,即当 $D=0$ 时,材料没有破坏,$D=1$ 时,材料完全破坏,而 $\sigma_f = \dfrac{\sigma}{1-D}$ 称为有效应力。则其应变为

$$\varepsilon = \frac{\sigma}{E(1-D)} \tag{2-21}$$

故 D 是材料横截面上微裂隙的密度及应力集中效应的反映。

上述模型有一对脆性单元,当其脆性单元的应力 $\sigma_k < \sigma_l$ 时,脆性单元为刚体,而当 $\sigma_k > \sigma_l$ 时,脆性单元及分支破坏。在西原体模型中,当应力为常数,即 $\sigma = \sigma_0 = C$ 时,开尔文体部分中的虎克分支中 σ^H 逐渐增长,而牛顿分支中 σ^N 逐渐减小。

如果在 t 时刻,两分支 σ^H 和 σ^N 中有一个压力跳跃,即有应力增量 $\Delta\sigma$,若其应力总和超过 σ_l,整个模型立刻破坏。

如果 $\sigma = \sigma_0 = $ 常数,两分支中的应力均小于 σ_l。虎克体不破坏,则该模型的特性表现为西原体模型的特性。

最有讨论价值的情况是当 $\sigma_l < \sigma_0$ 且 $\sigma > \sigma^H$ 时。

在这种情况下,西原体在经过时间 Δt_2 后破坏(称之为流变-突变破坏)。σ^H 值需从 t 时刻的 σ_t^H 增加到 $\sigma_t^H(t) = \sigma_l$(因 σ^N 是衰减的,则仅有 $\sigma_t^H(t)$,使得 $\sigma_t^H(t) = \sigma_l$ 而破坏)。

(1) 对于煤岩体蠕变突变模型,在 $\sigma < \sigma_s$ 且 $\sigma_l < \sigma_s$ 的情况下(其模型见图 2-19)。当 $\sigma = \sigma_0 = $ 常数,及 $\varepsilon(t_0) = \varepsilon_0$ 时,

$$\varepsilon(t) = \frac{\sigma_0}{E} + \left(\varepsilon_0 - \frac{\sigma_0}{E}\right) e^{\frac{-E_2}{\eta_1} t} \tag{2-22}$$

其中,

$$\frac{1}{E} = \frac{1}{E_1} + \frac{1}{E_2} \tag{2-23}$$

对于模型中的开尔文体而言,其应变 $\varepsilon_k(t)$ 为

$$\varepsilon_k(t) = \varepsilon(t) - \frac{\sigma_0}{E_1} = \frac{\sigma_0}{E_2} + \left(\varepsilon_0 - \frac{\sigma_0}{E}\right) e^{\frac{-E_2}{\eta_1} t} \tag{2-24}$$

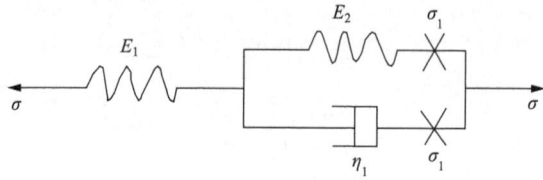

图 2-19 第一种情况下的模型

由式(2-24)可得

$$E_2\left[\frac{\sigma_0}{E_2}+\left(\varepsilon_0-\frac{\sigma_0}{E}\right)e^{\frac{-E_2}{\eta_1}\Delta t_2}\right]=\sigma_l,\quad e^{\frac{-E_2}{\eta_1}\Delta t_2}=\frac{\sigma_l-\sigma_0}{E_2\left(\varepsilon_0-\frac{\sigma_0}{E}\right)}$$

当 $\sigma_0 > \sigma_l$ 及 $\frac{\sigma_0}{E} > \varepsilon_0$ 时,

$$\Delta t_2=\frac{\eta_1}{E_2}\ln\left[\frac{E_2\left(\varepsilon_0-\frac{\sigma_0}{E}\right)}{\sigma_l-\sigma_0}\right] \quad (2\text{-}25)$$

这是当载荷 $\sigma = \sigma_0 =$ 常数,而且满足 $\sigma_l < \sigma_0$ 且 $\sigma > \sigma^H$ 时模型破坏的时间,见图 2-20。

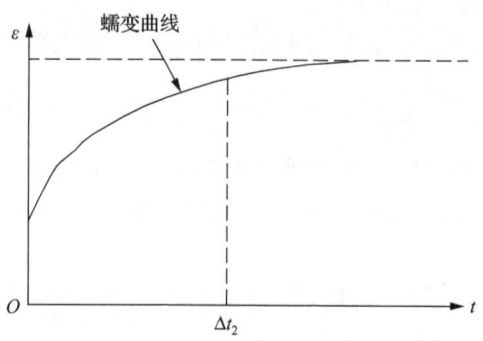

图 2-20 第一种情况破坏时间

(2) 在 $\sigma > \sigma_s$ 的情况下,当 $\sigma = \sigma_0 =$ 常数,及 $\varepsilon(t_0) = \varepsilon_0$ 且模型中的理想黏塑性体部分的变形 $\varepsilon(t_0) = \varepsilon_0'$:

$$\varepsilon(t)=\frac{\sigma_0}{E}+\left(\varepsilon_0-\varepsilon_0'-\frac{\sigma_0}{E}\right)e^{\frac{-E_2}{\eta_1}t}+\frac{\sigma_0-\sigma_s}{\eta_2}t+\varepsilon_0' \quad (2\text{-}26)$$

对于模型中的开尔文体,其应变 $\varepsilon_k(t)$ 为

$$\varepsilon_k(t)=\varepsilon(t)-\frac{\sigma_0}{E_1}-\left(\varepsilon_0'+\frac{\sigma_0-\sigma_s}{\eta_2}t\right)=\frac{\sigma_0}{E_2}+\left(\varepsilon_0-\varepsilon_0'-\frac{\sigma_0}{E}\right)e^{\frac{-E_2}{\eta}t} \quad (2\text{-}27)$$

由式(2-27)可得

$$E_2\left[\frac{\sigma_0}{E_2} + \left(\varepsilon_0 - \varepsilon_0' - \frac{\sigma_0}{E}\right)e^{\frac{-E_2}{\eta}\Delta t_2}\right] = \sigma_l, \quad e^{\frac{-E_2}{\eta}\Delta t_2} = \frac{\sigma_l - \sigma_0}{E_2\left(\varepsilon_0 - \varepsilon_0' - \frac{\sigma_0}{E}\right)}$$

当 $\sigma_l < \sigma_0$ 及 $\varepsilon_0 - \varepsilon_0' < \frac{\sigma_0}{E}$ 时，

$$\Delta t_2 = \frac{\eta_1}{E_2}\ln\left[\frac{E_2\left(\varepsilon_0 - \varepsilon_0' - \frac{\sigma_0}{E}\right)}{\sigma_l - \sigma_0}\right] \tag{2-28}$$

此时,模型破坏时间如图 2-21 所示。

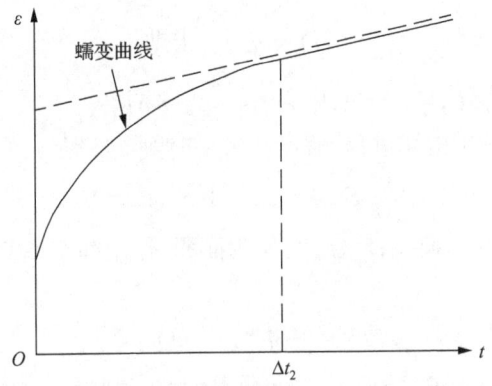

图 2-21 第二种情况下模型破坏时间

由此可知,σ 等于常数的情况下,此模型将出现两种强度特性,即瞬时强度(载荷发生跳跃)和长时间强度(常载荷作用)。

如果 $\sigma(\varepsilon)$ 是连续的,则其变形能为

$$W(\varepsilon) = \int^\varepsilon \sigma(\varepsilon)d\varepsilon \tag{2-29}$$

2. 模型中开尔文体部分的弹脆性场分析

弹脆性元素有如下特性。

(1) 弹脆性元素只需一个参量,即临界强度 σ_l,当 $\sigma_i < \sigma_l$ 时,为线弹性,当 $\sigma_i \geqslant \sigma_l$ 时,则发生不可逆转的破裂。

(2) 弹脆性场可用连续分布函数 $g(\sigma_l)$ 来描述,其物理意义为极限(如应力极限等)。

分布函数的初始值为

$$g(\sigma_l) \geqslant 0, \quad 0 \leqslant \sigma_{\min} \leqslant \sigma_l \leqslant \sigma_{\max} \leqslant \infty \tag{2-30}$$

$$\int_{\sigma_{\min}}^{\sigma_{\max}} g(\sigma_l) \mathrm{d}\sigma = 1 \tag{2-31}$$

连续的 $g(\sigma_l)$ 确定了概率密度，而公式

$$P_t\{a \leqslant \sigma_l \leqslant b\} = \int_a^b g(\sigma_l) \mathrm{d}\sigma_l \tag{2-32}$$

则表示满足 $a \leqslant \sigma_l \leqslant b$ 时的概率。

式(2-32)可以是连续的、离散的或是混合的，当 $\sigma_{\min} = \sigma_{\max}$ 时，所有的弹脆性单元均具有同样的强度，系统是均质的。在开尔文体部分的虎克分支弹性元素处，模型变为弹性，因在截面积 $\mathrm{d}s$ 上，弹模 E_0^H 均相同，则可用 E_0^H 与 s 表示。不考虑 σ_l 在横向的影响，则虎克体内的应力可表示为积分形式：

$$\sigma(t) = \varepsilon(t) \int \mathrm{d}E_0^H \tag{2-33}$$

对于初始的弹性场，采用 E_0^H，则 $\sigma(t_0) = \varepsilon(t_0) E_0^H$。

在力的作用下发生破坏过程，假设在每一时刻 t，满足：

$$S_0 = S_z(t) + S_c(t) \tag{2-34}$$

式中，$S_z(t)$ 为已破坏的面积；$S_c(t)$ 为作用面积。作用面积 $S_z(t)$ 的减小，意味着弹模 E^H 的降低。

$$E^H(t) = E_0^H(1 - D(t)) \tag{2-35}$$

式中，$D(t) \leqslant 1$ 为损伤因子。$E^H(t)$ 随时间的变化，就是一蠕变函数。

这样，就可以定义在某一时刻，弹脆性场的破坏程度

$$0 \leqslant D(t_1) = \frac{S_z(t_1)}{S_0} = \int_{\sigma_{\min}}^{\sigma_{\max}} g(\sigma_l) \mathrm{d}\sigma_l \leqslant 1 \tag{2-36}$$

$P(\sigma_1)$ 为密度 $g(\sigma_1)$ 的概率分布函数。

因为破坏的不可逆性，D 值是非减的，则弹脆性场表现为 Kaiser 效应。

尽管在弹性场中没有考虑任何阻尼元素，但可以说，岩石的损伤因子 $D(t)$ 的增长过程可以与声发射和电磁辐射的能量释放紧密相关。损伤速度 D' 在某些情况下不是一个光滑的函数。当损伤因子 $D(t)$ 上升到 ΔD 时，声发射和电磁辐射的事件及脉冲数与其变化一样。N 表示这些事件的总和，即在 $t_2 > t_1$ 时，

$$D(t_2) - D(t_1) = \sum \Delta D = C \cdot N \tag{2-37}$$

当 $\Delta t \to 0$ 时，

$$D'(t) \propto n(t) \tag{2-38}$$

式中，$n(t)$ 为 t 时刻的声发射事件数或电磁辐射脉冲数。

式(2-38)意味着，如果破坏过程与声发射事件(电磁辐射脉冲数)一模一样，则

损伤因子 D' 与岩体活动性(声发射事件数或电磁辐射脉冲数)成正比。

如果与增量 ΔD_i 不是一样的,而 $D(t_2) - D(t_1)$ 之差却仍然等于增量 ΔD_i 之和,但这个增量 ΔD_i 之和与 N(事件数或脉冲数)不成正比。这时,可用能量来表示。能量的变化 ΔW 可由如下公式确定:

$$\Delta W = \sigma \cdot \Delta \varepsilon = \sigma(\varepsilon_2 - \varepsilon_1) \tag{2-39}$$

而且设破坏程度的损坏因子与变形呈线性关系,则

$$\varepsilon = C_1 D - C_0 \tag{2-40}$$

$$\Delta W = \sigma[(C_1 D_2 - C_0) - (C_1 D_1 - C_0)] \tag{2-41}$$

由此,得 ΔW 与 ΔD 成正比,也即

$$D' \propto W' \propto w(t) \propto \varepsilon' \tag{2-42}$$

可以看出,如果 σ 为常数,而且 $D \propto \varepsilon$,在弹脆性场中出现破坏,破坏速率表现在瞬间能量 $w(t)$ 的释放中。

3. 煤岩冲击破坏危险判据

对于煤矿井下的煤岩体,其变形破坏是能量的积聚和释放的结果,是时间的函数。

假设满足破坏的条件,即 $\sigma^H(t) \geqslant \sigma_m^H(t) \geqslant \sigma_{\min}$ 或 $\varepsilon(t) \geqslant \varepsilon_m(t) \geqslant \sigma_{\min}/E_0^H = \varepsilon_0$

当出现 $\sigma = \sigma_l$,或者当 $\varepsilon(t) = \dfrac{\sigma_l}{E^H} = \varepsilon_l$,脆性单元破坏。如果 $\varepsilon(t)$ 是观测到的实际变化值,则危险程度 $Z(t)$ 将由如下公式确定:

$$Z_\varepsilon(t) = 0, \quad \text{当 } \varepsilon(t) < \varepsilon^0 \tag{2-43a}$$

$$0 \leqslant Z_\varepsilon(t) = \frac{\varepsilon(t) - \varepsilon^0}{\varepsilon^l - \varepsilon^0} \leqslant 1, \quad \text{当 } \varepsilon(t) \geqslant \varepsilon^0 \tag{2-43b}$$

式中,$Z_\varepsilon(t)$ 称之为某时刻煤岩破坏的危险性,它确定了在 ε 轴上,当前状态与破坏点的距离。

很重要的一点是要想在 t_1 时刻准确预测 $t_1 + T$ 时刻的危险性,必须要知道 $\sigma(t)$,其中 $t_1 < t < t_1 + T$。要近似预计 $Z_\varepsilon(t_1 + T)$ 值,就要求已知在 t_1 时刻的倒数 $\dfrac{\mathrm{d}z}{\mathrm{d}t}$,以及它在 $t_1 < t < t_1 + T$ 区间中心的光滑函数。

假设在模型上作用有 $\sigma(t) = \sigma_{0+\Delta}^H = C$,观察其上的能量 W 或变形 ε_0 在加载的那一瞬间,将发生变形 $\varepsilon_{0+\Delta}$,聚集有能量 $W_{0+\Delta} = \dfrac{\sigma_{0+\Delta} \cdot \varepsilon_{0+\Delta}}{2}$。进一步,我们可得

$$Z_{0+\Delta t} = \frac{W_{0+\Delta t} - W_{0+\Delta t}^0}{W_{0+\Delta t}^l - W_{0+\Delta t}^0} = \frac{\varepsilon_{0+\Delta t} - \varepsilon_{0+\Delta t}^0}{\varepsilon_{0+\Delta t}^l - \varepsilon_{0+\Delta t}^0} \tag{2-44}$$

$W_{0+\Delta t} = \dfrac{\sigma_{0+\Delta t} \cdot \varepsilon_{0+\Delta t}^0}{2}$(近似线性关系)，$W_{0+\Delta t}$ 和 $\varepsilon_{0+\Delta t}$ 为测量值，而 $W_{0+\Delta t}^l$ 和 $\varepsilon_{0+\Delta t}^l$ 则为临界值。

这意味着，煤岩体冲击破坏的危险性 $Z_{0+\Delta t}$ 与初始的载荷增量有关，只是在 t_0 时刻加载荷，$Z(t)$ 的变化是非零的。$Z_{0+\Delta t}$ 可以借助于能量或变形来求得。因为

$$W(t) = \int_0^t w(t)\mathrm{d}t + W_{0+\Delta t} \tag{2-45a}$$

而且已知 $Z'_\varepsilon = \dfrac{\varepsilon'}{\varepsilon^l - \varepsilon^0}$，可以确定 w'：

$$w' = w(t) = w \cdot \varepsilon' = \beta Z' \tag{2-45b}$$

这里，$\beta = \sigma(\varepsilon^l - \varepsilon^0)$，若已知 $W_{0+\Delta t}^l$ 和 β 值，以及测得的 $W_{0+\Delta t}$ 和 $W' = w(t)$，此时，对 $w(t)$ 积分，并由 $W_{0+\Delta t}^l$ 相除，则得

$$Z(t) = \frac{W_{0+\Delta t} + \int_0^l w(t)\mathrm{d}t}{W_{0+\Delta t}^l} = Z_{0+\Delta t} + \frac{\beta}{W_{0+\Delta t}^l}\int_0^l Z'(t)\mathrm{d}t \tag{2-46}$$

这样，就可以得到煤岩冲击破坏危险性的估计值。

4. 冲击矿压系统结构模型

为研究组合煤岩结构冲击破坏发生的机理，假设底板不变形，组合煤岩与顶板一起起作用。顶板的质量为 M_1，刚度为 K，组合煤岩的质量为 M_2，组合煤岩中的力是位移和时间的函数，即 $P_2 = f(u_2, t)$，见图 2-22。

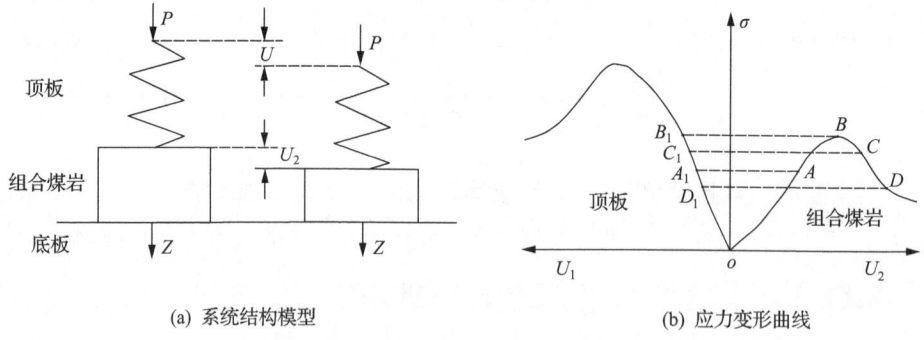

(a) 系统结构模型　　　　　(b) 应力变形曲线

图 2-22　冲击矿压系统机构模型（左）与应力变形曲线

上覆岩层作用在顶部上的力和组合煤岩中所受的力分别为

$$\begin{cases} P_1 = M_1 \dfrac{\mathrm{d}^2 u_1}{\mathrm{d}t^2} + k(u_1 - u_2) \\ P_2 = f(u_2, t) \end{cases} \quad (2\text{-}47)$$

式中，k 为顶板岩层的刚度；u_1 为顶板的位移；u_2 为组合煤岩的位移。

当系统平衡时，即 $P_1 = P_2$，有

$$M_1 \dfrac{\mathrm{d}^2 u_1}{\mathrm{d}t^2} + k(u_1 - u_2) = f(u_2, t) \quad (2\text{-}48)$$

从能量的观点看，若要系统平衡，则必须使顶板中聚积的能量小于组合煤岩中聚积的能量，即

$$A_1 \leqslant A_2 \quad (2\text{-}49)$$

也可以说，顶板岩层中的能量 A_1 小于组合煤岩中聚积的能量 A_1，则系统平衡。

5. 顶板运动的加速度为零，即 $\dfrac{\mathrm{d}^2 u_1}{\mathrm{d}t^2} = 0$

假设顶板的位移为零，组合煤岩中的位移增加了 Δu_2，则 P_1, P_2 均发生了变化，其增量为

$$\Delta P_1 = -k \Delta u_2 \quad (2\text{-}50)$$

$$\Delta P_2 = f'(u_2, t) \cdot \Delta u_2 = \dfrac{\mathrm{d}f(u_2, t)}{\mathrm{d}u_2} \cdot \Delta u_2 \quad (2\text{-}51)$$

则其能量的变化为

$$\begin{aligned} A_1 &= \left(P_1 + \dfrac{1}{2}\Delta P_1\right) \cdot \Delta u_2 \\ A_2 &= \left(P_2 + \dfrac{1}{2}\Delta P_2\right) \cdot \Delta u_2 \end{aligned} \quad (2\text{-}52)$$

根据式(2-50)~式(2-52)可得顶板—组合煤岩—底板系统平衡方程式为

$$k + f'(u_2, t) \geqslant 0 \quad (2\text{-}53)$$

式(2-53)存在着三种可能性。

(1) 组合煤岩处于弹性阶段(图 2-23)，即

$$k + f'(u_2, t) > 0 \quad (2\text{-}54)$$

且

$$\frac{\mathrm{d}f(u_2,t)}{\mathrm{d}u_2} = f'(u_2,t) > 0 \tag{2-55}$$

$$k > 0$$

在此阶段,顶板和煤岩体同时在力 P 的作用下沿曲线分别达到 A 和 A_1 点,顶板和煤岩体均处于弹性储能阶段,说明系统是稳定的。

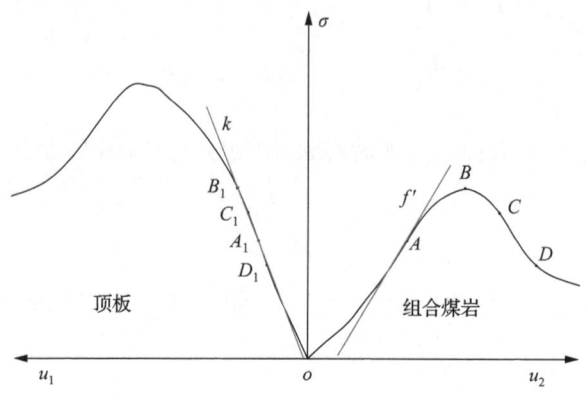

图 2-23 系统处于稳定状态

(2) 组合煤岩处于残余强度阶段,但组合煤岩是逐步破坏的,强度是逐渐下降的,如图 2-24 所示,此时有

$$k + f'(u_2,t) > 0$$

但:

$$\frac{\mathrm{d}f(u_2,t)}{\mathrm{d}u_2} < 0 \tag{2-56}$$

$$k > 0$$

这说明组合煤岩的破坏过程是静态破坏,也可以说,系统结构是亚稳态的。在此阶段,组合煤岩由于逐渐丧失承载能力而产生应力降,破裂过程中所需的能量一部分也由顶板本身的贮能释放提供,因为随着组合煤岩体的破坏,顶板在此阶段卸载(如图 2-24 所示,弹性恢复到 C_1 点),故它释放弹性能。顶板的贮能加速了组合煤岩的破坏。

(3) 组合煤岩处于残余强度阶段,组合煤岩是脆性破坏,强度发生突变,如图 2-25 所示,此时有

$$k + f'(u_2,t) < 0$$

其中,

$$\frac{\mathrm{d}f(u_2,t)}{\mathrm{d}u_2} < 0 \qquad (2\text{-}57)$$
$$k > 0$$

这时,组合煤岩的破坏过程为动态破坏,并伴随有能量的突然释放,即冲击破坏。释放的能量为

$$A = A_2 - A_1 = \frac{1}{2}\Delta u_2^2 \left(\frac{\mathrm{d}f(u_2,t)}{\mathrm{d}u} + k\right) \qquad (2\text{-}58)$$

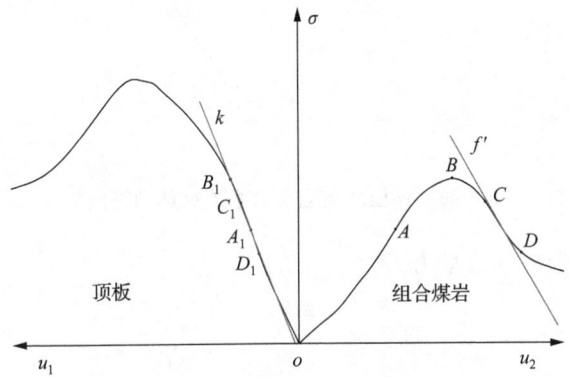

图 2-24 系统处于亚稳定状态

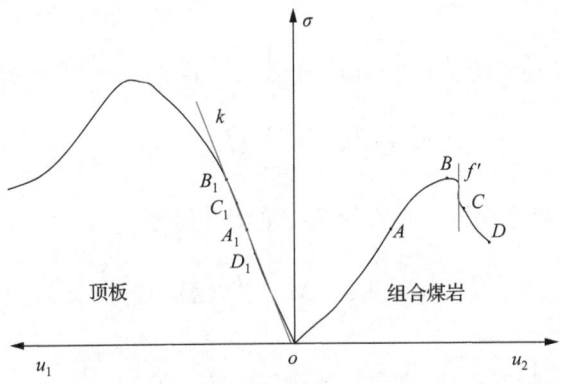

图 2-25 系统突然动态破坏

6. 顶板突然加速运动,即 $\dfrac{\mathrm{d}^2 u_1}{\mathrm{d}t^2} \neq 0$

设顶板的位移为零,组合煤岩中的位移增加了 Δu_2,且顶板有一加速运动,其

加速度为 $\dfrac{\mathrm{d}^2 u_1}{\mathrm{d}t^2}$，则 P_1，P_2 也均发生了变化，顶板和煤层中的能量平衡也被打破。如图 2-26 所示。

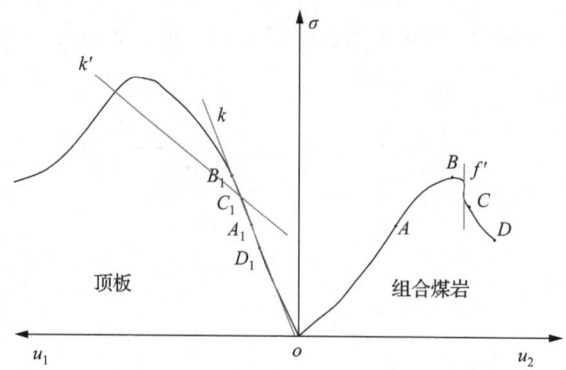

图 2-26　顶板加速运动时系统突然动态破坏

顶板和煤层中力的增量为

$$\Delta P_1 = -k \dfrac{\mathrm{d}\varepsilon}{\mathrm{d}t} + M_1 \dfrac{\mathrm{d}^2 u_1}{\mathrm{d}t^2}$$

$$\Delta P_2 = f'(u_2,t)\Delta u_2$$

(2-59)

则其中的能量为

$$A_1 = \left(P_1 + \dfrac{1}{2}\Delta P_1\right) \cdot \Delta u_2$$

$$A_2 = \left(P_2 + \dfrac{1}{2}\Delta P_2\right) \cdot \Delta u_2$$

(2-60)

此时，顶板—组合煤岩—底板的系统平衡方程为

$$f'(u_2,t) + k - M_1 \dfrac{\mathrm{d}^2 u_1}{\mathrm{d}t^2}(\Delta u_2)^{-2} \geqslant 0 \tag{2-61}$$

由于顶板有一加速运动，则顶板的刚度 k 减小了 $M_1 \dfrac{\mathrm{d}^2 u_1}{\mathrm{d}t^2}(\Delta u_2)^{-2}$。此时，顶板刚度为

$$k' = k - M_1 \dfrac{\mathrm{d}^2 u_1}{\mathrm{d}t^2}(\Delta u_2)^{-2} \tag{2-62}$$

在这种情况下，与没有顶板的加速度 $\dfrac{\mathrm{d}^2 u_1}{\mathrm{d}t^2}$ 相比，煤层更容易处于不稳定状

态,即

$$f'(u_2,t) + k' < 0 \qquad (2\text{-}63)$$

这时,更容易发生冲击矿压,且强度更猛烈。也就是说,如果顶板来压时,顶板加速运动,其运动的加速度为 $\dfrac{d^2 u_1}{dt^2}$。这时,煤岩体释放的能量为

$$A = \frac{1}{2}(\Delta u_2)^2 \left(\frac{df(u_2,t)}{du} + k\right) + \frac{1}{2}M_1 \frac{d^2 u_1}{dt^2} \qquad (2\text{-}64)$$

式中,M_1 为顶板的质量;u_1 为顶板的位移。

7. 讨论

根据组合煤岩试验结果分析可以看出,由于组合试样中岩石的参与,使得组合煤岩试样的应力-应变曲线和纯煤试样有很大的不同。图 2-27 和图 2-28 为组合煤岩试样的全应力-应变曲线,图 2-29 为组合煤岩和纯煤的全应力-应变曲线,其中曲线 1,曲线 2 为组合煤岩试样的全应力-应变曲线,曲线 3 为纯煤试样的全应力-应变曲线。由图可以看出,组合煤岩试样的抗压强度和弹性模量要高于纯煤的,同时组合煤岩的峰后斜率也要比纯煤试样的陡,也就使得 $k + f'(u_2,t) < 0$ 的几率增大,也即容易使整个系统处于突然动态破坏的状态。另外,组合煤岩压缩破坏试验中还出现有组合煤岩试样的突然粉碎性破坏,这样其应力-应变的峰后曲线就更加陡峭,必然使 $k + f'(u_2,t) < 0$,系统产生突然动态破坏。

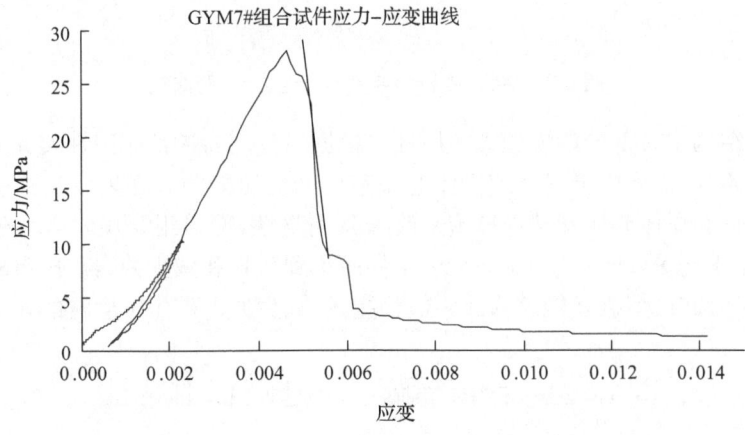

图 2-27 古城矿组合煤岩试样应力-应变曲线

要防止和减少冲击矿压事故的发生,按照上述模型的分析,就要采取措施使得组合煤岩的应力-应变曲线变得平缓,特别是峰后部分。而要达到此目的就需改变

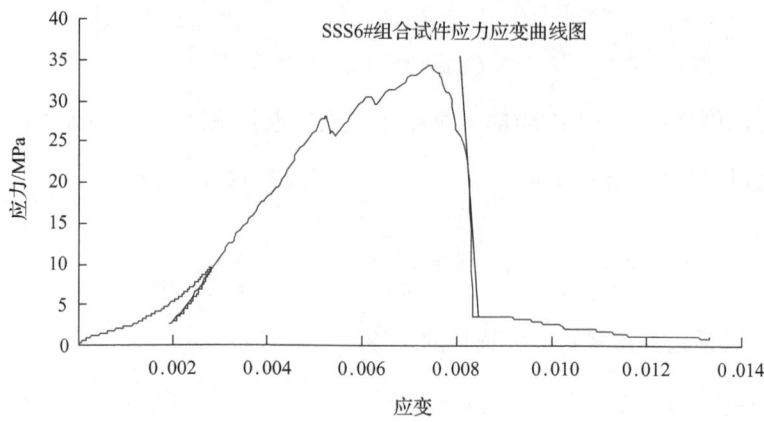

图 2-28 三河尖矿组合煤岩试样应力-应变曲线

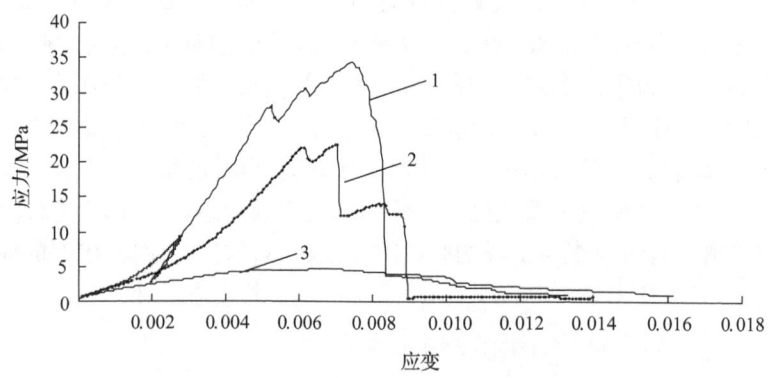

图 2-29 组合煤岩和纯煤的全应力-应变曲线

组合煤岩结构中各部分的物理力学属性。根据组合煤岩冲击倾向性实验室研究和数值模拟研究,需要降低煤体或岩体的完整性和抗压能力。在现场实践中可以通过采取顶板和煤体卸压爆破等措施来改善其完整性,使得组合煤岩受力破坏的应力-应变曲线变缓,即 $k+f'(u_2,t)>0$,从而达到防止和减少冲击矿压事故发生的目的。另外,卸压爆破还能够释放一部分能量,减少冲击矿压发生时的强度。

2.4 煤岩冲击破坏的电磁辐射特征

近年来,对煤岩破裂电磁辐射效应的研究,无论是在理论研究方面,还是在应用研究方面,都取得了较大进展。试验研究表明,煤岩变形破裂过程中,会产生电磁辐射信号。窦林名等(2005,2007)和陆菜平等(2007a)对载荷作用下纯煤、组合煤岩的电磁辐射特性及规律进行了研究,发现电磁辐射信号在受载煤岩的变形破裂过程中呈逐渐增强的趋势,而且较声发射信号丰富。现场测试结果也表明,巷道周围的煤岩体在变形破坏和冲击时会产生电磁辐射现象。

按照现有的试验和理论研究成果,煤岩变形破坏应力-应变曲线可以分为压密阶段、线弹性阶段、弹塑性阶段、塑性软化阶段和残余强度阶段。以峰值应力为界,煤岩全应力-应变曲线可分为峰前和峰后区两部分,峰前区包括压密阶段、线弹性阶段和弹塑性阶段,其应力-应变关系总的符合弹塑性力学和损伤力学的规律;峰后区包括塑性软化阶段和残余强度阶段,其特点是变形破坏只集中在局部区域,具有局部化的特征,煤岩的破坏为冲击和稳定破坏方式。

2.4.1 煤岩变形破坏峰值前后电磁辐射特征

1. 试验系统

把天然状态下的煤样加工成直径为50mm,高度为100mm的标准试样进行试验。加载装置采用高精度能控制加载速度及调节油压的 MTS815 伺服材料试验机,测量系统采用 Disp-24 声电系统。为了减少电磁干扰影响,采用网格尺寸小于0.5mm 的铜网做屏蔽系统。试验时,将电磁辐射探头、声发射探头、伺服材料试验机压头等一起放入屏蔽系统内,试验系统如图 2-30 所示。

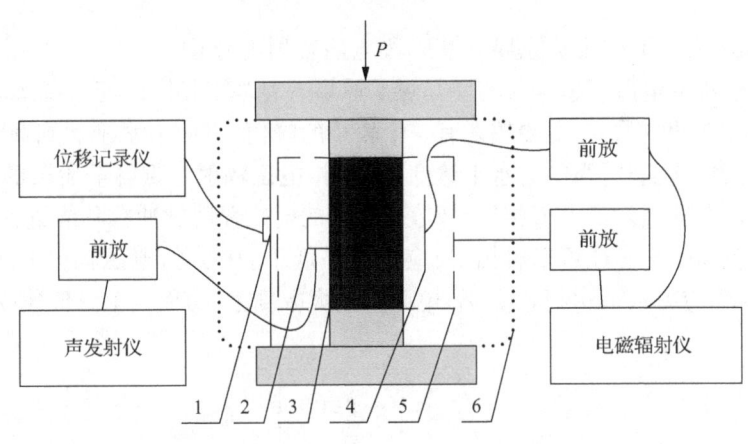

图 2-30 试验系统

1. 位移传感器;2. 声发射探头;3. 绝缘纸;4. 平板天线;5. 圆筒天线;6. 屏蔽网罩

2. 峰前阶段电磁辐射变化规律

根据试验结果,煤岩变形破坏电磁辐射随着应力水平的增加呈增强的趋势。图 2-31 给出了义马煤矿原煤峰前阶段电磁辐射变化图。从图 2-31 中可以看出:煤样破坏过程的电磁辐射信号随应力水平的增加呈起伏增强的变化。设岩块受载过程中的应力与其应力峰值的比值为应力水平,则当应力水平低于20%时,电磁辐射脉冲数和能量较低;当应力水平达到30%时,电磁辐射脉冲数和能量出现一阶段峰值;当应力水平达到60%时,电磁辐射再次出现阶段峰值,而且电磁辐射脉冲数和能量均大于应力水平为30%时的电磁辐射水平,随后电磁辐射再次下降;当应力水平达到70%时,电磁辐射开始快速上升;当应力水平达到峰值80%时,电磁辐射达到峰前阶段的最大值。峰值应力处的电磁辐射与峰前阶段的最大值相比相对较低,但仍处在较高的水平。从图2-31中还可以看出:当应力水平低于70%时,电磁辐射的脉冲数和能量较低,在应力水平达到70%后,电磁辐射大幅度上升,而且上升速度较快。

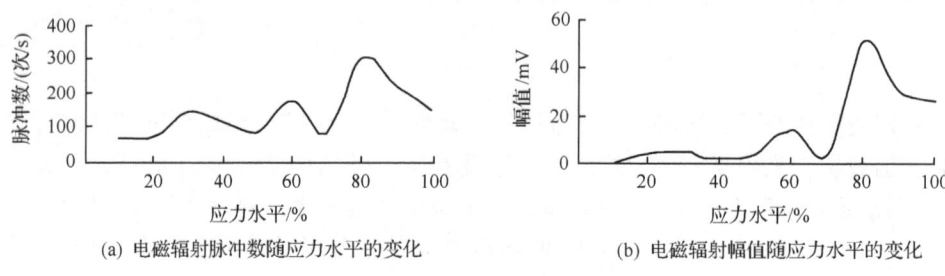

(a) 电磁辐射脉冲数随应力水平的变化　　(b) 电磁辐射幅值随应力水平的变化

图 2-31　义马煤矿原煤峰前阶段电磁辐射变化图

图2-32给出了东滩矿原煤峰前阶段电磁辐射变化图。从图2-32可以看出,煤样破坏过程的电磁辐射信号与义马煤矿原煤有着基本相同的变化规律。当应力水平达到30%和70%时电磁辐射有一个较小的峰值;当应力水平达到80%时,电磁辐射开始快速上升;当应力水平达到90%时,电磁辐射达到峰前阶段的最大值。与峰前阶段电磁辐射最大值相比,峰值应力处的电磁辐射脉冲数和能量有所下降,但仍处于较高水平。还可以看出:当应力水平低于80%时,电磁辐射的脉冲数和能量较低;当应力水平达到80%后,电磁辐射大幅度上升,而且上升的速度较快。

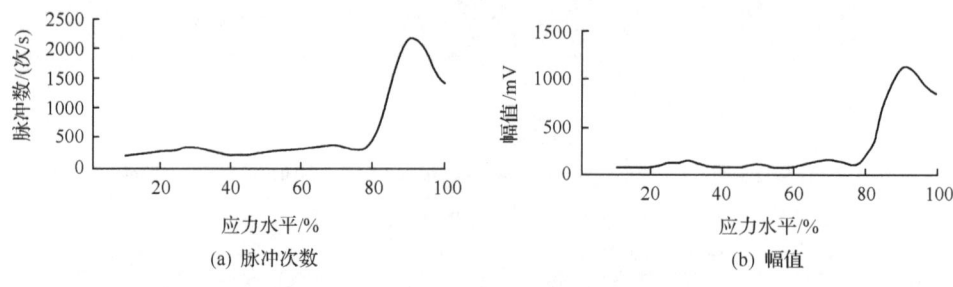

(a) 脉冲次数　　(b) 幅值

图 2-32　东滩矿原煤峰前阶段电磁辐射变化图

阳泉矿原煤为无冲击倾向的煤样,图2-33给出了其峰前阶段电磁辐射变化图。从图2-33可看出,电磁辐射总体变化趋势与冲击倾向煤样相同,即随着应力水平的增加电磁辐射呈起伏增强变化。当应力水平达到40%时,电磁辐射出现一个阶段峰值,随后电磁辐射下降,相对冲击煤样而言,其下降幅度较小。电磁辐射脉冲数和能量在应力水平达到80%时,先后达到峰前的最大值。在峰值应力处,电磁辐射相对较低,但仍处于较高水平。与冲击煤样相比,电磁辐射的起伏变化幅度较小,变化速度也较小。比较不同煤样峰前阶段电磁辐射变化规律可以看出,峰前阶段电磁辐射随着应力水平的提高呈逐渐增强的趋势。峰前阶段电磁辐射最大值出现在峰值应力的80%~95%处,峰值应力处的电磁辐射水平比最大值有所降低,但仍处于较高水平。

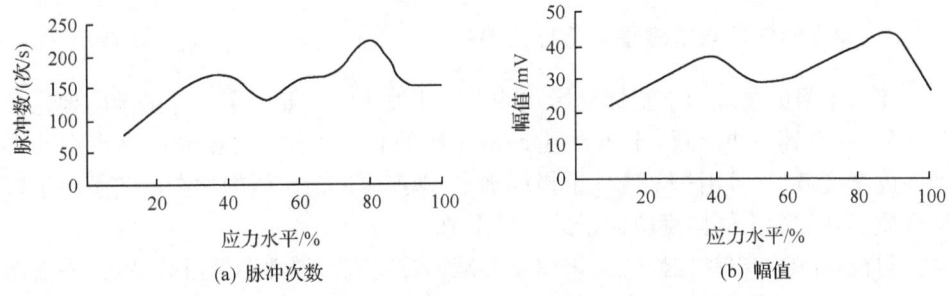

图 2-33　阳泉矿原煤峰前阶段电磁辐射变化图

3. 峰后阶段电磁辐射变化规律

从图 2-34 所示的义马煤矿原煤峰后阶段电磁辐射变化图可以看出,峰后阶段电磁辐射在峰值强度后随着应力的降低呈上升的趋势,在峰后应力水平达到60%左右电磁辐射达到最大值。之后随着应力下降,电磁辐射逐渐下降。

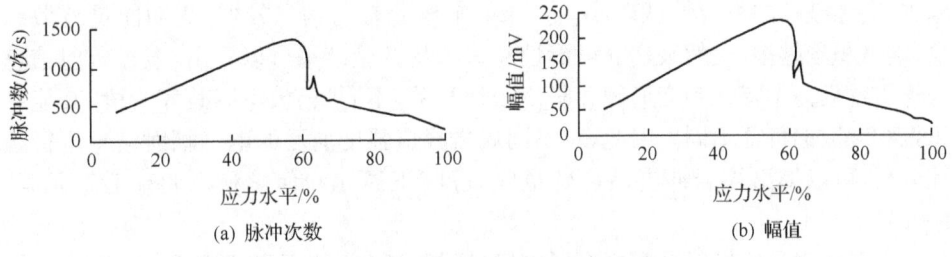

图 2-34　义马煤矿原煤峰后阶段电磁辐射变化图

图 2-35 给出了东滩矿原煤峰后阶段电磁辐射变化图。其变化规律与义马煤矿原煤有所不同,但峰后阶段电磁辐射最大位置仍出现在峰值应力的60%处。

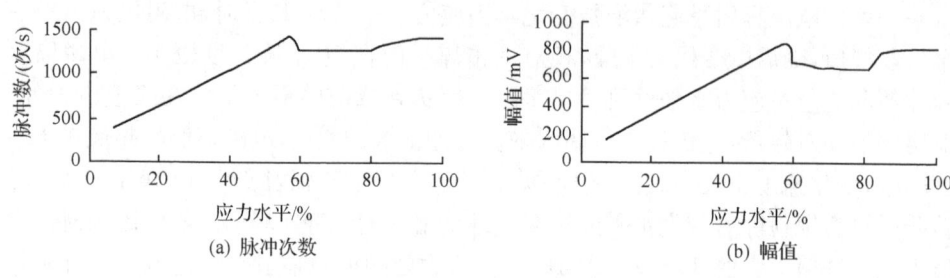

图 2-35 东滩矿原煤峰后阶段电磁辐射变化图

2.4.2 冲击倾向性与电磁辐射特征的关系

煤岩本身的物理力学指标是影响冲击矿压发生的重要因素。冲击倾向理论认为,煤岩本身具有冲击倾向性是发生冲击矿压的必要条件。冲击倾向性可用冲击倾向度来度量,它可用一个或一组指标确定,即产生冲击矿压的冲击倾向条件是煤岩介质实际的冲击倾向度应大于某一极限值。

目前,煤的冲击倾向性主要采用动态破坏时间 D_T、弹性能量指数 W_{ET}、冲击能量指数 K_E 作为判定指标,并依此建立了冲击倾向判据。

煤岩变形破坏过程是一个伴随着能量耗散的过程,电磁辐射和声发射就是能量耗散的形式之一。煤岩变形破坏过程中的电磁辐射和声发射信息是煤岩破坏程度和能量积聚的综合体现。一方面,电磁辐射和声发射的能量耗散水平反映了煤岩破坏的程度,一般来说,能量耗散水平越高,变形破坏的程度越严重;另一方面,电磁辐射和声发射的能量耗散水平反映了煤岩体内能量积聚的程度。在煤岩变形破坏的峰前阶段,电磁辐射信息越强,说明能量耗散越多,煤岩体内积聚的能量就越少,突然破坏的危险性就越小。如果峰前电磁辐射信息较弱,表明能量耗散越少,能量积聚越多,突然破坏的可能性越大。从试验结果可以看出,电磁辐射信息与煤岩物理力学特性和变形破坏阶段密切相关,不同煤岩、不同破坏阶段,其能量积聚和耗散的特征不同。因此,对不同煤岩峰值强度前后的电磁辐射信息进行统计分析,可以得出煤岩冲击破坏的危险程度(王恩元和何学秋,2000;王恩元等,2002)。

电磁辐射和声发射是煤岩变形破坏过程中存在的大量随机事件,因此,电磁辐射信号的处理采用连续事件的统计分析方法,采用阶段内单位时间电磁辐射事件平均值和阶段内单位时间电磁辐射的能量作为电磁辐射阶段特征指标,分别称为阶段脉冲数均值和阶段电磁辐射能量释放速率。

根据电磁辐射试验结果,冲击倾向煤岩峰前电磁辐射信号总体水平较低,电磁辐射主要集中在峰后的塑性软化阶段,即从主破裂到解体的动态破坏时间内。因此,统计计算中峰后阶段特指峰后的塑性软化阶段,而不包括峰后的残余强度阶段。

表 2-7～表 2-9 分别给出了具有冲击倾向的义马煤矿、东滩矿原煤电磁辐射阶段指标。表 2-10 给出了无冲击倾向的阳泉矿原煤的电磁辐射阶段指标。

表 2-7　义马煤矿原煤(01 面)电磁辐射阶段指标

天线	脉冲数			能量释放速率		
	峰前均值/(次/s)	峰后均值/(次/s)	峰后/峰前	峰前均值/(次/s)	峰后均值/(次/s)	峰后/峰前
50K	30	101	3.4	13	45	3.6
800K	132	472	3.5	12	56	4.7
宽频	994	1751	1.8	246	591	2.4

表 2-8　义马煤矿原煤(81 面)电磁辐射阶段指标

天线	脉冲数			能量释放速率		
	峰前均值/(次/s)	峰后均值/(次/s)	峰后/峰前	峰前均值/(次/s)	峰后均值/(次/s)	峰后/峰前
50K	13	25	1.9	0.5	1.4	2.8
800K	1205	1886	1.6	570	934	1.6
宽频	65	83	1.3	29	45	1.6

表 2-9　东滩矿原煤电磁辐射阶段指标

天线	脉冲数			能量释放速率		
	峰前均值/(次/s)	峰后均值/(次/s)	峰后/峰前	峰前均值/(次/s)	峰后均值/(次/s)	峰后/峰前
50K	119	312	2.6	55	245	4.4
800K	22	32	1.5	201	133	0.7
宽频	625	1094	1.7	242	508	2.1

表 2-10　阳泉矿原煤电磁辐射阶段指标

天线	脉冲数			能量释放速率		
	峰前均值/(次/s)	峰后均值/(次/s)	峰后/峰前	峰前均值/(次/s)	峰后均值/(次/s)	峰后/峰前
50K	74	68	0.92	3	3	1.00
800K	154	133	0.86	31	27	0.87
宽频	26	28	1.10	14	18	1.30

从电磁辐射的脉冲数均值及能量释放速率来看,冲击倾向与非冲击倾向煤样之间以及冲击倾向煤样之间没有明显的不同,即使在相同天线、同一煤样条件下,电磁辐射阶段指标之间差异也较大,说明煤样变形破坏峰前和峰后电磁辐射阶段指标较为离散。

从煤样变形破坏电磁辐射的试验结果和分析发现,不同物理力学性质的煤岩电磁辐射区别主要体现在不同阶段的分布上。煤岩变形破坏峰后电磁辐射指标与峰前电磁辐射指标的比值反映了煤岩变形破坏能量释放的集中程度,具有明确的物理意义。比较上述煤样峰值前后电磁辐射阶段指标的比值可以发现,宽频天线电磁辐射阶段指标的比值稳定性较好,而且与冲击倾向指标的变化趋势一致。因此,煤岩变形破坏峰后电磁辐射指标与峰前电磁辐射指标的比值是反映煤岩稳定破坏和冲击破坏的特征指标,该比值被称为冲击倾向的电磁辐射指数,电磁辐射指数中的能量比值和脉冲数比值分别称为电磁能量指数和电磁脉冲指数。表 2-11 给出了不同煤岩的冲击能量指数和电磁辐射指数。从表 2-11 中可以看出,电磁辐射能量指数和脉冲数指数的变化趋势是一致的。因此,与冲击能量指数一样,电磁辐射能量指数和脉冲数指数反映了煤岩产生冲击破坏的能力。电磁辐射能量指数和脉冲数指数越大,煤岩的冲击倾向就越强。

表 2-11 不同煤岩的冲击能量指数和电磁辐射指数表

煤岩样名称和编号	冲击能量指数	电磁辐射指数	
		能量	脉冲数
义马原煤(ymy12121)	3.0	2.4	1.8
义马原煤(ymy12123)	2.2	1.6	1.3
东滩原煤(dty12112)	2.5	2.1	1.7
三河尖原煤(shy12191)	2.0	1.8	1.3
阳泉原煤(yqy12111)	1.1	1.3	1.1
淮南型煤(hnx12111)	0.7	0.3	0.1
邢台型煤(xtx12051)	1.3	1.1	0.8
混凝土(hnt12051)	4.2	3.8	3.5

将冲击倾向的电磁能量指数和电磁脉冲指数分别记为 K_{ME} 和 K_{MC},经统计分析得到冲击能量指数 K_E 与电磁能量指数 K_{ME} 和电磁脉冲指数 K_{MC} 的统计关系式分别为

$$\begin{cases} K_{ME} = 0.8894 K_E - 0.0899 \\ K_{MC} = 0.8316 K_E - 0.3171 \end{cases} \tag{2-65}$$

从冲击能量指数与电磁辐射指数的数值与统计关系来看,两者之间具有很好

的线性关系,冲击能量指数与电磁辐射指数的关系曲线如图 2-36 所示。

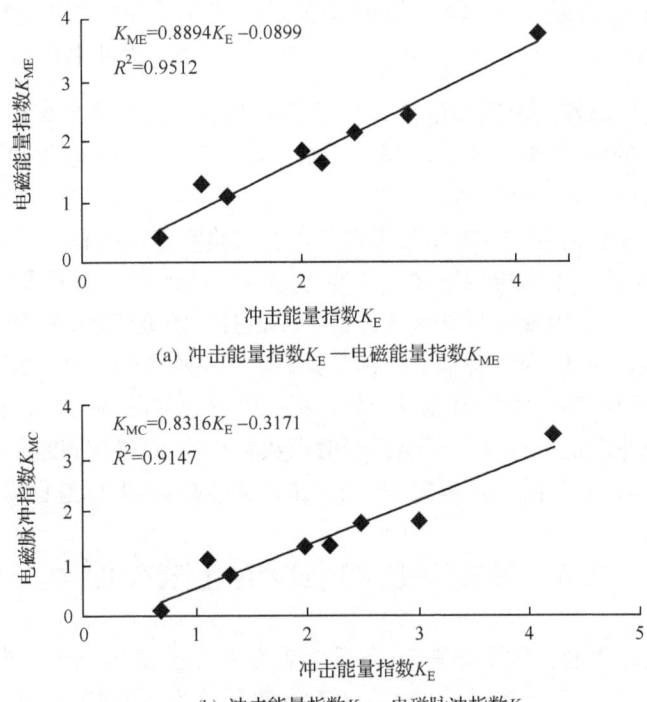

图 2-36　冲击能量指数与电磁辐射指数的关系曲线

2.4.3　冲击危险性电磁辐射分级指标

　　电磁辐射指数综合反映了煤岩破坏过程中能量耗散和破坏时能量释放的集中程度,反映了煤冲击破坏的危险程度。电磁辐射指数越高,表明破坏时能量释放的集中程度越高,冲击危险性越大,所以电磁辐射指数是煤岩冲击危险程度的一个度量指标。冲击倾向煤岩和混凝土在峰前阶段的电磁辐射水平较低,主要集中在峰后的塑性软化阶段,能量释放集中,相应的电磁辐射指数就高,冲击危险程度就高;无冲击倾向煤岩的电磁辐射信号在各阶段相对比较分散,峰后破坏阶段的能量释放集中程度较低,冲击危险性相对较低;而软煤的电磁辐射则更为分散,甚至峰前电磁辐射信号大于峰后电磁辐射信号,因而没有冲击危险性。要直接得出冲击倾向的电磁辐射判别指标需要进行大量的试验。由于试验的数量有限,故判别冲击危险性的电磁辐射指标采用间接的方法得出。根据电磁辐射脉冲指数、能量指数与冲击能指数之间的统计关系,由冲击能量指数临界值确定电磁能量指数和电磁脉冲指数的临界值,所得冲击倾向性的电磁辐射分级指标为

$$\begin{cases} K_{ME} < 1.2 \text{ 或 } K_{MC} < 1.0, & \text{无冲击危险} \\ 1.2 \leqslant K_{ME} < 4.3 \text{ 或 } 1.0 \leqslant K_{MC} < 3.8, & \text{中等冲击危险} \\ K_{ME} \geqslant 4.3 \text{ 或 } K_{MC} \geqslant 3.8, & \text{强冲击危险} \end{cases} \quad (2\text{-}66)$$

上述冲击倾向性的电磁辐射分级指标是根据本次试验结果统计得出的，因此还需根据大量的室内和现场试验进行验证和修正(何学秋等，2007；He et al.，2011；Wang et al.，2011)。

电磁辐射能量指数和脉冲指数不仅可以在实验室用电磁辐射指标判别煤岩的冲击倾向性，而且可以直接用于井下的冲击危险程度判别。当开采达到一定深度后，在工作面前方会出现与煤岩破坏过程阶段相对应的破碎区、塑性区和弹(塑)性区，同一时间内塑性区内电磁辐射指标与弹(塑)性内的电磁辐射指标的比值即为电磁辐射脉冲指数和电磁辐射能量指数。根据电磁辐射脉冲指数和能量指数就可判定塑性区的冲击危险程度。用电磁辐射指数判别冲击危险程度的最大特点是不受煤岩种类的影响，不同煤岩可以采用统一的指标判别冲击危险程度。

2.5　冲击矿压的强度弱化减冲原理

冲击矿压发生的机理十分复杂，各国学者在对冲击矿压现场调查及实验室研究的基础上，从不同角度相继提出了一系列的重要理论，如强度理论、刚度理论、能量理论、冲击倾向理论、三准则理论和变形系统失稳理论、弹塑脆性流变理论等。

从实质上讲，冲击矿压的发生必须要满足强度条件(即煤岩体上所受的应力要超过煤岩体的强度，煤岩体才会发生破坏)、能量条件(即煤岩体中要不断聚集能量，并且能够突然释放)及煤岩体具有冲击倾向性(即具有发生脆性破坏的能力)三个条件。这里，前一个条件是必要条件，而后两个是充分条件，即煤岩体所受的应力没有超过煤岩体的强度，煤岩体就不会发生破坏，就不会出现冲击矿压现象；煤岩体中虽然能够聚集能量，但耗散的速度大于聚集的速度，就不会突然释放，也不会发生冲击矿压；而煤岩体没有突然破坏的能力，也就不会发生冲击矿压现象。从上述三个方面分析冲击矿压发生的原因，提出冲击矿压的强度弱化减冲理论，并进行相应的工程实践，从而为冲击矿压的有效防治提供理论依据和实践经验。

2.5.1　冲击矿压发生机理分析

1. 强度条件

冲击矿压发生的前提条件是煤岩体所受的应力超过煤岩体本身的强度极限，即要满足强度条件，才有可能发生冲击矿压，如图 2-37 所示。

$$\frac{\sigma}{R} \geqslant 1 \tag{2-67}$$

式中，σ 为包括自重应力、构造应力、由于开采引起的附加应力、煤体与围岩交界处的应力和其他条件（如瓦斯、水和温度等）引起的应力；R 为煤岩体的强度。

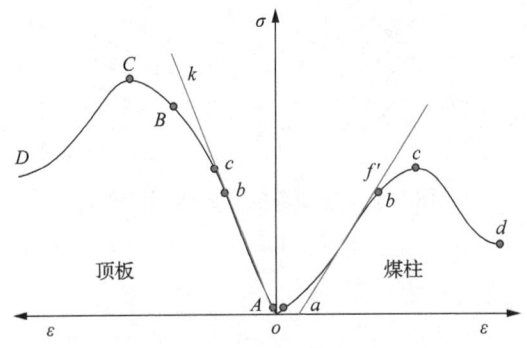

图 2-37　煤柱处于稳定状态

如果煤岩体本身的强度大于其所受的应力，即应力处于煤岩体强度曲线的 ABC 这一侧，煤岩体是稳定的，就不会发生破坏，更不会发生冲击破坏。因此在矿山开采过程中，一般浅部不容易发生冲击矿压现象。只有在煤层的开采深度增加的情况下，冲击矿压现象才会出现，而且随着开采深度的增加，冲击矿压威胁越来越频繁，越来越严重。

从强度条件可以看出，降低围岩的应力集中程度和煤岩体所受的应力，使其不超过煤岩体的强度极限，就不会发生冲击矿压。

2. 冲击倾向性

煤体具有冲击倾向性才有可能发生冲击矿压。实验研究可知，煤岩体在载荷作用下，其应力应变曲线由 OA 段（压密阶段）、AB 段（弹性变形阶段）、BC 段（屈服阶段）和 CD 段（残余强度阶段）组成。C 点处为煤岩的应变曲线峰值，F_s 为峰值前所积聚的变形能（峰值前曲线与 x 轴围成的面积），F_x 为峰值后所消耗的变形能（峰值后曲线与 X 轴围成的面积），如图 2-38 所示。

煤越软，强度越低，煤岩变形越大，CD 段越长，$CDFQ$ 围成的面积越大，F_s/F_x 越小，冲击能指数 K_E 越小，见曲线 1；煤越硬脆性越好，强度越高，煤岩变形越小，CD 段越短，$CDFQ$ 围成的面积越小，F_s/F_x 越大，冲击能指数 K_E 越大，见曲线 2。从而说明煤的脆性越好，越容易发生冲击矿压。

从这一方面分析，软化煤体、改变煤的物理力学特性，使得脆性煤体变成塑性或松散体，降低煤层的强度，不仅可以减小冲击能指数，而且还可以防治冲击矿压

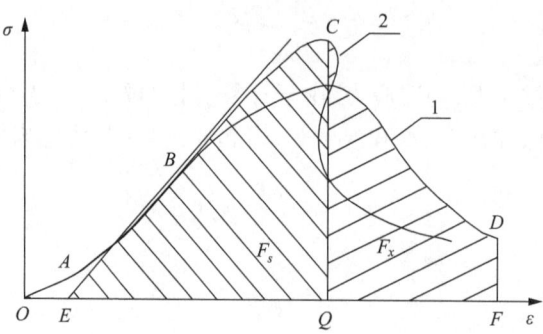

图 2-38 软硬煤的应力-应变曲线

的发生。

3. 能量条件

根据煤层型冲击矿压发生的机理,当煤柱发生脆性破坏时,煤柱的强度突然下降,而且下降速率很大。虽然顶板的刚度 $k>0$,但煤柱的刚度变化率:$\dfrac{\mathrm{d}f(u_2,t)}{\mathrm{d}u}<0$,且二者之和小于零,即 $k+\dfrac{\mathrm{d}f(u_2,t)}{\mathrm{d}u}<0$,式中,$u_2$ 为煤柱的位移量。

这时,煤柱的破坏过程为动态破坏,并伴随有能量的突然释放即冲击矿压。释放的能量 U_t 为

$$U_t = U_s - U_p = \frac{1}{2}\left(\frac{\mathrm{d}\varepsilon}{\mathrm{d}t}\right)^2 \left(k + \frac{\mathrm{d}f(u_2,t)}{\mathrm{d}u}\right) \tag{2-68}$$

如果顶板来压时,顶板加速运动,其运动的加速度为 $\dfrac{\mathrm{d}^2 u_1}{\mathrm{d}t^2}$,这时,煤岩体释放的能量为

$$U_t = \frac{1}{2}\left(\frac{\mathrm{d}\varepsilon}{\mathrm{d}t}\right)^2 \left(k + \frac{\mathrm{d}f(u_2,t)}{\mathrm{d}u}\right) + \frac{1}{2}M_1\left(\frac{\mathrm{d}u_1}{\mathrm{d}t}\right)^2 \tag{2-69}$$

式中,M_1 为顶板的质量;u_1 为顶板的位移量。

这就说明了顶板来压时容易发生冲击矿压的原因。

众所周知,冲击矿压是巷道周围煤岩体的(物理)爆炸形成突然猛烈的破坏。发生冲击矿压时,部分煤岩体要垮落、破碎,获得较高的动能,以较大的速度向巷道抛出。假设在冲击矿压状态下,破碎煤岩体的初始速度为 $\dfrac{\mathrm{d}u_2}{\mathrm{d}t}$,该速度必须大于某一值,才会发生冲击。这样,破碎煤岩体的动能 U_k 为

$$U_{k} = \frac{1}{2}\rho \left(\frac{\mathrm{d}u_2}{\mathrm{d}t}\right)^2 \qquad (2\text{-}70)$$

式中，ρ 为破碎煤岩体的平均密度。

研究表明，当破碎煤岩体的初始速度大于等于 10m/s 时，肯定会发生冲击矿压。如果取 ρ 为 $2.5\times10^3\,\mathrm{kg/m^3}$，则发生冲击矿压的最小动能为 $1.25\times10^5\,\mathrm{J/m^3}$。因此，只要释放的能量小于最小动能 U_{kmin}，就不会发生冲击矿压的动力现象。

从上述能量的观点分析可知，降低煤岩体的变形速度和顶板运动的速度就可以减小能量的释放速度，达到防治冲击矿压发生的目的。

2.5.2 冲击矿压的强度弱化减冲理论

冲击矿压的强度弱化减冲理论具有三个方面的含义：一是在冲击危险区域，采取松散煤岩体的方式，降低煤岩体的强度和冲击倾向性，使得冲击危险性降低；二是对煤岩体的强度进行弱化后，使得应力高峰区向岩体深部转移，并降低应力集中程度；三是采取一定的减冲解危措施后，使得发生冲击矿压时，降低冲击的强度（窦林名等，2005；Dou et al.，2005；Lu et al.，2007；陆菜平等，2007b）。

工作面两巷周围的煤岩体内存在固定支承压力，并且随着时间的推移，煤岩体要产生变形，缓慢释放能量。而工作面前方煤岩体内存在移动支承压力，而且随着工作面的推进，移动支承压力向前推移。在工作面推进过程中，煤岩体破碎，向外释放能量。

在一般情况下，煤岩体内聚集的能量由弹性变形能、顶板运动时产生的动能、矿震发生时传播出来的地震能和热能等组成。提出假设：

(1) 煤岩体中初始积聚和耗散的弹性应变能之差为 U_0。

(2) 极限弹性应变能（即发生冲击时煤岩体中所积聚的弹性应变能）为 U_{kmin}。

(3) 任意时刻煤岩体内弹性应变能的增量（即聚集的弹性应变能能量与耗散的能量之差）为 U_t，$U_t = U_t(\sigma,\varepsilon,T) = U_t - U_p$。

(4) 实施卸压爆破一次释放的能量为 U_e（U_e 与炸药装药量的多少有关，装药量一定时，U_e 为一定值）。

在工作面回采或巷道掘进过程中，任意时刻煤岩体内弹性应变能的增量 U_t 是一个随时间不断变化的变量，其中 σ,ε,T 为控制变量。弹性应变能增量 U_t 的变化可能会出现如下的三种可能性。

(1) 当 $\dfrac{\partial U_t}{\partial t} > 0$ 时，说明煤岩体内聚集的弹性能多于耗散的弹性能，弹性应变能增量 U_t 随时间而增加。

(2) 当 $\dfrac{\partial U_t}{\partial t} = 0$ 时，说明煤岩体内聚集多少弹性能，就耗散多少弹性能，能量的聚集与耗散处于平衡状态。

（3）当 $\frac{\partial U_t}{\partial t} < 0$ 时，说明煤岩体内耗散的弹性能多于聚集的弹性能，弹性应变能增量 U_t 随时间而不断地降低。

因此，工作面前方或巷道周围煤岩体内弹性能的变化可由如图 2-39 所示模型来表示，其中 U_t 表示任意时刻冲击煤岩体所积聚的弹性应变能的增量，$U_{k\min}$ 为发生冲击矿压时煤岩体内所具有的最小能量。

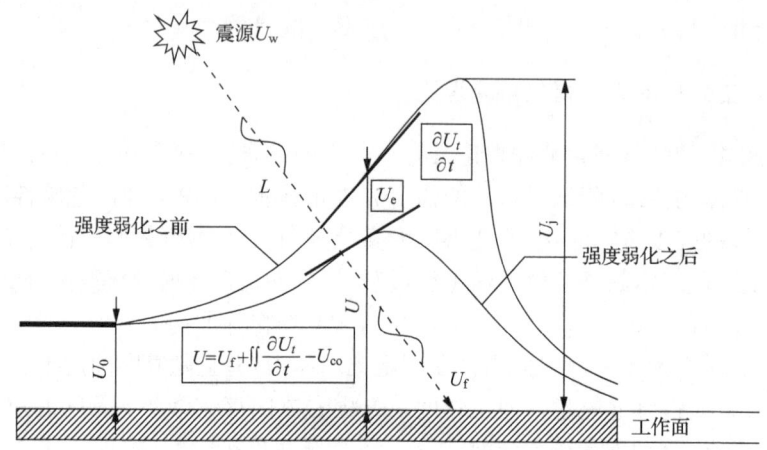

图 2-39　工作面前方弹性能的变化示意图

已知：

$$\frac{\partial U_t}{\partial t} = U'_t(\sigma)\frac{\mathrm{d}\sigma}{\mathrm{d}t} + U'_t(\varepsilon)\frac{\mathrm{d}\varepsilon}{\mathrm{d}t} + U'_t(T)\frac{\mathrm{d}T}{\mathrm{d}t} \qquad (2\text{-}71)$$

为了研究的方便，假设 $\frac{\mathrm{d}T}{\mathrm{d}t}=0$（即不考虑温度对冲击的影响），$\sigma$-$\varepsilon$ 服从广义虎克定律（即考虑弹性应变能），因此式（2-71）可以简化为

$$\frac{\partial U_t}{\partial t} = AU'_t(\sigma)\frac{\mathrm{d}\sigma}{\mathrm{d}t}$$

式中，A 为与煤体弹性常数有关的一个参数，该参数能够综合反映煤体的弹性特征。

当 $\frac{\partial U_t}{\partial t} > 0$ 时，说明煤岩体内所聚集的能量大于耗散的能量，能量不断增加。但只要 $U_t > U_{k\min}$，都不会出现冲击危险。$U_t - U_{k\min}$ 差越小，冲击的危险性就越大。当 $U_t = U_{k\min}$ 时，再有小的能量增加，就会发生冲击矿压。在这种情况下，就可以采用卸压爆破的手段来释放弹性能，减小 U_t，使得 $U_t < U_{k\min}$，即 $U_t - U_e < U_{k\min}$。如

果 $U_t \geqslant U_{\text{kmin}}$,而且不及时采取卸压爆破等方法来释放弹性能,则在工作面回采或掘进过程中其能量进一步增加,就可能发生冲击矿压。

当 $\frac{\partial U_t}{\partial t} < 0$ 时,说明煤岩体内耗散的弹性能大于聚集的弹性能,弹性能逐渐释放,能量不断减少,$U_t - U_{\text{kmin}}$ 值越来越大,冲击的危险性也就越来越小。在这种情况下,不采用任何卸压释放能量的措施也不会出现冲击危险。

因此,随着回采工作面的推进(巷道的掘进),在回采工作面(掘进巷道)周围煤岩体中,存在着能量的积聚、转移、释放的过程。而冲击矿压的防治则可以采用边回采(掘进)、边监测、边治理的强度弱化减冲技术,即工作面回采(掘进)→冲击危险监测→能量聚积→卸压爆破→能量释放→生产→再监测……。这就是冲击矿压的强度弱化减冲理论实现的过程。

2.5.3　影响因素及作用分析

1. 矿震的作用分析

矿震是矿山开采中发生的动力现象,是在煤岩介质中,由于采掘活动引起的高应力集中,聚集大量的弹性能,造成采掘空间周围岩体破裂和突然卸压。这种情况下,这些能量以震动波的形式释放出来,并向外传播(Hazzard and Young,2004)。

研究表明,煤岩体内矿震产生的能量到达巷道或工作面时,由于部分能量的损失,其剩余能量为

$$U_f = U_w e^{-\lambda l} \tag{2-72}$$

式中,U_w 为震动中心的震动能量;l 为震动中心距工作面的距离;λ 为能量的衰减系数,它与巷道和工作面类型、震中释放能量的大小有关。震中释放的能量越大,λ 也越大。

图 2-40 为传播到巷道和工作面的能量与震中释放能量、传播距离之间的关系(M_L 表示里氏震级)。由此可知,震动中心释放的震动能量 U_w 越大,传播到巷道或工作面的能量 U_f 也就越大;震动中心的位置距巷道或工作面越近,传播到巷道或工作面的能量 U_f 也越大。

从上面的分析可知,在产生矿山震动的情况下,当地震波传播到工作面前方(巷道周围)时,其能量突然增加了 U_f,这时的总能量为 $U_f + U_t$,有可能超过发生冲击矿压的最小能量,即 $U_f + U_t - U_{\text{kmin}} > 0$,从而发生冲击矿压。但是,如果 $U_f + U_t - U_{\text{kmin}} < 0$,再大的矿震也不会引发冲击矿压,这就是为什么并不是每次矿震都能产生冲击矿压的原因。因此可以说,矿震是引发冲击矿压的因素之一。

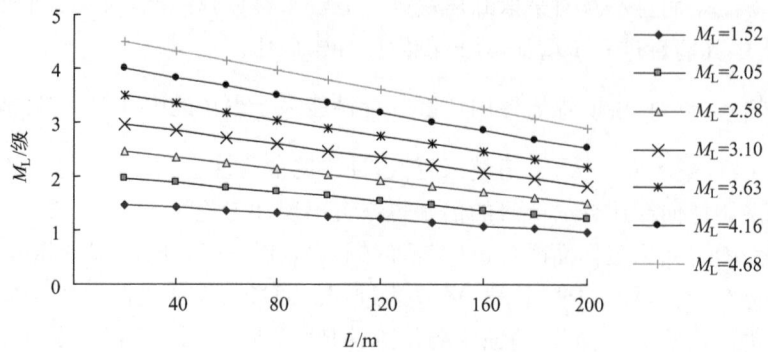

图 2-40 U_f 与震中能量、传播距离 L 的关系

2. 顶板运动的作用分析

如果煤层上方的顶板是坚硬岩层,在其来压时顶板破断、下沉是非常剧烈的,工作面及其周围巷道的矿压显现是非常明显的。图 2-41 为某坚硬顶板工作面顶板断裂来压前 24 小时的顶板下沉速度的变化情况。可以看出,在坚硬顶板条件下,顶板运动速度快。

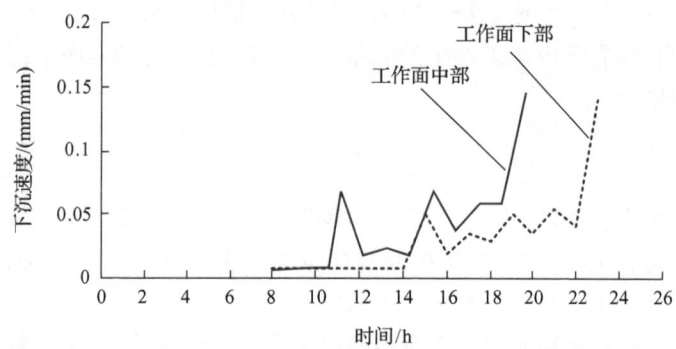

图 2-41 某工作面初次来压期间顶板运动速度曲线图

如果顶板来压时,顶板加速运动,其运动的加速度为 $\dfrac{d^2 u_1}{dt^2}$,这时,因顶板运动而释放的能量 U_d 为

$$U_d = \frac{1}{2} M_1 \left(\frac{du_1}{dt} \right)^2 \tag{2-73}$$

在坚硬顶板来压运动的情况下,工作面前方(巷道周围)的能量突然增加了 U_d,这时的总能量为 $U_d + U_t$,有可能超过发生冲击矿压的最小能量,即 $U_d + U_t -$

$U_{kmin}>0$,从而发生冲击矿压,这就是为什么坚硬顶板来压时容易产生冲击矿压的原因。但是,如果 $U_d+U_t-U_{kmin}<0$,就不会引发冲击矿压。

3. 卸压爆破的作用分析

卸压爆破是对已形成冲击危险的煤体用爆破方法减缓其应力集中程度的一种解危措施。卸压爆破的作用有两个:第一个作用是同时局部解除冲击矿压发生的强度条件和能量条件(Tang,2000),即在有冲击矿压危险的工作面卸压和在近煤壁一定宽度的条带内破坏煤的结构,改变煤层的物理力学特性,加长如图 2-38 所示煤体破坏峰后 CD 段的长度,降低峰后曲线的斜率,使它不能积聚弹性能或达不到威胁安全的程度。这样在工作面前方形成一条卸压保护带,隔绝了工作空间与处于煤层深处的高应力区,并且提高了发生冲击矿压的最小能量水平 U_{kmin}。

卸压爆破的第二个作用是在监测到有冲击危险的情况下,利用较大药量进行爆破以释放大量的爆破能 U_e,人为地诱发冲击矿压,使冲击矿压发生在一定的时间和地点,从而避免更大的损害。这种爆破一般采用大药量、集中装药和同时引爆的方法,以便使煤岩体强烈震动,诱发冲击矿压,或造成煤体强烈卸压、释放能量,把高应力带移向煤体深部。集中爆破的药量越大,诱发冲击矿压的可能性越大。因为这样在煤体中造成的动载荷就大,动载荷叠加在原来存于煤体中的静载荷上的总和越大,超过临界值机会就越多,就会诱发冲击矿压。

因此,可以说卸压爆破的作用是改变煤岩体的物理力学性质、诱发冲击矿压并且使高应力区向煤岩体的深部转移。即在爆破的瞬间释放炸药的爆炸能 U_e,使得 $U_e+U_t>U_{kmin}$ 诱发冲击矿压;此外,炸药爆破后释放爆炸能 U_e,使得 $U_e+U_t<U_{kmin}$,从而达到释放能量、卸压和防止冲击矿压发生的目的。

4. 能量聚集程度的监测

研究表明,煤岩体等材料在载荷作用下,内部将产生裂纹,当裂纹形成和扩展时,将瞬态释放应变能而产生弹性波现象。伴随着这种现象,将会有声发射产生。

同样,当煤岩体等材料受载变形破裂时,将会产生向外以电磁能的形式释放弹性能的现象,伴随着这种现象将会有电磁辐射产生。电磁辐射主要有两种形式:一种是当岩体受载应力越大时,电磁辐射强度就越大;另一种是当岩体变形破裂过程越强烈,电磁辐射信号越强,电磁辐射的脉冲数就越大。

煤岩体的变形破坏程度可采用岩石的损伤因子来描述。岩石损伤因子 $D(t)$ 的增长过程可以与声发射和电磁辐射的能量释放紧密相关。一般情况下,煤岩体在受载条件下,变形破坏时能量的变化 ΔU 可由如下公式确定:

$$\Delta U = \sigma \cdot \Delta \varepsilon = \sigma(\varepsilon_2 - \varepsilon_1) \tag{2-74}$$

而且设破坏程度的损伤因子与变形呈线性关系:

$$\varepsilon = C_1 D - C_0 \tag{2-75}$$

则

$$\Delta U = \sigma[(C_1 D_2 - C_0) - (C_1 D_1 - C_0)]$$

由此,得 ΔU 与损伤因子的增量成正比,亦即

$$D(t) \propto U' \propto u(t) \propto \varepsilon' \tag{2-76}$$

即如果 σ 为常数而且 $D \propto \varepsilon$,则在弹脆性场中出现破坏时,破坏速率表现在瞬间能量 $U(t)$ 的释放中。煤岩体的破坏情况可通过瞬间能量的释放表现出来,即产生声发射和电磁辐射。因此,可采用声发射和电磁辐射技术预测煤岩体中聚集的能量的大小(窦林名和何学秋,2002)。

2.6 巷道围岩的强弱强结构效应及防冲机理

冲击矿压的破坏位置一般在巷道和采场。统计表明,约75%的冲击矿压灾害发生在巷道,特别是超前工作面两巷的0~80m。冲击矿压主要是动力将煤岩抛向巷道,堵塞巷道,破坏巷道周围煤岩的结构及支护系统,使其失去功能,并有可能造成人身伤亡事故。冲击矿压发生后,煤体破坏并整体移出,煤壁大范围片帮,煤从煤体中抛出,而煤层顶底板多数没有明显的破坏和变形。巷道断面明显收缩,通常收缩量可达巷道椴木的50%~70%,有的甚至达到90%以上(贺虎等,2010)。

矿压理论和实践均表明,由于巷道的开掘或工作面的推进,掘进巷道和工作面两巷会经常处于动压载荷作用下。回采工作面上方坚硬厚层顶板的大面积悬顶和折断,会引起煤层和顶板的高应力集中,形成顶板煤层冲击和顶板岩层的动力性折断,释放大量能量。冲击矿压的发生除需要煤层及其周围岩层中聚集大量的弹性能外,还需要关键层破裂等释放的外部能量;破断中心距巷道工作面越近,释放的能量越大,传播到巷道工作面处的能量就越大,越容易引发冲击矿压。因此,研究深部动压巷道的冲击破坏机理及其防治具有非常大的实际意义。

对于巷道附近的冲击矿压灾害机理与防治,已进行了一些研究。认为,巷道或采场壁面的局部稳定是由高应力集中区内形成的层裂板结构区的稳定控制的,冲击矿压是煤壁形成的层裂板结构区的局部压屈(张晓春,1999a,b;张晓春等,1998);冲击破坏巷道主要是地震波传播过程中动载荷脉冲的冲击,使煤层垮落,动力抛出煤岩体(卢爱红等,2008)。采矿巷道和支架是一个支护系统,用来支撑一定的静载和动载,即抵抗由振动速度、加速度及主频率引起的地震力(Cai,2013;王

桂峰等,2015);老虎台矿发生冲击矿压后,金属棚支护的巷道大部分受损破坏变形,个别地段二次维修;而锚网支护的巷道基本完好无损;为了防止冲击矿压发生,巷道布置和开采顺序要避免应力集中和避开高应力区,巷道支护应选用可缩性支护,工作面宜选用液压支架,掘进巷道宜用可缩支架或锚背网喷支护,增加支架的可缩性和弹性,有利于缓解和释放应力;巷道附近冲击矿压危险主要采用松散煤岩体的解危措施,在巷道周围形成一个松散带等。

上述研究从不同的角度对巷道冲击矿压灾害防治进行了研究,但还没有形成一套比较完整的机理、监测和解危、防护等体系,本节从巷道的强弱强结构出发,研究了巷道周围的结构特征,为巷道冲击矿压的防治提供了理论依据。

2.6.1 冲击破坏应力及巷道冲击破坏过程

巷道开挖后,巷道围岩中的应力重新分布,形成了应力集中现象,浅部围岩已经受到一定程度的损伤破坏,但巷道围岩结构还没有被破坏,仍能维持一定的稳定性。巷道两侧煤体内的支承压力峰值点距煤壁 $3\sim10\mathrm{m}$,应力集中系数为 $1.5\sim3$,如图 2-42 的曲线 1 所示。

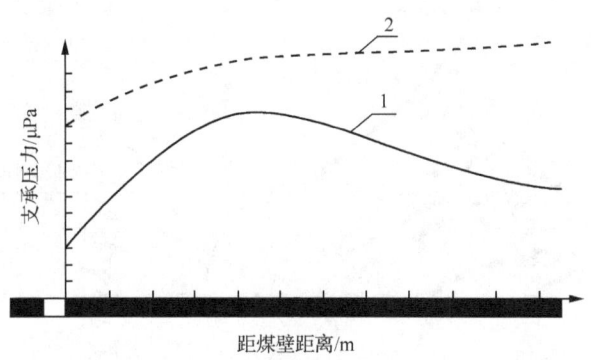

图 2-42 巷道周围的应力分布

假设当巷道周围的应力超过了某一个应力值后,就发生冲击矿压(图 2-42 曲线 2)。在巷道掘进或工作面开采过程中,由于放炮扰动、顶板破断运动等的作用,发生了震动,此时,巷道周围的围岩将受到从某个方向传播而来的一个冲击应力波,这个应力波与巷道围岩的应力场叠加,从而使得围岩内部的应力急剧升高,大于巷道围岩体的极限承载强度,超过了发生冲击矿压的最小应力值,岩体平衡状态被打破,巷道围岩在这个冲击波的作用下,将瞬间破坏或累计损伤破坏,造成巷道围岩结构的整体破坏,发生冲击矿压事故。

一般情况下,巷道破坏的速度和程度都与冲击应力波的强度成正相关性。我们已将这种由冲击波沿某一方向一次传播而不需冲击波循环往复多次累积就造成巷道围岩破坏的情况称为单次瞬间破坏。如果震动能产生的瞬间动应力远大于巷道围岩体中的应力集中,则它在岩体破坏中起主要作用;如果巷道围岩体中的应力集中本身大于震动能产生的瞬间动应力,则动应力在岩体破坏中起一个诱发的作用。

2.6.2 巷道围岩的强弱强结构

由上述可知,对于受冲击矿压危险的巷道,对巷道围岩采取了松散煤岩体的措施之后,巷道围岩可以看成是最里圈由巷道支护组成的小结构(强结构);小结构之外,是经过松散解危后的弱结构;在弱结构之外,是没有经过扰动的原岩结构(强结构)。即巷道围岩由里向外具有强弱强的结构特征,如图 2-43 所示(高明仕,2006;高明仕等,2008;窦林名等,2008)。

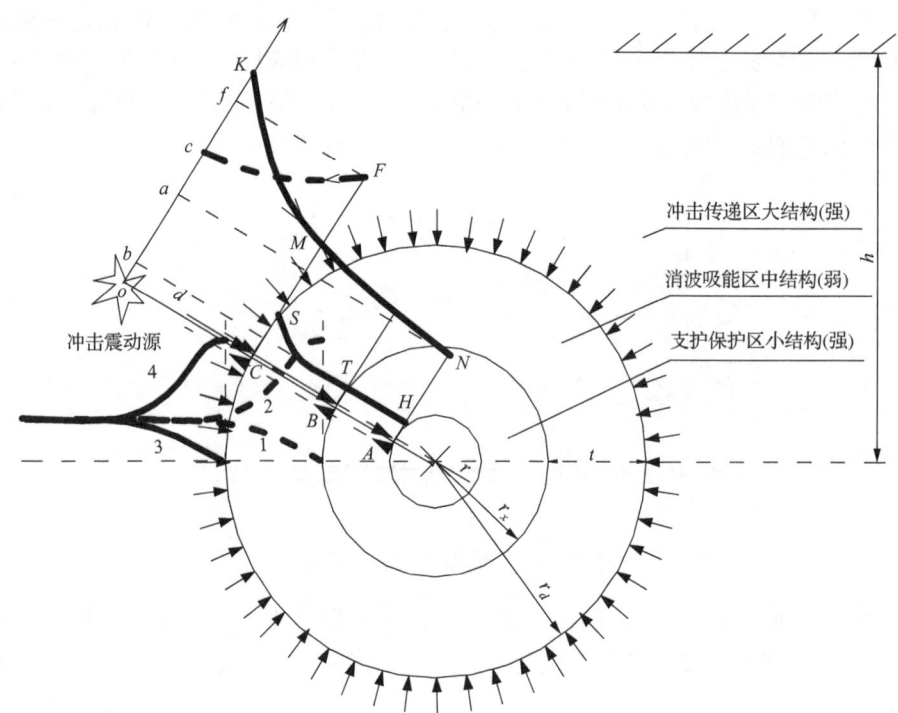

图 2-43 冲击震动巷道围岩的强弱强结构控制机理力学模型

1. 巷道围岩强弱强结构力学分析

由弹性力学理论可知,在开采深度为 h 的情况下,开挖前巷道处在 $\sigma_1 = \gamma h$ 的均布应力场中。开挖后在距离巷道中心 R 处($R \geqslant r$)形成的径向应力和切向应力分别为

$$\sigma_r = \gamma h \left(1 - \frac{r^2}{R^2}\right) \tag{2-77}$$

$$\sigma_\theta = \gamma h \left(1 + \frac{r^2}{R^2}\right) \tag{2-78}$$

式中，r 为巷道的半径。假定巷道围岩-支护构件形成共同承载小结构厚度为 t_{AB}，支护体强度为 σ_{ZAB}，冲击震源距巷道中心 d 处，当冲击应力波从初始值 σ_d 开始传播，传播到巷道围岩承载小结构外表面 B 处，波在介质中传播的能量衰减指数为 η。由于 $h \gg r$，d 与 r 之间通常也是 1～2 甚至更大的数量级关系，可认为冲击波传播到巷道周围时是同时到达巷道围岩小结构的，即震源产生的冲击波在小结构的外表面均匀分布，为正入射。

巷道无支护时，弹性波从震源传播到巷道围岩表面，震动冲击在 A 处的产生的应力为

$$\sigma_A = \sigma_d \times (d-r)^{-\eta} \tag{2-79}$$

巷道围岩表面分别为围岩和空气，因此，冲击入射波在巷道 A 处几乎全部反射为应力波，其产生的应力大小仍为 σ_A。该应力与巷道周围形成高应力场叠加，从而造成巷道的破坏。即当满足以下条件时，巷道周围的煤岩体就发生破坏。

$$\begin{cases} \sigma_A + \sigma_r > \sigma_m \\ \sigma_d \times (d-r)^{-\eta} + \gamma h \left(1 - \frac{r^2}{R^2}\right) > \sigma_m \end{cases} \tag{2-80}$$

式(2-80)就是无支护巷道在震源冲击下发生破坏的判据。这种破坏先是在巷道邻近自由表面发生层裂，同时形成新的自由表面，后续应力脉冲在新自由表面又形成第二层层裂，这样形成多层层裂从而破坏巷道。由此可知，巷道冲击破坏的主要因素与冲击源的初始震动能量、震源距离、介质的衰减指数、埋藏深度及原岩应力场大小等有关。当冲击源能量越大，距离巷道越近，介质的衰减指数越小，埋藏深度越深，以及原岩应力场越大，巷道越容易产生瞬间冲击破坏。

在巷道有支护时，冲击弹性波从震源传播到支护小结构 AB 外表面 B 处产生的应力 σ_B 为

$$\sigma_B = \sigma_d (d - r - t_{AB})^{-\eta} \tag{2-81}$$

此时，B 处受到的应力大小为

$$\sigma_{Bh} = \sigma_d (d - r - t_{AB})^{-\eta} + \gamma h \left(1 - \frac{r^2}{(r + t_{AB})^2}\right) \tag{2-82}$$

当满足 $\sigma_{Bh} > \sigma_{ZAB}$ 时，巷道支护小结构将被破坏，即

$$\sigma_d(d-r-t_{AB})^{-\eta}+\gamma h\left(1-\frac{r^2}{(r+t_{AB})^2}\right) > \sigma_{ZAB} \qquad (2\text{-}83)$$

式(2-83)就是支护巷道在震源冲击下发生破坏的判据。由此可见,巷道支护小结构 σ_{ZAB} 对防止冲击矿压的发生起重要作用。如果对巷道支护强度高,就可能防止小的冲击矿压对巷道的破坏。

2. 巷道围岩的强弱强结构效应特征

1) 强弱强结构的强度特征

在巷道围岩的强度方面,受冲击威胁的巷道围岩呈现强弱强的结构特征。巷道外部受开挖采动影响较小的原岩结构(外强结构)完整性好,基本为原始强度,围岩强度高;特殊设置的松散破碎区(弱结构),因采用特殊的方法破坏了煤岩的结构,强度大大降低,表现为明显的弱强度特征;巷道最里圈,由支护组成的小结构(内强结构),在支护的作用下,与巷道围岩一起形成了自身承载强度较高的加固层。因此,从巷道围岩自身的强度特征来看,明显地呈现出强、弱、强的结构效应。

2) 强弱强结构的应力转移特征

在无冲击震动的情况下,巷道周围岩体内的应力由于弱结构的存在,重新分布。径向应力和切向应力都向围岩深部转移,由图 2-43 中的曲线 1、曲线 2 转移至弱结构外的曲线 3、曲线 4,使巷道围岩支护小结构处于应力降低区域,有利于巷道的维护和稳定。在有冲击震动时,若没有弱结构的存在,由冲击震源传递而来的冲击应力分布曲线为 KMN。虽然冲击应力衰减,但由于应力衰减系数较小,传递到巷道围岩的冲击应力仍然较大,当该应力与巷道周围的应力叠加,瞬间超过围岩强度极限时,就会造成巷道的冲击破坏。在有弱结构存在时,由冲击震源传递而来的强冲击应力在强弱结构表面产生反射和透射现象,部分应力被反射回外强结构中(图 2-43 的 FC),使得透射进入弱结构的应力幅值大大降低,并在弱结构内部经过散射和吸收,进一步衰减,传递到巷道围岩支护小强结构上的应力就大大减弱(图 2-43 的 STH)。即强弱强结构的存在,冲击震动应力分布曲线由 KMN 变为 KM+STH。因此,强弱强结构对冲击应力波起到一个衰减吸收效应,而且在无冲击震动状态下将巷道周围的高应力转移至围岩深部,使得巷道周围处于较低的应力状态,这对于深部高应力环境下的巷道同样具有显著作用。

3) 强弱强结构的变形特征

在巷道围岩的强弱强结构中,每一个结构的变形特征也是不一样的,外强结构由于位置较远,对冲击震动波起了传递作用,冲击震动波对它的损坏作用较小,而且受两边岩层的约束,变形空间小,故变形量也较小。中间的弱结构,由于对岩体进行了松散,岩体具有碎胀扩容特性,故容易向巷道自由空间方向发生较大的变形位移;当冲击震动波传递过来时,弱结构主要起到一个散射和吸收的作用,高应力被弱结构的外表面散射,透射进入弱结构的应力又被弱结构内部岩体吸收,在内部岩体吸能做功过程中,弱结构又发生较大的变形和位移,因此,巷道的变形量主要是由弱结构的设置过程和冲击震动过程产生的。在支护的小强结构中,自身抗载强度高,能有效抵抗冲击余能的震动破坏作用,则变形量不大,在冲击震动过程中随弱结构岩层向巷道自由空间内移而发生整体内移,表现出常规静载状态下巷道变形的特点;但如果不支护或支护强度不高,在穿过弱结构的冲击余能的作用下,内强结构也可能被破坏。由此可见,在强弱强结构中,巷道围岩的变形表现为小、大、小的特征,而抗变形则表现为强、弱、强的特征。

4) 强弱强结构的环形效应特征

在巷道内部围岩任何一处设置软弱区,由于地层的整体连贯性,特别是在深部,岩体基本处于三向等压应力场环境中,不同岩体基本表现出相同或相近的力学性质,因此,若在巷道围岩某一位置构造一松软破碎区域,岩层整体的强度和连续性则随之发生变化,整层岩层不再保持其原来的强度,形成以巷道周边包围圈的环形效应,这个环形即形成了巷道围岩支护保护区小强结构外围的环形弱结构,这个环形弱结构阻隔了从巷道任何一方传递而来的冲击震动波,从而使巷道支护体小强结构处于相对均匀分布的圆(环)形应力场,在该应力场环境下进行巷道支护是所有巷道形状中承载性能最佳的形式,巷道的稳定性也是最好的,这对巷道维护最为有利。

5) 强弱强结构的能量耗散特征

在强弱强结构中,外强结构岩层完整,冲击震动波传播过程中能量的衰减指数小,只有小部分能量被吸收,冲击震动能量衰减作用不明显,即在能量耗散能力上表现为弱的特征。中间设置的弱结构,岩体的完整性和连续性差,裂隙孔隙率高,对冲击震动波的散射和吸收能力大,在对冲击震动能量的耗散能力上表现为强的特征,耗散能的特征越强,对巷道围岩的保护作用越有利。对于支护小强结构,内部结构相对紧密完整,只随弱结构的变形而发生整体位移,自身变形量较小,耗能能力有限,能量耗散也表现为弱的特征。因此,从对冲击震动能量的耗散特征来看,强弱强结构表现为弱强弱的特征。

2.6.3 深部巷道防冲控制对策

由式(2-83)可知,要维护巷道的稳定,防治冲击矿压灾害的发生,就必须从减小震源的震动强度,设置弱结构和提高支护强度出发(高明仕等,2007)。

1) 减小巷道围岩深部的震动载荷 σ_d

冲击矿压有压力型(煤柱型)、冲击型(顶板或底板型)和冲击压力型三种。压力型冲击矿压的震源在煤柱的高应力集中区,冲击型冲击矿压的震源在顶底板厚岩层破断或滑移运动区,断层等构造的活化区。因此,减小巷道围岩深部的震动载荷就是要降低应力集中区,减小能量在顶板岩层或构造区的聚集。其主要方法有松散煤岩体,降低煤层中的应力集中程度;破坏顶板的完整性,使得顶板中不能聚集大量的弹性能;释放断层等构造中聚集的能量并抑制其活化运动等。

2) 设置吸能的弱结构

在巷道支护体小结构外,形成一个松散煤岩破坏区,增加煤岩体的能量衰减系数 η,使得高能量的冲击震动通过该软化区后到达支护体小结构 AB 时衰减,满足 $\sigma_{Bh} < \sigma_{ZAB}$ 或 $E_r < E_{k\min}$,起到消波吸能的"过滤"作用,从而使巷道围岩支护结构免受损坏。采取的主要办法有深孔爆破松散煤岩、钻孔增加孔隙度和煤体注水弱化软化煤岩等。

3) 提高巷道的支护强度

由以上分析可知,巷道围岩发生冲击破坏与巷道的支护强度有很大关系。在其他条件不变时,冲击破坏取决于巷道围岩极限承载强度。通过一定的支护手段,提高巷道围岩极限承载强度 σ_z,就可以大大降低巷道冲击破坏的几率。锚杆支护在安装初期就对围岩施加一主动的预紧力,锚杆和围岩组成的锚固体成为强有力的承载体,使围岩从一开始就受到较大的支护作用力,阻止巷道周围围岩层裂屈曲及离层,有效控制围岩的初期变形;围岩内部注浆也在浅部围岩形成了承载加固环,提高围岩力学性质,增强了巷道围岩支护强度,这些都对巷道的防冲有利。

2.7 煤岩冲击破坏的冲能原理

顶板岩层结构,特别是煤层上方坚硬厚层砂岩顶板是影响冲击矿压发生的主要因素之一。通过实验研究、现场实测及冲击矿压现象分析,验证了顶板坚硬岩层,特别是顶板的关键层运动、破断对冲击矿压的发生有巨大的影响。通过对煤岩破坏性试验结果和煤岩破坏时的应力-应变曲线能量分析,研究煤岩冲击破坏的显现特征和能量演化规律,提出煤岩冲击破坏的冲能原理和冲击破坏的冲能判别准则(牟宗龙,2007)。

2.7.1 煤岩冲击破坏试验及动能分析

首先做静态加载试验考察煤岩冲击破坏的动力显现特征和确定崩出煤岩碎块的动能。试样取自兖州矿区济三煤矿,经实验室测定,该煤样具有弱冲击倾向性,弹性能指数 $W_{ET}=4.67$、冲击能指数 $K_E=4.93$。试样加工遵照煤炭行业标准《煤和岩石物理力学性质的测定方法》的规定执行,用金刚石钻头钻出直径为 50mm 的圆柱体,切割机切取长为 100mm 的圆柱块,在磨平机上进行端面磨平并达到规程所要求的标准,加载速率为 0.5MPa/s,并测定煤岩破坏时的震动特性。试验模型如图 2-44 和图 2-45 所示。

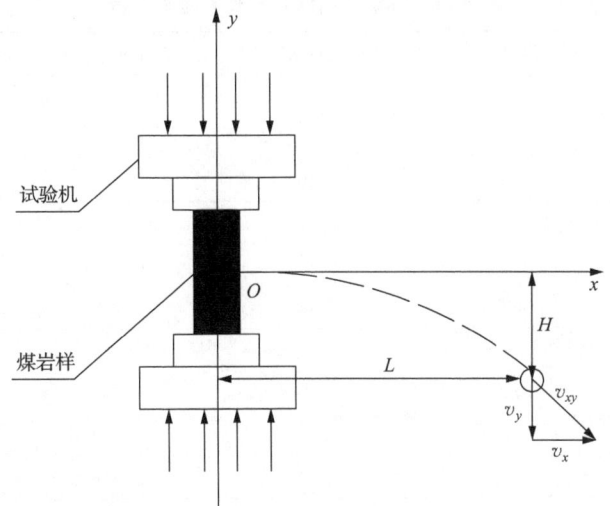

图 2-44 煤岩冲击破坏试验模型

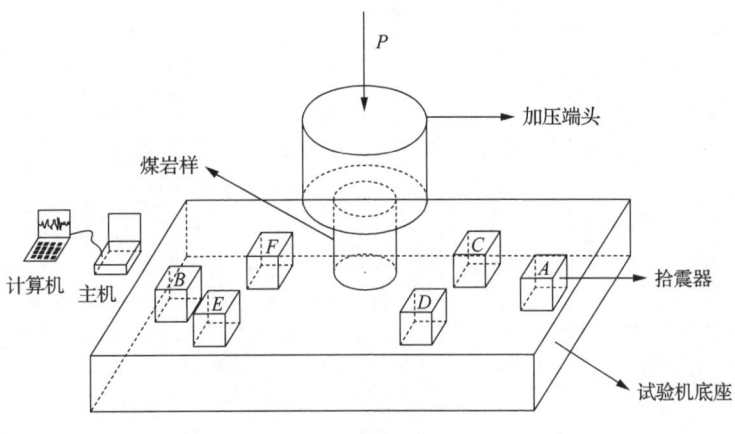

图 2-45 微震设备布置

试验过程中记录破碎煤岩块飞出的水平距离 L 和落在地面或实验台上的垂直高度 H，记录数据如表 2-12 所示。根据试验结果，每个煤岩样平均崩出的体积约占总体积的 $1/2$，即 $V=9.8\times10^{-5}\mathrm{m}^3$，每个煤岩样所测量的碎块平均体积 $V'=1.93\times10^{-5}\mathrm{m}^3$。

按照物体在空气中的运动规律确定碎块初始速度和初动能，由于物体在空气中低速运动时主要受黏滞阻力作用，因此碎块在空气中所受阻力与其速度的一次方成正比关系，阻力为 $\vec{F}=-b\vec{v}$，b 为空气的黏滞阻力系数。

表 2-12　碎块飞出水平距离和垂直高度

煤岩编号 i	碎块号 j	质量/g	飞出距离/cm	高度/cm
1#	1	4.04	87.50	64.00
	2	16.50	15.00	10.00
	3	15.10	15.00	10.00
2#	1	17.35	70.00	64.00
	2	6.50	70.00	64.00
	3	11.45	70.00	64.00
3#	1	5.70	60.00	64.00
	2	4.45	60.00	64.00
	3	3.10	60.00	64.00
	4	80.00	80.00	64.00
4#	1	48.15	106.00	64.00
	2	4.30	56.00	64.00
	3	18.98	106.00	64.00
5#	1	5.50	60.00	64.00
	2	6.10	60.00	64.00
	3	26.40	60.00	64.00
6#	1	10.10	27.00	10.00
	2	1.90	5.00	10.00
	3	3.90	25.00	10.00
	4	3.30	20.00	10.00
7#	1	10.30	30.00	64.00
	2	67.20	16.00	10.00
	3	5.60	15.00	10.00
8#	1	4.15	50.00	64.00
	2	3.80	15.00	10.00
	3	5.40	10.00	10.00

以煤岩样中轴线的中点为原点建立直角坐标系，X 轴沿水平方向，质量为 m 的碎块受重力 $W=m\vec{g}$ 和空气阻力 $\vec{F}=-b\vec{v}$ 作用，设碎块为质地均匀、密度为 $\rho=1320\text{kg/m}^3$、半径为 r 的球体，则 $r=\sqrt[3]{3m/(4\pi\rho)}$，$b=6\pi\eta r$，$\eta$ 为空气在 20℃时的黏性系数，取 $\eta=1.81\times10^{-5}$，碎块初速度为 v_0，根据运动微分方程和初始条件：$t=0$ 时，$v_0=v_{0x}\vec{i}+v_{0y}\vec{j}$ 和 $x=y=0$，定出积分常数，得

第 2 章 冲击发生原因及控制原理

$$\begin{cases} x = \dfrac{mv_{0x}}{b}(1-e^{-\frac{b}{m}t}) \\ y = \left(\dfrac{mv_{0y}}{b}+\dfrac{m^2g}{b^2}\right)\cdot(1-e^{-\frac{b}{m}t})-\dfrac{mg}{b}t \end{cases} \quad (2\text{-}84)$$

该方程组存在 3 个未知量，为非封闭的。为便于求解，设碎块崩出时为水平方向，即 $v_{0y}=0,v_{0x}=v_0$，消去变量 t，将 x 换成 L，$-y$ 换成 H，得

$$\dfrac{m^2g}{b^2}\ln\left(1-\dfrac{Lb}{mv_0}\right)+\dfrac{mgL}{bv_0}+H=0 \quad (2\text{-}85)$$

将 $\ln\left(1-\dfrac{Lb}{mv_0}\right)$ 进行泰勒展开并取前 3 项，得求解等式

$$\dfrac{1}{2}\cdot\dfrac{gL^2}{v_0^2}+\dfrac{1}{3}\cdot\dfrac{gbL^3}{mv_0^3}-H=0 \quad (2\text{-}86)$$

求得每一碎块的初始速度 v_{0ij}。易知，每个碎块初动能 E_{0ij}、每个煤岩样动能 E_{si} 和煤岩样平均动能 E_s 分别为

$$E_{0ij}=\dfrac{1}{2}\cdot m_{ij}v_{0ij}^2, E_{si}=\sum_{j=1}^{n_i}E_{0ij}, E_s=\dfrac{1}{k}\sum_{i=1}^{k}E_{si} \quad (2\text{-}87)$$

式中，i 为煤岩样的编号，$i=1,2,\cdots,k$；k 为煤岩样块数，本次试验中 $k=8$；j 为碎块编号，$j=1,2,\cdots,n_i$；n_i 为第 i 块煤岩样的碎块数量。

求解结果如表 2-13 所示。

表 2-13 煤岩样动能

煤岩编号 i	碎块编号 j	碎块初速度 v_0/(m/s)	碎块初动能 E_0/J	煤岩样动能 E_s/J
1#	1	2.4211	0.0118	0.1483
	2	1.0472	0.0090	
	3	1.0472	0.0083	
2#	1	1.9360	0.0325	0.336296
	2	1.9369	0.0122	
	3	1.9359	0.0215	
3#	1	1.6602	0.0079	1.08712
	2	1.6595	0.0061	
	3	1.6604	0.0043	
	4	2.2122	0.1958	
4#	1	2.9321	0.2070	1.492504
	2	1.5495	0.0052	
	3	2.9330	0.0816	

续表

煤岩编号 i	碎块编号 j	碎块初速度 v_0/(m/s)	碎块初动能 E_0/J	煤岩样动能 E_s/J
5#	1	1.6603	0.0076	
	2	1.6603	0.0084	0.266192
	3	1.6603	0.0364	
6#	1	1.8925	0.0181	
	2	0.3502	0.0001	0.139192
	3	1.7521	0.0060	
	4	1.4013	0.0032	
7#	1	0.8301	0.0035	
	2	1.1252	0.0425	0.249936
	3	1.0507	0.0031	
8#	1	1.3836	0.0040	
	2	1.0477	0.0021	0.037592
	3	0.7001	0.0013	
平均	—	—	—	0.47

煤岩样在速率为 0.5MPa/s 的加载过程中破坏时的碎块初速度在 1~3m/s（以每个煤岩样中速度最大的碎块为准），平均为 1.95m/s，每个试样平均动能实测为 E_s=0.47J。试验过程中，8 块标准煤岩样在速率为 0.5MPa/s 的加载过程中均发生破坏，大量煤块、煤粉崩出，产生强烈震动和声响，煤岩样破坏状态和震动波如图 2-46 和图 2-47 所示。

图 2-46 冲击破坏状态

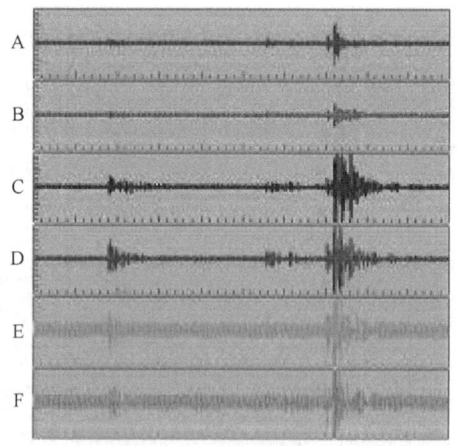

图 2-47 冲击破坏过程中的震动波

上述试验表明,具有冲击倾向性的煤岩样在载荷作用下破坏时将产生强烈震动和脆性冲击型破坏,而且破碎的煤块具有一定的初始动能并以一定的初速度脱离煤体。我们把这些煤岩样冲击破坏时碎块冲出的动能可以定义为该煤岩样的冲能,即冲出的能量。

2.7.2 静态加载煤岩破坏的冲能分析

冲击矿压的发生不仅取决于煤岩的冲击倾向性,即煤岩的物理力学特性,还取决于煤岩系统的组成类型、边界条件、加载途径、加载方式和加载速度。下面根据煤岩破坏的应力-应变曲线分析静载条件下煤岩破坏的冲能演化规律。

在静态压缩状态下,煤岩的全应力-应变曲线峰值 C 前所积聚的变形能 E_S 与峰值后所消耗的变形能 E_X 之比值称为冲击能指数 K_E,即 $K_E = E_S/E_X$,它直观全面地反映了煤岩储能、耗能的全过程,显示了冲击倾向的物理特性,如图 2-48 所示。在单轴压缩条件下,煤岩破坏前所积聚的弹性变形能 E_{sp} 与产生塑性变形消耗的能量 E_{st} 比值称为弹性能指数 W_{ET},即 $W_{ET} = E_{sp}/E_{st}$,由于煤岩样的差异性,事先确定某一煤岩样的峰值强度比较困难,一般先加载至煤岩强度的 80%,后卸载至 0,弹性应变能为卸载曲线下的面积,塑性应变能为加载和卸载曲线所包围的面积,如图 2-48 所示。

根据煤岩在峰值前的单调加载曲线和循环加、卸载曲线的一般特性,接近峰值应力点前的多条加载、卸载应力-应变曲线具有较高的相似性,可近似反映煤岩在峰值前总的应力应变特性。采用加载至峰值强度的 80% 左右时,卸载至 0。利用卸载曲线下的面积与加载曲线下的面积之比即弹性应变能与总的应变能之比来表征岩石的弹性应变能的储存性能,将此卸载试验的岩石试样再加载,直至岩石最终破坏,完成整个全应力-应变关系曲线,将所得出的比例关系乘以整个加载曲线下的面积即峰值前岩石总的应变能,可近似得到岩石在峰值前所储存的弹性应变能,再求出峰值后破坏消耗的能量,即得两者之间的能量差,如图 2-49 所示。

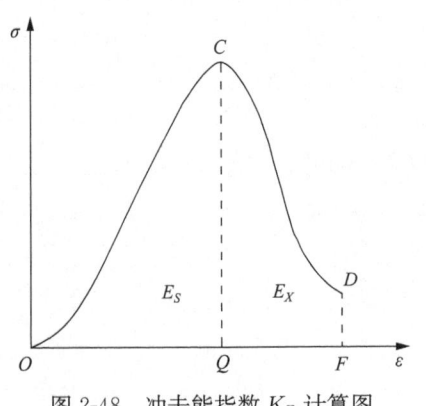

图 2-48 冲击能指数 K_E 计算图

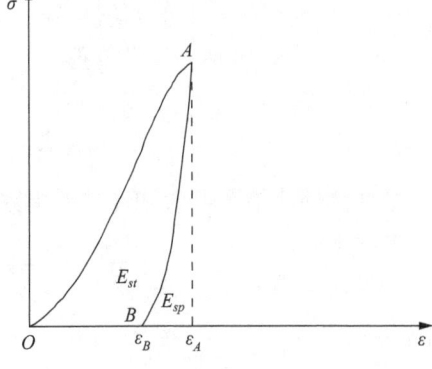

图 2-49 弹性能指数 W_{ET} 计算图

根据图 2-50,可以得到峰值前弹性应变能与总应变能的比值：

$$\lambda = \frac{\int_{\varepsilon_B}^{\varepsilon_A} \sigma \mathrm{d}\varepsilon^e}{\int_0^{\varepsilon_A} \sigma \mathrm{d}\varepsilon} \tag{2-88}$$

峰值前总应变能为

$$W^C = \int_0^{\varepsilon_C} \sigma \mathrm{d}\varepsilon \tag{2-89}$$

故峰值前积蓄的弹性应变能：

$$W_e^C = \lambda \cdot W^C \tag{2-90}$$

峰值后消耗的能量：

$$W_s^D = \int_{\varepsilon_C}^{\varepsilon_D} \sigma \mathrm{d}\varepsilon \tag{2-91}$$

故能量差为

$$W_r = W_e^C - W_s^D = \lambda \cdot W^C - \int_{\varepsilon_C}^{\varepsilon_D} \sigma \mathrm{d}\varepsilon \tag{2-92}$$

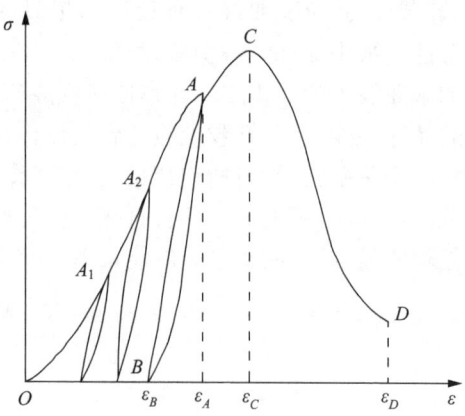

图 2-50 煤岩应力-应变一般曲线

根据弹性能指数 W_{ET} 和冲击能指数 K_E 定义：

$$W_{ET} = \frac{E_{sp}}{E_{st}}, \quad K_E = \frac{E_S}{E_X}$$

可知：

第 2 章 冲击发生原因及控制原理

$$\begin{cases} \int_{\varepsilon_B}^{\varepsilon_A} \sigma \mathrm{d}\varepsilon^e = E_{sp} \\ \int_0^{\varepsilon_A} \sigma \mathrm{d}\varepsilon = E_{sp} + E_{st} \\ W^C = E_S \\ W_s^D = E_X \end{cases} \quad (2\text{-}93)$$

即峰值前弹性应变能与总应变能的比值:

$$\lambda = \frac{E_{sp}}{E_{sp} + E_{st}} \quad (2\text{-}94)$$

故能量差为

$$W_r = \frac{E_{sp}}{E_{sp} + E_{st}} \cdot E_S - E_X \quad (2\text{-}95)$$

即

$$W_r = \left(1 - \frac{1}{1+W_{\mathrm{ET}}} - \frac{1}{K_{\mathrm{E}}}\right) \cdot \int_0^{\varepsilon_c} \sigma \mathrm{d}\varepsilon \quad (2\text{-}96)$$

可根据煤岩的冲击倾向性评定指标弹性能指数 W_{ET}、冲击能指数 K_{E} 和煤岩破坏前总应变能 E_S 来计算能量差。由式(2-96)可知,能量差随 W_{ET} 和 K_{E} 的增大而增大,即在一定条件下,煤岩的冲击倾向性越大,能量差也越大。

由于 $W_{\mathrm{ET}} > 0$,$K_{\mathrm{E}} > 1$,故恒有

$$1 - \frac{1}{1+W_{\mathrm{ET}}} - \frac{1}{K_{\mathrm{E}}} < 1 \quad (2\text{-}97)$$

即

$$W_r < \int_0^{\varepsilon_c} \sigma \mathrm{d}\varepsilon \quad (2\text{-}98)$$

故能量差总是小于煤岩破坏前储存的总能量。例如,当 $W_{\mathrm{ET}} < 2$ 且 $K_{\mathrm{E}} \leqslant 1.5$ 时,$W_r \leqslant 0$,负值说明需要外载荷继续供给能量才能维持煤岩的继续破坏。

根据济三煤矿煤岩试验过程的应力-应变一般曲线,代入弹性能指数 $W_{\mathrm{ET}} < 4.67$、冲击能指数 $K_{\mathrm{E}} = 4.93$,得到煤岩破坏前、后的能量差为

$$W_r = 0.62 \int_0^{\varepsilon_c} \sigma \mathrm{d}\varepsilon \quad (2\text{-}99)$$

即 $W_r = 4.75$J,煤岩样平均实测动能为 $E_S = 0.47$J,也即冲能为 $E_b = 0.47$J。根据能量守恒定律,煤岩破坏时转化为冲能的能量必定来自煤岩破坏前、后的能量

差 W_r。本节将煤岩峰值前储存的弹性能与峰值后破坏消耗的能量之间的差值称为差能,转化为碎块动能部分的差能称为冲能,冲能用 E_b 表示。

煤岩发生破坏时,还伴随着震动等能量表现形式,故并不是所有的差能都转化为冲能,因此,煤体破坏时有差能出现,并不代表一定出现冲能。设煤体破坏时可出现冲能的临界差能为 W_{r0},则冲能用 $W_r < W_{r0}$ 表示,若 $E_b = W_r - W_{r0}$,说明煤体不会出现冲能,即不可能发生冲击式破坏。济三煤矿标准煤岩样试验得到的差能临界值为 $W_{r0} = 4.28 J$。

图 2-51 给出了煤岩在静载条件下的能量转化示意图。峰值前煤岩储存的总应变能 W^C 由塑性应变 W_p^C 和弹性应变能 W_e^C 组成,峰值后煤岩破坏消耗能量为 W_s^D,故差能为

$$W_r = W_e^C - W_s^D$$

转化为震动等形式的能量为 W_{r0},故冲能为

$$E_b = W_e^C - W_s^D - W_{r0}$$

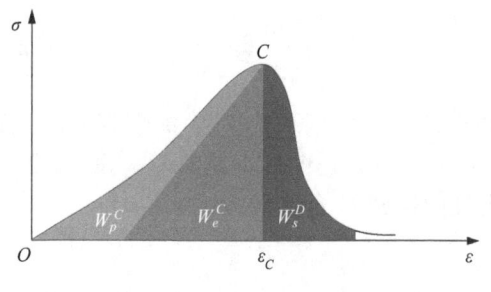
(a) 应力-应变一般曲线能量分析

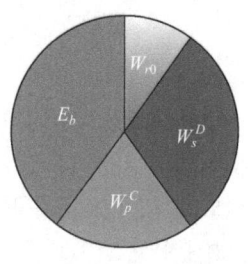
(b) 能量转化示意图

图 2-51 煤岩破坏的能量转化示意图

2.7.3 动态加载煤岩破坏的冲能分析

实验研究表明,动载条件下的岩石弹性模量值比静载条件下的值要大,两者之间存在一定的关系,故可参照静载条件下的能量差求解方法得到动载条件下的结果,但存在两个方面的区别:一是煤岩本构关系的不同,二是动载条件下的差能中包含煤岩体由加载速度引起的动能部分。

1. 动载条件下由应力-应变曲线确定的差能

由于动载条件下和准静载条件下的应力-应变曲线形状基本相同,但动载的峰值增加和本构关系发生变化,故用 ε^*、σ^*、ε_c^*、W_{ET}^*、K_E^* 和 W_r^* 来区别静载条件下对应的各个量,方程式推导过程同上,得到

$$W_{r1}^* = \left(1 - \frac{1}{1+W_{ET}^*} - \frac{1}{K_E^*}\right) \cdot \int_0^{\varepsilon_c^*} \sigma^* d\varepsilon^* \tag{2-100}$$

同理,可得动载条件下由应力-应变曲线确定的差能 W_r^* 的取值范围为

$$W_{r1}^* < \int_0^{\varepsilon_c^*} \sigma^* d\varepsilon^*$$

2. 由动载引起的煤岩体的动能

设煤岩样达到极限强度时动载荷即刻卸载,煤岩样的高度为 h,截面积为 A,密度为 ρ,以底部为原点、竖直方向为 x 轴建立直角坐标系。载荷速度为 $-v_0$,即煤岩样上部表面位移速度为 $-v_0$,方向竖直向下,在不考虑由于煤岩样体积变化而引起的横向位移时,煤岩样自上部至底部的速度成线性递减变化,底部受到约束,速度为 0。在煤岩体中距原点为 x 处取一微元,高度为 dx,如图 2-52 所示。

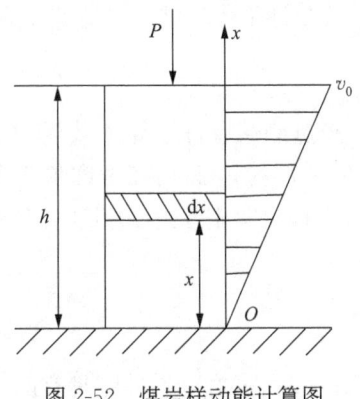

图 2-52 煤岩样动能计算图

微元具有的速度和动能分别为

$$v_x = -\frac{xv_0}{h}, dE = \frac{1}{2}\rho A\left(\frac{xv_0}{h}\right)^2 dx \tag{2-101}$$

对整个煤岩样求积分,得总动能为

$$E_0 = \int_0^h \frac{1}{2}\rho A\left(\frac{xv_0}{h}\right)^2 dx \Rightarrow E_0 = \frac{1}{6}\rho hAv_0^2 \tag{2-102}$$

根据能量守恒定律,煤岩破坏后由动载荷引起的煤岩动能也参与到差能当中,得到动载条件下煤岩破坏的差能为

$$W_r^* = \left(1 - \frac{1}{1+W_{ET}^*} - \frac{1}{K_E^*}\right)\int_0^{\varepsilon_c^*} \sigma^* d\varepsilon^* + E_0 \tag{2-103}$$

以标准煤岩样为例,高度 $h=100$mm,直径 $d=50$mm,密度取 $\rho=1.32$g/cm³。一般,准静态加载条件下的应变率在 $10^{-5}\sim10^{-1}$s^{-1} 量级,较强的动载条件下应变率在 $10^2\sim10^4$s^{-1} 量级。根据试样的高度和应变率进行换算后,令加载速度分别取 $v_0=10^1$m/s、10^2m/s、10^3m/s,代入式(2-102)得

$$E_0 = \begin{cases} 4.32\text{J}, & \text{当 } v_0 = 10^1\text{m/s 时} \\ 432\text{J}, & \text{当 } v_0 = 10^2\text{m/s 时} \\ 43197\text{J}, & \text{当 } v_0 = 10^3\text{m/s 时} \end{cases} \tag{2-104}$$

以济三煤矿标准煤岩样为例,静态条件下能量差为 $W_r=4.75$ J,在加载速度为 10m/s 的动载条件下,煤岩样的动能达到 4.32J。

以煤矿采掘空间周围的煤岩体为例计算动能大小。设随工作面推进顶板在煤体达到极限强度时对煤体的载荷位移速度 $v_0=10$ m/s,支承压力区为工作面前方 10m 处,工作面煤层厚度为 $h=3$ m,煤体密度取 $\rho=1.3$ g/cm³,沿工作面方向取单位长度煤体为对象,则 $A=10$ m²,代入式(2-102)得

$$E_0 = \frac{1}{6}\rho h A v_0^2 = 6.5 \times 10^6 \text{J} \tag{2-105}$$

设差能向冲能的转化的临界值为 W_{r0}^*,即得动载条件下煤岩破坏时的冲能为

$$E_b^* = W_r^* - W_{r0}^* \tag{2-106}$$

在静载条件即顶板不发生突然运动的情况下,经过静载条件下煤体破坏的差能计算后,该部分煤体发生完全破坏时的差能 $W_r=0.73\times10^6$ J,而在考虑顶板动载引起的煤体动能的情况下,差能为 $W_r^*=7.23\times10^6$ J,两者相差近 10 倍,故在动载条件下,冲击危险性将显著增加。

3. 煤岩冲击破坏的冲能原理

冲能 E_b 是指煤岩破坏时"冲出的能量"或真正用于冲击的能量,冲能具有两个基本要点,一是碎块必须脱离煤体,二是碎块脱离煤体时必须具有初始动能,冲能体现了煤岩破坏时的"冲击性质"。

对于冲击矿压的机理研究,在多种解释冲击矿压发生机理的理论中,以强度理论、能量理论和冲击倾向性理论为根本性理论,即"三准则"理论。该理论认为,冲击矿压的发生必须满足强度准则、能量准则和冲击倾向准则,即

$$\begin{cases} \dfrac{\sigma(f_1,f_2,f_3,f_4,f_5)}{\sigma'} > 1 \\ \dfrac{\alpha\left(\dfrac{\mathrm{d}W_E}{\mathrm{d}t}\right)+\beta\left(\dfrac{\mathrm{d}W_S}{\mathrm{d}t}\right)}{\dfrac{\mathrm{d}W_D}{\mathrm{d}t}} > 1 \\ \dfrac{K_R}{K_R'} > 1 \end{cases} \tag{2-107}$$

式中,f_1 为采掘活动所造成的附加应力;f_2 为地质构造应力;f_3 为岩体自重应力;f_4 为岩体内部其他应力,如瓦斯、裂隙水压、温度压力等;f_5 为煤体-围岩交界处应力;σ' 为煤体-围岩系统的临界强度;α 为围岩系统能量释放有效系数;W_E 为围岩系统储存的变形能;W_S 为煤体储存的变形能;β 为煤体能量释放有效系数;

W_D 为消耗于煤体-围岩交界处和煤体破坏阻力的能量;K_R 为煤岩的冲击倾向指数;K_R' 为冲击倾向指数临界值。

强度准则是煤岩体的破坏准则,而能量准则和冲击倾向准则是煤岩体突然破坏准则,只有当三个准则同时满足时,才能发生冲击矿压。该三条准则也被看成是冲击矿压发生的充分必要条件。

从中可以看出,"三准则"机理需要三个判别条件,根据本节煤岩破坏的冲能分析可知,当煤体冲击破坏时一定有冲能出现,说明冲能是发生冲击的必要条件。如果当有冲能出现时也一定满足"三准则"条件,说明冲能是发生冲击的充分条件。那么就可以将煤岩破坏后有无冲能出现作为是否发生冲击的充分必要条件。

1) 强度准则

根据冲能定义,即冲能为煤岩样冲击破坏时碎块冲出的动能,可见,当有冲能出现时,必定满足强度准则。

2) 能量准则

将能量准则写成:

$$dW = \alpha\left(\frac{dW_E}{dt}\right) + \beta\left(\frac{dW_S}{dt}\right) - \frac{dW_D}{dt} > 0 \tag{2-108}$$

积分并消掉时间变量 t 得

$$W = \alpha W_E + \beta W_S - W_D > 0 \tag{2-109}$$

可见,能量准则表明煤岩破坏前系统积聚的能量大于破坏后消耗的能量。冲能由煤岩破坏前后的差能转化而来,根据能量守恒定律,当有冲能出现时也一定满足能量准则。

3) 冲击倾向准则

根据煤岩冲击危险性判别标准,当 $W_{ET} \leqslant 2$ 且 $K_E \leqslant 1.5$ 时,定义为无冲击倾向性,当 $W_{ET} > 2$ 且 $K_E > 1.5$ 时,定义为有冲击倾向性。

煤岩峰值破坏前后的差能为

$$W_r = \left(1 - \frac{1}{1 + W_{ET}} - \frac{1}{K_E}\right) \cdot \int_0^{\varepsilon_c} \sigma d\varepsilon \tag{2-110}$$

当 $W_{ET} \leqslant 2$ 且 $K_E \leqslant 1.5$ 时,即无冲击倾向性时,此时差能 $W_r \leqslant 0$;当 $W_{ET} > 2$ 且 $K_E > 1.5$ 时,即定义为有冲击倾向性时,此时差能 $W_r > 0$。根据前面分析,只有煤岩破坏有差能出现时才有可能出现冲能,即冲能是由差能转化而来,当有冲能出现时也必定满足冲击倾向准则。

有冲能出现是发生冲击的充分条件,将煤岩冲击破坏时一定伴随冲能出现的这一事实称为"煤岩冲击破坏的冲能原理",将煤岩是否冲击破坏的判别准则称为煤岩冲击破坏的"冲能判别准则",即 $E_b > 0$ 时,发生冲击破坏。

2.7.4 顶板诱发冲击的冲能原理

将顶板岩层诱发冲击矿压的机理分为两种情况,一是在顶板活动(如断裂和滑移)条件下冲击矿压的发生机理称为"顶板岩层的动态诱冲机理";二是在顶板岩层稳定的条件下冲击矿压的发生机理称为"顶板岩层的稳态诱冲机理"。将两种机理结合,即将煤体在顶板稳定时具有的初始应力和初始能量与顶板活动产生的冲击动力和能量相互叠加后,得到顶板岩层诱发冲击矿压的应力和能量叠加原理,并根据冲能原理判别准则最终得到顶板岩层诱发冲击的冲能原理。

1. 煤岩冲击破坏的冲能判别准则

通过对煤岩破坏性试验结果和煤岩破坏时的能量分析,可研究煤岩冲击破坏的显现特征和能量演化规律,从而提出煤岩冲击破坏的冲能判别准则。

煤岩峰值前储存的弹性能与峰值后破坏消耗的能量之间的差值可称为差能 W_r,也将其称为剩余能量。根据能量守恒定律,煤岩破坏时转化为冲能的能量来自煤岩破坏前后的差能,冲能即为转化为碎块动能部分的差能。

试验表明,煤岩发生破坏时伴随着震动等其他能量表现形式,故并非全部差能都转化为冲能,即煤体破坏时有差能但不一定有冲能。设煤体破坏时有冲能的临界差能为 W_{r0},则冲能 $E_b = W_r - W_{r0}$,$W_r \leqslant W_{r0}$ 时,不可能发生冲击破坏。文献也认为巷道岩体内弹性能由岩体破坏时的耗能、岩块动能和声响、热等能量组成,但认为声响和热等能量很少,可忽略。但从本节的试验结果来看,煤岩在破坏时可产生强烈声响和震动,通过能量分析计算,济三矿煤样的差能即碎块的动能和震动等能量之和为 4.75J,而通过实测,碎块的动能仅为 0.47J,排除煤岩体的离散性和测量误差等因素影响,转化为震动等其他形式的能量还是占有相当大的比例,因此不可忽略。相关研究表明差能可以看做评价煤岩冲击倾向性的指标,由于没能考虑临界差能,故缺乏充分性。确定煤岩破坏的临界差能是一个关键问题。

峰值前煤岩储存的总应变能 W^C 由塑性应变能 W_p^C 和弹性应变能 W_e^C 组成,峰值后煤岩破坏消耗能量为 W_s^D,差能为 $W_r = W_e^C - W_s^D$,转化为震动等的临界差能为 W_{r0},故冲能为 $E_b = W_e^C - W_s^D - W_{r0}$。再根据煤岩破坏的冲击能指数 K_E 和弹性能指数 E_{ET} 关系,可得煤岩破坏的冲能。

静载条件下

$$E_b = \left(1 - \frac{1}{1+W_{ET}} - \frac{1}{K_E}\right) \cdot \int_0^{\varepsilon_c} \sigma d\varepsilon - W_{r0} \qquad (2-111)$$

动载条件下

$$E_b^* = \left(1 - \frac{1}{1+W_{\mathrm{ET}}^*} - \frac{1}{K_{\mathrm{E}}^*}\right) \cdot \int_0^{\varepsilon_c^*} \sigma^* \mathrm{d}\varepsilon^* + E_0 - W_{r0}^* \qquad (2\text{-}112)$$

式中，E_b^*、ε^*、σ^*、ε_c^*、W_{ET}^*、K_{E}^* 和 W_r^* 为对应静载条件下的动载条件下的参量，E_0 为由动载引起的煤岩体动能。

根据煤岩冲击破坏的特点和冲能分析可知，当煤体冲击破坏时一定有冲能出现，冲能是发生冲击的必要条件，有冲能出现时也满足强度准则、能量准则和冲击倾向准则，即满足"三准则"条件，即冲能也是发生冲击的充分条件。故可将煤岩破坏后有无冲能出现作为判断是否冲击的充分必要条件，即煤岩冲击破坏的"冲能判别准则"，当 $E_b > 0$（或 $E_b^* > 0$）时，发生冲击破坏。

2. 顶板-煤体冲击的试验模拟

实践及理论研究表明，顶板岩层断裂或滑移可产生震动冲击载荷，目前顶板岩层断裂产生震动特性的物理和数值模拟试验较少。通过实验室相似模拟试验及数值模拟，直观显示顶板岩层震动冲击载荷对煤体冲击危险性影响规律的研究很有必要。

如图 2-53 所示，煤体试样上方横放岩板，通过变化岩板的厚度进行试验，岩板

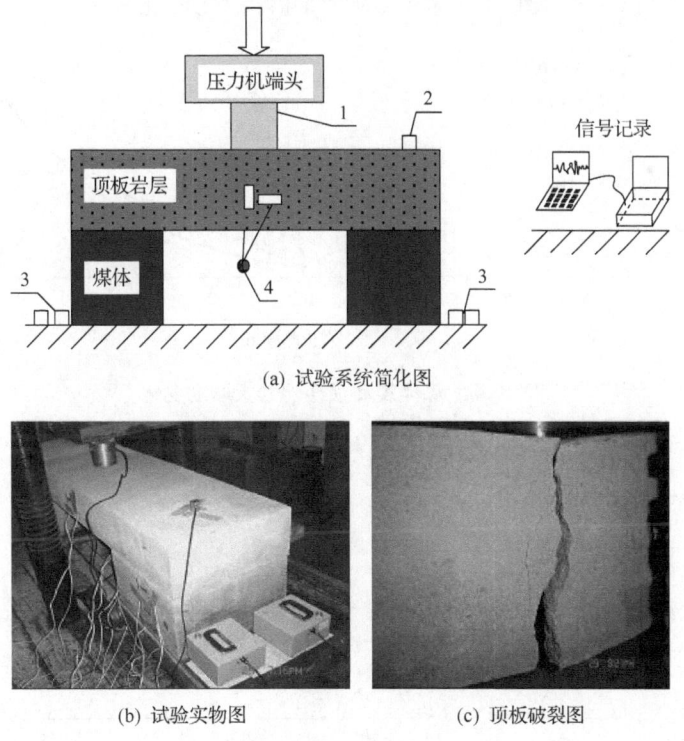

图 2-53 试验模型
1. 压力传感器；2. 24K 声发射探头；3. 微震探头；4. 应变片

中部施加准静态点载荷,直至岩板断裂。采用 TDS-6 微震监测系统、Disp-24 声发射仪等记录分析不同厚度岩板在断裂过程中的震动、声发射等变化特征。

试验结果表明,岩板断裂时产生强烈声响,震动信号和声发射信号发生突变,可明显观察到试验系统的整体振动,即岩板断裂可产生微震动和宏观上的周期性振动;岩板越厚,断裂产生的震动强度越高,震动持续时间越长,断裂对煤体的冲击影响越大;主震波持续时间与岩板厚度呈线性关系,对煤体的冲击影响与岩板厚度成乘幂关系,见图 2-54～图 2-56。

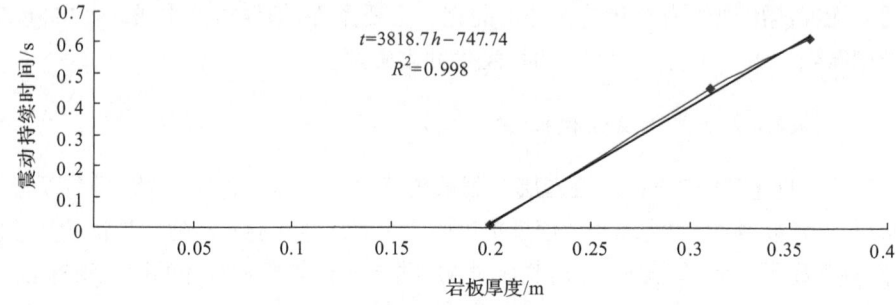

图 2-54　震动持续时间随岩板厚度变化

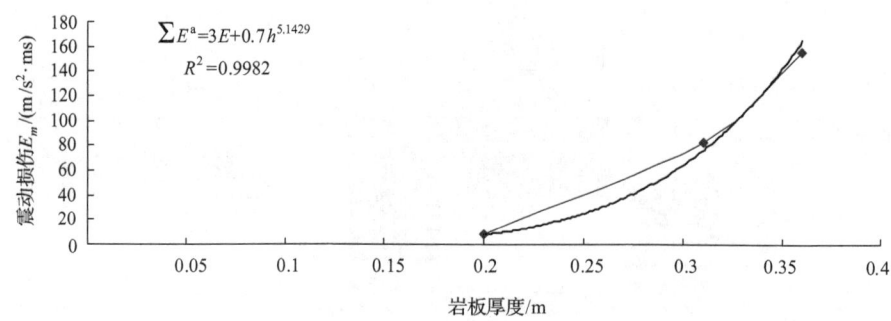

图 2-55　煤体震动损伤随岩板厚度变化

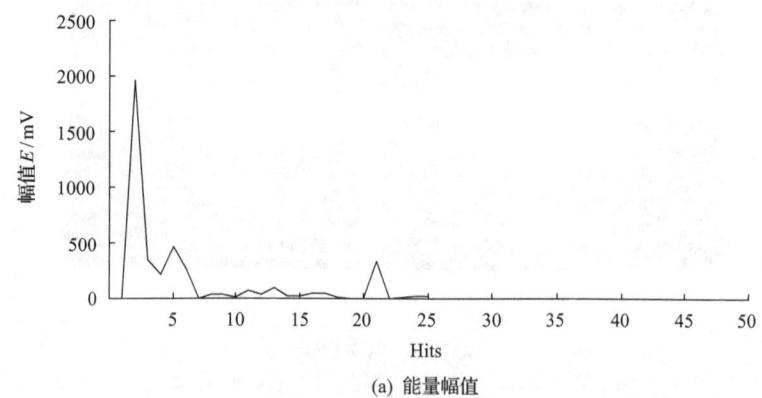

(a) 能量幅值

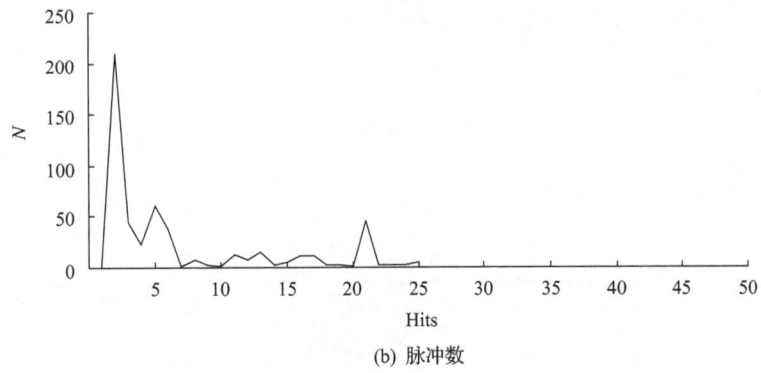

(b) 脉冲数

图 2-56　顶板断裂的声发射信号变化

采用 UDEC 4.0 离散元程序建立初始采场模型。通过变化顶板岩层的悬顶长度、厚度、强度和运动状态,得到煤体开挖过程中,顶板岩层几何、物理属性以及运动状态对煤体应力、位移速度、加速度和能量的影响规律。图 2-57 和图 2-58 给出了随煤体开挖,顶板运动时产生的动能及随悬顶长度的变化规律(牟宗龙等,2009)。

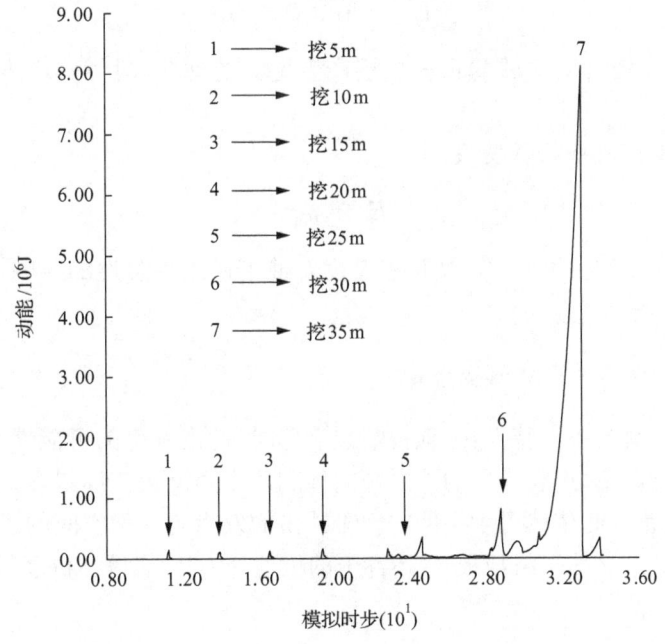

图 2-57　顶板产生的动能

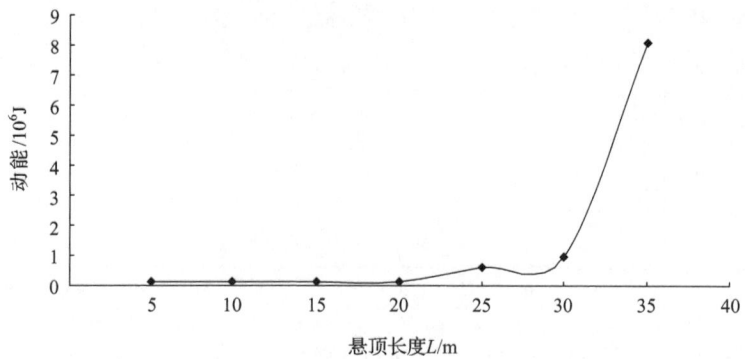

图 2-58　动能随悬顶长度变化规律

模拟结果表明,在一半周期来压步距之前,冲击危险性不大,从一半周期来压步距开始,顶板岩层开始产生较为强烈的动载,煤体冲击危险性增高,顶板岩层断裂垮落时冲击危险性最高。故冲击矿压相对高危险的时间段(或危险区域)为从一半周期来压步距到顶板破断垮落时。

产生的动能 E_k 与岩层强度 σ 成对数关系:

$$E_k = A\ln(\sigma) - B \tag{2-113}$$

故坚硬顶板岩层比软弱顶板岩层产生更大的动能,对煤体产生更为强烈的扰动。

与顶板厚度 h 成指数关系:

$$E_k = \alpha e^{\beta h} \tag{2-114}$$

式中,A,B,α,β 为相关系数。从顶板厚度对冲击矿压危险性的影响规律来看,岩层越厚,诱冲能力越强。

3. 顶板-煤体冲击机理及判别

冲击现象具有以下特点:①顶板断裂滑移时,冲击发生的可能性增大、频数增多。②一般情况下,组合煤岩的冲击倾向性和冲击强度大于纯煤样。③大采深条件下,顶板较稳定时依然可发生冲击。④冲击的发生与开采空间的形成有时具有明显的时间效应。故可将顶板-煤体冲击的机理分为"动态诱冲机理"与"稳态诱冲机理"两种情况。

1) 稳态诱冲

设煤层上覆岩层刚度分别为 $k_1,k_2,\cdots,k_{n_1}$,变形位移为 $\mu_1,\mu_2,\cdots,\mu_{n_1}$,复合刚度为 K_1,复合变形位移为 μ_r,底板岩层对应 $k'_1,k'_2,\cdots,k'_{n_2},\mu'_1,\mu'_2,\cdots,\mu'_{n_2}$ 和 K_2,μ_f。

用 MaxWell 模型加一个脆性单元表示弹黏脆性体冲击矿压模型,弹簧刚度为 k、变形位移为 μ_{m1},黏性元件的黏性系数为 η,脆性单元的极限强度为 P_c,并考虑顶板岩层具有随时间变化的流变性质,得到如图 2-59 所示的力学模型。

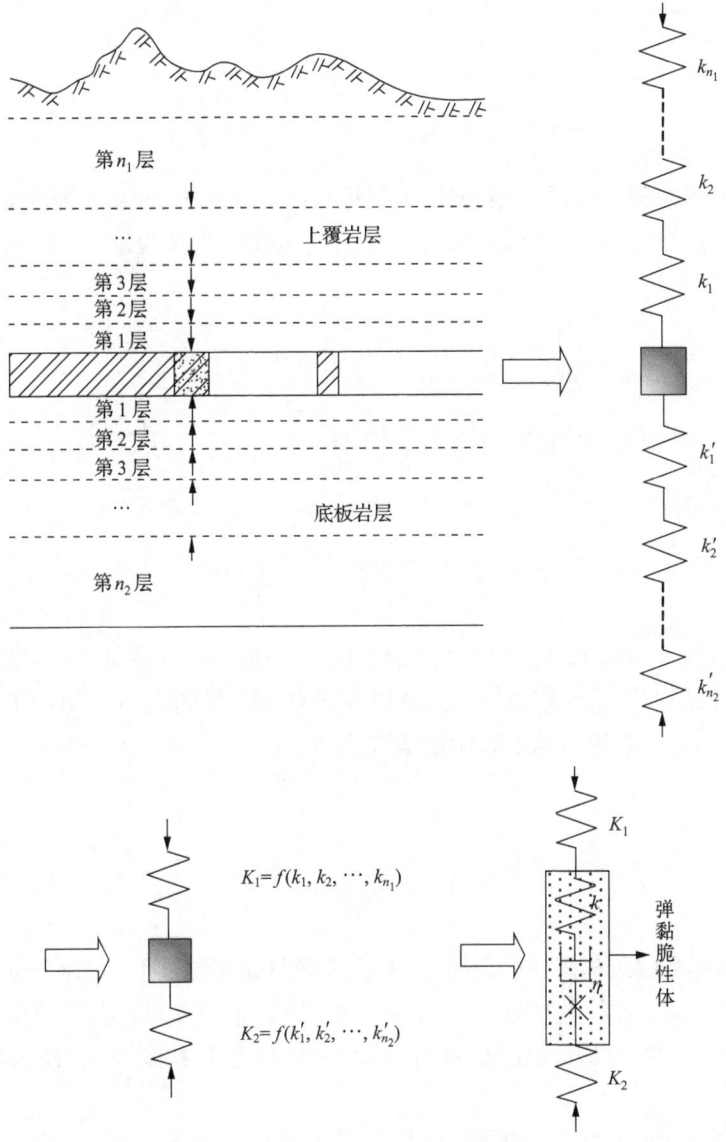

图 2-59 弹黏脆性体冲击矿压模型

设载荷 $P(t)$ 与时间 t 呈线性关系,即 $P(t) = \alpha t$,α 为系数,当初始条件为 $t = 0$ 时,$P(0) = 0$,得系统势能

$$U = \frac{\alpha^2}{2}\left[\left(\frac{1}{K_1}+\frac{1}{K_2}+\frac{1}{k}\right)t^2 - \frac{1}{2\eta}t^3\right] \tag{2-115}$$

设 $t=t_0$ 时刻，$P(t)=P_c$，即当 $t=t_0=\dfrac{P_c}{\alpha}$ 时，脆性单元发生破坏，系统释放的能量为

$$\Delta U = \frac{P_c^2}{2}\left[\left(\frac{1}{K_1}+\frac{1}{K_2}+\frac{1}{k}\right) - \frac{1}{2\eta}\frac{P_c}{\alpha}\right] \tag{2-116}$$

实际开采空间形成后，一般煤岩体即具有初始载荷 P_0 和初始弹性能量 U_0，设载荷 $P(t)$ 与时间 t 的关系应为 $P(t)=P_0+\alpha t$，当初始条件为 $t=0$ 时，$P(0)=P_0$，系统势能为

$$\begin{aligned}U = \frac{1}{2}\Big\{&\left[\alpha^2\left(\frac{1}{K_1}+\frac{1}{K_2}+\frac{1}{k}\right)-\frac{3}{2}P_0\alpha\right]t^2 - \frac{\alpha^2}{2\eta}t^3 \\ &+ P_0\left[2\alpha\left(\frac{1}{K_1}+\frac{1}{K_2}+\frac{1}{k}\right)-\eta P_0\right]t + \left(\frac{1}{K_1}+\frac{1}{K_2}+\frac{1}{k}\right)P_0^2\Big\}\end{aligned} \tag{2-117}$$

当 $t=0$ 时，

$$U_0 = \frac{1}{2}\left(\frac{1}{K_1}+\frac{1}{K_2}+\frac{1}{k}\right)P_0^2 \tag{2-118}$$

初始载荷 P_0 和初始能量 U_0 为系统的应力基数和能量基数，应力基数决定了系统破坏的条件，能量基数决定了系统破坏时释放能量的大小，在不考虑 Winkler 地基效应时，煤体的应力基数和能量基数分别为

$$\begin{aligned}P_0 &= \frac{q}{l_1}\cdot l^2 \\ U_0 &= \frac{q^2}{2kl_1^2}\cdot l^4\end{aligned} \tag{2-119}$$

式中，l_1 为固支端距离煤壁的距离；l 为悬臂梁距固支端长度；q 为上覆载荷。煤体的应力基数 P_0 和能量基数 U_0 与岩层上覆载荷（采深等）有关，与顶板岩层悬顶长度的 2 次方和 4 次方成正比，即在一定条件下，悬顶长度越大，冲击危险性也越大。

初始条件 $P(0)=0$ 时，设系统破坏时煤体消耗的能量为 W_s^{D*}，差能临界值为 W_{r0}^*，系统的冲能为

$$E_b = \Delta U - W_s^{D*} - W_{r0}^* \tag{2-120}$$

即

$$E_b = \frac{P_c^2}{2}\left[\left(\frac{1}{K_1} + \frac{1}{K_2} + \frac{1}{k}\right) - \frac{1}{2\eta}\frac{P_c}{\alpha}\right] - \int_{\varepsilon_C^*}^{\varepsilon_D^*} \sigma^* \, d\varepsilon^* - W_{r0}^* \tag{2-121}$$

根据冲能判别准则,当 $E_b > 0$ 时,可能发生冲击。

2) 动态诱冲

实验室物理模拟和数值模拟试验结果表明,顶板岩层断裂滑移运动可对煤体施加循环"压缩-反弹"载荷,即产生周期性振动。

根据砌体梁理论中的受力分析,两岩块之间受到摩擦剪切力和相互挤压力,可建立悬臂梁顶板岩层的滑移振动模型。设悬臂梁为弹性梁,两岩块之间垂直接触面的压力为 N,摩擦力为 F_f,主动岩块滑移速度为 μ_0,从动悬臂梁岩块的端面位移为 x,如图 2-60 所示。

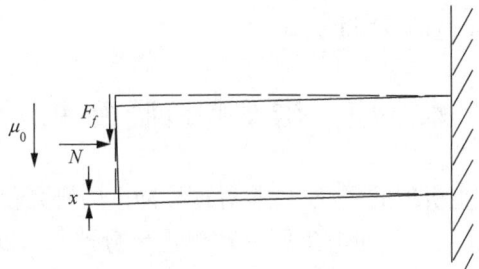

图 2-60 岩块滑移振动力学模型

极限状态时,悬臂岩梁速度为"0",长度为 l,弯矩为常数 EI,若悬臂岩梁迅速回跳时储存的弹性能量完全释放,设煤体破坏时的差能为 W_r^*,差能临界值为 W_{r0}^*,系统的冲能为

$$E_b = \frac{F_f^2 l^3}{6EI} + W_r^* - W_{r0}^* \tag{2-122}$$

根据冲能判别准则,当 $E_b > 0$ 时,可能发生冲击矿压。

顶板的初次完全断裂后形成悬臂梁,可建立欧拉-伯努利(Euler-Bernoulli)梁振动模型;设悬臂梁长度为 l;质量为 m;弹性模量为 E;对水平中轴形心的惯性矩为 I;煤体在 t_n 时刻发生破坏;顶板的运动速度为 v_0;密度为 ρ_1;煤层厚度为 h;煤体的密度为 ρ_2;破坏时差能为 W_r^*;设差能临界值为 W_{r0}^*,故系统的冲能为

$$E_b = W_r^* + \frac{1}{2}\rho_1 v_0^2 + \frac{1}{6}\rho_2 h v_0^2 - W_{r0}^* \tag{2-123}$$

根据冲能判别准则,当 $E_b > 0$ 时,煤体可能发生冲击破坏。

顶板岩层断裂和滑移产生震动波,由于受到煤岩体的阻尼影响,震动能量以指数函数或乘幂函数趋势衰减,故可根据岩层断裂时传播到煤体的能量大小确定顶

板岩层对煤体冲击危险影响的"诱冲关键层"(将另文讨论)。煤层上方某一处顶板岩层发生断裂,产生的震动沿岩层和煤体传播到巷道煤帮,震动压缩脉冲在煤帮的自由表面产生反射,形成拉伸脉冲,波速为 v_β。σ_c 为煤体极限抗拉强度;ρ_0 为煤体碎片的密度。当最大拉伸应力值 $\sigma_m > \sigma_c$ 时,煤体破坏,考虑到煤岩破坏时需要消耗能量,设临界差能值为 W_{r0}^*,故可能飞出的煤块冲能为

$$E_b = \frac{1}{2\rho_0}\left(\frac{2\sigma_m - \sigma_c}{v_\beta}\right)^2 - W_{r0}^* \qquad (2-124)$$

根据冲能判别准则,当 $E_b > 0$ 时,可发生煤块弹射冲击现象。

可见,无论是稳态顶板岩层还是动态顶板岩层,在诱发煤体冲击的时候顶板岩层本身都会释放能量参与到煤体破坏时的冲能当中,通过冲能分析和根据冲能判别准则,可对冲击危险性进行判断。

2.8 水平应力诱发巷道底板冲击原理

对于冲击矿压发生机理的研究,目前对顶板冲击的研究较为深入,有些矿井在掘进和回采过程中,底板发生冲击矿压的现象也十分严重。Zorin(1972)、Shemyakin 等(1986)、潘立友(1997)以及徐方军和毛德兵(2001)等对巷道底板的失稳破坏及底板冲击矿压进行了相关研究,由于底板冲击矿压发生的原因十分复杂,破坏程度大,不同矿井发生的原因不尽相同,对其发生机理的研究显得十分必要。本节对巷道底板冲击矿压的特点进行研究,建立底板冲击矿压发生条件与影响因素的力学模型,并通过数值模拟的方法,研究底板冲击矿压发生的原因及条件,在此基础上提出底板减冲的原理,并进行现场工业性实验,为解决底板冲击矿压问题提供依据。

2.8.1 底板冲击矿压的特点

底板型冲击矿压是在采掘扰动下诱发底板煤岩变形能的瞬时释放,表现为底板煤岩层突然向上突出,引起采掘空间围岩、设备破坏的冲击矿压灾害。根据现场多个矿井的冲击矿压事故研究,在留有底煤的巷道,冲击矿压发生时,以底鼓和煤岩压入采场空间为主要显现特征(徐学峰,2011)。根据统计资料,大部分底板冲击的巷道一般是在开采上分层或厚煤层开采巷道留底煤时,在没有对底板采取卸压措施和合理支护时发生,如义马煤田跃进、千秋矿和甘肃华亭等。

2.8.2 底板冲击矿压发生的力学模型

冲击矿压发生最主要的因素是冲击地点存在高应力集中,从而蓄积了大量变

形能,底板冲击矿压的直接能量来源应为底板的应力,所以研究底板冲击矿压的机理必须掌握底板煤岩层的应力分布规律。根据研究成果,在原岩应力作用下开挖巷道,引起巷道应力重新分布,垂直应力向两帮转移,水平应力向顶、底板中转移,因而垂直应力的影响主要显现于两帮煤体,而水平应力的影响则主要显现于顶、底板煤岩层。所以,底板水平应力应对底板冲击矿压的发生起着决定性作用。另外,研究底板冲击矿压规律不能只考虑底板煤层的局部范围,必须考虑煤层埋藏深度、构造应力分布、上覆岩层及采空区等影响因素的大环境,本节研究内容就是基于水平应力控制底板破坏的原理出发,建立底板破坏与影响因素的力学模型。

1. 底板应力计算模型

巷道煤柱上的载荷,是由煤柱上覆岩层重量及煤柱一侧或两侧采空区悬露岩层转移到煤柱上的部分重量引起的,这里也按此原理估算矩形巷道煤柱底板处的载荷。计算模型如图 2-61 所示。

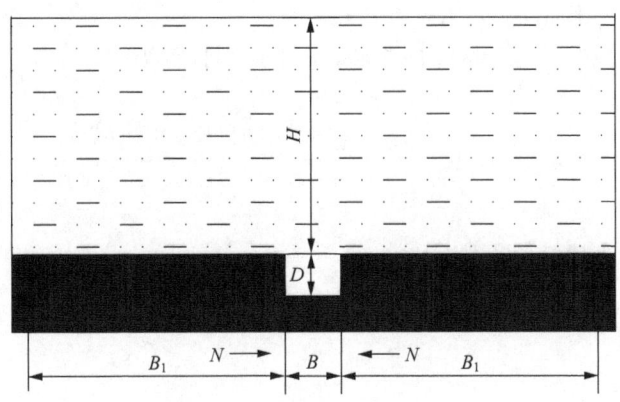

图 2-61 底板应力计算模型

单位长度煤柱上的总载荷为

$$P = \left(B_1 + \frac{B}{2}\right)H\gamma_r + B_1 D\gamma_m \tag{2-125}$$

式中,B_1 为煤柱压力承载范围,单位为 m;B 为巷道的宽度,单位为 m;D 为巷道高度,单位为 m;H 为巷道顶板距离地表的高度,单位为 m;γ_r 为巷道上覆岩层的平均容重,单位为 N/m³;γ_m 为煤层的容重,单位为 N/m³。

在煤层开采过程中,形成采空区,部分坚硬老顶不能完全垮落,使邻近巷道煤柱或煤岩层中的垂直应力升高,可以初步按式(2-126)计算:

$$\sigma_y = K_1 \frac{\left(B_1 + \frac{B}{2}\right)H\gamma_r + B_1 D\gamma_m}{B_1} \tag{2-126}$$

式中，K_1 为坚硬老顶支撑压力影响系数，这个支撑压力实际对底板岩层的泊松比产生影响，（我们这里简化，不考虑泊松比的变化），如果掘进巷道为初始工作面，K_1 取 1，有其他已经回采的工作面采空区，但老顶完全垮落，K_1 取 1，有其他已经回采的工作面，但老顶未完全垮落，并对本工作面产生影响，K_1 大于 1。

2. 底板水平应力计算

在均匀岩体内，岩体的自重应力状态下，水平应力为

$$\sigma_x = \lambda \sigma_y \tag{2-127}$$

当考虑到水平构造应力影响时，假设泊松比不变，水平应力计算为

$$\sigma_x = K_2 \frac{\mu}{1-\mu} \sigma_y \tag{2-128}$$

式中，K_2 为水平构造应力影响系数，岩体处于静水压力，K_2 取 1，如根据地应力测量，存在较大水平构造应力，K_2 大于 1。

根据式（2-126）～（2-128），巷道底板水平应力计算为

$$\sigma_x = K_1 K_2 \frac{\mu}{1-\mu} \frac{\left(B_1 + \frac{B}{2}\right) H \gamma_r + B_1 D \gamma_m}{B_1} \tag{2-129}$$

3. 底板发生破坏的条件

底板岩层在轴向力及自重作用下，使底板岩梁达到屈曲时的最小轴向应力 N_{cr} 为

$$N_{cr} = \frac{\pi^2 EJ}{B^2} \tag{2-130}$$

式中，E 为底板岩层的弹性模量；B 为巷道的宽度，单位为 m；J 为取底板为梁时横截面的惯性矩，假设底板梁长度 b，厚度 h，则 $J = \frac{bh^3}{12}$，这里取梁为单位长度，则惯性矩 $J = \frac{h^3}{12}$。

研究表明当巷道底板岩层所受轴向应力 $N \geqslant 0.8 N_{cr}$ 时，产生明显底鼓、破裂现象。

底板岩层所受的轴向力 N 为

$$N = h k_1 k_2 \frac{\mu}{1-\mu} \frac{\left(B_1 + \frac{B}{2}\right) H \gamma_r + B_1 D \gamma_m}{B_1} \tag{2-131}$$

则巷道底板岩层发生破坏的条件为

$$hk_1k_2\frac{\mu}{1-\mu}\left[\left(1+\frac{B}{2B_1}\right)H\gamma_r+D\gamma_m\right]\geqslant 0.8\frac{\pi^2Eh^3}{12B^2} \quad (2-132)$$

式中,$D\gamma_m$ 的值较小,可以忽略不计,两边消去 h,为便于分析,引入底板冲击矿压危险性系数 K_{fb}:

$$K_{fb}=\frac{k_1k_2\dfrac{\mu}{1-\mu}\left[\left(1+\dfrac{B}{2B_1}\right)H\gamma_r\right]15B^2}{\pi^2Eh^2}$$

考虑主要因素,简化后表达式为

$$K_{fb}=k_1k_2\lambda KH\gamma_r\frac{B^2}{Eh^2} \quad (2-133)$$

式中,λ 为侧压系数;K 为系数,$K=\dfrac{15\left(1+\dfrac{B}{2B_1}\right)}{\pi^2}$,一般 K 取 $1.60\sim1.72$。

当 $K_{fb}\geqslant 1$ 时,巷道底板岩层发生破坏。

从式(2-133)可以看出,巷道底板发生破坏与巷道底板破坏和巷道埋深、巷道宽度、巷道底板软弱层结构厚度、底板岩层的弹性模量、泊松比、水平构造应力及巨厚坚硬老顶等因素有关。当底板岩层泊松比一定时,底板冲击矿压危险性系数与巷道埋深,巷道宽度的平方,水平构造应力,巨厚坚硬老顶影响系数成正比,与弹性模量、巷道底板软弱层厚度的平方成反比。底板冲击矿压危险性系数 $K_{fb}\geqslant 1$ 时,当巷道受采矿活动或放炮等震源产生的冲击震动波的传播和扰动及坚硬老顶突然垮落产生的震动等因素影响下极易发生冲击矿压。

2.8.3 底板应力分布规律

底板应力是决定底板煤层破坏的原因,为研究巷道底板水平应力分布规律进行数值模拟研究。数值模拟的模型在式(2-133)的基础上,考虑了巷道埋深、采空区上方巨厚老顶、水平应力等影响(徐学峰等,2010)。

1. 数值模拟模型的建立

跃进煤矿工作面回采巷道和掘进工作面发生多次底板冲击矿压事故,23130下巷在掘进中发生多次底板冲击矿压事故。本次数值模拟以此掘进工作面的地质条件及邻近工作面的开采条件为基础进行数值模拟,结合力学模型分析发生冲击矿压的原因。

模拟采用 FLAC^{2D} 有限差分数值模拟软件,模拟条件为,地面标高为+550m,

巷道埋深为 875m,煤层厚度取 8m,煤层直接顶板为 20m 厚泥岩,以上老顶为 20m 左右泥岩、粉砂岩、煤互层及 100~180m 的巨厚砾岩。23130 工作面下端头为实体煤,上端头为两个工作面的采空区、孤岛工作面和采空区及煤体。23130 上顺槽沿底板布置在上区段采空区下部,下顺槽沿顶板布置。模型长 1328m,高 520m,各工作面长度、煤层厚度以及顶底板岩性、厚度等相关物理和力学参数以实际地质条件为基础,水平构造应力和垂直应力数值相同,为了研究方便,取得一般性规律,研究中煤层倾角按零度考虑,模拟模型如图 2-62 所示。

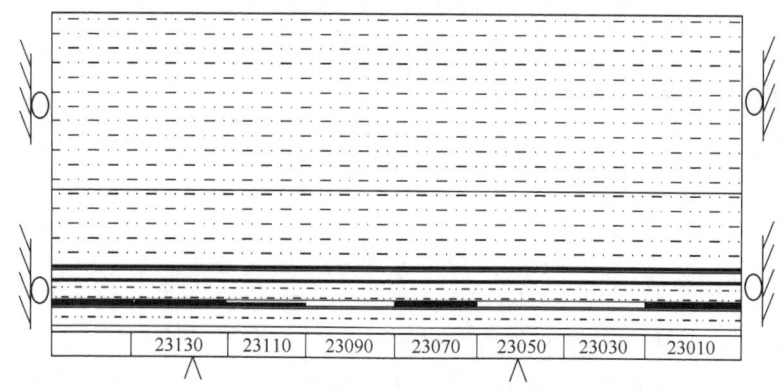

图 2-62 数值模拟模型

2. 底板应力分布规律及冲击原因

如果不受邻近工作面采空区上方老顶的影响,底板所受平均垂直应力为 22.40MPa。当考虑邻近工作面采空区上方老顶的影响时,巷道的垂直和水平应力分布如图 2-63 和图 2-64 所示。距离巷道底板 3.5m 处水平应力和垂直应力分布规律见图 2-65。

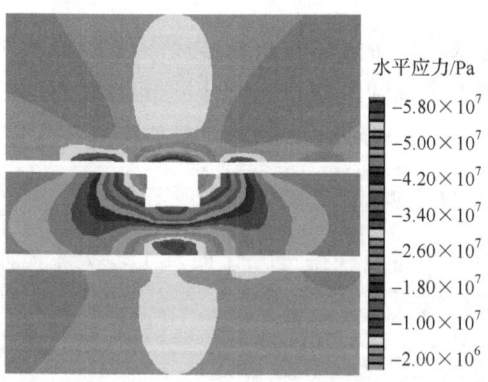

图 2-63 巷道围岩水平应力分布云图

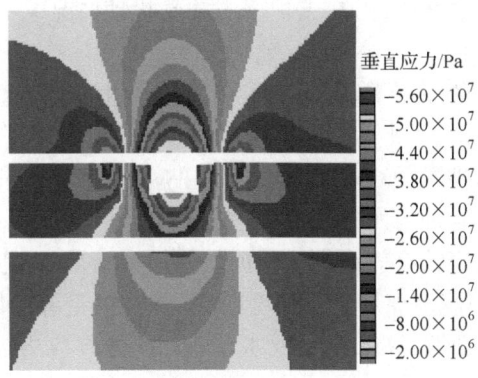

图 2-64 巷道围岩垂直应力分布云图

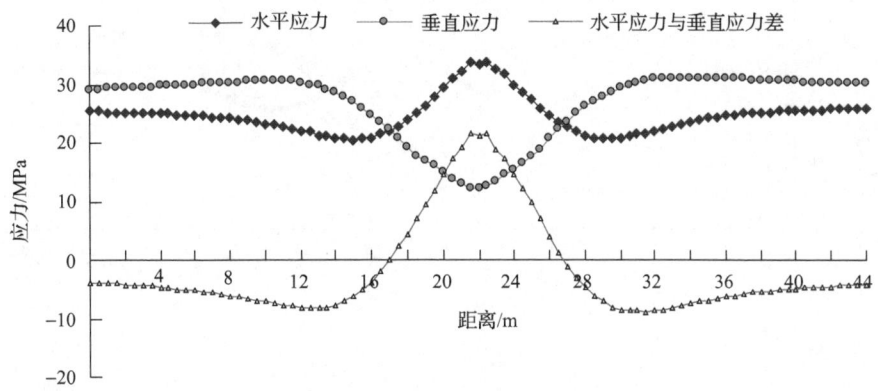

图 2-65 巷道底板应力分布规律

从图 2-65 中可以看出巷道底板煤层垂直应力降低和水平应力升高的分布规律，底板垂直应力最小值为 12.12MPa，巷道底板水平应力最大值为 33.56MPa，水平应力与垂直应力最大应力差值为 21.44MPa。

所以，由于采空区老顶支撑压力、水平构造应力、两帮垂直应力等因素造成底板水平应力高度集中，极易达到煤层破坏极限，并蓄积大量变形能，在底板支护不当，没有采取防冲的情况下，容易发生底板冲击矿压。

2.8.4 底板冲击矿压的减冲原理

对预测有冲击矿压危险性区域，应即时采取治理措施进行解危。从底板冲击矿压危险性系数中可以看出，跃进煤矿采深大（800~1000m），这是冲击矿压发生的重要因素，巨厚坚硬的砾岩形成大支承压力也是冲击矿压发生的力学条件，下巷一般布置在顶板，底板为强度小，具有冲击倾向性的煤，在巷道掘进过程中，底板煤层受到扰动产生很多次生裂隙,在支护不当并受扰动情况下,容易发生底板冲击矿压事故。

在满足安全规程的原则下,一般应尽可能减小巷道宽度,当巷道宽度一定时,影响因素最大的是采深、水平应力和底板软弱结构,巷道埋深是无法改变的,所以对于底板冲击矿压治理的关键是减小底板水平应力、对底板采取适当的支护措施。

底板高水平应力是冲击发生的力源,弱化底板的煤岩体,释放底板的能量,是解决底板冲击矿压的直接有效途径。根据数值模拟结果,在巷道宽度范围内,对距离巷道底板4~5m厚度的煤层进行强度弱化,弹性模量降为原来的20%,剪切模量降为原来的50%,强度弱化后底板水平应力、垂直应力、应力差分布规律见图2-66。

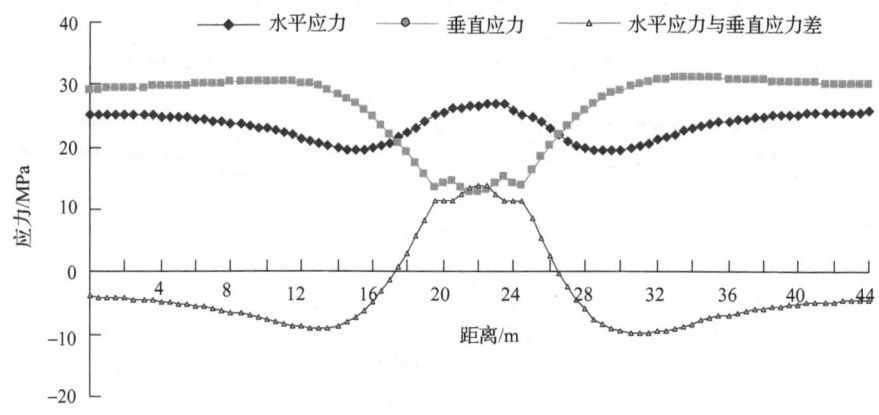

图2-66 底板强度弱化后底板应力分布规律

从图2-66中可以看出,煤层底板的水平应力集中情况基本消失。最大水平应力为26.71MPa,相应位置的最小垂直应力为13.10MPa,应力差为13.81MPa,小于煤层强度,基本消除了冲击危险。

从研究结果来看,对底板煤层进行强度弱化能直接降低煤层中的水平应力,大大降低底板的冲击危险性,效果很明显。实际生产中可以采取两帮和底板同时弱化的措施。

2.8.5 底板冲击矿压控制实践

巷道底板冲击矿压的直接因素是底板煤层中的高水平应力集中,根据底板减冲原理,必须对底板的煤层进行强度弱化,降低水平应力,释放底板煤层的变形能。跃进矿在类似条件下的25110下巷采取了底板爆破卸压的工业性试验。巷道掘进采用爆破法台阶式施工,在巷道掘进中在掘进迎头下侧底板中部,沿走向向前下方打眼,钻孔与水平面夹角为17°,钻孔长10m,装药5.4kg,封孔4m,两帮卸压炮同时进行,钻孔走向间距为 5m,随掘进每天进行一次。钻孔布置见图 2-67。

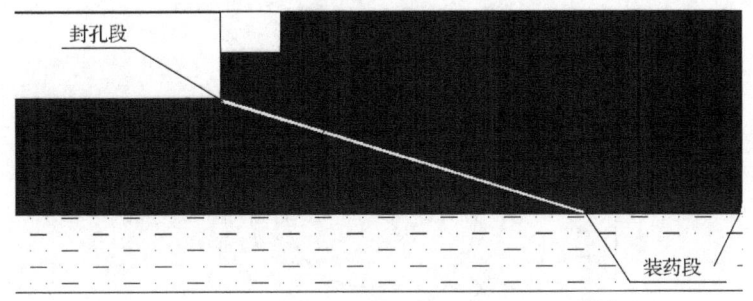

图 2-67 底板爆破卸压钻孔布置

底板采取卸压措施后,底板煤层发生缓慢底鼓,说明底板煤层弱化后,变形能提前得到释放,煤层失去冲击能力,25110 下巷自 2005 年 6 月至 9 月掘进 140m 发生两次冲击矿压,9 月采取底板爆破卸压实验后,9 月和 10 月安全掘进 300m,说明底板爆破卸压的防冲措施是十分有效的,并为类似矿井的冲击矿压治理提供了借鉴。

2.9 动载作用下巷道锚杆支护结构破坏机理

2.9.1 圆形锚固巷道在平面 P 波作用下的动力反应

1. 模型建立[①]

在距离震源一定距离处,岩石中传播的应力波可视为平面波。锚杆支护具有强化作用,将锚固范围内的围岩组合成一个整体,形成了一个相当于钢筋混凝土的承载结构。据此,本节将圆形锚固巷道的支护结构简化为巷道周围一个类似"衬砌"的环形结构,由于静水压力($\lambda=1$)下的圆形巷道具有对称性,即来自任意方向的应力波对巷道的作用都是等效的,不妨令平面 P 波的入射方向与 x 轴正方向一致,如图 2-68 所示。图 2-68 中,a 为巷道内表面半径;b 为承载拱结构半径;r 为任意一点到巷道中心的距离;θ 为巷道周边任意一点与 x 轴正方向的夹角,θ 的取值为 $0°\sim360°$。为便于研究,假设围岩为均质各向同性的弹性介质、无蠕变或黏性行为、平面应变模型。

入射到巷道围岩的简谐平面 P 波可表示为

$$\phi^{(i)} = \phi_0 e^{i(k_{p1}x-\omega t)} \tag{2-134}$$

式中,ϕ_0 为入射 P 波的振幅;k_{p1} 为入射 P 波的波数;ω 为入射 P 波的圆频率。

---

① 王正义等(2015)。

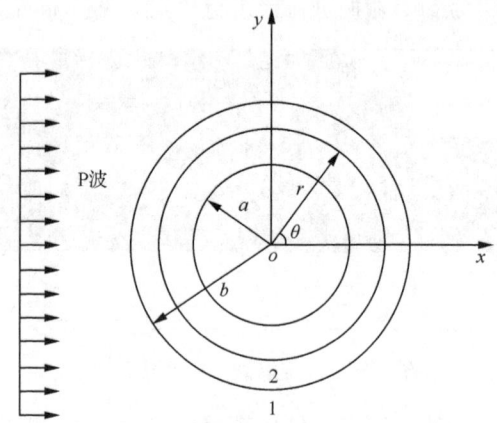

图 2-68　平面 P 波与圆形锚固巷道相互作用简化模型

利用波函数展开法，式(2-134)可表示为

$$\phi^{(i)} = \phi_0 \sum_{n=0}^{\infty} \varepsilon_n i^n J_n(k_{P1}r)\cos(n\theta)e^{-i\omega t} \tag{2-135}$$

式中，J_n 为 n 阶第一类 Bessel 函数，其中

$$\varepsilon_n = \begin{cases} 1, & n = 0 \\ 2, & n \geqslant 1 \end{cases}, \quad n = (0,1,2,3,\cdots) \tag{2-136}$$

应力波在波阻抗不同的介质分界面传播时，波会在介质分界面发生反射和透射。当平面 P 波传播到深部围岩与承载拱分界面时，P 波在介质分界面反射产生 P 波和 SV 波，并且透射产生 P 波和 SV 波。透射产生的 P 波和 SV 波又将在承载拱的内表面发生反射。

因此，深部围岩($r \geqslant b$)中的总位移势为

$$\begin{cases} \phi_1 = \sum_{n=0}^{\infty} [\phi_0 \varepsilon_n J_n(k_{P1}r) + A_n H_n^{(1)}(k_{P1}r)]\cos n\theta e^{-i\omega t} \\ \psi_1 = \sum_{n=0}^{\infty} B_n H_n^{(1)}(k_{SV1}r)\sin n\theta e^{-i\omega t} \end{cases} \tag{2-137}$$

承载拱($a \leqslant r \leqslant b$)中的总位移势为

$$\begin{cases} \phi_2 = \sum_{n=0}^{\infty} [C_n H_n^{(1)}(k_{P2}r) + D_n H_n^{(2)}(k_{P2}r)]\cos n\theta e^{-i\omega t} \\ \psi_2 = \sum_{n=0}^{\infty} [M_n H_n^{(1)}(k_{SV2}r) + N_n H_n^{(2)}(k_{SV2}r)]\sin n\theta e^{-i\omega t} \end{cases} \tag{2-138}$$

式中, $k_{\mathrm{P}i}, k_{\mathrm{SV}i}(i=1,2)$ 为对应介质 P 波波数及 SV 波波数, $k_{\mathrm{P}i}=\omega/c_{\mathrm{P}i}$, $k_{\mathrm{SV}i}=\omega/c_{\mathrm{S}i}$; $c_{\mathrm{P}i}, c_{\mathrm{S}i}$ 为对应介质 P 波波速及 SV 波波速; $H_n^{(1)}, H_n^{(2)}$ 分别为第 1 类和第 2 类 Hankel 函数, 代表向外和向内传播的波; $A_n, B_n, C_n, D_n, M_n, N_n$ 为待定系数。

承载拱外边界($r=b$)上的连续性条件为

$$\begin{cases} u_{r1} = u_{r2} \\ u_{\theta 1} = u_{\theta 2} \\ \sigma_{rr1} = \sigma_{rr2} \\ \tau_{r\theta 1} = \tau_{r\theta 2} \end{cases} \tag{2-139}$$

承载拱内边界($r=a$)上的边界条件为

$$\begin{cases} \sigma_{rr2} = 0 \\ \tau_{r\theta 2} = 0 \end{cases} \tag{2-140}$$

2. 模型求解

由柱坐标下应力和位移与位移势的关系可得深部围岩和承载拱的应力和位移表达式。联立连续性条件、边界条件以及深部围岩和承载拱应力和位移表达式建立方程组。解方程组可得 $A_n, B_n, C_n, D_n, M_n, N_n$ 的值, 再将其代入深部围岩和承载拱应力和位移表达式, 即得平面 P 波作用下深部围岩和承载拱应力与位移的分布情况。

3. 计算结果分析

根据某矿实际条件, 取巷道半径 $a=2\mathrm{m}$, 承载拱半径 $b=3.2\mathrm{m}$, 深部围岩与承载拱物理力学指标见表 2-14。

表 2-14 深部围岩与承载拱物理力学指标

介质	弹性模量/GPa	泊松比	密度/(kg/m³)	P 波波速/(m/s)	S 波波速/(m/s)
深部围岩	55	0.25	2500	4300	2480
承载拱	40	0.22	2200	3583	2069

冲击震动动载参数见表 2-15。以小冲击为算例, 最大峰值速度取 1.0m/s, 则 P 波产生的动载应力为 $\sigma_0 = \rho C_\mathrm{P} v_{pp} = (2500 \times 4300 \times 1.0)\mathrm{Pa} = 10.75\mathrm{MPa}$。

表 2-15 冲击震动动载应变率范围

震动波类型	频率/Hz	最大峰值速度/(m/s)	波速/(m/s)	应变率/s
纵波	2~15	0.52~4.38	4300	$1.5\times10^{-3} \sim 9.6\times10^{-2}$
横波	2~15	0.52~4.38	2480	$2.6\times10^{-3} \sim 1.7\times10^{-1}$

将以上参数代入深部围岩和承载拱应力和位移表达式,得到如下结果。

1) 深部围岩径向应力

深部围岩($r=b$)径向应力σ_{rr1}分布如图 2-69 所示。由图可知,靠近震源一侧的径向应力较大,称为迎波侧,最大值在$\theta=180°$处;远离震源一侧的径向应力较小,称为背波侧,最小值在$\theta=0°$处。分析原因:①介质的阻尼作用使得应力波随传播距离增大而衰减。迎波侧距震源较近,能量衰减较少,受动载影响较大。②应力波在巷道周围会发生绕射,产生绕射波,各个方向的绕射波相互叠加、干涉引起巷道后方应力波削弱。

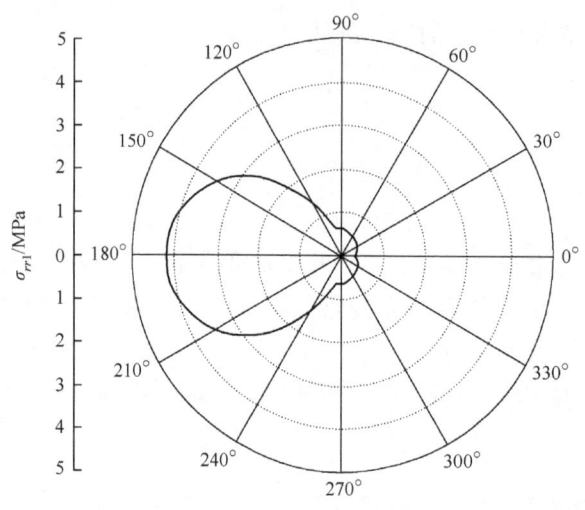

图 2-69　深部围岩($r=b$)径向应力σ_{rr1}分布

2) 巷道表面环向应力

巷道表面($r=a$)环向应力$\sigma_{\theta\theta2}$分布如图 2-70 所示。由图可知,环向应力最大值在侧向位置($\theta=90°$和$\theta=270°$),该处应力集中,围岩剪胀变形严重。而静载时圆形巷道表面径向应力$\sigma_r=0$,环向应力$\sigma_\theta=\sigma_{\theta\max}=2\gamma h$。由动静载叠加理论知,静载下的$\sigma_{\theta\max}$与动载下的$\sigma_{\theta\theta2\max}$叠加将使得侧向位置成为应力集中区,是重点支护位置。

3) 巷道表面径向位移

巷道表面径向位移u_{r2}分布如图 2-71 所示。由图可知,动载下迎波侧的u_{r2}远大于背波侧,最大值在$\theta=180°$处。侧向位置($\theta=90°$和$\theta=270°$)的u_{r2}也较大,这与该处环向应力较大有关,即由于环向应力集中,导致该处围岩剪胀变形严重,向巷道自由空间的变形量大。

4) 巷道表面与深部围岩径向位移差

巷道表面与深部围岩径向位移差如图 2-72 所示。巷道表面($r=a$)径向位移

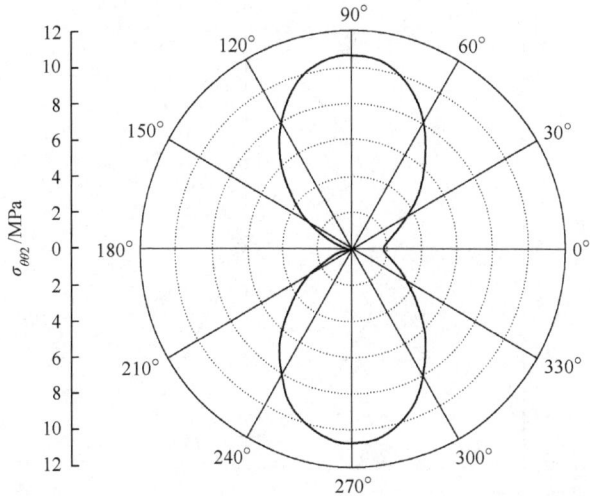

图 2-70　巷道表面 ($r=a$) 环向应力 $\sigma_{\theta\theta2}$ 分布

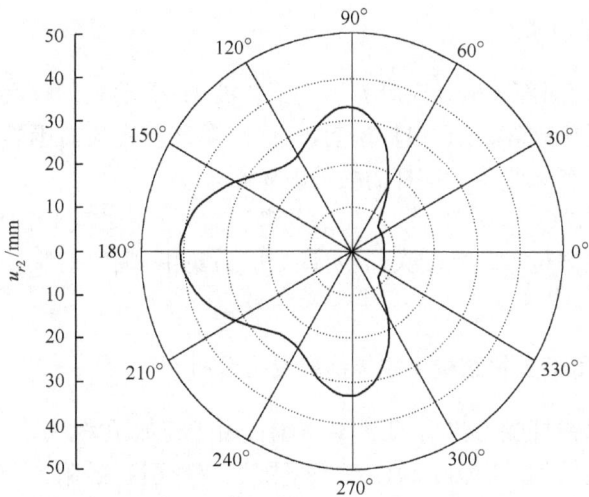

图 2-71　巷道表面径向位移 u_{r2} 分布

u_{r2} 与深部围岩 ($r=b$) 径向位移 u_{r1} 之差为 Δu_r，即

$$\Delta u_r = u_{r2} - u_{r1} \tag{2-141}$$

静载下巷道围岩变形都从表面向深部逐渐降低，动载下也有相同的规律，即 $u_{r2} > u_{r1}$。由图 2-72 可知，迎波侧的 Δu_r 远大于背波侧；侧向位置 ($\theta=90°$ 和 $\theta=270°$) 的 Δu_r 最大，表明该处围岩不协调变形严重，对支护结构影响大，是重点支护位置。

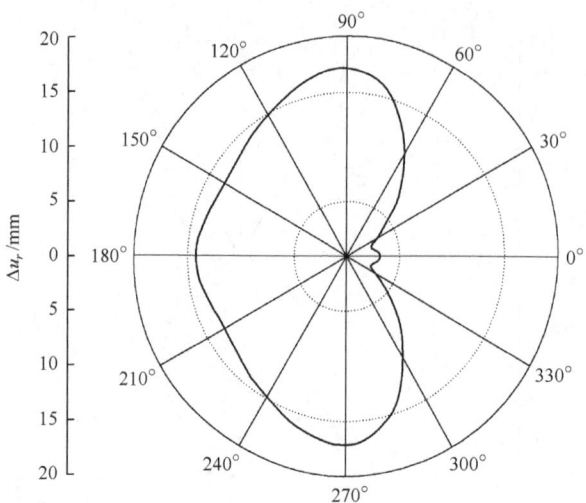

图 2-72 深部围岩与巷道表面径向位移差 Δu_r 分布

4. 重点支护位置

(1) 迎波侧的深部围岩径向应力远大于背波侧,受动载影响大,支护围岩和锚杆锚固端可能受压破坏,导致锚杆松动,从而减弱甚至丧失对围岩的加固作用,应重点关注迎波侧围岩受压及锚杆的松动破坏。

(2) 侧向位置($\theta=90°$和$\theta=270°$)的巷道表面环向应力与径向位移以及巷道表面与深部围岩径向位移差都较大,表明该处应力集中,围岩剪胀变形严重,同样是重点支护位置。

2.9.2 动载作用下支护结构中端锚锚杆受力分析

动载下端锚锚杆受力包括:①静载下锚杆由于施加预紧力而产生的轴应力 σ_s;②动载下锚杆振动的动应力 σ_{d1};③动载下围岩变形引起的附加应力 σ_{d2}。由动静载叠加理论知,动载下端锚锚杆总应力为

$$\sigma_{总} = \sigma_s + \sigma_{d1} + \sigma_{d2} \tag{2-142}$$

1. 静载轴应力 σ_s

静载下预紧力端锚锚杆的轴力为

$$F = \begin{cases} \int_x^L \tau_{1x} \pi D_2 \mathrm{d}x = \dfrac{\mathrm{e}^{-(x-l)/(d-D_2)} - \mathrm{e}^{-(L-l)/(d-D_2)}}{1-\mathrm{e}^{-(L-l)/(d-D_2)}} T, & l \leqslant x \leqslant L \\ T, & 0 \leqslant x \leqslant l \end{cases} \tag{2-143}$$

式中，F 为锚杆轴力；T 为托锚力。静载下端锚锚杆自由段的轴力即为托锚力，由煤矿实际情况，托锚力取 40kN，则锚杆轴应力为

$$\sigma_s = \frac{F}{\frac{\pi}{4}d^2} = \frac{40 \times 10^3}{\frac{\pi}{4} \times (20 \times 10^{-3})^2} \text{Pa} = 127\text{MPa} \tag{2-144}$$

2. 锚杆振动的动应力 σ_{d1}

为研究动应力 σ_{d1}，建立如图 2-73 所示的锚杆纵向振动力学模型。

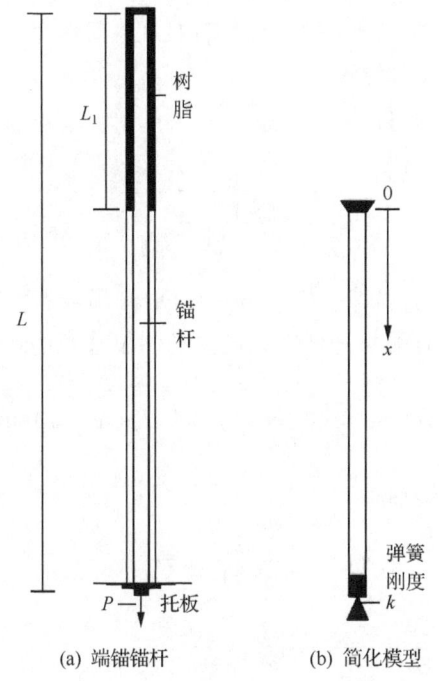

(a) 端锚锚杆   (b) 简化模型

图 2-73 树脂锚杆的力学模型

图 2-73(b)所示的锚杆振动简化模型的波动方程为

$$c_0^2 \frac{\partial^2 u(x,t)}{\partial x^2} = \frac{\partial^2 u}{\partial t^2} \tag{2-145}$$

假定其解的形式为

$$u(x,t) = X(x)T(t) \tag{2-146}$$

式中，$X(x)$ 为主函数，定义振动模态；$T(t)$ 为决定振动模态随时间发展的函数。$X(x),T(t)$ 通解为

$$\begin{cases} X(x) = a\cos\lambda x + b\sin\lambda x \\ T(t) = c\cos c_0\lambda t + d\sin c_0\lambda t \end{cases} \tag{2-147}$$

式中,常数 a,b 由约束条件确定;常数 c,d 与初始条件有关;$\lambda = 2\pi f/c_0$;f 为振动频率。

锚杆振动模型边界条件为

$$\begin{cases} u(0,t) = 0 \\ EA\dfrac{\partial u}{\partial x}\bigg|_{x=l} = P = -k\,u\big|_{x=l} \end{cases} \tag{2-148}$$

式中,E 为锚杆弹性模量;A 为锚杆横截面积;P 为预紧力;k 为弹簧刚度,且 k 为预紧力 P 的函数,P 越大,k 就越大。

锚杆振动模型初始条件为

$$\begin{cases} u(x,0) = 0 \\ \dfrac{\partial u(x,0)}{\partial t} = \dfrac{I\delta(L-x)}{A\rho}, \quad 0 \leqslant x \leqslant l \end{cases} \tag{2-149}$$

式中,I 为冲击能量;L 为锚杆长度;$\delta(x)$ 为 Dirac 函数。

由弹性动力学知,有限长杆任一纵向振动的位移表达式为

$$u(x,t) = \sum_{n=1}^{\infty}(c_n\cos c_0\lambda_n t + d_n\sin c_0\lambda_n t)\sin\lambda_n x \tag{2-150}$$

而动力问题的弹性方程为

$$\sigma_x = \frac{E}{1+\nu}\left(\frac{\nu}{1-2\nu}e + \frac{\partial u}{\partial x}\right) \tag{2-151}$$

式中,ν 为泊松比;$e = \dfrac{\partial u}{\partial x} + \dfrac{\partial v}{\partial y} + \dfrac{\partial w}{\partial z} = \dfrac{\partial u}{\partial x}$。

联立式(2-139)~(2-145),得锚杆纵向振动应力表达式为

$$\sigma_x(x,t) = \frac{EI(1-\nu)}{A\rho c_0(1+\nu)(1-2\nu)}\sum_{n=1}^{\infty}\frac{\lambda_n}{1-\cos\lambda_n l}\sin c_0\lambda_n t\cos\lambda_n x \tag{2-152}$$

式中,$\lambda_n = \arcsin(C_n\mathrm{e}^{-k/EA})/l$。为将问题简化,令 $C_n = f(n) = n(n=1,2,3,\cdots)$,并研究 1 阶 $(n=1)$ 主振动,得 $\lambda_1 = \arcsin(\mathrm{e}^{-k/EA})/l$,代入得

$$\sigma_x(x,t) = \frac{EI(1-\nu)}{A\rho c_0(1+\nu)(1-2\nu)}\frac{\lambda_1}{1-\cos\lambda_1 l}\sin c_0\lambda_1 t\cos\lambda_1 x = \sigma_{x\max}\sin c_0\lambda_1 t\cos\lambda_1 x \tag{2-153}$$

式中,$\sigma_{x\max}$ 为 σ_x 的最大值,满足

$$\sigma_{x\max} = \frac{EI(1-\nu)\arcsin(e^{-\frac{hl}{EA}})}{A\rho c_0 l(1+\nu)(1-2\nu)(1-\cos(\arcsin(e^{-\frac{hl}{EA}})))} \quad (2\text{-}154)$$

锚杆振动应力表达式[式(2-153)]是得到 σ_{d1} 表达式的基础,却未考虑能量耗散,σ_{d1} 表达式见式(2-156)。

3. 动载下围岩变形引起的附加应力 σ_{d2}

巷道周边和岩体深部的位移规律,以及周边位移和锚杆深部锚固点的位移差,对锚杆受力性质(锚杆受拉、受压或不受力)和大小影响很大。动载下巷道表面围岩与深部围岩变形不协调引起锚杆的变形量为 Δl_{d2},杆体应变为 ε_{d2},显然有 $\Delta l_{d2} = \Delta u_r$,而 $\varepsilon_{d2} = \Delta l_{d2}/L = \Delta u_r/L$。

煤矿常用的 Q235 圆钢锚杆,当杆体应力达到屈服极限时,其变形量 $\Delta l_{d2} = 2.2\text{mm}$;由图 2-72 知,小冲击下 Δu_r 最小值为 2.5mm,表明支护结构各处的锚杆已不同程度地发生塑性变形,其中,Δu_r 在迎波侧的平均值为 16mm,在侧向位置的平均值为 17.5mm,在背波侧的平均值为 8.75mm。由 Q235 圆钢拉伸的应力-应变曲线可知 σ_{d2} 在迎波侧平均值为 240.96MPa,在侧向位置的平均值为 241.61MPa,在背波侧的平均值为 237.83MPa。

2.9.3 重点支护位置的锚杆动力响应

1. 迎波侧

1) 锚杆受力机制

两种介质的波阻抗分别为 $\rho_w c_w$ 和 $\rho_k c_k$,波在介质分界面产生的反射波强度和透射波强度分别为

$$\sigma_F = \sigma_0 F, \sigma_T = \sigma_0 T \quad (2\text{-}155)$$

式中,$F = \dfrac{1-n}{1+n}, T = \dfrac{2}{1+n}, n = \dfrac{\rho_w c_w}{\rho_k c_k}$。

当入射波到达深部围岩与锚杆内端头分界面时,$n_1 = \rho_{围岩} c_{围岩}/\rho_{锚杆} c_{锚杆} < 1$,$F_1 > 0, T_1 > 1, \sigma_{T1} = T_1 \sigma_{0r}$,此时,透射波为压缩波。

当透射压缩波沿锚杆杆体到达巷道表面时,$n_2 = \rho_{锚杆} c_{锚杆}/\rho_{空气} c_{空气} \approx \infty$,$F_2 \approx -1, T_2 \approx 0, \sigma_{F2} \approx -\sigma_{T1}$,此时,透射压缩波几乎全反射为拉伸波。

当反射拉伸波再次到达锚杆内端头与深部围岩分界面时,$n_3 = \rho_{锚杆} c_{锚杆}/\rho_{围岩} c_{围岩} > 1, F_3 < 0, T_3 > 0, \sigma_{F3} = \sigma_{F2} F_3$,此时,反射波又为压缩波。

至此为一个循环周期。在锚杆纵向振动过程中,σ_{d1} 的幅值 $\sigma_{d1\max}$ 逐渐减小,主要原因为巷道表面反射的拉伸波 σ_{F2} 在深部围岩与锚杆内端头分界面产生透射波

σ_{T3},这部分振动能量耗散到深部围岩中,随着振动持续,能量累积耗散,直到恢复新的平衡。据此,定义衰减系数 γ,并考虑到应力方向(拉应力为正值,压应力为负值),当 $kT \leqslant t \leqslant (k+1)T$ 时,σ_{d1} 的表达式为

$$\begin{aligned}\sigma_{d1} &= -\gamma^k \cdot \sigma_x(x,t) \\ &= -\gamma^k \cdot \frac{EI(1-\mu)}{A\rho c_0(1+\mu)(1-2\mu)} \frac{\lambda_1}{1-\cos\lambda_1 l}\cos\lambda_1 x \sin c_0\lambda_1 t\end{aligned} \quad (2\text{-}156)$$

式中,$k = 0,1,2,3\cdots$;$\gamma = |F_3|$;$T = 2\pi/c_0\lambda_1$。

以煤矿常用直径为 20mm 的 Q235 圆钢锚杆为例,其中杆体长度为 2m,锚固段长度为 0.5m,弹性模量为 210GPa,密度取 7800kg/m³,泊松比取 0.3,屈服强度 σ_q 为 235MPa,抗拉强度 σ_t 为 450MPa,极限伸长率 δ 为 25%;振动模型的弹簧刚度取 20kN/m,冲击作用时间为 0.5ms,作用于锚杆横截面的冲击能量为 1.69N·s。以 $\theta = 180°$ 处的锚杆的自由段与锚固段分界面($x_0 = 0$m)为例,代入以上参数,得

$$\begin{aligned}\sigma_{d1} &= -\gamma^k \cdot \frac{EI(1-\nu)}{A\rho c_0(1+\nu)(1-2\nu)} \frac{\lambda_1}{1-\cos\lambda_1 l}\cos\lambda_1 x_0 \sin c_0\lambda_1 t \\ &= -0.62^k \cdot 39.7 \times 10^6 \cdot \sin(5.33 \times 10^3 \cdot t)\end{aligned} \quad (2\text{-}157)$$

$x_0 = 0$m 处动应力 σ_{d1} 的时程曲线如图 2-74 所示。

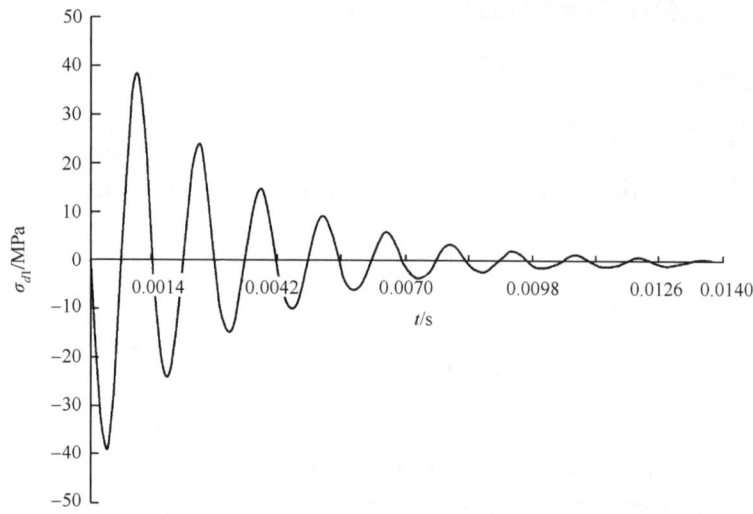

图 2-74 动应力 σ_{d1} 的时程曲线

当入射波到达深部围岩与承载拱分界面时,除了引起锚杆振动外,还会引起深部围岩产生径向位移 u_{r1},在小冲击算例中其平均值为 30mm。此时振动波尚未传播至巷道表面,故巷道表面径向位移 $u_{r2} = 0$,锚杆变形量 $\Delta l_{d2} = \Delta u_r = 0 - u_{r1} = -30$mm。由 Q235 圆钢压缩时的应力-应变曲线知,压缩时的 E 和 σ_q 与拉伸时的

大致相同,而进入屈服阶段后,其抗压能力却继续增高。变形量 30mm 的锚杆已屈服,此时 σ_{d2} 为压应力,且其值大于屈服强度 235MPa,故有

$$\sigma_{总} = \sigma_s + \sigma_{d1} + \sigma_{d2} < [127 + (-39.7) + (-235)]\text{MPa} = -147.7\text{MPa}$$

(2-158)

此时锚杆受压,而锚杆抗压强度较大,不会发生破坏。

当应力波到达巷道表面反射拉伸波时(由于承载拱厚度较小,可近似认为沿锚杆传播的应力波和沿围岩传播的应力波同时到达巷道表面),引起巷道表面径向位移 u_{r2},其平均值为 46mm。锚杆最终变形量 $\Delta l'_{d2} = u_{r2} - u_{r1} = 16\text{mm} > 0$。此时 σ'_{d2} 为拉应力,由第 2.9.2 节知,其值为 240.96MPa,故有

$$\sigma'_{总} = \sigma'_s + \sigma'_{d1} + \sigma'_{d2} = (127 + 39.7 + 240.96)\text{MPa} = 407.66\text{MPa} \quad (2\text{-}159)$$

此时锚杆受拉,由 $\sigma'_{总} < \sigma_t = 450\text{MPa}$,故小冲击算例下的锚杆未发生拉断破坏。

此后,由于动载下围岩变形已达塑性变形,静载 σ'_s 与围岩变形引起的附加应力 σ'_{d2} 叠加成为新的"静载" σ_{s1},即

$$\sigma_{s1} = \sigma'_s + \sigma'_{d2} = (127 + 240.96)\text{MPa} = 367.96\text{MPa} \quad (2\text{-}160)$$

由于 σ_{d1} 幅值逐渐减小,此后总应力 $\sigma_{总}$ 的范围为

$$\begin{cases} \sigma_{总\min} = \sigma_{s1} - \sigma'_{d1\max} = (367.96 - 0.62 \times 39.7)\text{MPa} = 343.346\text{MPa} \\ \sigma_{总\max} = \sigma_{s1} + \sigma'_{d1\max} = (367.96 + 0.62 \times 39.7)\text{MPa} = 392.574\text{MPa} \end{cases}$$

(2-161)

显然,此后锚杆始终受拉,直到 $\sigma_{总} = \sigma_{s1} = 367.96\text{MPa}$ 时,才恢复到新的平衡。

综上,小冲击下迎波侧锚杆先受压后受拉,直到恢复新的平衡。

2) 支护结构的破坏类型

应力波对煤岩体的破坏表现为两种形式,即循环累积损伤破坏和单次瞬间摧垮破坏。

当应力波强度较低时,单次冲击不会引起迎波侧承载拱内锚杆和围岩破坏。然而,当多次小冲击作用于承载拱时,受压围岩会逐渐损伤致裂,同时锚杆会反复受压和受拉,直至锚杆失去锚固基础,引起锚杆松动,逐步减弱直至丧失对围岩的加固作用,这将进一步加剧支护围岩的损伤破裂。当损伤变量达到一定程度时,极限强度降低的煤岩体就可能被破坏从而失去连接和完整性。

据此,定义每次小冲击导致的围岩损伤为 D_1,定义由于锚杆松动导致围岩力学性质降低为 D_2,则循环累积冲击后支护体强度为

$$\sigma'_Z = (1 - \sum a_i \cdot D_{1i} - \sum b_i \cdot D_{2i}) \cdot \sigma_Z \tag{2-162}$$

式中，σ_Z 为原支护体强度；a_i,b_i 为待定系数。

此后，一次小冲击就可能诱发巷道冲击破坏，此时巷道冲击破坏判据为

$$\sigma_0(d-r-t)^{-\eta} + \gamma h \left[1 - \frac{a^2}{(r+t)^2}\right] > \sigma'_Z \tag{2-163}$$

式中，d 为震源距巷道中心的距离；t 为承载拱厚度；a 为巷道半径；η 为应力波在深部围岩中传播的能量衰减指数。

当应力波强度足够大时，一次强冲击就能满足巷道冲击破坏判据。

$$\sigma_0(d-r-t)^{-\eta} + \gamma h \left[1 - \frac{a^2}{(r+t)^2}\right] > \sigma_Z \tag{2-164}$$

此时，支护体围岩和锚杆锚固端将受压破坏，锚杆将失去锚固基础，锚杆松动并丧失对围岩的加固作用，围岩的力学性质大大降低，在冲击应力波的作用下，引起支护围岩更大范围及更进一步的破裂，直至整个支护结构被冲击破坏。

2. 侧向位置

应力波作用方向与侧向位置的锚杆成接近 90°，作用于锚杆横截面上的有效径向分量几乎为零，因此可以忽略锚杆振动产生的动应力；此外，动载下支护结构有一个"压扁"的趋势，导致侧向位置（$\theta=90°$ 和 $\theta=270°$）的巷道表面环向应力 $\sigma_{\theta\theta2}$、巷道表面径向位移 u_{r2} 及径向位移差 Δu_r 明显偏大，这表明侧向位置的锚杆受力不是动载下锚杆振动的动应力引起的，而是由动载下深部围岩与表面围岩的不协调变形导致的，故侧向位置的锚杆总应力为

$$\sigma_{总} = \sigma_s + \sigma_{d2} = (127 + 241.61)\mathrm{MPa} = 368.61\mathrm{MPa} < \sigma_t \tag{2-165}$$

显然，侧向位置的锚杆受拉应力，在小冲击算例中，锚杆未发生拉断破坏。若 σ_0 足够大，当满足 $\sigma_{总} > \sigma_t$ 时，锚杆将被拉断。

2.9.4 相似模拟试验分析

1. 试验概况

试验模拟的是半圆拱形巷道，埋深约为 400m，跨度为 3.5m，围岩加固使用直径 20mm 的 Q235 圆钢锚杆。根据 Froude 比例法需满足 $K_\sigma = K_\rho K_l$，确定应力、密度、几何相似比尺为 $K_\sigma = 0.07, K_\rho = 0.69, K_l = 0.097$。模型尺寸大小为 1.5m×0.4m×1.2m（长×宽×高）。由于试验所模拟岩体材料要求在脆性上相似，故模型介质材料选用水泥砂浆，其配比如下 $m_{砂} : m_{水泥} : m_{水} : m_{速凝剂} = 14 : 1 :$

1.5∶0.017,材料力学参数见表 2-16。加固围岩的锚杆用直径为 3mm 的铝棒来模拟,长度为 10cm。

表 2-16 材料力学参数

材料种类	$\gamma/(\text{kg/m}^3)$	c/MPa	$\varphi/(°)$	E/GPa	μ	R_c/MPa	R_t/MPa
原型	2550	1.20	48	25.0	0.26	30.0	1.7
模型	1750	0.08	45	1.6	0.28	2.0	0.15

如图 2-75 所示为自主研发的动静组合巷道支护相似模拟试验台,采用液压装置给模型施加竖直方向载荷;通过摆锤击打滑杆头部产生的冲击载荷模拟动载,为了与理论模型尽可能一致,将冲击载荷布置在巷道左侧。

图 2-75 动静组合巷道支护相似模拟试验台

通过在巷道不同位置(即左帮侧墙、左帮拱腰、拱顶、右帮拱腰及右帮侧墙)的围岩表面布置位移传感器,以及在上述位置布置锚杆轴向应变测点,研究动载下锚杆支护巷道的破坏规律。

2. 试验结果及分析

如图 2-76 所示为巷道围岩表面不同位置的位移-时程曲线。由图可知,巷道表面位移表现为在某时刻突然增大,然后反复波动,最终趋于定值。各时程曲线在形态上相似,趋势上相同。巷道表面位移终值从大到小依次为左帮侧墙、拱顶、左帮拱腰、右帮拱腰和右帮侧墙,这与图 2-71 中理论分析得到的巷道表面径向位移 u_{r2} 分布是一致的,即巷道在左侧的动载作用下,左帮侧墙为迎波侧,拱顶为侧向位置,且均产生较大的巷道表面径向位移,因此是重点支护位置。

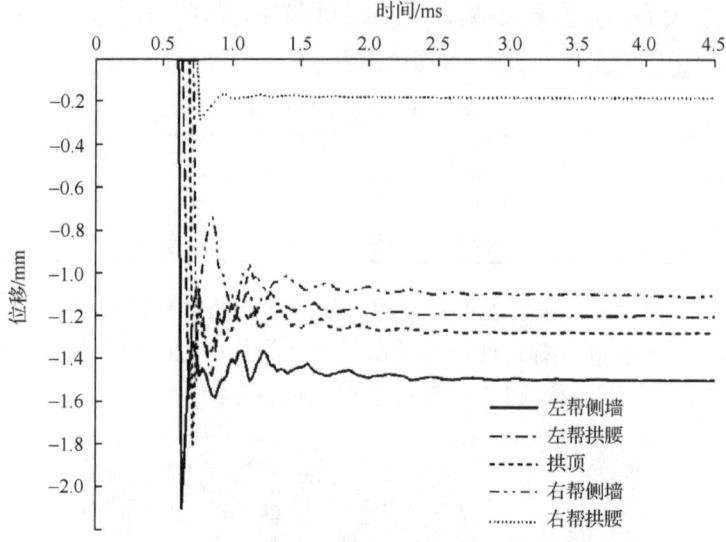

图 2-76 巷道围岩表面不同位置位移-时程曲线

如图 2-77 所示为巷道不同位置的锚杆轴向应变-时程曲线,正值表示锚杆受拉应力作用,产生了瞬时拉应变,负值表示锚杆受压应力作用,产生瞬时压应变。由图可知,左帮侧墙和左帮拱腰处的锚杆先受压后受拉,而拱顶、右帮拱腰和右帮侧墙处的锚杆只受拉,且各处应力幅值随距动载源距离的增大而减小,这较好地验证了上文中重点支护位置锚杆的受力情况,即迎波侧(左帮侧墙)的锚杆先受压后受拉,而侧向位置(拱顶)的锚杆只受拉。

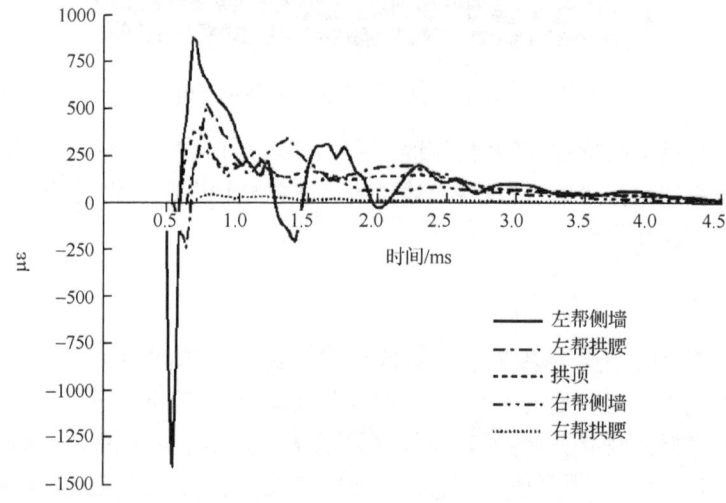

图 2-77 巷道不同位置的锚杆轴向应变-时程曲线

第3章 断层褶皱附近应力分布与冲击规律

3.1 构造应力特点及分类

1. 构造应力特点

在地壳运动过程中,在地应力的作用下,岩体发生了体积与形状的变化。由于岩体的弹性变形,能使岩体内贮存巨大的弹性应变能。但这种应变能不可能在岩体中无限制地积累下去,随着能量的增加,应力达到岩体的强度极限时,它就要发生破坏(如形成断层或裂隙等)。这时除在岩体中保存残余变形外,贮存的能量将部分或全部释放出来,构造应力也就随之部分或全部消失。例如,地震时绝大部分应变能得到了释放。但在地质构造运动结束以后,岩体中往往会遗留下一部分应力,这种应力叫做残余构造应力,或简称残余应力。所有这些构造应力和残余应力都将影响原岩应力场的分布和应力的大小(李四光,1973;蔡美峰等,1995)。

构造应力是一个复杂的问题,目前还无法用数学力学方法进行计算。但它有以下的特点。

(1) 一般情况下地壳运动以水平运动为主,因此构造应力也主要是水平应力。而且,地壳运动总的来说是以挤压运动为主,所以水平应力以压应力占绝对优势。

(2) 构造应力分布很不均匀,而且主应力的大小和方向往往有很大变化。

(3) 岩体中的构造应力具有明显的方向性。通常,两个方向的水平应力值(σ_2和σ_3)是不相等的。

(4) 根据测定,岩体中的构造应力普遍存在以下规律:

$$\sigma_{Hmax} > \sigma_{Hmin} > \sigma_v \tag{3-1}$$

式中,σ_{Hmax}为最大水平应力;σ_{Hmin}为最小水平应力;σ_v为垂直应力。

水平构造应力可能比自重造成的水平应力大几倍到几十倍,而且往往浅部的倍数比深部大,因此在浅部开采时,构造应力显得比自重应力更为重要。

(5) 构造应力在坚硬岩层中出现一般比较普遍。在软岩中贮存构造应力很少,这是因为软岩强度低,易于变形。在外力作用下,它常常产生塑性变形,甚至破坏,其中所贮存的变形能也就随之释放。坚硬岩层则相反,由于地壳构造运动使岩层弯曲形成背斜与向斜构造,往往可以聚集大量的能量,因而形成很高的构造应力。

2. 构造应力分类

近代地质力学的观点认为,从全球范围来看,构造应力的总规律是以水平应力为主。我国地质学家李四光(1973)认为,因地球自转角速度的变化而产生地壳水平方向的运动是造成构造应力以水平应力为主的重要原因。

由于构造应力是地质构造作用在岩体内积存的应力,所以,根据地质构造运动的发展阶段,一般可把构造应力分成以下三种情况。

1) 原始构造应力

原始构造应力一般是指新生代以前发生的地质构造运动使岩体变形而积存在岩体内的构造应力。这种构造应力与构造形迹是密切相关的,所以也称之为与构造形迹相联系的原始构造应力。由于每次构造运动都在地壳中留下一定的构造形迹、如断层、褶皱等,所以这些构造形迹与构造应力的性质、大小和方向是密切相关的。在构造形迹相同的情况下,越是陡峭的山坡,越出现高应力集中现象。

2) 残余构造应力

远古时期的地质构造运动,使岩体变形并以弹性变形能的形式储存于岩层中,形成了原始构造应力。但是,经过漫长的地质年代,由于松弛效应,储存在岩体内的应力随之减少,而且每一次新的构造运动对上一次构造应力将引起应力释放,地貌的变动也会引起应力释放,故使原始构造应力的大小大为降低。这种经过显著降低仍残留在岩体内的构造应力称为残余构造应力。

3) 现代构造应力(活动构造应力)

现代构造应力已为地震、冲击矿压及原岩应力测量等所证实。它是现今正在形成某种构造体系和构造形迹的应力,也是导致当今地震和最新地壳变形的应力。这种构造应力的作用,开始时往往表现得不很强烈,也不会产生明显的变形,更不可能形成任何构造形迹。但在构造运动活跃地区,这种构造应力作用在工程上并逐渐积累,以致威胁工程的安全。在地壳内正在活动的现代构造应力和在地壳中已形成的构造形迹没有任何联系,也就是说现代构造应力是能量正在积累和构造运动正在酝酿的构造应力,只有在适当的时期才会产生与之相适应的构造形迹(Leeman,1968;Hast,1969;Leeman,1969;Zobac M L and Zoback M D,1980;陈彭年等,1990;康红普,2013)。

3.2 断层带对地应力场及岩体强度的影响

岩体与其他材料的最大区别是岩体中存在各种尺度的不连续面,包括节理、裂隙、断层等。在岩体稳定性分析和构造稳定性的评价中,人们往往首先考虑的是这些不连续面。

目前普遍认为,活断层实际上就是现今地应力场中应力集中程度较高的断裂带,同时它的持续活动又将导致其附近地区应力进一步重新分布,所以在活断层或活动断块的特定部位,往往形成很高的局部构造应力集中区。一条断裂带的现今活动,主要是构造应力作用的结果。由于断裂的活动,反过来又影响断裂周围地区的应力场。而在一般情况下,应力高的区域容易聚积弹性能,更容易发生冲击矿压。因此,分析和确定断层附近的应力分布和集中程度的大小,对冲击矿压的研究有着非常重要的意义(潘一山等,1998)。

3.2.1 断层的成因分析

断层形成机制是一个复杂的问题,涉及破裂的发生和断层的形成、断层作用与应力状态、岩石力学性质,以及断层作用与断层形成环境的物理状态等问题。

当岩石受力超过其强度,即应力差超过其强度便开始破裂。破裂初期出现裂隙,微裂隙逐渐发展又相互联合形成一条明显的破裂面,即断层两盘借以相对滑动的破裂面。当断裂面一旦形成且应力差超过摩擦阻力时,两盘就开始相对滑动形成断层。随着应力释放,应力差趋向于零或小于滑动摩擦阻力,一次断层作用即告终止(Cai et al., 2014)。

断层是岩石沿某个面的破裂和沿该面的位移。受煤系沉积物岩性、变形环境及构造应力的共同控制,断层有多种不同的表现形式。由于采用的标准不同,目前还没有一个全面细致的断层分类方法。一般按照断层面力学性质分为压性断层、剪性断层和张性断层;按照两盘相对运动性质分为正断层、逆断层和平移断层;按照几何关系则可分为走向断层、倾向断层、斜向断层和顺层断层。

安德生分析了形成断层的应力状态,认为紧靠地表的地方,不可能有垂直地表的压缩或拉伸,也不会有平行地表的剪切。所以,形成断层的三轴应力状态中的一个主应力轴趋向于垂直水平面,其余两个主应力轴呈水平状态,并以此为依据提出了形成正断层、逆断层和平移断层的三种应力状态(图 3-1)(曾佐勋和樊光明,2008)。

1. 正断层的形成

当 σ_1 直立、σ_2 和 σ_3 水平时形成正断层。即断层的走向与 σ_2 平行,断层上盘顺断层面倾斜方向向下滑动,断层倾角约为 60°[图 3-1(a)]。这是因为在这种构造应力状态下,当 σ_1 逐渐增大或 σ_3 逐渐减小时都可以导致正断层的形成。

2. 逆断层的形成

当 σ_3 直立、σ_2 和 σ_1 水平时形成逆断层。即断层的走向与 σ_2 平行,σ_1 呈水平状态,并与 σ_3 垂直,断层倾角约为 30°[图 3-1(b)]。这是因为在这种构造应力状态

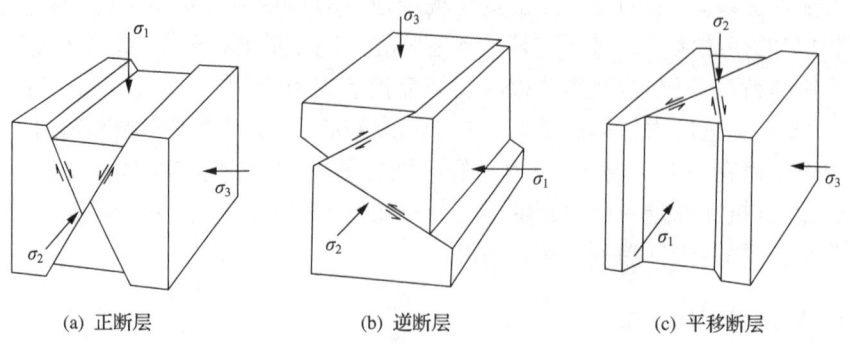

图 3-1 形成断层的三种应力状态

σ_1. 最大主应力；σ_2. 中间主应力；σ_3. 最小主应力

下,当 σ_1 逐渐增大或 σ_3 逐渐减小时都可以导致逆断层的形成。σ_3 直立,它受重力作用的制约,所以其值变化不大。因此,水平挤压是形成逆断层的主要根源。

3. 走滑(平移)断层的形成

当 σ_2 直立、σ_1 和 σ_3 水平时形成走滑断层。即断层的走向与 σ_1 和 σ_3 都是斜角的,而 σ_2 是直立的,断层呈近直立状态[图 3-1(c)]。从理论上说,σ_1 增大或 σ_3 减小都可以形成走滑断层。但 σ_3 减小容易形成垂直于 σ_3 的张断层。所以一般是 σ_1 增大,即在挤压条件下形成剪切破裂后发展成走滑断层。

安德生模式普遍被地质学家所接受,作为分析解释地表或近地表脆性断层的依据。现在一般认为任何类型的断层面都是剪裂面,只不过是三个应力轴在空间的位置不同而已。

在地质构造中,经常发现一个区域有好几组不同走向的断层,这说明在地质年代中该地区处于不同的构造应力状态。此外,并非每当构造应力有所改变就必然发生一组新的断裂,这主要取决于原岩应力场是否达到或超过了岩体的极限应力状态。再则,若在构造应力的作用下,在原有断层面上产生的应力首先超过了其极限抗剪强度,这将使得原有断层发生再次滑动以释放能量,这种情况下,就不会产生新的断层。据此,也可以用来解释地震的重复性。构造应力可以在较大范围内改变其大小和方向,但其发生的断裂方向却是有限的。一般认为,同一地区发生走向滑动断层组数不超过三组六个方向或四组八个方向。总之,断层在方向上是有一定间隔的。除此之外,同一方向上的断层,常出现等间距分布的规律。对这一规律可以解释为,一个地区中的某一处发生一条断层之后,该断层附近的应力得到释放,在这个应力释放区就不易再发生其他断层,而是在较远处才会再发生断裂。在地质构造中,这种现象是很清楚的。间距的大小与断层规模有关,自然也与岩层的力学性质等有关。

3.2.2 活动断裂对地应力场的影响

1. 原岩应力状态的影响因素

地下岩石单元体周围的应力状态,由岩层加载现状和岩层的地质历史构造作用所决定,在这种情况下,应力状态比仅涉及介质中面力和体力变化的确定更为复杂。岩层应力状态的变化可能与温度变化、热应力及一些化学和物理变化有关;断裂的产生,沿断裂面滑动及整个介质范围内的黏塑性流动等力学过程都可能产生复杂的均匀应力状态。因此,只能通过对岩层地质构造形迹的观测,根据岩层地质进行过程的推测,用半定量的方式来确定介质周围的应力状态。

1) 地形和地质条件对自重应力的影响

地形的起伏影响山体的自重应力分布。山体内沿着水平面上自重应力的分布状况和地表形状完全相似。实验和计算结果表明,岩层的初始应力方向多数微倾斜于山顶方向,并且其在数值上比按最大覆盖厚度(山顶到水平面间距离)计算的自重应力要小得多。

地质构造对自重应力的分布也有影响。通常在褶曲两翼显示应力增大,而在褶曲中部应力降低。

图 3-2 所示为断层对自重应力分布的影响情况。两断层间的岩体相互产生了体力的传递,上大下小的楔体 A 对下大上小的楔体 B 产生加载作用,使得在水平面上的自重应力状态呈非线性分布。

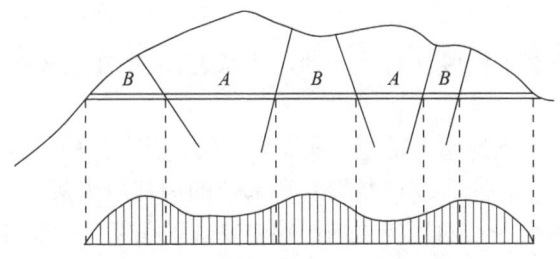

图 3-2 断层对自重应力分布的影响

2) 裂隙组及不连续面对构造应力的影响

岩体中裂隙的存在,不论是作为有限连续的节理组,或是作为贯穿岩层的主要结构面,都限制了介质中应力的平衡状态。因此,可以认为,隆起的岩体(如山背)水平应力分量低与铅垂方向的裂隙有关。方向形态及表面特征与岩体压缩破坏相一致的裂隙组,其断裂形迹可能与诱导裂隙发展的应力场性质有关。例如,一组共轭断层在形成前的应力场,其最大主应力方向与两侧断层面构成锐角的平分面相一致,而最小主应力轴与钝角的水平分面一致,中间主应力轴与断层面的交线重合。这种解释是与真三轴压缩情况下,岩石试件形态进行了简单类比之后得出的。但是对于这种应力场中主应力的解释往往不适合用于断裂期之后的应力状态,事实上,岩体断裂,其在本质上是一种能量耗散与应力重新分布的过程。

岩体破裂期间和破裂过后,其应力状态取决于破裂面间的平衡条件,它与破裂前的应力状态已没有什么关系。由此可以做出推论:力学上协调的应力场,在局部区域主应力的大小与方向有可能是变化的。因此,非均匀应力场是形成断层、发生剪切或延伸滑动(如发生在平行于褶皱的岩层之间)的自然结果。可以断定,断层的连续发生,(如一组断层切穿早先形成的另一组断层)可导致整个介质中的应力分布状况更为复杂。

2. 活动断裂对地应力场的影响

通过研究分析可以看出,不论是单一活动断裂还是复合活动断裂,均对岩体的应力场有明显的影响,主要表现在以下几个方面。

(1) 与区域主应力方位相比,活动断裂附近的主应力方位均有不同程度的变化,而这种变化主要限于断裂附近一定距离内,远离断裂,主应力方位逐渐趋于与区域方位一致。

(2) 活动断裂及其附近应力量值的变化较为复杂,即有应力增大地段,也有降低的地段。应力降低的情况表现为,在断裂带附近应力值较低,而随着距断裂的距离的增加,应力逐渐增大,到一定距离后,趋于稳定。应力的增大和降低主要取决于断裂带的几何形态和断裂与区域应力方向之间的关系,而应力变化的幅度与断裂的规模有关。

(3) 同一条断裂不同段具有不同的应力状态,表现在最大主应力方向和量值都不同。

(4) 活动断裂附近的应力是随时间而变化的,特别是在地震活动区。

(5) 复合活动断裂能造成在断裂复合部位的局部应力集中,产生地震和其他高地应力现象。复合断裂对地应力的影响主要表现在复合断裂的几何关系上。复合断裂中某一单一断裂的几何形态对断裂影响区内的应力状态也有较大的影响(孙广忠,1993;苏生瑞等,2002)。

3.2.3 断层结构面对岩体强度的影响

岩体是由结构面和结构体共同组成的复杂地质体,而结构弱面之间的黏结力都是十分微弱的,或者说几乎不存在黏结力。由于岩体强度主要取决于软弱结构面的强度,因此可认为岩体是一种不能承受拉力的工程材料。当按照理想材料建立力学模型时,常把岩体看做一种不抗拉材料(有些情况下也看做单向或双向不抗拉材料)。在实践中,为了安全起见,对于许多情况,在进行理论计算和工程设计时,只要某个区域出现拉应力,不管拉应力的大小是否已达到抗拉强度,都认为岩体已处于危险状态,该处就必须用锚杆或其他支护物加固,这种衡量强度的标准称为无拉力准则。

岩体中的软弱结构面虽然不能抗拉,但仍能传递一定的剪应力,即具有一定的抗剪强度。试验证实,大部分岩体在强度曲线的受压区仍符合"莫尔-库仑"准则,所以根据理论分析显然可以认为,含有结构弱面的岩体的总强度,既不会超过作为连续均匀介质的岩石结构体的强度,同时也不会低于其中结构弱面的强度。通常,岩体内的弱面越少,越接近于均质连续体,则岩体强度曲线越接近于岩石强度曲线,并以岩石强度曲线为其上部界限;反之,岩体内弱面越发育,则岩体强度曲线越接近于弱面强度曲线,而以最弱面强度曲线为其下部界限。就大多数情况而言,岩体内部都不同程度地存在各种弱面,因此,通常的岩体强度曲线总是处于以上两种极端状态之间,即介于岩石强度曲线和最弱面强度曲线之间(图 3-3)。

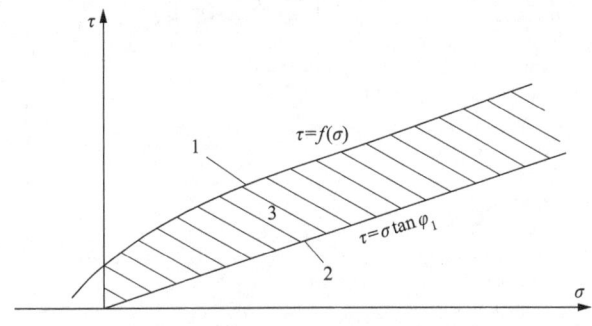

图 3-3 岩体强度曲线范围
1. 结构体强度曲线;2. 结构弱面强度曲线;3. 岩体强度曲线的可能范围

存在弱面是岩体区别于岩石的最重要的特征之一。通常由于弱面是由层理、节理、断层、摩擦镜面等非连续面构成,而且弱面之间往往含有软弱而松散的物质,如断层泥、泥化夹层、层间破碎物或其他各种胶结物,使这些弱面的黏结力在不同程度上都有所降低,因而从总体上使岩体的强度显著地低于岩块的强度,并使岩体更易于变形和失去稳定。事实表明,岩体的运动和破坏,大至地震和大型滑坡,小至冒顶、片帮,大都是沿弱面运动的结果,因此在考虑岩体的力学特性时,弱面的影响是不容忽视的。

弱面对岩体强度的影响主要表现为使岩体强度降低和造成岩体强度的各向异性。试验表明,对于层理明显的层状岩石,其强度与加载方向有关。通常垂直于层理方向加载时的抗压强度和抗剪强度大于平行于层理加载时的相应强度,相反地,垂直于层理加载时的抗拉强度小于平行于层理加载时的抗拉强度。试验还表明,层状岩石在单轴压力作用下,当加载方向与层理面呈不同角度时,其极限强度会随夹角不同而做有规律的变化。因此，如果岩体中存在一组弱面（如节理弱面）时，则随着加载方向与弱面所成角度的不同，其极限强度也将随这个角度的不同而按一定规律变化。

在图 3-4 所示的极坐标系统中，其半径方向表示单向抗压强度，逆时旋转的角度 θ 表示弱面与水平面交角的大小，黑色粗线表示受弱面影响时岩体强度随 θ 角变化的情况。由该强度变化曲线可以看出，当加载方向与弱面垂直（$\theta=0$）时，岩体强度与弱面无关，岩体强度就是岩块强度，即等于垂直层理加载时的单轴抗压强度 R_c，相当于强度变化曲线中的最大值 σ_{max}。这种情况下，岩石将沿新的破坏面 AB 产生剪切破坏，在 $\theta=0\sim\theta_1$ 内都可近似地属于这种情况。

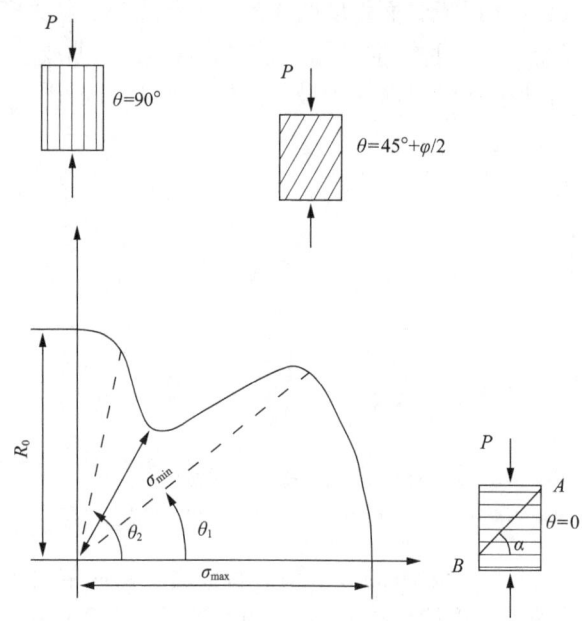

图 3-4 岩体强度随加载方向与结构面夹角的变化

当 $\theta=\theta_1\sim\theta_2$ 时，岩体强度将受弱面影响，且 θ 角越接近于 $45°+\varphi/2$，则这种影响越大。当 $\theta=45°+\varphi/2$ 时，剪切面正好与弱面重合，即岩体沿弱面产生剪切破坏，这时岩体强度就是弱面强度，它相当于强度变化曲线中的最小值 σ_{min}。当 $\theta=\theta_2\sim90°$ 时，加载方向与弱面所成角度很小，或几乎与弱面平行，由于弱面抗拉强度很小，这时常常会由于载荷 P 所衍生的张应力使岩体沿弱面产生横向张裂而破坏，它并不产生新的破坏面。当 $\theta=90°$ 时，破坏强度相当于平行于层理面受载时的强度（R 平），其值介于 σ_{max} 和 σ_{min} 之间。图 3-4 说明了当岩体中存在一组弱面时，由于弱面造成的岩体强度具有明显的各向异性（沈明荣，1999）。

冲击矿压现象是由于巷道或工作面周围煤体中的压力超过极限值，使聚集的弹性能突然释放而造成的。断层结构面的存在使得岩体强度降低,很容易导致作用在煤岩体上的压力超过其强度极限,从而引发断层冲击矿压。

通过分析断层的成因以及对地应力场的影响,认为工作面超前支承压力与残余构造应力的叠加,形成了局部应力集中是导致断层冲击矿压的原因之一。根据试验研究,也证明了断层附近煤层厚度的减小,增加了煤岩体的冲击倾向性,增加了冲击矿压的危险性(李志华等,2011;Chen et al.,2012;蔡武,2014)。

3.3 采动影响断层区应力分布规律及冲击危险特征

3.3.1 断层倾向对顶板平衡结构影响的力学模型

老顶达到极限跨距后,随着回采工作面继续推进,老顶发生断裂,对于工作面中部,破断的岩块则可能形成外表似梁,实质是拱的裂隙体梁的平衡关系,这种结构称之为"砌体梁"。当工作面接近断层时,老顶便沿工作面前方断层面发生断裂,若断裂面与垂直面成一断裂角 θ,则咬合点的关系如图 3-5 所示。

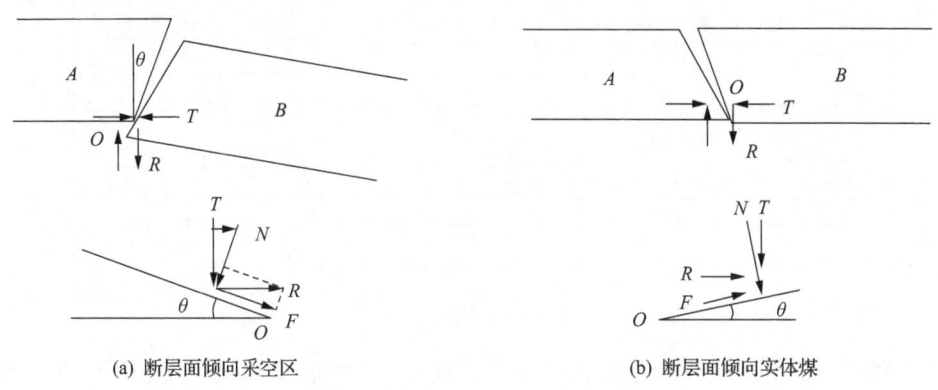

(a) 断层面倾向采空区　　　　　(b) 断层面倾向实体煤

图 3-5　岩块咬合点处的平衡

相互间力的关系及平衡条件为[先分析图 3-5(a)的情况]:

$$(T\cos\theta - R\sin\theta)\tan\varphi \geqslant R\cos\theta + T\sin\theta$$
$$T\sin(\varphi - \theta) \geqslant R\cos(\varphi - \theta) \tag{3-2}$$
$$\frac{R}{T} \leqslant \tan(\varphi - \theta)$$

对于图 3-5(b)的情况,平衡条件为

$$\frac{R}{T} \leqslant \tan(\varphi + \theta) \tag{3-3}$$

式中,T 为水平推力;R 为剪切力;φ 为岩块间的摩擦角。

由式(3-2)可知,对于图3-5(a),当 $\theta = \varphi$ 时,不论水平推力 T 有多大,都不能取得平衡。一般情况下,$\tan\varphi=0.8\sim1$,$\varphi=38°\sim45°$。因此,当节理面与层面交角小于 $45°\sim52°$ 时,都将发生岩块滑落失稳。而对于图3-5(b),则情况要好得多。由此说明断层倾向采空区方向(工作面位于断层下盘)时,断层受采动影响易于"活化",顶板岩体易于利用断裂结构面发生滑移、回转和破坏失稳,顶板结构不易取得平衡,即工作面矿压显现比较严重,相反断层倾向开采方向(工作面位于断层上盘)时,顶板则易于形成砌体梁平衡结构,对控制顶板有利。

3.3.2 采动影响下断层区域应力分布规律

通过 FLAC 5.0 数值模拟软件建立了相应的分析模型,模拟了煤层开采过程中工作面超前支承压力、顶板下沉量、断层面应力状态、断层滑移量等冲击危险性影响因素变化规律,并通过改变断层角度、断层落差、断层面力学属性等得到了断层及煤岩几何、物理属性对断层区域煤岩应力及力学参数的变化。模型如图3-6所示。材料本构模型为莫尔-库仑模型(李志华,2009)。

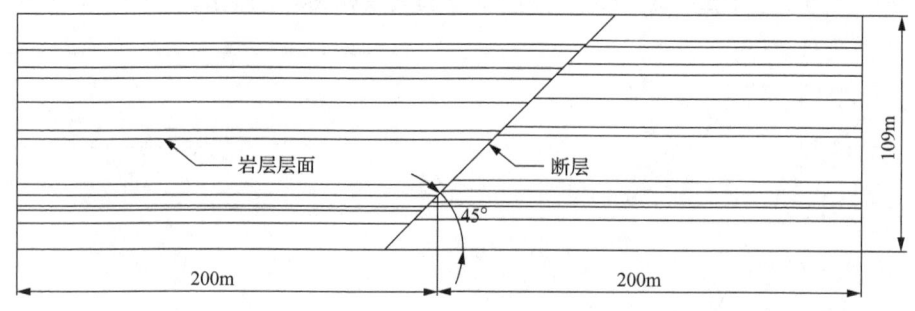

图 3-6 数值模拟模型图

数值模拟了不同断层角度、断层落差、断层面力学属性、顶板厚度和顶板强度等情况下,工作面分别从断层上盘和断层下盘向断层推进过程中冲击危险性变化规律。

1. 采动影响下断层对工作面支承压力的影响

1) 工作面位于断层下盘

随着工作面进一步向断层推进,断层对工作面支承压力的影响程度逐步增加,应力峰值逐步升高,当工作面距离断层 30m 时,应力峰值上升到 71.96MPa(表3-1),应力集中系数为 4.02,应力峰值位置距煤壁 12m。当工作面距离断层 20m 时,应力峰值迅速上升到 83.02MPa,应力集中系数为 4.64,应力峰值位置距煤壁仍为 12m。而当工作面推进至距离断层 10m 时,由于在断层与煤壁之间只有 10m 的煤体,相当于小煤柱,作用在煤体中的应力远远超过煤岩体的强度极限,煤体发生破坏,承压能力降低,降为 72.06MPa,断层的存在不仅影响到应力峰值,而且还影响到支承压力分布形式和分布范围,使得应力峰值向煤壁转移,距离煤壁8m,应力分布范围减小,在煤壁与断层之间的煤柱中形成了很高的应力梯度。而在断层以外的煤体中,应力峰值迅速降为40MPa。具体见图3-7。

表3-1 煤体垂直应力峰值

项目	距断层距离/m					原岩应力
	60	40	30	20	10	
应力峰值/MPa	63.67	65.28	71.96	83.02	72.06	17.90
应力集中系数 K	3.56	3.65	4.02	4.64	4.03	

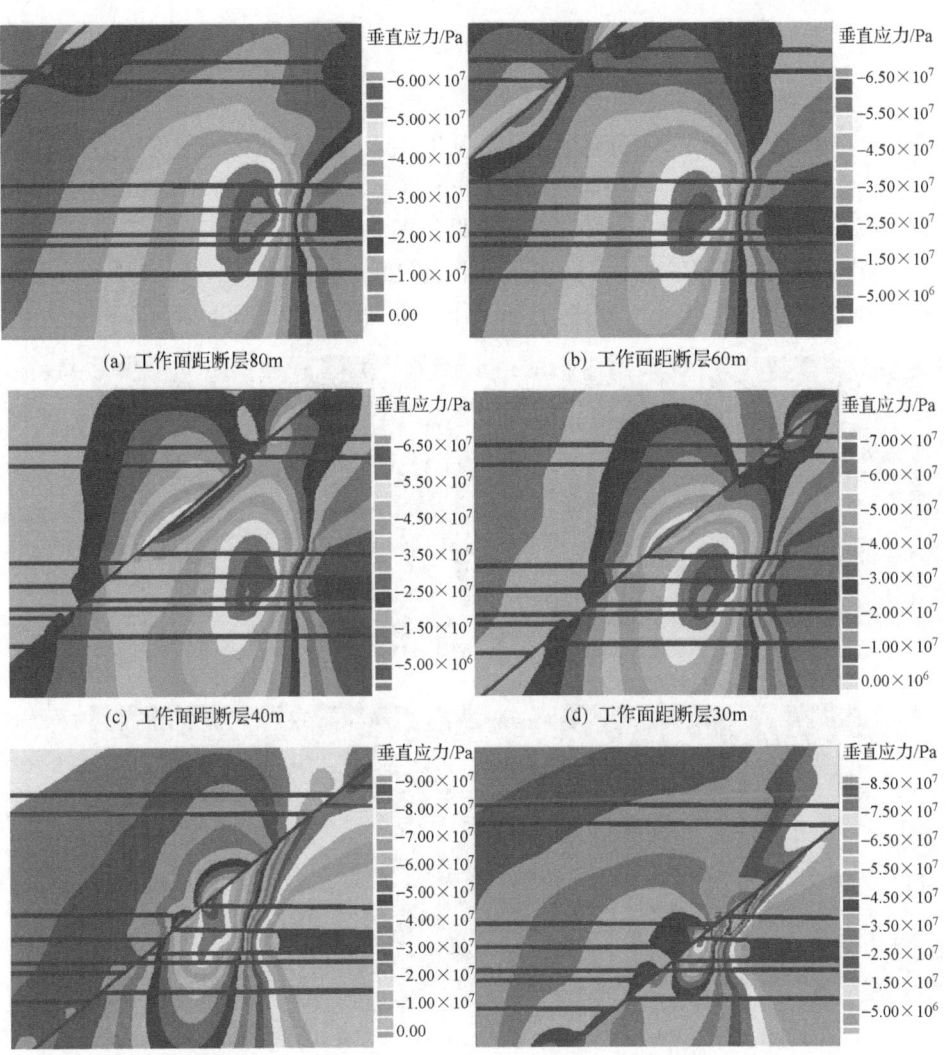

(a) 工作面距断层80m (b) 工作面距断层60m
(c) 工作面距断层40m (d) 工作面距断层30m
(e) 工作面距断层20m (f) 工作面距断层10m

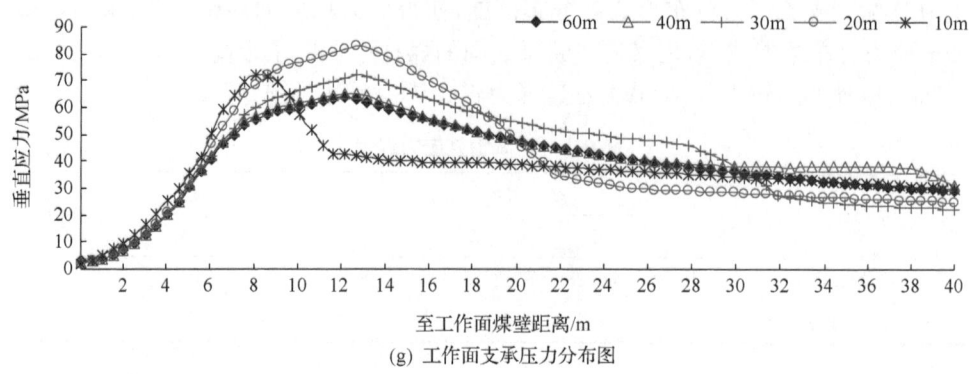

(g) 工作面支承压力分布图

图 3-7　断层对工作面支承压力的影响

2) 工作面位于断层上盘

在本模型的基础上,还研究了工作面从断层上盘向断层推进时的应力分布,模拟分工作面距离断层 100m、80m、60m、40m、30m、20m、10m 等不同位置时,断层对工作面支承压力分布的影响情况,其结果如图 3-8 所示。

从图 3-8 可以看出,当工作面在断层上盘向断层推进时,工作面支承压力会随着工作面的推进而向煤壁前方移动,当工作面分别距离断层 80m、60m、40m、30m、

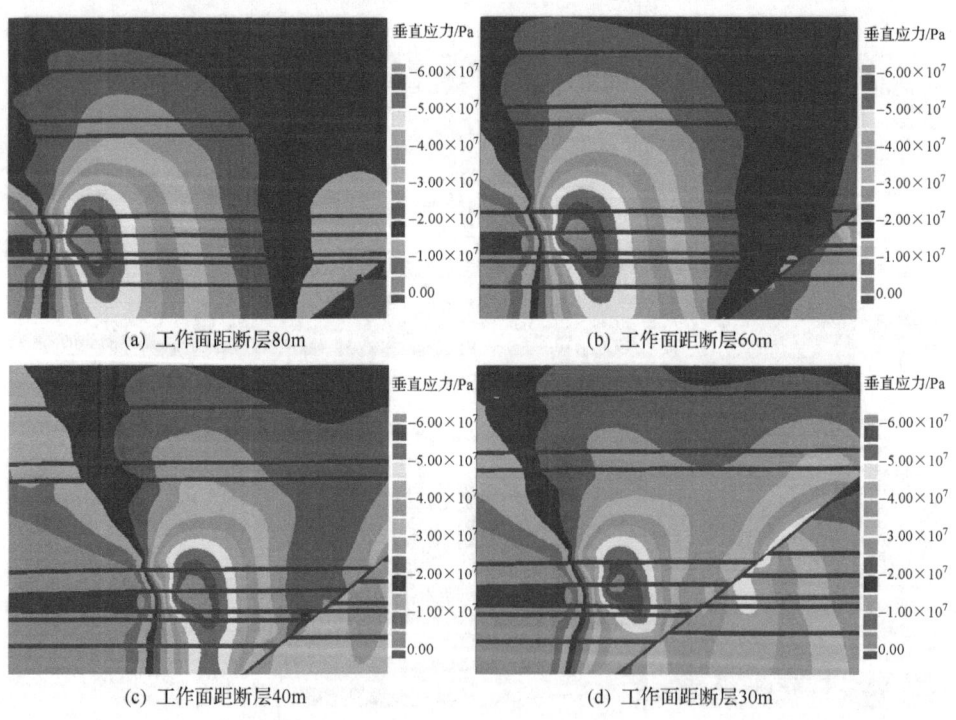

(a) 工作面距断层80m　　　　　　　　(b) 工作面距断层60m

(c) 工作面距断层40m　　　　　　　　(d) 工作面距断层30m

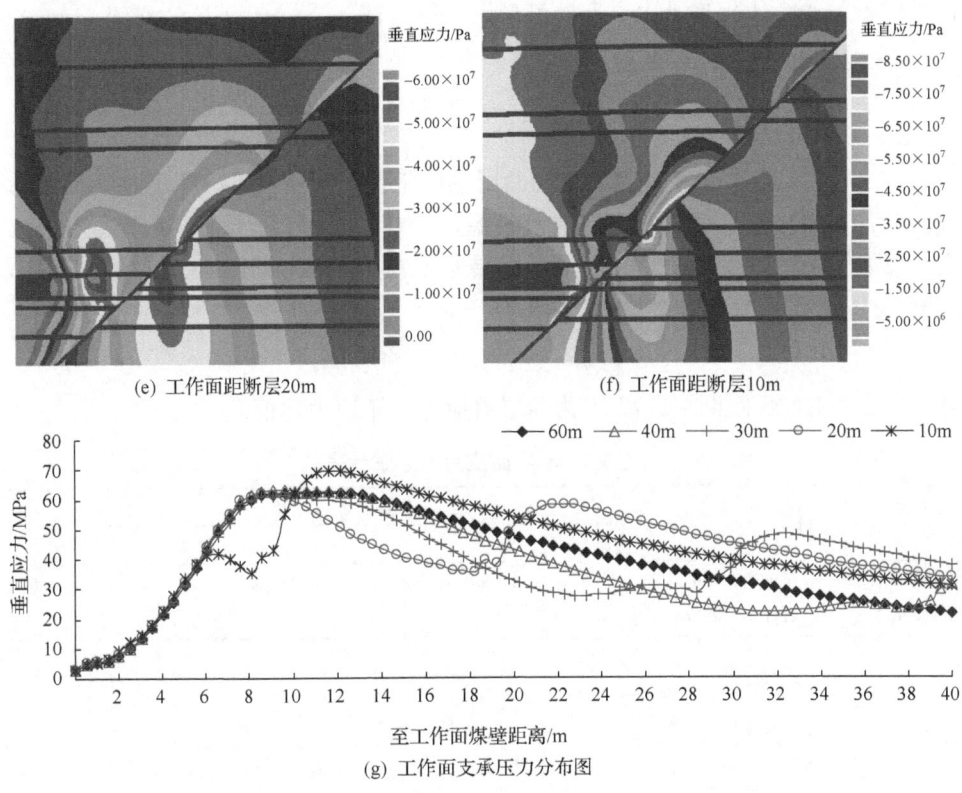

图 3-8 断层对工作面支承压力的影响

20m 时,应力峰值约为 60MPa,应力集中系数为 3.65,应力峰值距煤壁约为 9m,应力峰值和应力分布基本保持不变。但是在断层下盘临近断层的煤岩体中形成了应力集中,并且应力集中会随着工作面的推进而不断增加,如当工作面距离断层 60m 时,在断层下盘形成的应力峰值约为 30MPa;当工作面距离断层 40m 时,在断层下盘形成的应力峰值约为 40MPa;当工作面距离断层 30m 时,在断层下盘形成的应力峰值达到 47.83MPa;当工作面距离断层 20m 时,在断层下盘形成的应力峰值达到 58.19MPa,基本和工作面超前支承压力相等;当工作面距离断层 10m 时,在断层下盘形成的应力峰值达到 69.52MPa,远远高于工作面超前支承压力 41.47MPa。

通过对比分析可以看出,当工作面在断层下盘向断层推进时,工作面支承压力逐渐增加,断层结构面对工作面支承压力有明显的影响。而当工作面在断层上盘向断层推进时,工作面支承压力保持不变,但是在断层下盘临近断层的岩体中形成了应力集中,并且应力集中会随着工作面的推进而不断增加。

因此,可以确定当工作面从断层下盘向断层推进时突出、冲击矿压等动力现象的危险性远高于工作面从上盘向断层推进的危险性。

2. 开采对断层面应力场的影响

1) 工作面位于断层下盘

表 3-2 为当工作面由断层下盘向断层推进工作面距断层不同距离时断层面的应力状态。要使断层结构不产生滑落失稳，必须满足 $F \leqslant N\tan\varphi$，由于摩擦因数为一常数，因此，断层平衡状态取决于断层剪应力和正应力的比值。图 3-9 即为断层剪应力与正应力比值的时空关系曲线，其回归方程为

$$y = 2.85835x^{-0.9628}$$

式中，x 为工作面距断层距离；y 为断层剪应力与正应力比值。

表 3-2 断层面应力状态统计表

项目		工作面距断层距离/m					
		80	60	40	30	20	10
观测点 A	正应力/MPa	−30.63	−34.83	−38.30	−33.54	−18.39	−0.686
(断层上盘)	剪应力/MPa	2.038	2.082	2.039	2.233	3.420	0.284

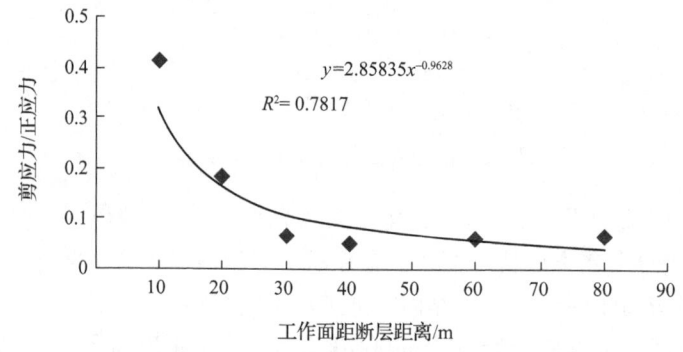

图 3-9 开采对断层面应力状态的影响(一)

从表 3-2 和图 3-9 可以看出当工作面距离断层较远时，如 80m、60m、40m 时，断层面上的应力状态基本保持不变，正应力约为 30MPa，剪应力约为 2MPa。当工作面距离断层 30m 时，正应力开始下降，剪应力上升。当工作面距离断层 20m 时，正应力迅速下降，下降幅度达到原来的 50%，剪应力迅速上升。当工作面距离断层 10m 时，断层面正应力和剪应力都迅速减小，但是，正应力减小的幅度远大于剪应力减小的幅度，断层剪应力与正应力的比值急剧增加。因此在断层此部位，开采引起断层剪应力增加，断层正应力减小，都会诱发断层滑移失稳。

2) 工作面位于断层上盘

表 3-3 为当工作面由断层上盘向断层推进工作面距断层不同距离时断层面的

应力状态,图 3-10 为断层剪应力与正应力比值的时空关系变化曲线,其回归方程为

$$y = 0.0264\ln(x) - 0.0193$$

表 3-3　断层面应力状态统计表

项目		工作面距断层距离/m					
		80	60	40	30	20	10
观测点 A（断层上盘）	正应力/MPa	−24.54	−26.25	−30.46	−34.00	−38.65	−44.72
	剪应力/MPa	2.126	2.463	2.587	2.460	2.216	1.737

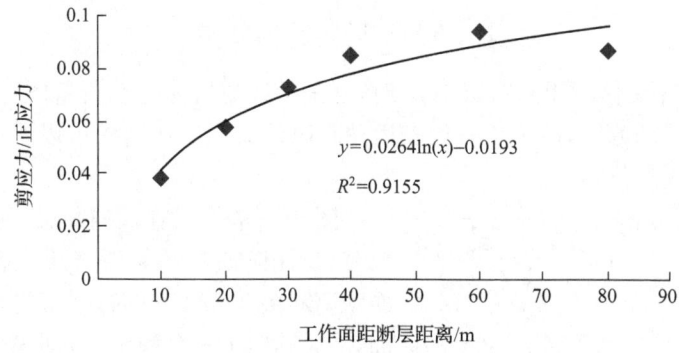

图 3-10　开采对断层面应力状态的影响(二)

从表 3-3 和图 3-10 可以看出,当工作面由断层上盘向断层推进时,断层面上的正应力逐渐增加,而剪应力先增加后减小。当工作面距离断层大于 30m 时,断层剪应力和正应力均增加,但是断层剪应力与正应力的比值基本不变,约为 0.09,因此可以认为工作面从较远的地方向断层推进距离大于 30m 时,断层围岩系统的应力状态基本保持不变。而当工作面继续向断层推进时,正应力继续上升,而剪应力下降,断层剪应力与正应力的比值减小,断层围岩系统处于稳定状态。

3. 开采对断层滑移量的影响

1) 工作面位于断层下盘

开采导致的断层滑移曲线见图 3-11。从图 3-11 可以看出,工作面在断层下盘向断层推进时,当工作面距离断层 80m、60m、40m 时,断层滑移量基本保持不变。当工作面距离断层小于 40m 时,断层滑移量随着断层的推进逐步增加。而当工作面距离断层 20m 时,断层滑移量急剧增加。例如,工作面距离断层 20m 时的断层滑移量是 30m 时的 5 倍,工作面距离断层 10m 时的断层滑移量是 30m 时的 25 倍。断层错动无限增长,则此时断层围岩系统处于非稳定状态,将沿断层错动而发

生断层冲击矿压。

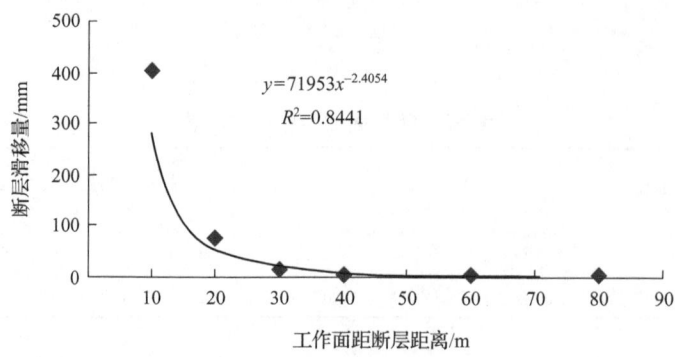

图 3-11　开采对断层滑移量的影响(一)

图 3-12 是工作面距离断层 10m 时,开采导致的岩体运动矢量图,图中箭头方向代表岩体运动方向,箭头长短代表运动距离的大小。从图中可以看出断层两侧岩体存在不同的位移量。

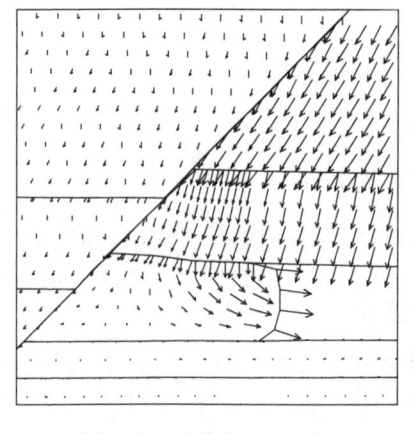

图 3-12　岩体位移矢量图

图 3-13 表示工作面向断层每推进一定距离时,在此阶段的断层滑移历史值。当工作面距离断层 80m、60m 时,断层滑移量逐渐增加,之后趋向于一个稳定值,即模型运算平衡后断层不再发生滑移,则此时断层围岩系统处于稳定状态。当工作面距离断层 40m 时,断层滑移经历了较为复杂的变化过程,两盘相对错动方向发生了改变,但是断层滑移量最终趋于一稳定值。当工作面距离断层 30m 时,断层滑移量先迅速增加,而后下降,再随时步的增加逐渐增加,此时的滑移速率随时步的增长逐渐减小,曲线呈下凹型,并向水平直线状态过度,即滑移速率趋向于 0,断层滑移量最终趋于一稳定值。当工作面距离断层 20m 时,断层滑移量随运算时步的增加逐渐增加,后段曲线呈上升直线状,即断层滑移速率趋于一常数,断层滑移量不断增加,断层为稳定滑动。当工作面距离断层 10m 时,断层滑移量随运算时步的增加而迅速增加,断层滑移速率剧烈增加,整个曲线呈下凹型,断层发生加速滑动,断层围岩系统处于非稳定状态。

2) 工作面位于断层上盘

采用相同的研究方法,研究在正断层的情况下,工作面从断层上盘向断层推进时采动对断层稳定性的影响。得到开采导致的断层滑移曲线(图 3-14),从图 3-14

第3章 断层褶皱附近应力分布与冲击规律

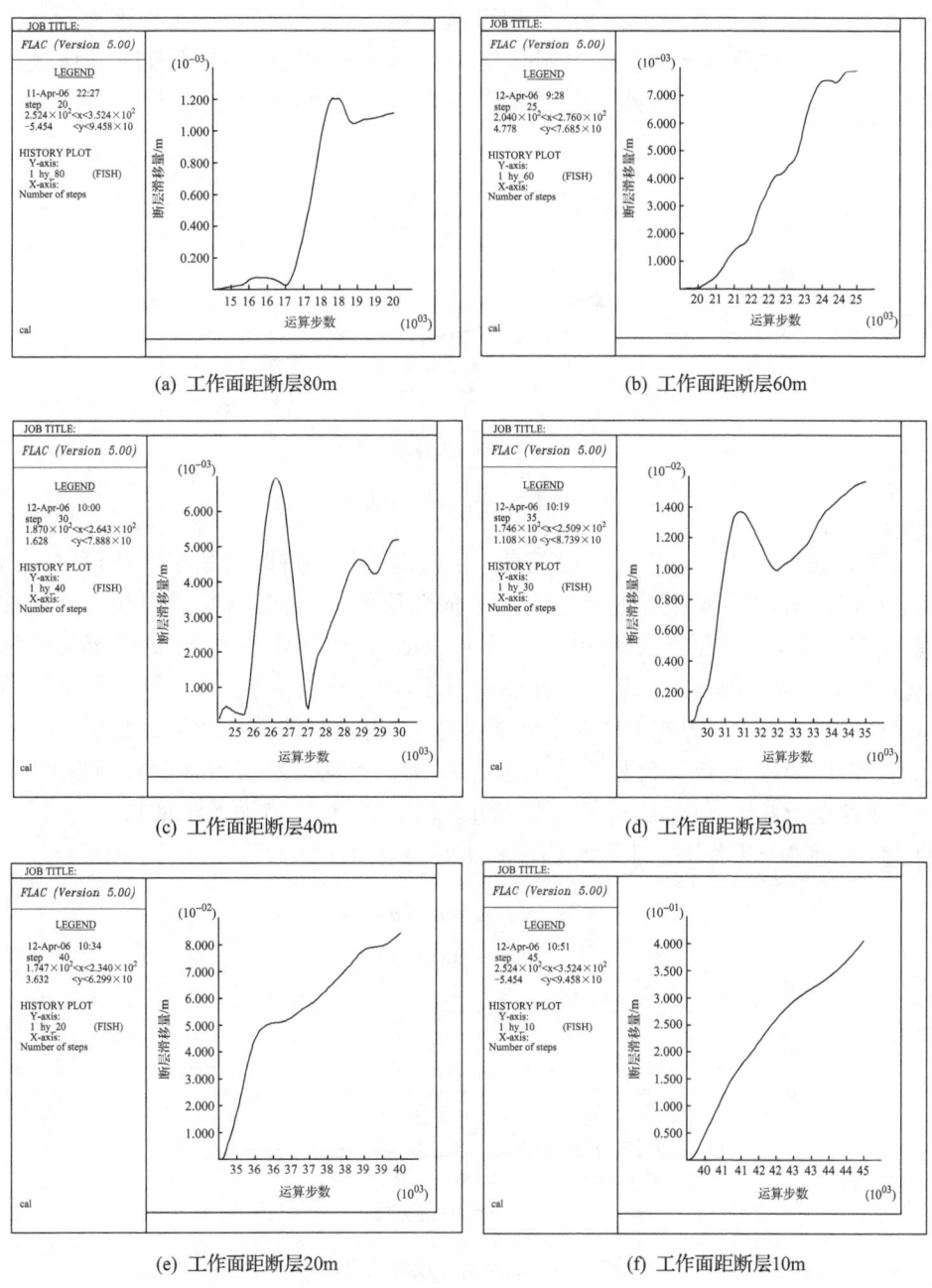

(a) 工作面距断层80m
(b) 工作面距断层60m
(c) 工作面距断层40m
(d) 工作面距断层30m
(e) 工作面距断层20m
(f) 工作面距断层10m

图 3-13 开采导致断层滑移的历史值

可以看出,当工作面在断层上盘向断层推进时,开采对断层滑移量的影响非常微弱,断层滑移量基本保持不变。无论工作面在断层上盘还是在断层下盘向断层推进时,当工作面距离断层 10m 时,断层滑移量均达到最大值。当工作面在断层上盘时,断层最大滑移量为 34.13mm,仅为工作面在断层下盘时断层滑移量的 8.47%。则断层围岩系统处于稳定状态,不容易发生动力灾害。

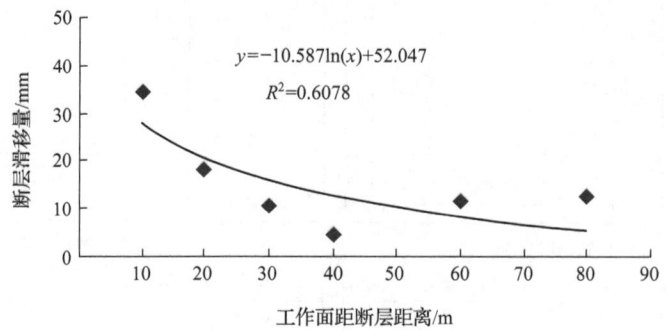

图 3-14　开采对断层滑移量的影响(二)

图 3-15 为工作面分别由断层下盘和上盘向断层推进时的断层滑移量对比曲线。可以看出,工作面无论是由断层下盘向断层推进,还是由断层上盘向断层推进,当工作面距离断层面大于 30m 时,不但采动对断层滑移量影响很小,断层滑移量较小,而且断层倾向对断层滑移量影响很小,两条曲线基本重合。当工作面距离断层面小于 30m 时,随着工作面向断层推进,无论是工作面由断层下盘还是由断层上盘向断层推进,断层滑移量均迅速增加,断层倾向对断层滑移量影响很大,工作面由断层下盘向断层推进,断层滑移量急剧增加,断层错动无限增长,冲击矿压的危险性远高于工作面从上盘向断层推进时的危险性。

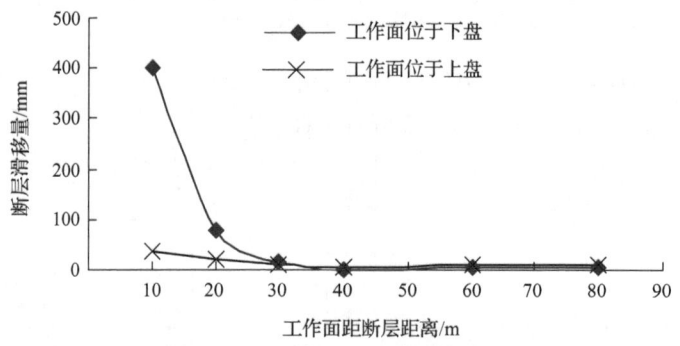

图 3-15　断层滑移量对比曲线

图 3-16 表示了工作面距离断层 80m、60m、40m、30m、20m、10m 时的断层滑移量历史值。从图 3-16 可以看出每种情况下模型运算平衡后断层的滑移量均很小,数量级为 10^{-2},断层滑移量最终趋于一稳定值。

第 3 章　断层褶皱附近应力分布与冲击规律

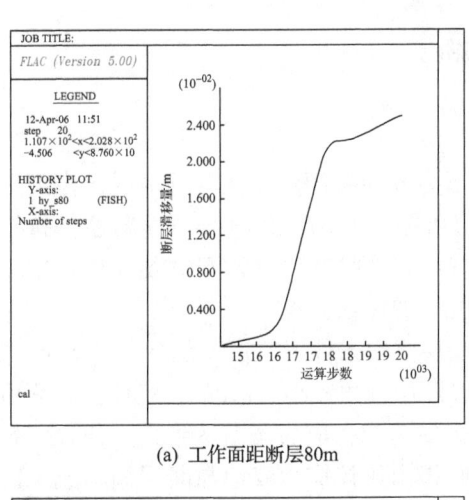

(a) 工作面距断层80m

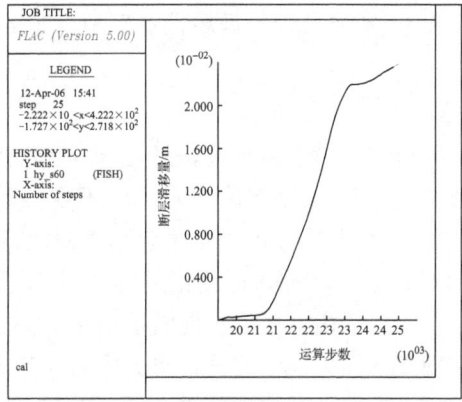

(b) 工作面距断层60m

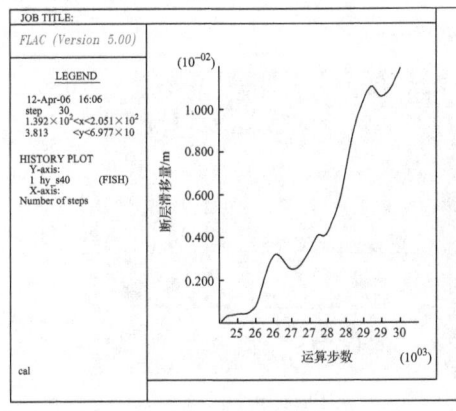

(c) 工作面距断层40m

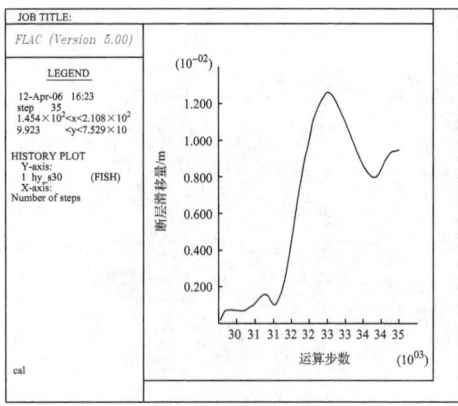

(d) 工作面距断层30m

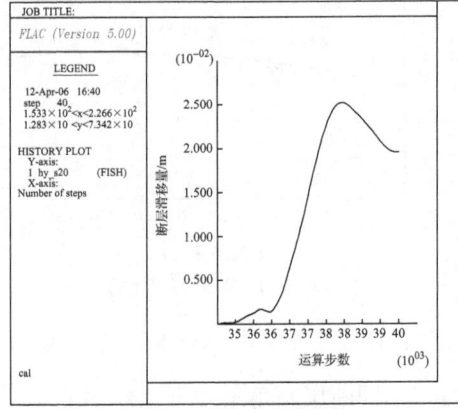

(e) 工作面距断层20m

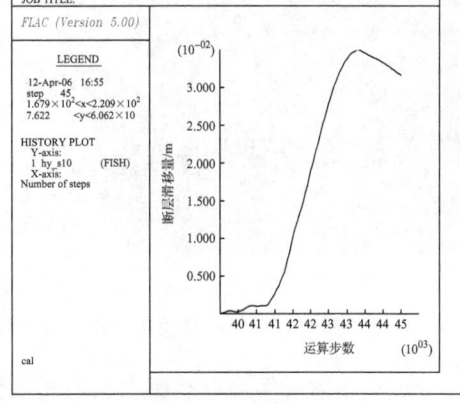

(f) 工作面距断层10m

图 3-16　开采导致断层滑移的历史值

3.3.3 断层几何物理属性对应力分布的影响

1. 断层倾角

以初始模型为基础,分析工作面支承压力随断层倾角变化时的情况。模型重新调整原则为:断层面力学属性不变,断层落差不变,岩层几何、力学属性保持不变,仅改变断层倾角。重建3个模型,断层倾角分别为30°、45°(已在初始模拟中模拟)、60°、75°,工作面分别由断层上盘和断层下盘依次开挖。

工作面由断层下盘向断层推进,不同断层倾角条件下工作面距断层20m时工作面支承压力 syy 的分布情况见图 3-17,在断层倾角较小的情况下,煤体应力峰值随着断层倾角的增大而增大,当断层倾角达到75°时,应力峰值达到最大值,之后,随着断层倾角的增大,应力峰值减小。回归得出煤体应力峰值与断层倾角成二次多项式关系:$\sigma=-0.0049\theta^2+0.6462\theta+62.645$。

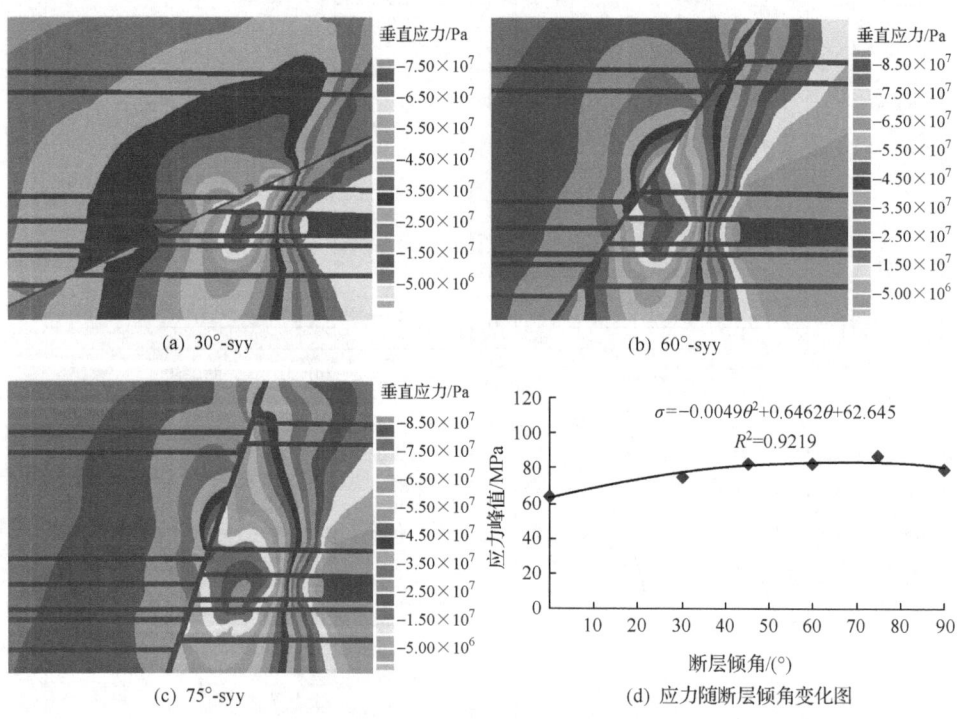

图 3-17 断层倾角对工作面支承压力的影响(工作面位于断层下盘)

图 3-18 为工作面由断层上盘向断层推进,不同断层倾角条件下工作面支承压力 syy 的分布情况,煤体应力峰值总是随着断层倾角的增大而增大,回归得出煤体应力峰值与断层倾角成二次多项式:$\sigma=0.0051\theta^2-0.2923\theta+63.63$。

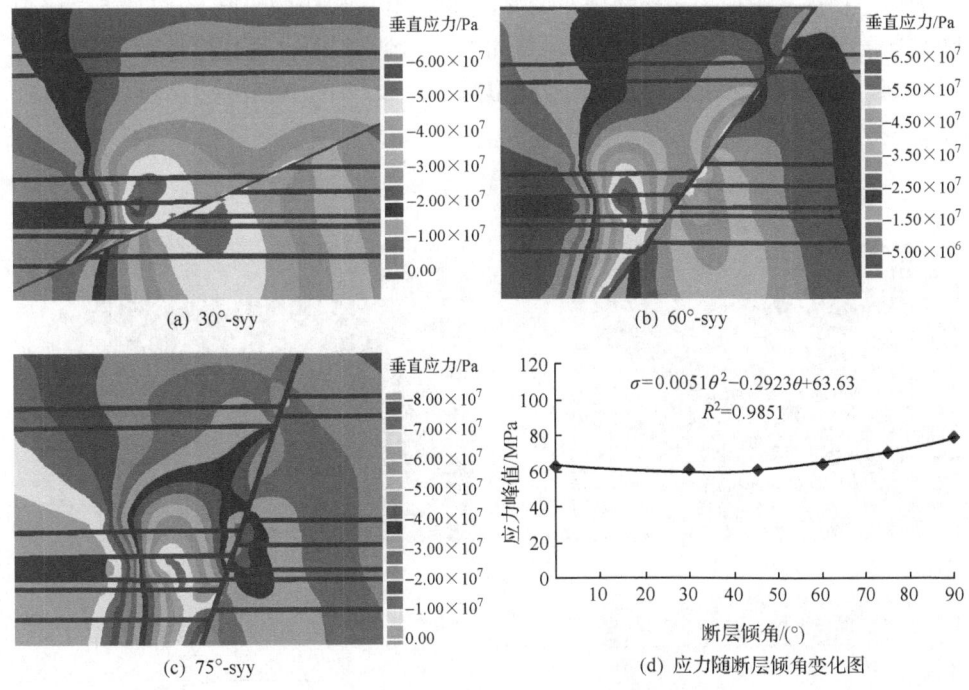

图 3-18 断层倾角对工作面支承压力的影响（工作面位于断层上盘）

可见，无论工作面由断层下盘还是断层上盘向断层推进，断层的存在都会使发生动力现象的危险性比没有断层时的高。当工作面由断层下盘向断层推进时，由于断层倾角的增大，使得顶板岩块不容易形成平衡结构，矿山压力显现明显，工作面支承压力随着断层倾角的增大而增大。当工作面由断层下盘向断层推进时，则情况要复杂得多。但是，可以确定，工作面由断层上盘向断层推进时的冲击危险性远低于工作面由断层下盘向断层推进时的冲击危险性。

当断层倾角为 90°时，就不存在上盘和下盘的差异，即断层倾角对上盘和下盘工作面支承压力影响都一样，本次模拟两盘落差为 2m，但是模拟结果基本相同，可见断层落差的大小对工作面支承压力没有影响。

2. 断层强度对冲击的影响

在初始模型的基础上对断层强度进行重新赋值，由于在断层数值模拟中，断层剪切刚度主要控制着断层剪切变形，所以通过改变断层剪切刚度研究断层强度对冲击的影响。取断层剪切刚度为 1MPa、5MPa、15MPa（已在初始模拟中模拟）、60MPa 的情况进行模拟。

图 3-19 为工作面由断层下盘向断层推进，不同断层强度条件下工作面距断层

20m时工作面支承压力syy的分布情况,在断层强度较弱的情况下,煤体应力峰值随着断层强度的增大而增大,当断层剪切刚度达到15MPa时,应力峰值达到最大值,之后,随着断层强度的增大,应力峰值减小。回归得出煤体应力峰值与断层强度成多项式:

$$\sigma = -0.012s^2 + 0.7759s + 73.802$$

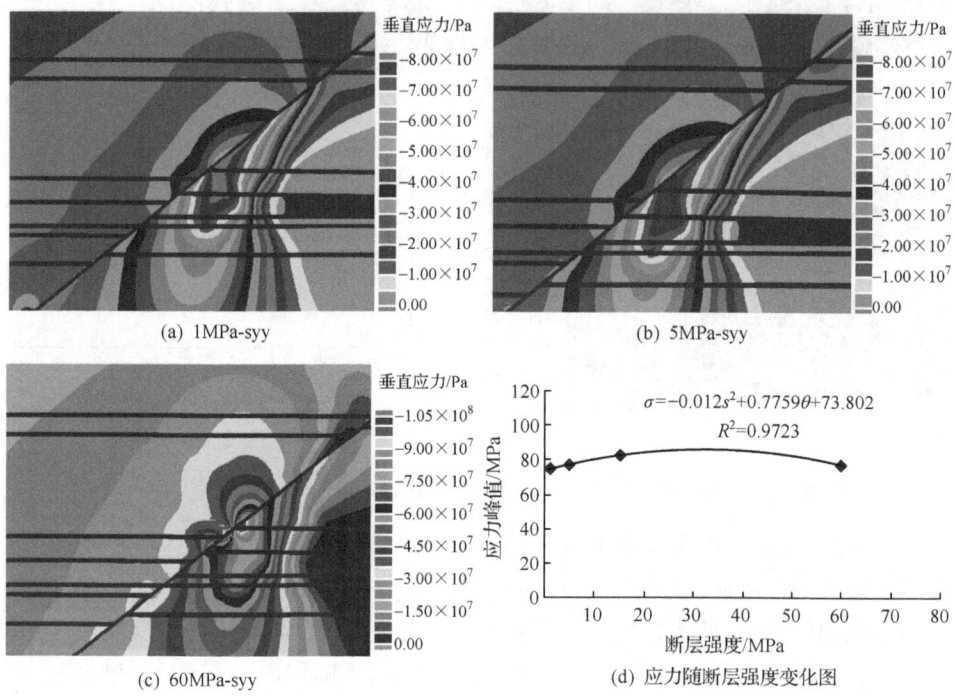

图3-19 断层强度对工作面支承压力的影响(工作面位于断层下盘)

图3-20为工作面由断层上盘向断层推进,不同断层强度条件下工作面支承压力syy的分布情况,煤体应力峰值也呈现出与断层下盘一致的变化趋势,应力峰值随断层强度的增加先增加后减小,在断层剪切刚度达到15MPa时达到最大值。主要原因是在断层强度非常大时,断层结构面的作用减弱,顶板岩体趋于完整,矿压显现不明显,同时,断层面高剪切刚度,限制了断层的滑移运动,在断层面上形成了很高的应力集中。回归后得出煤体应力峰值与断层强度有如下关系式:

$$\sigma = -0.007s^2 + 0.5095s + 54.074$$

3. 断层落差对冲击的影响

断层落差不仅决定着断层的性质(正断层、逆断层、平推断层),而且还决定着

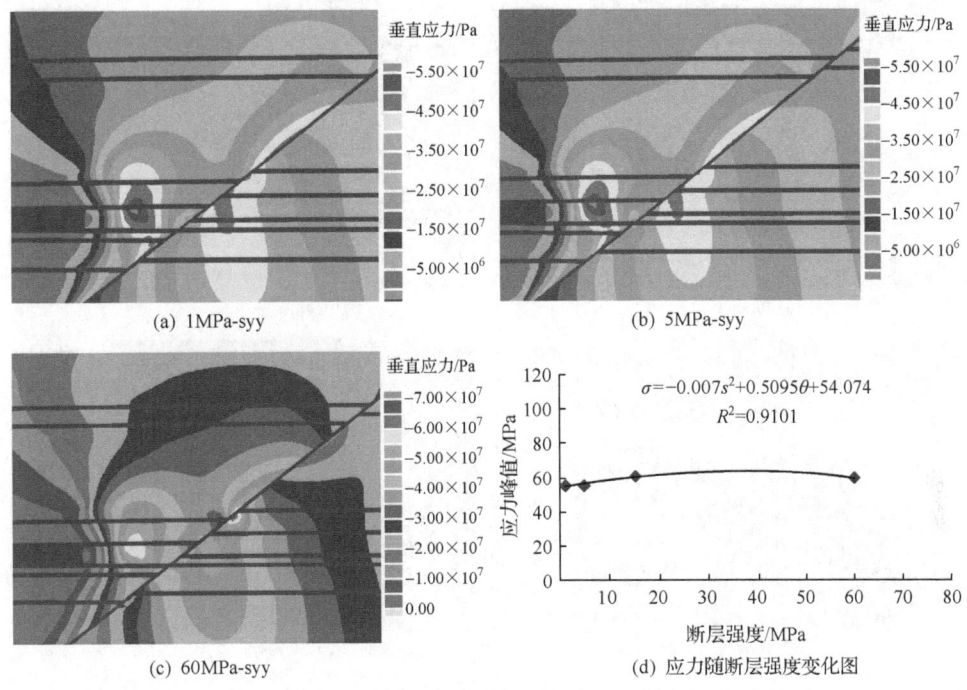

图 3-20 断层强度对工作面支承压力的影响（工作面位于断层上盘）

断层的规模，断层落差的大小反映了断层切割岩层的深度，当工作面推进到断层带附近时，由于断层破碎带的存在，造成工作面顶板控制困难，矿压显现明显，所以，研究不同断层性质、不同落差对断层冲击的影响。

以初始模型为基础，分析在其他条件不变的情况下，断层冲击危险性随断层落差变化时的情况。模型重新调整原则为：逆断层，断层上盘岩层整体上移，下盘岩体整体下移，以达到预定落差，重建 4 个模型，断层落差分别为 0m（平推断层）、5m、10m、20m 时的情况进行模拟；正断层，断层上盘岩层整体下移，下盘岩体整体上移，以达到预定落差，重建 3 个模型，断层落差分别为 5m、10m、20m 时的情况进行模拟。

图 3-21 和图 3-22 为逆断层条件下，工作面分别由断层下盘和断层上盘向断层推进，不同断层落差工作面距断层 20m 时工作面支承压力 syy 的分布情况，表 3-4 为逆断层不同落差时煤体应力峰值。可以看出，煤体应力峰值并不随着断层落差的大小而发生变化，当工作面位于断层下盘时，煤体应力峰值维持在 78MPa，当工作面位于断层上盘时，煤体应力峰值维持在 51MPa，变化很小。并且，在不同断层落差条件下，工作面支承压力分布形式和分布范围基本不变。表 3-5 为正断层条件下不同落差时的煤体应力峰值。可以看出，断层落差对煤体应力峰值影响也很小。

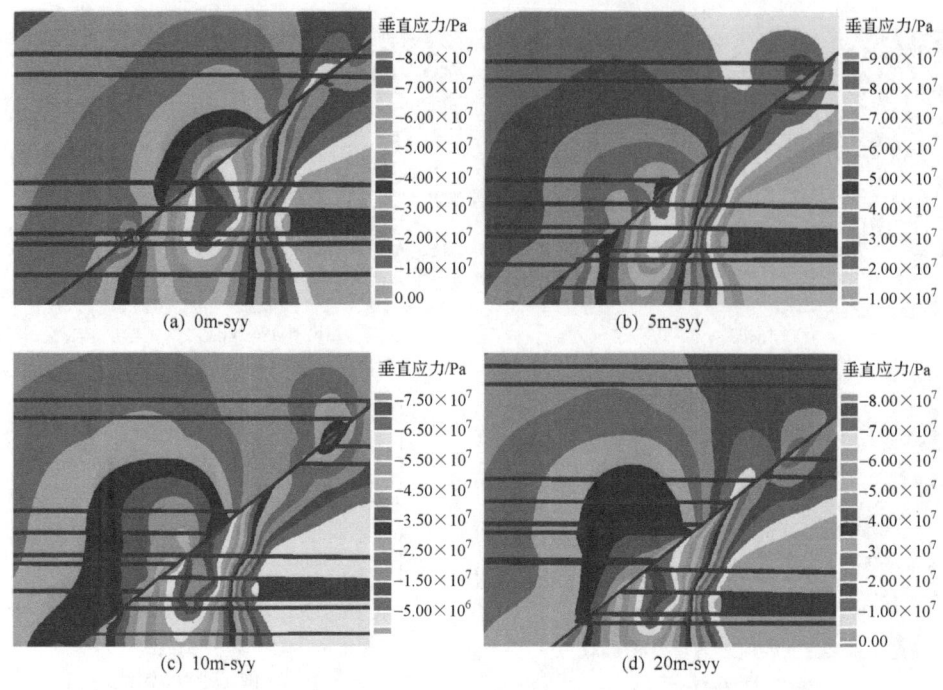

图 3-21 断层落差对工作面支承压力的影响(工作面位于断层下盘)

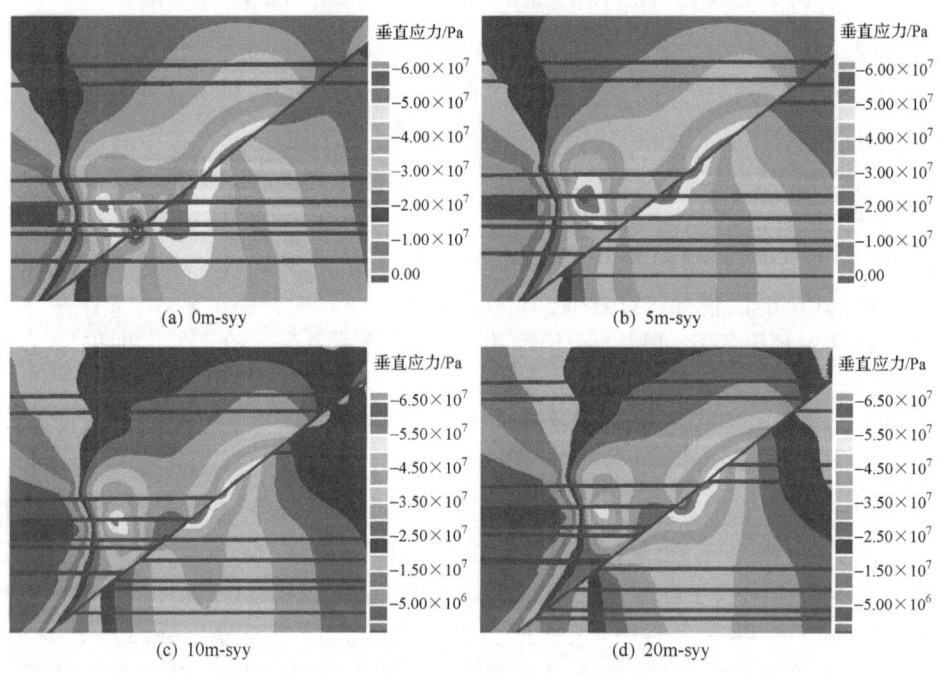

图 3-22 断层落差对工作面支承压力的影响(工作面位于断层上盘)

表 3-4 逆断层不同落差应力峰值统计表

项目		断层落差/m			
		0	5	10	20
应力峰值/MPa	工作面位于下盘	77.26	78.83	77.86	77.12
应力峰值/MPa	工作面位于上盘	52.19	52.14	51.69	50.04

表 3-5 正断层不同落差应力峰值统计表

项目		断层落差/m			
		0	5	10	20
应力峰值/MPa	工作面位于下盘	83.02	80.91	82.85	82.55
应力峰值/MPa	工作面位于上盘	60.55	57.44	54.19	53.60

通过断层落差对工作面支承压力影响的数值模拟分析,可见,断层落差对工作面超前支承压力影响很微弱,这与现场实际情况并不完全相符。主要原因在于,断层落差的大小不仅会影响到断层面和上下盘围岩的力学性质,而且还会破坏围岩的完整性,影响断层破碎带规模。而本次断层冲击矿压数值模拟过程中将断层简化为一条节理面,断层落差大小所产生的影响在数值模拟中并没有完全体现出来,仅仅通过改变岩层的层位关系,而不考虑其他因素的影响,未能很好反映现场情况。

综上所述,可以得出以下结论。

断层冲击矿压的影响因素是多方面的,断层结构面与采动作用相互影响。一般有断层结构面对工作面超前支承压力的影响,断层引起的顶板型冲击矿压,采动对断层面应力状态的影响,采动导致的断层滑移失稳。

工作面在断层下盘向断层推进时,当工作面距断层小于 40m,工作面支承压力逐渐增加,断层结构面对支承压力有明显的影响。而当工作面在断层上盘向断层推进时,工作面支承压力保持不变,但是在断层的下盘形成了应力集中,并且应力集中会随着工作面的推进而不断增加。

当工作面在断层下盘向断层推进时,顶板下沉量迅速增加,并且加速下沉,顶板剧烈运动,从而导致顶板型冲击矿压等动力灾害。而当工作面在断层上盘向断层推进时,顶板下沉量较小,顶板运动较为平缓。

当工作面从断层下盘向断层推进时,开采引起断层面正应力减小,剪应力增加,断层滑移量急剧增加,从而导致断层滑移失稳。而当工作面从断层上盘向断层推进时,断层面正应力上升,剪应力下降,断层滑移量较小,断层围岩系统处于稳定状态。

断层倾角对断层冲击危险性的影响:工作面由断层下盘向断层推进,在断层倾角较小的情况下,煤体应力峰值随着断层倾角的增大而增大,当断层倾角达到 75°时,应力峰值达到最大值,之后,随着断层倾角的增大,应力峰值减小。工作面由断层上盘向断层推进,煤体应力峰值总体是随着断层倾角的增大而增大。

断层强度对断层冲击危险性的影响:无论工作面由断层下盘还是断层上盘向断层推进,在断层强度较弱的情况下,煤体应力峰值随着断层强度的增大而增大,当断层剪切刚度达到 15MPa 时,应力峰值达到最大值,之后,随着断层强度的增大,应力峰值减小。

通过对采动影响下断层冲击矿压数值的模拟研究,可以确定当工作面在正断层下盘向断层推进时冲击矿压的危险性远高于工作面从上盘向断层推进的危险性。断层的存在都会使冲击危险性比没有断层时的高。

3.4 褶皱对地应力场的影响

3.4.1 褶皱区应力分布规律

1. 多层岩层褶皱形成时的应力变化特征

褶皱作为地壳岩层运动形成的构造形迹之一,对采掘过程中的瓦斯突出等动力显现有着重要影响。褶皱构造从发生、发展到形成,实质是一个随时间逐渐演变的非稳定的构造应力场,只有在系统地研究褶皱构造形成过程中的应力和变形变化情况,才能对褶皱构造的影响作用有更深入的理解。首先对水平加载作用下褶皱形成过程中的最大水平应力和变形演化规律进行探讨,其次在此基础上探讨工作面开采导致的局部应力场变化特征(陈国祥,2009)。

在前期单层褶皱形成过程研究成果的基础上对多层岩层褶皱形成进行研究,与单层褶皱形成过程相比,在同样的边界条件下,多层岩层褶皱不易形成,尤其是在低加载速率和模型长度较短的情况下。最大水平应力变化则与单层褶皱形成过程相似,即褶皱出现之前,岩层中的最大水平应力与水平应变近似呈线性关系,上升幅度小;当褶皱出现后,最大水平应力随水平应变呈非线性急剧增长,见图 3-23。在最大水平应力分布上,最大水平应力集中在两侧坚硬岩层中,中间较软岩层应力相对较低。中间软层背斜和向斜部位都是压应力,且向斜核部应力比翼部大,翼部比背斜处大。随着水平加载速率的增大,模型中的褶皱形态发生变化,产生褶皱时的临界最大水平应力越大,褶皱最终形成后的最大水平应力也越大,见图 3-23 和图 3-24。

2. 采动影响下褶皱区域的应力场分布规律

煤岩体未受采动前,应力处于平衡状态,当开掘巷道或进行回采工作时,破坏

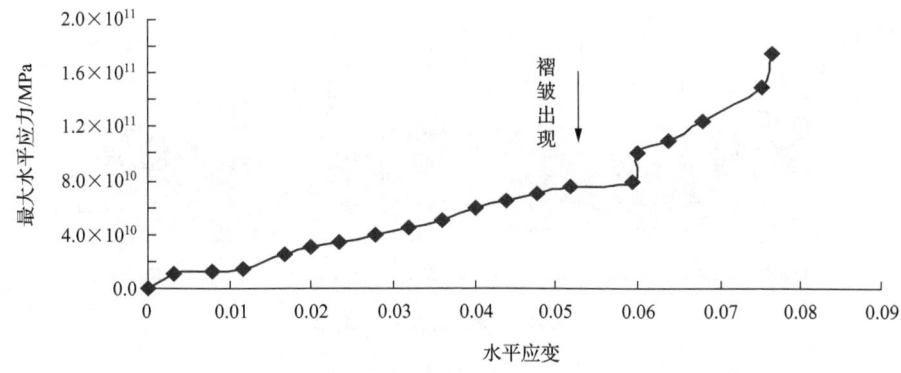

图 3-23　多层褶皱形成过程中最大水平应力随水平应变的变化

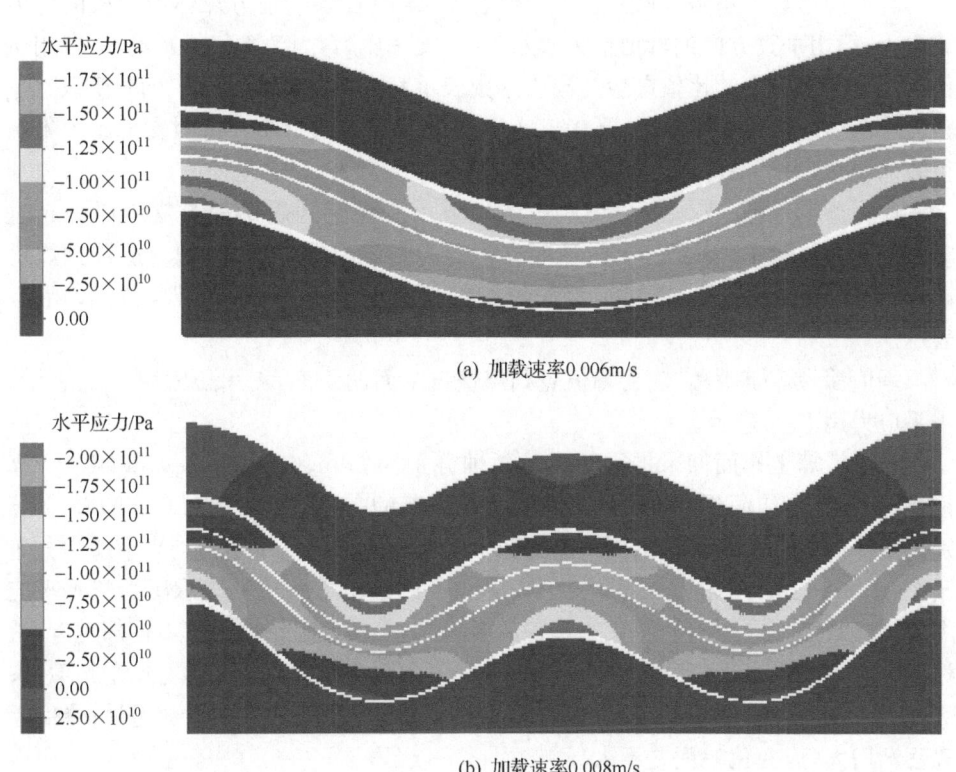

图 3-24　不同加载速率时多层褶皱形成过程中最大水平应力分布
厚度比不变,对称加载

了原来的应力平衡状态,引起岩体内部的应力重新分布,出现了应力集中,形成能量积聚,当煤岩体内的应力集中(或能量积聚)达到一定程度时,就有可能引发整体破坏,从而产生冲击矿压、瓦斯突出等动力现象。模型见图 3-25。

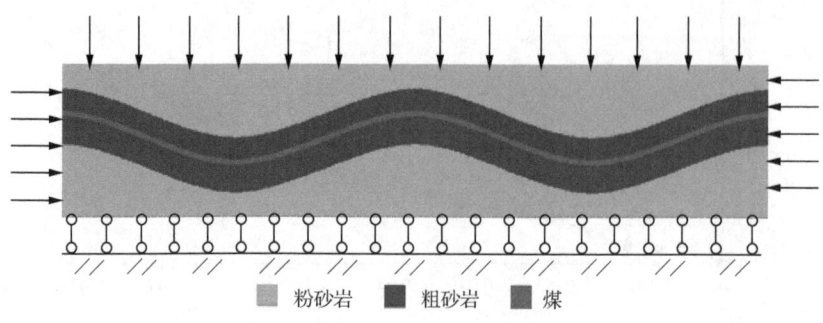

图 3-25 初始数值计算模型

峰值应力集中系数：峰值应力是指受开采影响在煤壁前方煤体中形成的应力集中，一般用垂直方向的峰值应力表示，简称支承压力，为消除量纲影响，一般用该值与原岩垂直应力的比值即应力集中系数表示其大小，即 $K_v = \sigma_v/\gamma H$。模拟除考察支承压力应力集中系数外，还考察水平应力受采动的影响。仿照支承压力集中系数的概念，xx 水平方向影响用水平应力集中系数 K_h 表示。

应力影响范围：支承压力影响范围一般用从煤壁到煤壁前方支承压力超过 $5\%\gamma H$ 处的距离 L_v 表示；同样，仿照支承压力影响范围的概念，把从煤壁到煤壁前方水平应力超过 5% 原岩水平应力处的距离称作水平应力影响范围，用 L_h 表示。

峰值深入煤壁距离：应力峰值点到煤壁自由面的距离，支承压力用 L_{vmax} 表示，水平应力用 L_{hmax} 表示。

通过计算工作面仰采推进距离背斜轴分别为 80m、66m、50m、25m 四个计算模型，得到了工作面不同推进距离对应力场影响的一些结论，图 3-26 和图 3-27 分别是工作面仰采距背斜轴不同距离情况下工作面前方的支承压力与水平应力分布云图，图 3-28 给出了相应的变化曲线。表 3-6 则给出了相应的支承压力与水平应力特征参数随不同距离的变化关系。从中看出：①随着工作面距背斜轴部越近，工作面前方煤层内水平应力集中系数越大；峰值距离逐渐增大，但变化幅度并不大；②随着工作面距背斜轴部越近，工作面前方煤层内支承压力集中系数增加；峰值距离逐渐增大，但变化幅度并不大。

同样计算工作面俯采推进、距离向斜轴分别为 80m、66m、50m、25m 4 个计算模型，图 3-29 和图 3-30 分别是工作面俯采距向斜轴不同距离情况下工作面前方的支承压力与水平应力分布云图，图 3-31 给出了相应的变化曲线。表 3-7 则给出了相应的支承压力与水平应力特征参数随不同距离的变化关系。

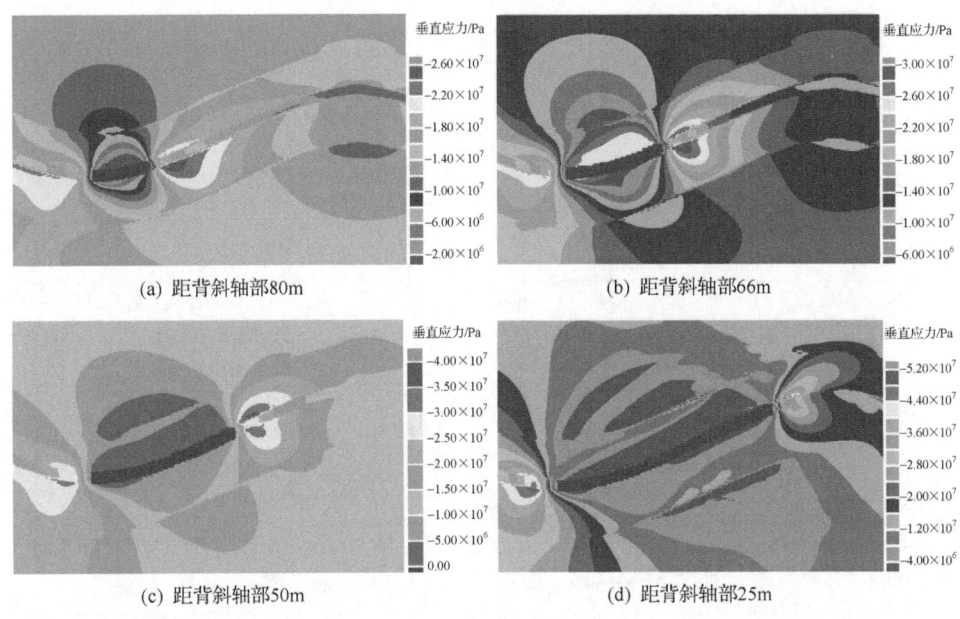

图 3-26 仰采推进距背斜轴不同距离时工作面前方的支承压力分布云图

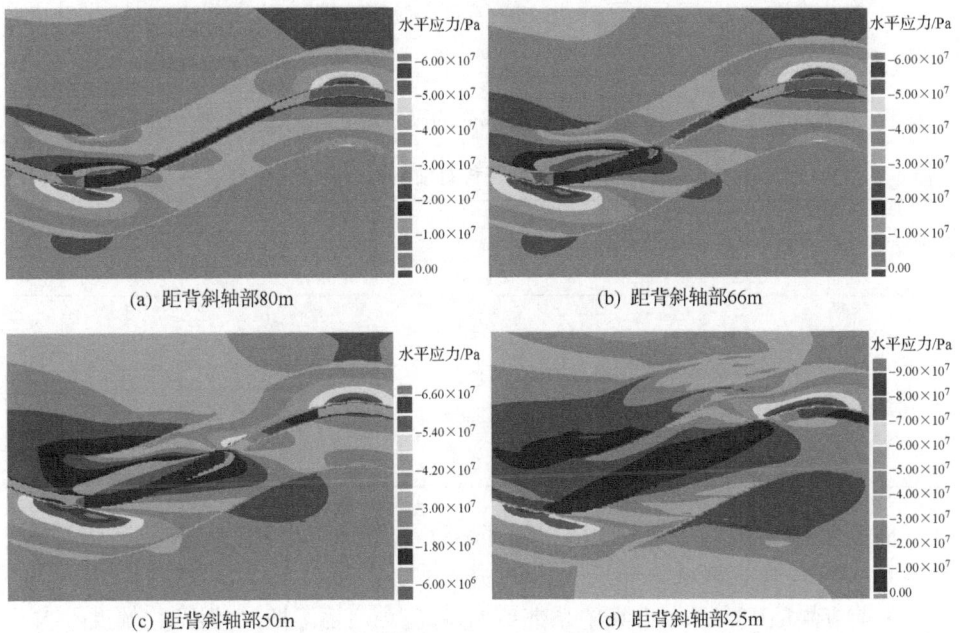

图 3-27 仰采推进距背斜轴不同距离时工作面前方的水平应力分布云图

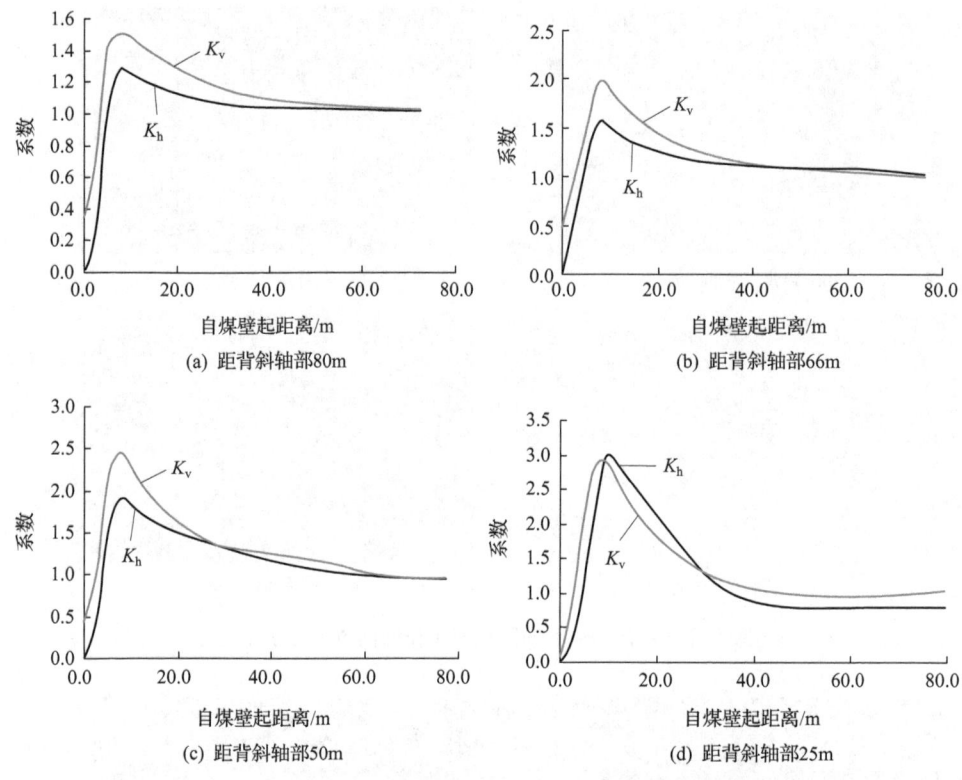

图 3-28　距背斜轴不同距离时的应力集中系数变化曲线

表 3-6　应力集中系数随距背斜轴不同距离的变化规律

距背斜轴距离/m	水平应力		支承压力	
	K_h	L_{hmax}/m	K_v	L_{vmax}/m
80	1.277	7.4	1.510	7.4
66	1.557	7.6	1.971	7.6
50	1.918	7.8	2.466	7.8
25	2.984	10.3	2.915	9.3

从中看出：①随着工作面距向斜轴部越近，工作面前方煤层内水平应力集中系数越大；峰值距离逐渐增大，但变化幅度并不大。②随着工作面距向斜轴部越近，工作面前方煤层内支承压力集中系数增大；峰值距离逐渐增大，但变化幅度不大。

当推采相同距离时应力场变化比较见图 3-32 和图 3-33。

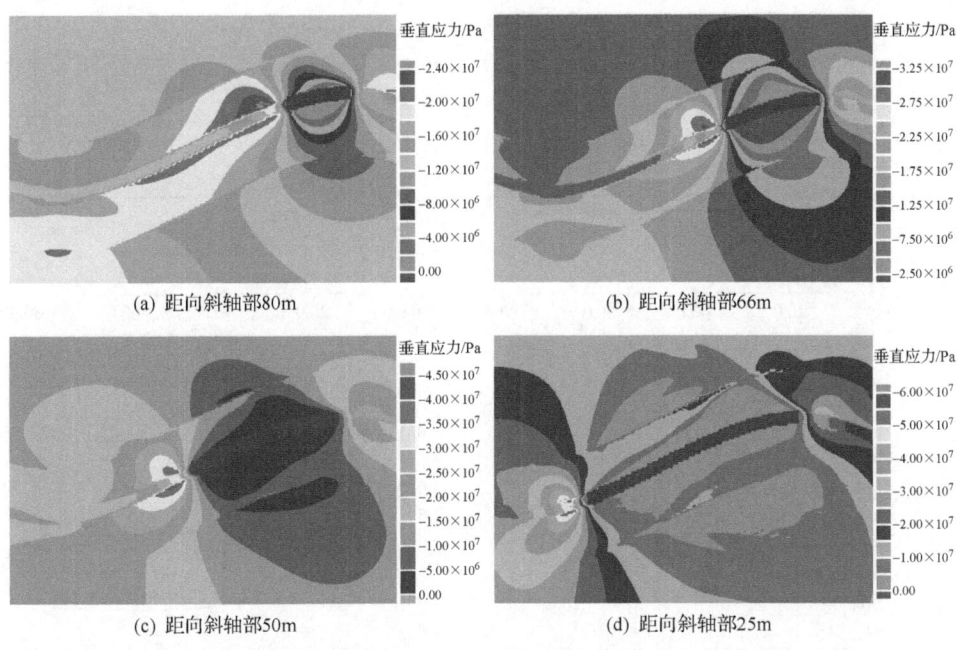

图 3-29 俯采推进距向斜轴不同距离时工作面前方的支承压力分布云图

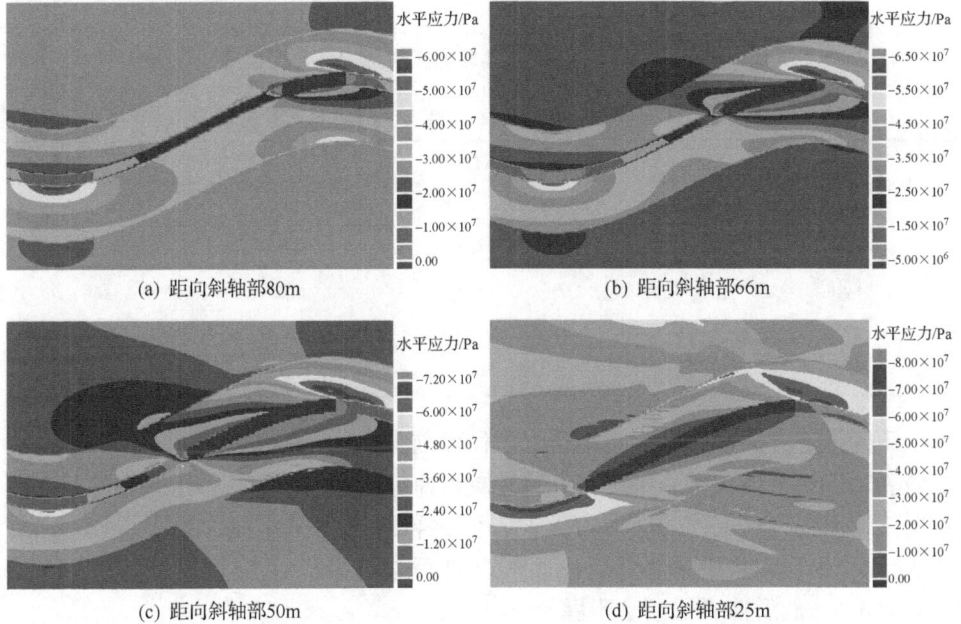

图 3-30 俯采推进距向斜轴不同距离时工作面前方的水平应力分布云图

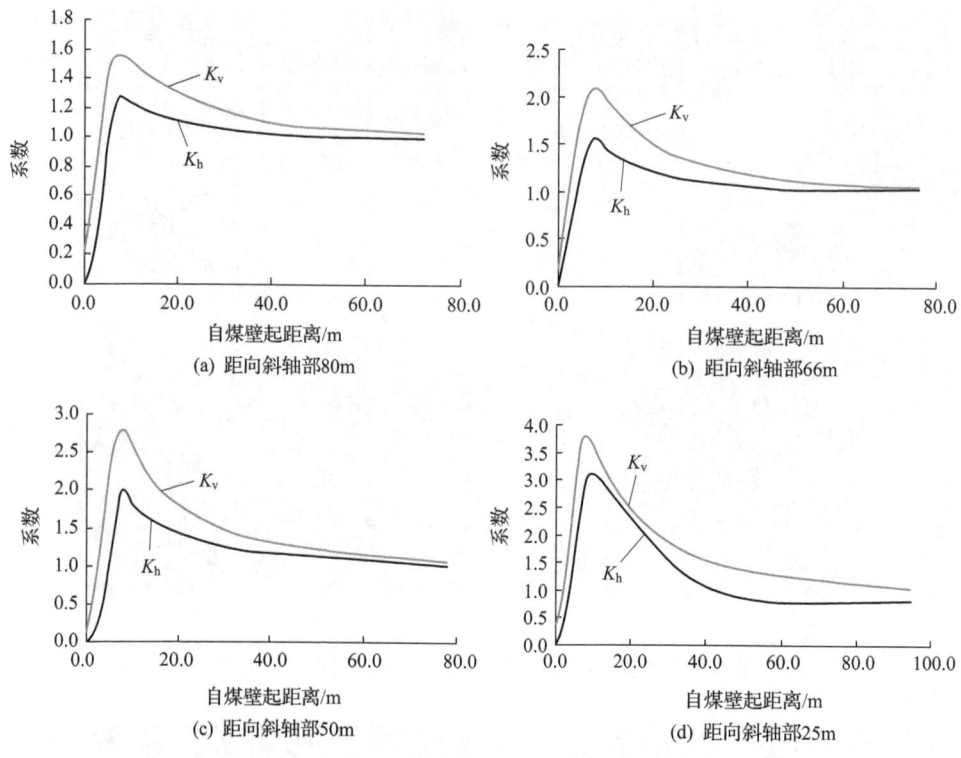

图 3-31　距向斜轴不同距离时的应力集中系数变化曲线

表 3-7　应力场特征参数随距向斜轴不同距离的变化规律

距向斜轴距离/m	水平应力		支承压力	
	K_h	L_{hmax}/m	K_v	L_{vmax}/m
80	1.266	7.4	1.558	7.4
66	1.559	7.6	2.094	7.6
50	1.978	7.9	2.781	7.9
25	5.117	9.2	5.745	8.2

不同推进方向距轴部相同距离时工作面前方的水平应力分布是不同的,自褶皱背斜轴部起工作面俯采推进与自褶皱向斜轴部起工作面仰采推进距轴部相同距离时工作面前方煤层内的应力场特征是不一样的,前者支承压力集中系数均比后者大,而水平应力集中系数开始时前者小,然后逐渐大于后者,两者峰值距离开始时相差不大,然后前者逐渐小于后者。

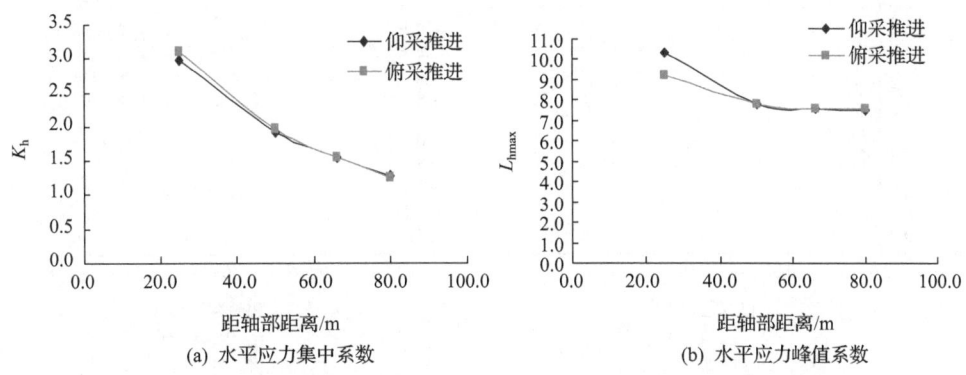

图 3-32　不同推进方向、距轴部相同距离时工作面前方的水平应力变化

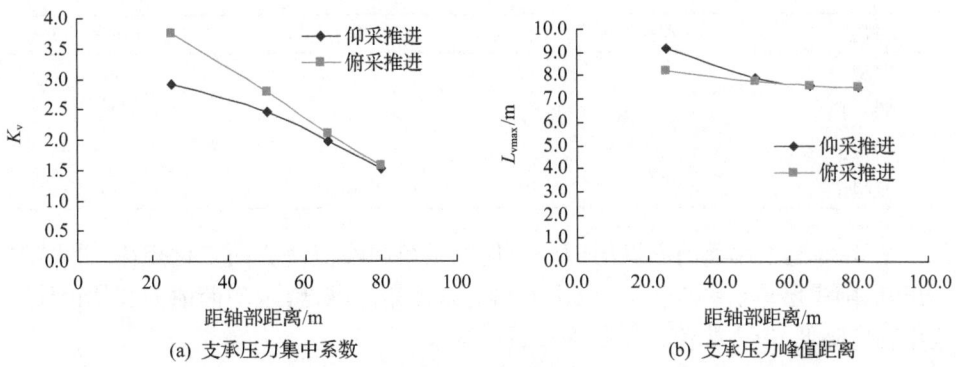

图 3-33　不同推进方向、距轴部相同距离时工作面前方的支承压力变化

3.4.2　褶曲区域应力场影响因素分析

1. 开采深度

以工作面仰采推进 50m 为例,通过计算开采深度为 500m、700m、900m、1100m 4 个计算模型,图 3-34 给出了相应的变化曲线。从中看出:随着采深增加,水平应力和支承压力集中系数增加,水平应力和支承压力影响范围也增大,但峰值距离相差并不大。

2. 煤层性质

改变煤层的体积弹性模量、内聚力和内摩擦角,分析煤层内的应力场变化,表 3-8 是各模型煤层力学参数变化表。

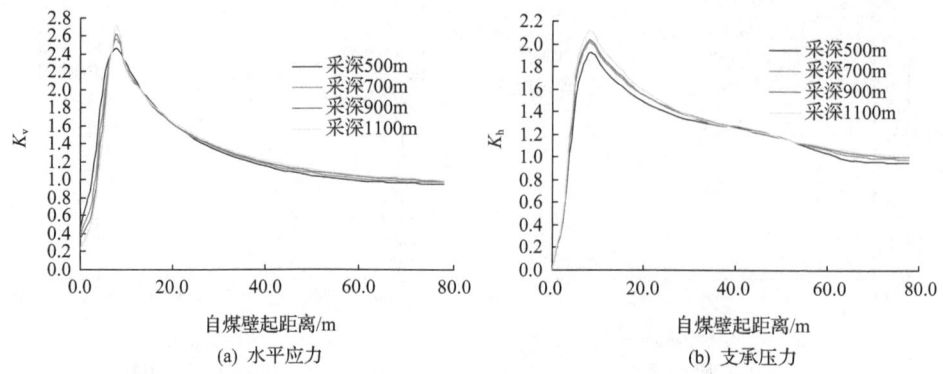

图 3-34　不同采深时工作面前方的应力集中系数变化曲线

表 3-8　煤层力学参数变化表

模型	体积弹性模量/GPa	内聚力/MPa	内摩擦角/(°)
模型Ⅰ	1.46	1.08	25
模型Ⅱ	5.92	2.16	30
模型Ⅲ	7.30	5.40	35
模型Ⅳ	1.46	10.8	40

图 3-35 是工作面前方煤层内应力集中系数和峰值位置的变化规律。由模拟结果知,随煤层体积弹性模量、内聚力和内摩擦角的降低,工作面前方煤体内应力集中程度降低,应力峰值位置距煤壁越来越远。

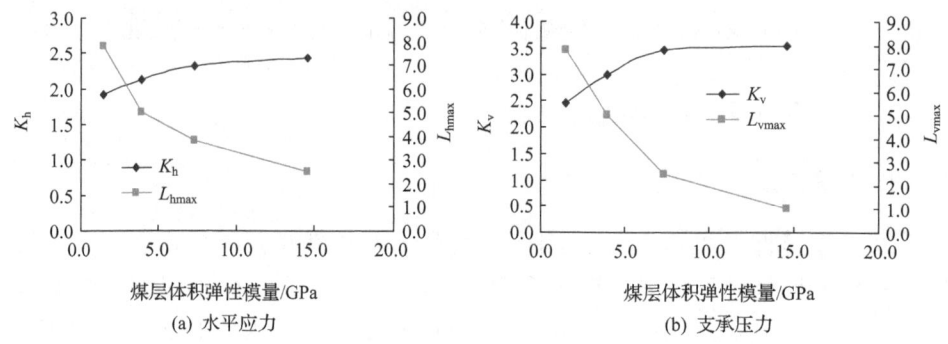

图 3-35　不同煤层体积弹性模量对工作面前方煤层内应力集中系数的影响

3.5　采动影响褶皱区应力场变化规律

方案 1,工作面开挖顺序如图 3-36 所示:先开挖位于褶皱向斜附近的 O1 工作面,然后开挖位于翼部的 O2 工作面。方案 2,先开采位于褶皱翼部的 O2 工作面,然后开采位于向斜附近的 01 工作面。为叙述方便,这里将工作面靠近褶皱向斜的一侧煤体称为工作面内侧,而另一侧称为工作面外侧。为了叙述方便,将一些名词进行简化。

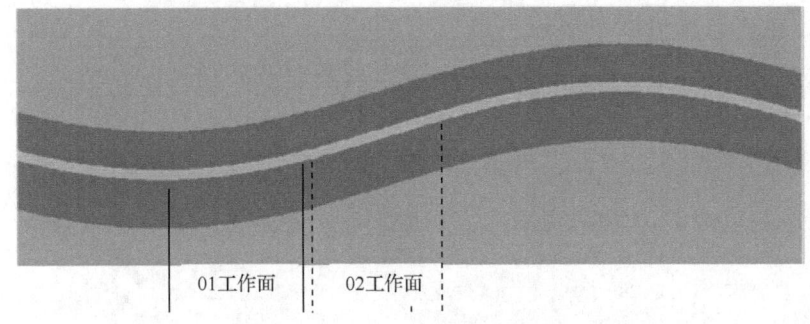

图 3-36　工作面开采布置示意图

图 3-37 给出了位于褶皱向斜附近的 01 工作面开采后两侧的应力场分布云图,图 3-38 是 02 工作面开采后 01 面内侧的应力场分布云图,图 3-39 和图 3-40 则给出了相应的变化曲线。表 3-9 是 01 工作面和 02 工作面开采后应力场特征参数的变化规律。

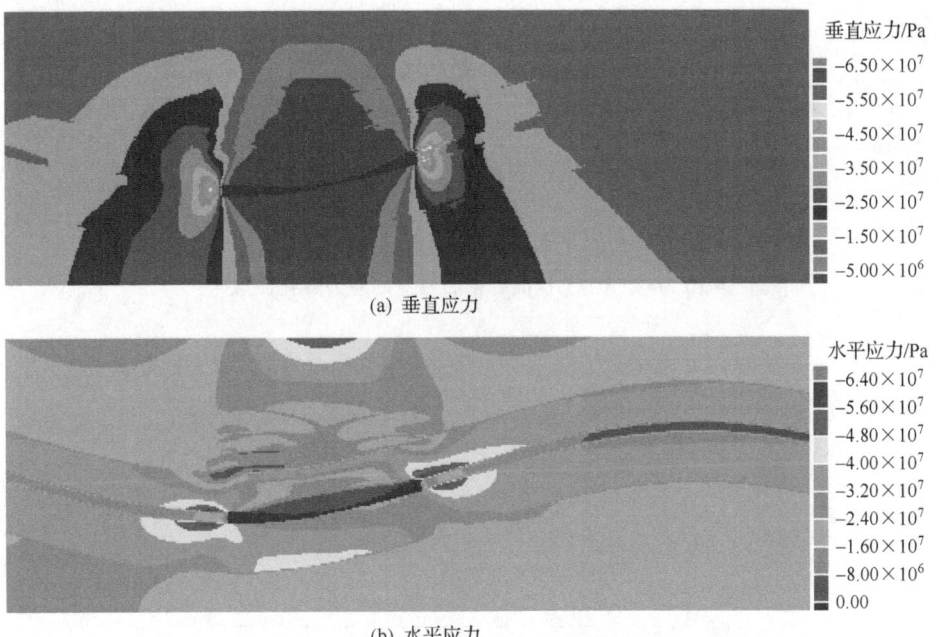

图 3-37　01 工作面开采后两侧的垂直应力和水平应力分布云图

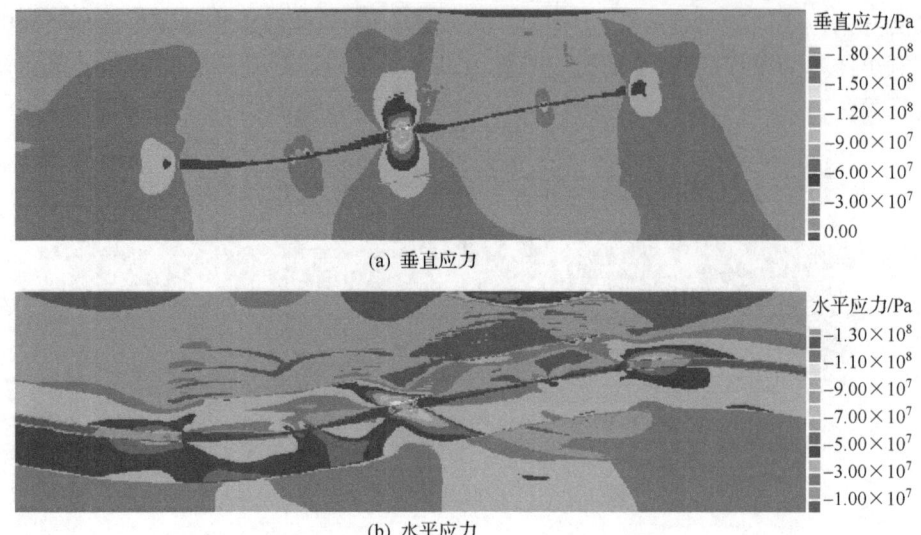

图 3-38　02 工作面开采后 01 面内侧的垂直应力和水平应力分布云图

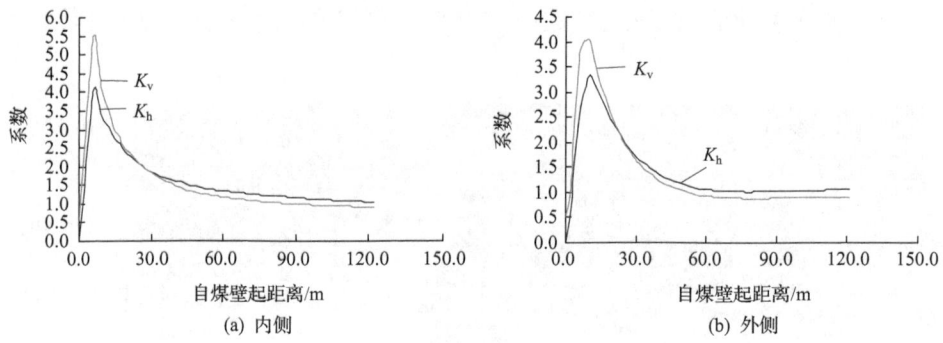

图 3-39　01 工作面开采后两侧的应力变化曲线

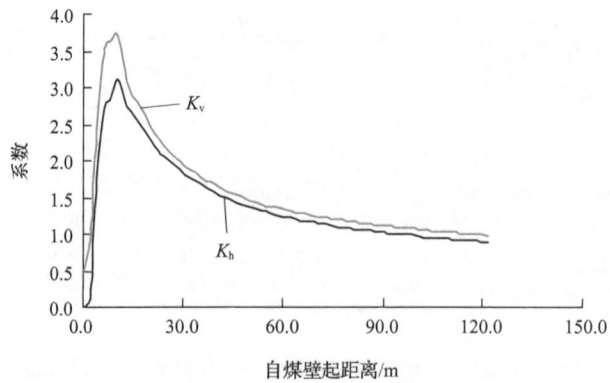

图 3-40　02 工作面开采后 01 面内侧的应力变化曲线

表 3-9 01 工作面和 02 工作面开挖后应力场特征参数的变化规律

工作面开挖		水平应力			支承压力		
		K_h	L_h/m	L_{hmax}/m	K_v	L_v/m	L_{vmax}/m
01 面	内侧	4.087	118.0	6.3	5.532	75.9	6.3
	外侧	3.328	59.1	8.4	4.031	46.4	8.4
02 面	内侧	3.114	85	10.3	3.719	100.0	10.3

模拟表明,位于褶皱向斜附近的工作面先开挖后,内侧的 K_h、L_h 和 K_v、L_v 均比外侧大,而 L_{hmax}、L_{vmax} 均比外侧小。再开挖位于翼部的工作面后,前者内侧的 K_h、L_h 均有不同程度降低,降低程度分别为 25.8%、32.8%,且 L_h 也有一定程度降低,降低程度为 28%。

图 3-41 给出了位于褶皱翼部的 02 工作面开挖后两侧的应力场分布云图,图 3-42 是 01 工作面开采后 02 面内侧的应力场分布云图,图 3-43 和图 3-44 则给出了相应的变化曲线。表 3-10 是 02 工作面和 01 工作面开采后应力场特征参数的变化规律。

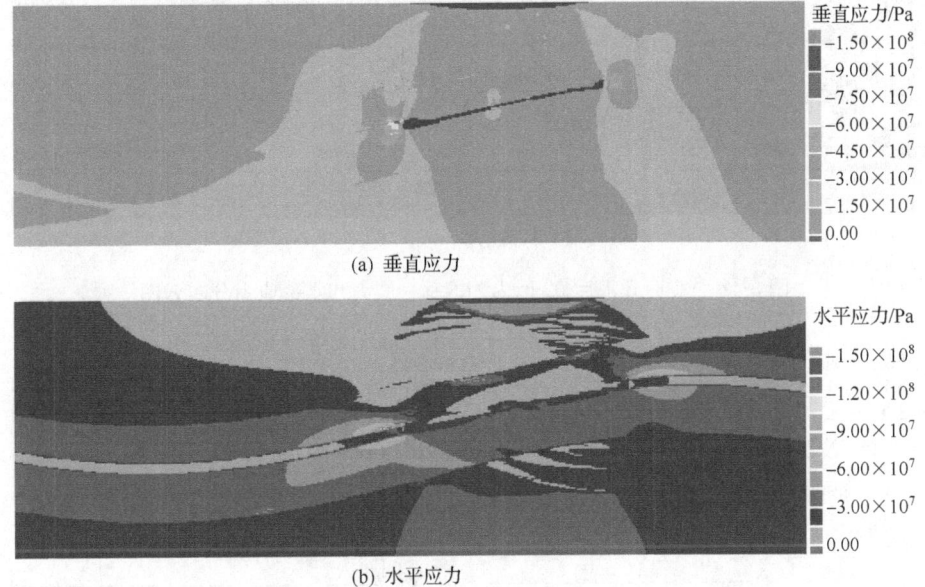

(a) 垂直应力

(b) 水平应力

图 3-41 02 面开采后两侧的垂直应力和水平应力分布云图

模拟表明,位于褶皱翼部的工作面先开挖后,内侧的 K_h、L_h 和 K_v、L_v 均比外侧大,而 L_{hmax}、L_{vmax} 均比外侧小,再开挖位于褶皱向斜附近的工作面后,后者内侧的 K_h、K_v 均比方案 1 中对应的大,L_{hmax}、L_{vmax} 均比方案 1 中对应的小。

对褶皱的形成及最大水平应力、变形分布规律进行简单的模拟研究,分析褶皱不同部位工作面开采应力场变化的一些规律,并探讨不同开采深度、煤层力学性质以及上覆岩层性质对工作面开采中应力场变化特征的影响。结论如下。

岩层在水平应变达到某一值之前,褶皱不会出现,岩层中的最大水平应力与水平应变基本呈线性关系,上升幅度较小;当水平应变达到一定值后,褶皱出现,最大水平应力随水平应变呈非线性急剧增长。

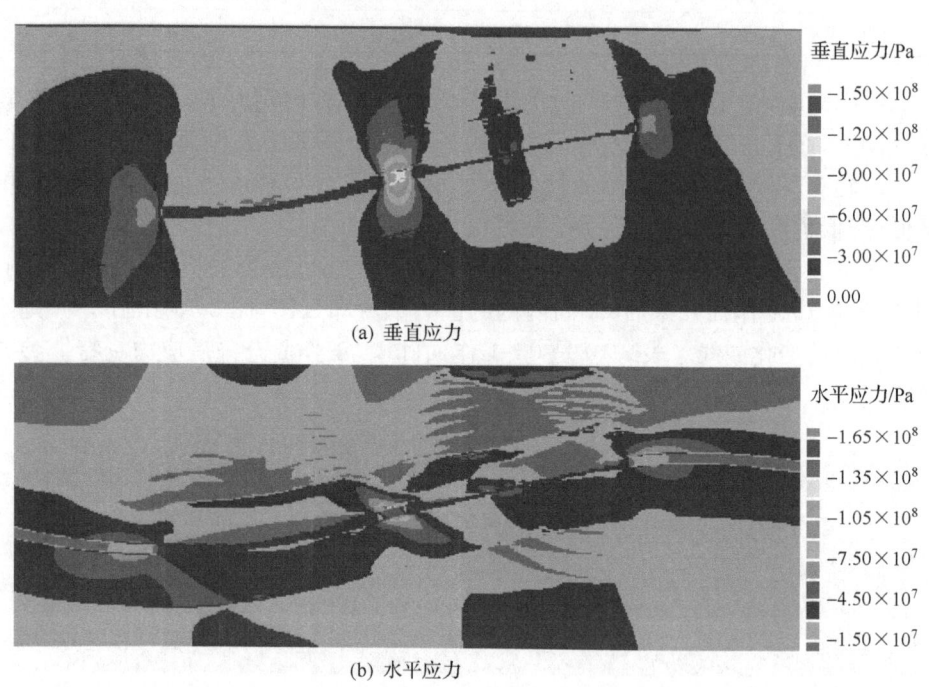

图 3-42　01 面开采后 02 面内侧的垂直应力和水平应力分布云图

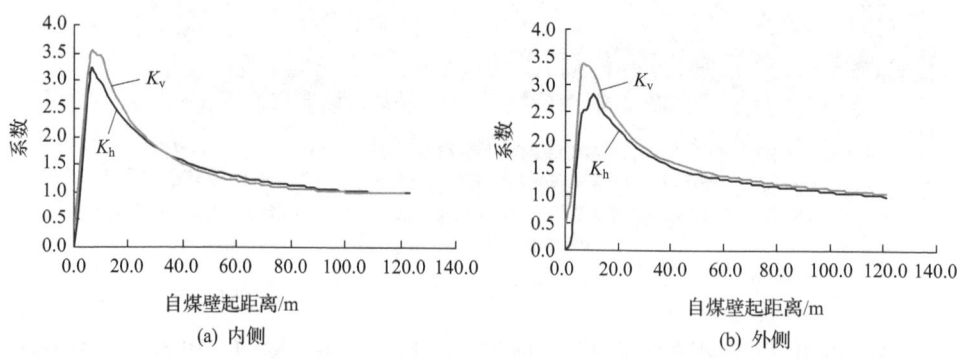

图 3-43　02 工作面开采后两侧的应力分布曲线

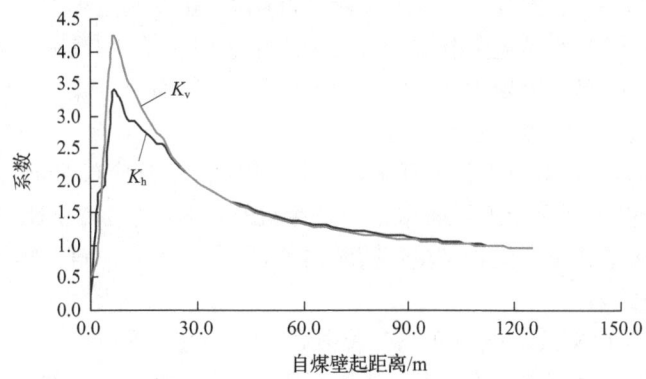

图 3-44 01 工作面开采后 01 面内侧的应力分布曲线

表 3-10 02 工作面和 01 工作面开挖后应力场特征参数的变化规律

工作面开挖		水平应力			支承压力		
		K_h	L_h/m	L_{hmax}/m	K_v	L_v/m	L_{vmax}/m
02 面	内侧	3.204	105.3	6.3	3.522	117.0	6.5
	外侧	2.833	98.0	10.3	3.344	110.7	6.3
01 面	内侧	3.387	105.0	6.3	4.203	96.4	6.3

在单层褶皱的不同部位,水平应力的分布不同,最大水平应力是压应力,主要集中在褶皱向斜、背斜内弧的波谷和波峰部位,而在褶皱向斜、背斜外弧的波谷和波峰部位则呈现拉应力集中。从褶皱向斜外弧往背斜方向看,最大水平应力值逐渐减小,即褶皱核部的最大水平应力比翼部大(翼部主要也是压应力),翼部的最大水平应力比背斜处大。

多层褶皱在水平应力分布上,最大水平应力集中在坚硬岩层中,夹在坚硬岩层中间的较软岩层应力相对较低。中间软层背斜和向斜部位都是压应力,且向斜核部应力比翼部大,翼部比背斜处大。

在褶皱形成以后,波幅越大,岩层中的最大水平应力越大。褶皱最大波幅随水平应变呈非线性增长,其关系可以用三次多项式来表达。

考察岩层厚度比、岩层强度与黏度、加载速率、加载方式对于褶皱形态、岩层中最大水平应力和变形及分布的影响。随着厚度比、岩层强度与黏度、加载速率的增加,形成褶皱时的临界最大水平应力越大,褶皱最终形成后的最大水平应力也越大。

自褶皱背斜轴部起工作面俯采推进与自褶皱向斜轴部起工作面仰采推进距轴部相同距离时工作面前方煤层内的应力场特征是不一样的,前者支承压力集中系数均比后者大,而水平应力集中系数开始时前者小,而后逐渐大于后者;两者峰值距离开始时相差不大,随着工作面开采距轴部越近,前者逐渐小于后者。

随着采深增加,水平应力和支承压力集中系数增加,影响范围增大;随煤层、上覆岩层体积弹性模量、内聚力和内摩擦角的降低,工作面前方煤体内应力集中程度降低,应力峰值位置距煤壁越来越远。

褶皱不同部位布置单工作面开采,其两侧的应力分布状态不同,靠近褶皱向斜的一侧应力集中程度大于工作面靠近褶皱背斜的一侧,而且峰值距离是前者小于后者。另外,随着工作面位置越接近褶皱向斜,其靠近褶皱向斜一侧的煤体内应力集中程度越高。

不同开采顺序对应力场分布也有着很大影响。先开采位于褶皱向斜附近的工作面,再开采位于翼部的工作面后,前者内侧的(靠近褶皱向斜的一侧)K_h、K_v均有不同程度降低,且L_h也有一定程度降低。而先开采位于褶皱翼部的工作面,再开采位于向斜附近的工作面后,后者内侧的应力集中程度更高。

第 4 章 冲击矿压危险的监测预警

4.1 监测预警力学基础

如图 4-1 所示,煤岩试样受载变形破坏过程中需经历四个阶段,即裂隙闭合阶段(OA)、弹性变形(AB)阶段、裂隙发展(BC)阶段和冲击破坏(CD)阶段。在裂隙闭合和弹性变形阶段(OB),煤岩试样没有损伤破坏,无新裂隙产生,对应到现场,该阶段没有矿震产生;BC 阶段可分为裂隙缓慢发展、裂隙稳定扩展、裂隙加速扩展和裂隙快速贯通,分别对应应力水平为(σ_0,σ_{b1})、$(\sigma_{b1},\sigma_{b2})$、$(\sigma_{b2},\sigma_{b3})$、$(\sigma_{b3},R_c)$,对应到现场,该阶段已可产生矿震,且随裂隙扩展速度的增加,矿震产生的频次和能量都提高;受载超过抗压强度后(C 点以后),煤岩试样中裂隙贯通,出现宏观大裂隙,失稳破坏。

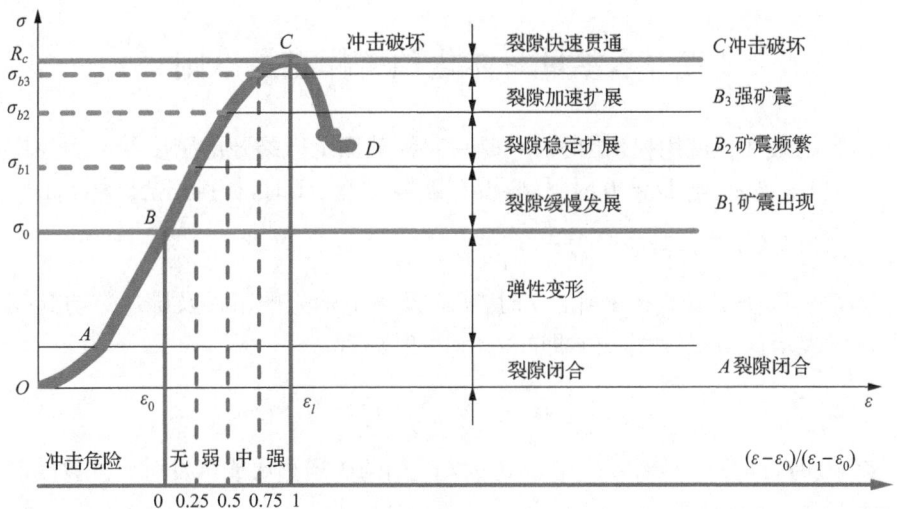

图 4-1 试验测得煤岩破坏过程应力-应变曲线

因此,针对煤岩试样受载变形破坏过程中的力学响应,根据 BC 阶段受载及对应的应变大小,建立相应的煤岩体破坏危险性的监测预警准则:

$$0 \leqslant W_\varepsilon(t) = \frac{\varepsilon(t) - \varepsilon^0}{\varepsilon_l - \varepsilon^0} \leqslant 1, \quad \varepsilon(t) \geqslant \varepsilon^0 \qquad (4\text{-}1)$$

式中，$\varepsilon(t)$ 为煤岩体在当前状态时刻的应变值；ε^0 为煤岩体开始出现破裂时的初始应变值；ε_l 为煤岩体最终破坏时的应变值。

$W_\varepsilon(t)$ 为某时刻煤岩破坏的危险性状态，它确定了在 ε 轴上与破坏点之间的距离，式(4-1)即为冲击地压的监测预警判别准则。根据这个准则，可将煤岩试样冲击破坏的危险性划分为四个等级，即无、弱、中等和强危险(表 4-1)，对应的应力阈值分别为 σ_{b1}、σ_{b2}、σ_{b3} 和 R_c。煤岩体破坏的本质是裂隙的扩展，裂隙扩展伴随着矿震、声发射、电磁辐射等信号的产生，因此，可利用矿震及声电信号等的变化对冲击危险做实时监测与评价。

表 4-1　冲击地压危险等级划分

危险等级	危险状态	危险指数	防治对策
A	无危险	<0.25	所有的采掘工作可正常进行
B	弱危险	0.25~0.5	加强冲击动力危险的监测预报
C	中等危险	0.5~0.75	采取强度弱化减冲治理措施
D	强危险	>0.75	停止采掘作业，人员撤离，采取治理措施。经检验危险消除后，方可作业

4.2　多参量一体化预警模型及准则

材料的破坏程度用损伤因子 D（是材料横截面上微裂隙的密度及应力集中效应的反映）来描述，当 $D=0$ 时，材料没有破坏，$D=1$ 时，材料完全破坏，而 $\sigma_f = \dfrac{\sigma}{1-D}$ 称为有效应力，其应变为 $\varepsilon = \dfrac{\sigma}{E(1-D)}$。

当损伤因子 $D(t)$ 上升到 ΔD 时，矿震及声电信号的事件及脉冲数与其变化一样。N 表示这些事件的总和，即在 $t_2 > t_1$ 时刻有

$$D(t_2) - D(t_1) = \sum \Delta D = C \cdot N \tag{4-2}$$

当 $\Delta t \to 0$ 时，$D'(t) \propto n(t)$，式中 $n(t)$ 为 t 时刻的矿震频次或声发射事件数或电磁辐射脉冲数。

式(4-2)意味着，如果破坏过程与声发射事件（电磁辐射脉冲数）一模一样，则损伤因子 D' 与岩体活动性（声发射事件数或电磁辐射脉冲数）成正比。如果与增量 ΔD_i 不是一样的，而 $D(t_2)$ 与 $D(t_1)$ 之差仍然等于增量 ΔD_i 之和，但这个增量 ΔD_i 之和与 N（事件数或脉冲数）不成正比。这时，可用能量来表示。能量的变化 ΔW 可由以下公式确定：

$$\Delta W = \sigma \cdot \Delta \varepsilon = \sigma(\varepsilon_2 - \varepsilon_1) \tag{4-3}$$

设破坏程度的损坏因子与变形呈线性关系,即 $\varepsilon = C_1 D - C_0$,则

$$\Delta W = \sigma[(C_1 D_2 - C_0) - (C_1 D_1 - C_0)]$$

由此,得 ΔW 与 ΔD 成正比,也即

$$D' \propto W' \propto w(t) \propto \varepsilon' \tag{4-4}$$

这是一个非常重要的结果,即如果 σ 为常数,而且 $D \propto \varepsilon$,在弹脆性场中出现破坏,破坏速率表现在瞬间能量 $w(t)$ 的释放中。

根据弹塑脆性模型对冲击地压危险进行评价和准确预测预报,假设满足破坏的条件,即 $\sigma^H(t) \geqslant \sigma_m^H(t) \geqslant \sigma^{\min}$,或 $\varepsilon(t) \geqslant \varepsilon_m(t) \geqslant \sigma^{\min}/E_0^H = \varepsilon^0$,当出现 $\sigma = \sigma_l$,或者当 $\varepsilon(t) = \dfrac{\sigma_l}{E^N} = \varepsilon_l$,脆性单元破坏。如果 $\varepsilon(t)$ 是观测到的实际变化值,则危险程度 $W(t)$ 将由下式确定:

$$0 \leqslant W_\varepsilon(t) = \frac{\varepsilon(t) - \varepsilon^0}{\varepsilon_l - \varepsilon^0} \leqslant 1, \quad \varepsilon(t) \geqslant \varepsilon^0 \tag{4-5}$$

式中,$\varepsilon^0 = \dfrac{\sigma_l}{E^H + E^M} < \varepsilon_l$;$W_\varepsilon(t)$ 为某时刻煤岩破坏的危险性,它确定了在 ε 轴上与破坏点之间的距离,式(4-5)为冲击地压的分级预测预警判别准则。煤岩变形破坏的 $\varepsilon(t)$、$w(t)$ 与矿震、声发射、电磁辐射的特征值成正比,则可采用矿震、声发射、电磁辐射等地球物理方法确定煤岩冲击破坏危险的前兆信息模式。同样可采用式(4-6)的方式进行无量纲化处理,见式 4-6,其中 N_l 为临界值,N^0 为初始值。

$$0 \leqslant W_n(t) = \frac{N(t) - N^0}{N_l - N^0} \leqslant 1, \quad N(t) \geqslant N^0 \tag{4-6}$$

式(4-6)即为采用应力、钻屑、矿震、声发射、电磁辐射等方法对冲击地压危险性进行监测预警的统一判别准则。

根据冲击地压的分级预测预警判别准则式(4-5)和式(4-6),采用地球物理方法的不同物理参数,同样可将冲击地压危险划分为四个危险等级,见表 4-1。

4.3 冲击危险的分级分区监测预警

由于发生冲击矿压的时间、地点、区域、震源等的复杂多样性和突发性,使得冲击矿压的预测工作变得极为困难,是亟待解决的世界性难题。目前普遍采用的预测方法单一、适用范围有限,存在漏报的问题,可靠性低。为了解决上述问题,本节建立了冲击矿压的分级预测准则,通过冲击矿压连续监测预警技术,形成了冲击矿

压分级预测技术体系,即时间上从早期预测到即时预测,空间上从区域预测到局部、点预测,逐级排除和确认冲击矿压危险。

4.3.1 冲击危险的时空监测预警

在时间上,冲击矿压的预测分早期综合分析预测和即时预测。早期综合分析预测主要采用综合指数的方法,而即时预测则采用电磁辐射、微震和钻屑等方法进行。

在空间上,冲击矿压的预测分区域预测、局部预测和点预测。区域预测主要采用综合指数法和微震监测方法,而局部预测采用综合指数方法、微震法和电磁辐射法,点预测则采用钻屑方法。

也就是采用综合指数法、微震法、电磁辐射法和钻屑法相结合,在时间上从早期预测到即时预测,在空间上从区域预测到局部、点预测,逐级排除和确认冲击矿压危险,实现分级预测,见图 4-2。

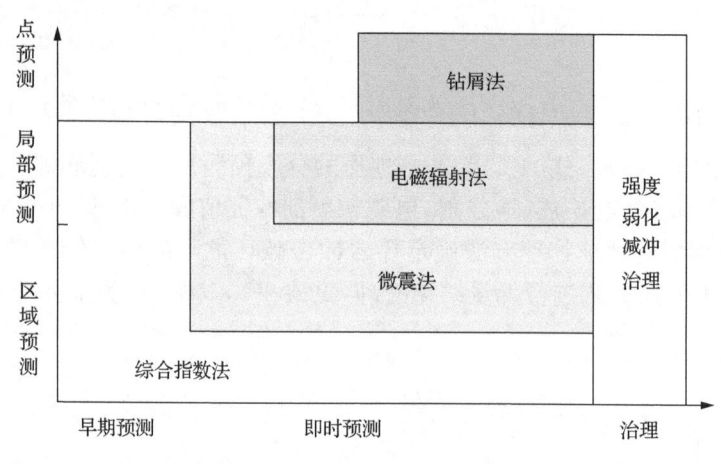

图 4-2　冲击矿压危险的时空预测

1. 早期与区域评价的综合指数法

综合指数法就是通过对影响冲击矿压发生的地质及开采因素的分析,以及对 100 多次已经发生冲击矿压事故的分析,确定出采掘工作面周围地质条件和开采条件的每个因素对冲击矿压的影响程度,以及各个因素对冲击矿压危险影响的指数。通过综合分析,形成了冲击矿压危险状态等级评定的综合指数法。综合指数法既是一种早期综合评价的方法,又是一种区域和局部预测的方法。

这种综合指数法分地质因素确定的冲击矿压危险程度和开采因素确定的冲击矿压危险程度。地质因素确定冲击危险主要考虑了冲击矿压发生的情况、开采深度、地质构造、坚硬顶板、顶板厚度特征参数、煤的冲击倾向性和煤的强度7个因素。开采因素确定冲击危险主要考虑了开采技术条件、开采历史、煤柱、停采线、采空区、工作面接近煤层的变化带、工作面接近断层皱曲等12个开采因素对冲击矿压产生的影响。

对于一个矿井的采区和工作面,首先分析矿井的地质与开采因素对冲击矿压的影响,其次采用综合指数法,分析确定矿井的水平、采区、工作面各部分的冲击矿压危险指数,划分出冲击矿压的危险区域和重点防治区域。

2. 即时与区域监测预警的微震法

微震法就是记录采矿震动的能量,确定和分析震动的方向,对震中进行定位。在此基础上,提出了冲击矿压危险性的微震分级预测技术。

微震预测冲击矿压危险时,主要采用矿震时释放能量的大小来确定冲击矿压发生的危险程度。当矿井的某个区域监测到矿震释放的能量大于发生冲击矿压所需的最小能量时,则该区域的当前时间内有发生冲击矿压的危险性。如果在矿井的某个区域,在一定的时间内,已进行了微震监测,根据观测到的微震能量水平,就可以捕捉到冲击矿压危险信息,并进行预测。

3. 即时与局部监测预警的电磁辐射法

根据大量的实验室试验研究、现场实测分析研究、理论分析表明,煤岩冲击变形破坏的损伤速度、能量与电磁辐射的幅值、脉冲数成正比。

在工作面采掘过程中,围岩发生破裂时,均有电磁辐射信号产生。电磁辐射信号的强度随着围岩受载程度的增大而增强,随变形速率的增加而增强。与此同时,煤岩体电磁辐射的脉冲数随着载荷的增大及变形破裂过程的增强而增大。载荷越大,加载速率越大,煤体的变形破裂越强烈,电磁辐射信号也越强。

根据上述理论及电磁辐射观测规律,可采用电磁辐射的幅值和脉冲数变化率确定冲击矿压的危险前兆信息和进行预测预报。

4. 即时与点预测的钻屑法

钻屑法是通过在煤层中打直径为42~50mm的钻孔,根据排出的煤粉量以及其变化规律和有关动力效应,鉴别冲击危险的一种方法。该方法的基本理论和最初试验始于20世纪60年代,其理论基础是钻出煤粉量与煤体应力状态具有定量的关系,即其他条件相同的煤体,当应力状态不同时,其钻孔的煤粉量也不同。当单位长度的排粉率增大或超过标定值时,表示应力集中程度增加和冲击危险性提高。

对于一定条件的煤体,在正常应力作用下,不同钻孔深度的煤体应力状态是不同的,此时钻孔的煤粉量也不相同。当煤层的应力集中程度增加或应力状态异常时,钻孔的煤粉量将发生改变。根据煤粉量的变化,即可预测煤体的受力状态,并进一步预测冲击危险性。

上述时空预测的综合指数法、微震法、电磁辐射法和钻屑法分别确定了冲击矿压的危险性程度。综合指数法分析的是早期的、区域和局部的冲击矿压危险性程度;微震法确定的是顶板等震动引发冲击等的即时与区域性的冲击矿压危险性程度;电磁辐射法确定的是监测点 20m 范围内,即时与局部的冲击矿压危险性程度,而钻屑法确定的则是打钻孔点的即时冲击矿压危险性。冲击矿压危险性预测的方法不同,确定的冲击矿压危险性的时间和区域不同。由于冲击矿压的发生有煤层型和顶板型,为了提高冲击矿压预测的可靠性和准确性,需要综合考虑冲击矿压危险性的预测技术。

4.3.2 冲击矿压危险性的分区分级监测预警体系

对于一个有冲击矿压危险的矿井和采区,先根据综合指数法分析地质和开采条件,划分出冲击矿压危险区域及重点监测区域,实现冲击矿压的早期预测。在早期预测的基础上,采用微震法,对矿井冲击矿压的危险性进行区域监测和预测;对于有危险的区域,采用微震法和电磁辐射法,进行局部监测和预测;对于局部预测有危险的区域,采用钻屑法进行预测验证。综合确定冲击矿压危险等级,并对危险区域和地点采用强度弱化减冲技术进行治理。

具有冲击矿压危险的区域,分级预测及治理的工作流程为:

(1) 早期综合预测(综合指数法确定重点监测区域)。

(2) 即时预测:①区域预测(微震法连续监测、即时预测工作面区域冲击危险性);②局部预测(微震法、电磁辐射法连续监测、即时预测工作面局部冲击危险性);③点预测(钻屑法验证区域局部监测的准确性并进行点预测)。

(3) 逐级排除,确认危险等级。

(4) 解危处理(煤岩体的强度弱化减冲治理,消除冲击危害)。

(5) 治理效果检验(微震、电测、钻屑检验解危效果)。

因此,对于冲击矿压危险的矿井,在分析冲击矿压发生机理的基础上,采用时间上早期综合分析预测与即时预测相结合,空间上区域预测与局部监测、点预测相结合,构成可靠性高、简单易行、行之有效的冲击矿压危险性预测技术体系,见图 4-3。

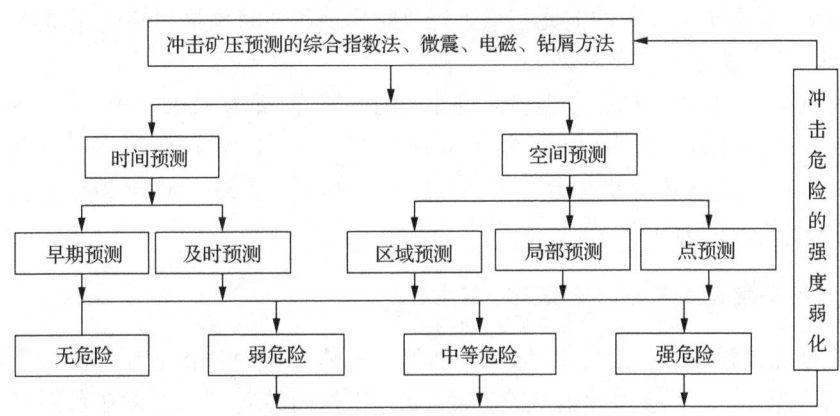

图 4-3 冲击矿压的分级预测技术体系

根据理论分析、实验室试验和大量的现场试验,按照冲击矿压的危险程度,我们将冲击矿压的危险程度定量化分为 4 级进行预测,分别为无冲击危险、弱冲击危险、中等冲击危险和强冲击危险。根据冲击矿压危险性的不同,采取相应的方式对策,如表 4-2 所示。

表 4-2 冲击矿压危险状态的分级

危险等级	危险状态	危险指数	防治对策
A	无	<0.25	所有的采掘可正常进行
B	弱	0.25～0.5	采掘工作过程中,加强冲击矿压危险的监测预报
C	中等	0.5～0.75	进行采掘工作的同时,采取强度弱化减冲治理措施,消除冲击危险
D	强	>0.75	停止采掘作业,人员撤离危险地点。采取强度弱化减冲治理措施。采取措施后,通过监测检验,冲击危害消除后,方可进行下一步作业

4.3.3 现场应用

本技术已经在徐州矿务集团三河尖矿、新汶矿业集团华丰矿、兖矿集团东滩煤矿、济宁二号煤矿、济宁三号煤矿、平煤集团十一矿、大屯煤电公司孔庄矿、波兰卡托维兹矿等推广应用于预防冲击矿压灾害,取得了良好的经济效益和社会效益,并显示出广泛的应用前景。

徐州矿务集团公司三河尖煤矿冲击矿压危险最大的是 7204,9112 和 9202 工作面。为此进行了冲击矿压危险的监测预报研究工作。针对该工作面,在分析三河尖煤矿冲击矿压危险的基础上,采用综合指数法、电磁辐射法和钻屑法等相结合的方法,对冲击矿压危险的前兆信息进行及时捕捉和及时预报,并对采取的冲击矿压治理措施实施效果进行检测。

三河尖矿 7204 工作面位于三河尖井田的西翼,前部为 7202 工作面,已回采完毕,深部为实体煤。地面标高为 +35.8~36.0m,工作面标高为 −771.2~−825.5m。7 煤层平均厚度为 2.25m,煤层平均倾角为 29°。煤层顶板直接顶为粉砂岩,平均厚度为 4.30m。

1. 综合指数法确定的冲击危险前兆信息

根据综合指数法确定的 7204 工作面的各地质因素对冲击矿压危险的影响程度及指数为 0.76,属于强冲击危险。而 7204 工作面的各开采技术条件对冲击矿压危险程度的影响及危险指数为:降低材料道超前支承压力区,危险指数为 0.46;降低材料道超前支承压力区外,危险指数为 0.46;材料道超前支承压力区,危险指数为 0.38;材料道超前支承压力区外,危险指数为 0.38;运输道,危险指数为 0;工作面上部,危险指数为 0.46;工作面上部降低材料道以下,危险指数为 0.46;工作面下部,危险指数为 0.38。因此,由工作面开采技术条件确定的工作面及巷道各点的冲击矿压危险前兆等级为中等冲击危险性。

2. 电磁辐射法确定的冲击危险前兆信息

从冲击矿压的形成发展过程看,在冲击矿压危险性高的区域,电磁辐射的幅值变化不大,但整体水平高。冲击矿压发生前的一段时间,电磁辐射连续增长或先增长,然后下降,之后又呈增长趋势。但这段时间内,其电磁辐射值均达到、接近或超过临界值,之后发生冲击矿压。图 4-4(a) 为 7204 工作面于 10 月 26 日冲击矿压发生前后记录的电磁辐射前兆信息变化规律。图 4-4(b) 反映了 7204 工作面进行卸压爆破过程中电磁辐射强度信息的变化情况,这几次爆破均相应地诱发了冲击矿压。

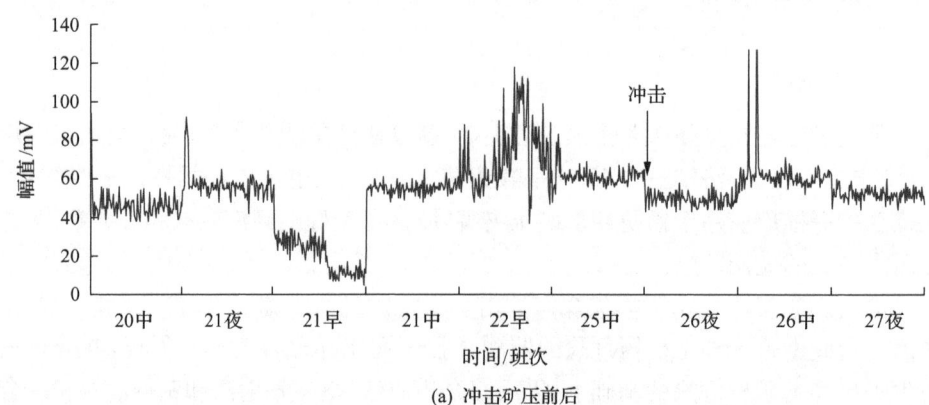

(a) 冲击矿压前后

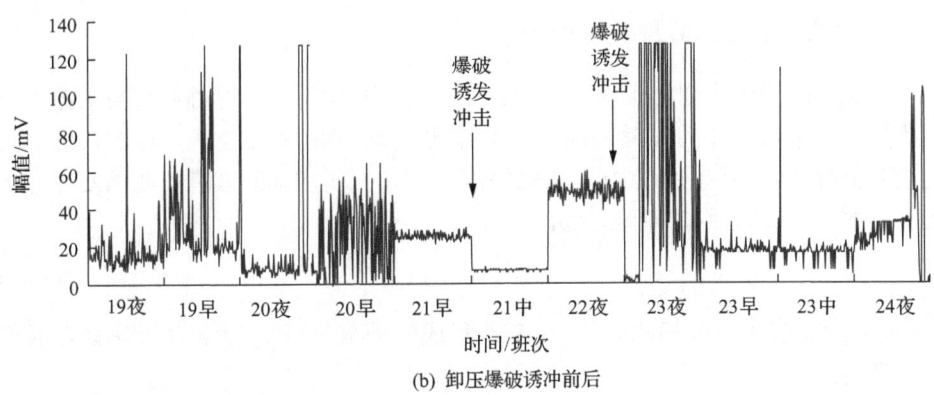

(b) 卸压爆破诱冲前后

图 4-4　冲击矿压前后电磁辐射信息的变化规律

3. 钻屑法确定的冲击危险信息

在 7204 工作面回采过程中，共进行了 395 次煤粉检测。除了钻屑量以外，在检测过程中发现，冲击矿压的发生与钻孔过程中的动力现象关系非常密切。在工作面推进期间，凡出现孔内动力现象，如不及时进行卸压，或防治力度不够均会发生冲击矿压现象。

7204 工作面回采过程中，采面及巷道共发生冲击矿压现象 38 次，其中 34 次为卸压爆破诱发，4 次虽进行了卸压爆破，但由于爆破力度不够，在落煤时诱发了冲击矿压现象。对于卸压爆破诱发冲击矿压和 4 次落煤诱发冲击矿压，在此之前，均进行了预测预报。

三河尖煤矿从 1999 年 11 月开始应用冲击矿压的分级预测技术，采取了相应的治理措施对冲击矿压危险进行防治，取得了良好效果。到目前为止，已先后安全回采了 7204、9112、9112、7139、7111、7109、9202 等具有高冲击危险的工作面，产生经济效益累计达到 19314.4 万元，取得了巨大的社会效益和经济效益。

4.4　冲击危险的应力分析法

研究表明，冲击矿压的发生地点与高应力区域密切相关，静载（原岩应力与采动支承压力）在冲击矿压的发生中占有极其重要甚至是主导作用。采前利用地应力测试、数值模拟与矿压理论分析确定高应力区，对于提高冲击矿压危险性评价精度具有重要作用，同时可以根据应力分析的结果，确定临界指标，制定评级冲击危险的等级与判据，从而有针对性的进行卸压处理与解危，能够极大地提高治理效率，达到事半功倍的效果。

1. 发生冲击地压的极限应力指标

采掘空间周围煤岩体中的自重应力、支承压力、构造应力等静载荷与采掘工作面生产过程中煤岩体的破裂、顶板岩层的破断运动、断层的活化等产生的矿震形成的动载荷叠加,当其超过煤岩体冲击的极限载荷时,矿震动载就有可能诱发冲击矿压灾害的发生。可用如下公式表示:

$$\sigma_j + \sigma_d \geqslant \sigma_{b\min} \tag{4-7}$$

式中,σ_j 为煤岩体中的静载荷;σ_d 为矿震形成的动载荷;$\sigma_{b\min}$ 为发生冲击矿压时的极限载荷。

研究表明,煤体冲击临界应力主要与煤体力学性质有关,如图 4-5 所示。

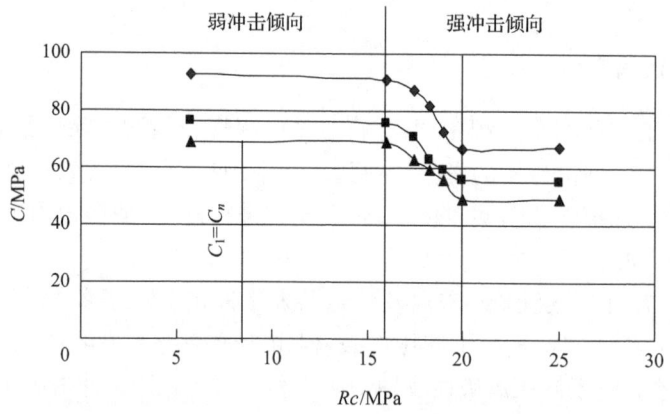

图 4-5 煤体冲击的临界应力与单轴抗压强度之间的关系

(1) 当煤的单向抗压强度 $Rc > 20\text{MPa}$ 时,煤体发生冲击矿压破坏的最小应力为 50MPa。

(2) 当煤的单向抗压强度 $Rc < 16\text{MPa}$ 时,煤体发生冲击矿压破坏的最小应力为 70MPa。

(3) 当煤的单向抗压强度 $Rc = 16 \sim 20\text{MPa}$ 时,发生冲击矿压破坏的最小应力为 $50 \sim 70\text{MPa}$。

2. 静载荷分析

采掘空间周围煤岩体中的静载荷主要由自重应力、支承压力、构造应力等组成。可由如下方程表示:

$$\sigma_j = \sum_{i=1}^{n} \sigma_{ji} = abck_1 k_2 \lambda_1 \lambda_2 \gamma H \tag{4-8}$$

式中，σ_j 为煤岩体中的静载荷；σ_{ji} 为静载荷中的第 i 种静载荷，包括自重应力、支承压力、构造应力等；H 为上覆岩层的厚度，单位为 m；γ 为上覆岩层的容重，一般取 25000N/m^3；λ_1 为皱曲向斜轴部附近 30m 范围的水平应力系数，按地应力实测确定，无实测一般取 1.3，无皱曲则取 1；λ_2 为断层附近 30m 范围的应力集中系数，按地应力实测确定，无实测一般取 1.5，无断层则取 1；k_1 为巷道周边煤体内固定支承压力集中系数，一般取 1.3；k_2 为回采工作面超前移动支承压力集中系数，一般取 1.5；a 为初次来压阶段的应力集中系数，一般取 1.4，其他阶段取 1；b 为周期来压阶段的应力集中系数，一般取 1.2，其他阶段取 1；c 为见方阶段的应力集中系数，一般取 1.5，其他阶段取 1。

3. 动载分析

矿井开采中动载产生的来源主要有开采活动、煤岩体对开采活动的应力响应等。具体表现为煤岩体破裂、爆破、顶底板破断、岩层滑移失稳、煤柱失稳、断层滑移等。这些动载源可统一称为矿震。

假设矿井煤岩体为三维弹性各向同性连续介质，则矿震应力波在煤岩体中产生的动载荷可表示为

$$\begin{cases} \sigma_{dP} = \rho v_P (v_{pp})_P \\ \tau_{dS} = \rho v_S (v_{pp})_S \end{cases}$$

式中，σ_{dP}、τ_{dS} 分别为 P 波、S 波产生的动载；ρ 为煤岩介质密度；v_P、v_S 分别为 P 波、S 波的传播速度；$(v_{pp})_P$、$(v_{pp})_S$ 分别为质点由 P 波、S 波传播引起的峰值震动速度。

上述动载可根据微震监测系统观测到的矿震波形来确定 P 波、S 波传播引起的峰值震动速度。

一般情况下，当矿震能量在 10^4 J 时，动载 σ_{dP}、τ_{dS} 分别为 10MPa 和 12MPa；当矿震能量在 10^5 J 时，动载 σ_{dP}、τ_{dS} 分别为 20MPa 和 24MPa；当矿震能量在 10^6 J 时，动载 σ_{dP}、τ_{dS} 分别为 30MPa 和 36MPa。

根据煤体中应力集中级别（包含静载与动载），可以对冲击危险等级进行划分，如表 4-3 所示。

表 4-3 基于动静载应力分析的冲击危险评价

应力级别	危险等级
<50MPa	无危险
50～70MPa	弱危险
70～105MPa	中等危险
>105MPa	强危险

如图 4-6 所示为山东某矿工作面沿两顺槽的应力分析。

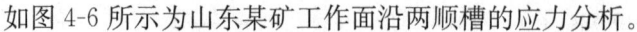

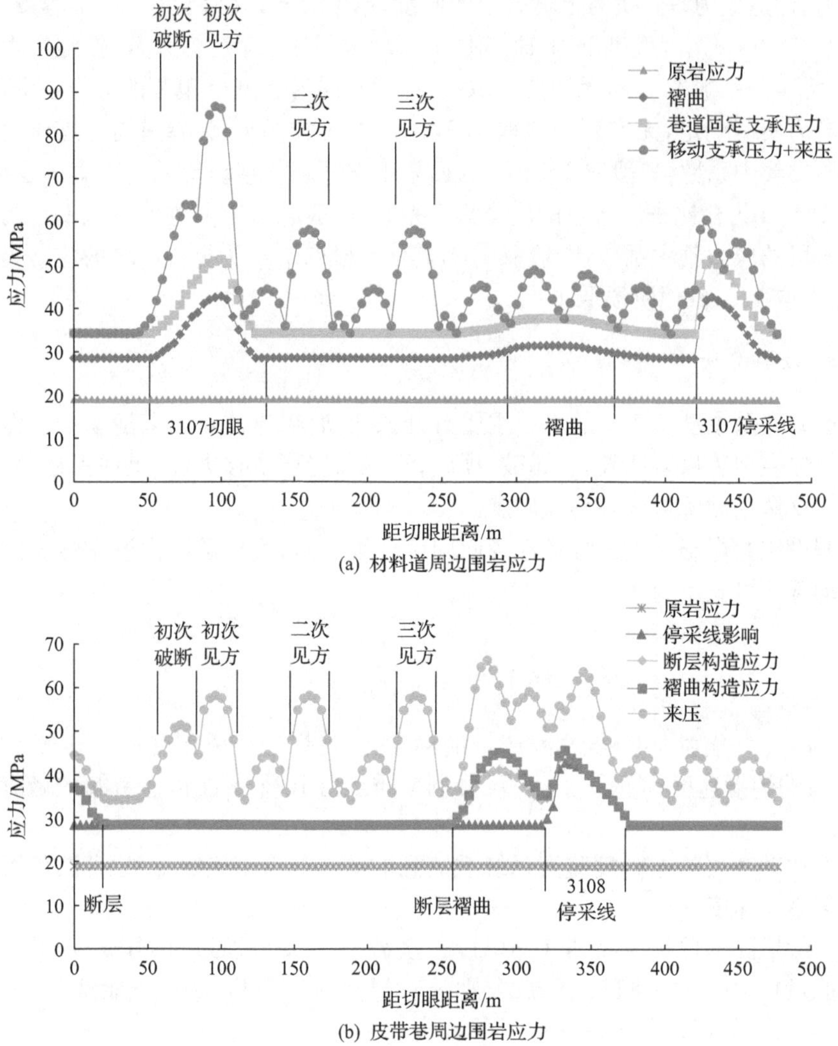

图 4-6　山东某矿工作面冲击危险的应力分析法应用

4.5　冲击危险性评价的综合指数法及多因素耦合法

4.5.1　冲击危险性评价的综合指数法

综合指数法是在分析已发生的各种冲击矿压灾害的基础上，分析各种采矿地质因素对冲击矿压的影响，确定各种因素的影响权重，然后将其综合起来，建立冲击矿压危险性评价模型并评价与预测冲击危险性的一种方法。

对于具有冲击矿压危险性的矿井来说，在进行采区设计、工作面布置、采煤方法选择等时，都要对该采区、煤层、水平或工作面进行冲击矿压危险性评定工作，以便减少或避免冲击矿压对矿井安全生产的威胁。冲击矿压危险状态可通过分析岩体内的应力、岩体特性、煤层特征等地质因素和开采技术因素来确定。危险性指数分为地质因素评价指数和开采技术条件评价指数，综合两者来评价区域的冲击危险程度。

冲击矿压危险状态是随着采矿地质条件的变化而在空间和时间上发生变化的，根据国内外相关研究成果，冲击矿压危险状态是由下列因素决定的。

（1）岩体应力。是由采深、构造及开采历史造成的，其中残留煤柱和停采线上的应力集中将长期作用，而采空区卸压在一定时间后会消失。

（2）岩体特性。特别是具有形成高能量震动倾向的岩体。这主要来自厚层、高强度的顶板岩层。减小顶板岩层的强度，增加岩层的分层数目，特别是多次分层开采可限制大震动的发生。

（3）煤层特征。主要是在超过某个压力标准值时的动力破坏倾向性。对于所有的煤层来说，当条件满足时，都会发生冲击矿压。但对于弱冲击煤层来说，所要求的压力值要远远大于具有冲击倾向性的煤层。

因此，通过对煤岩体的自然条件、特征及开采历史的认识，可以近似确定冲击矿压的危险状态及危险等级。

1. 影响冲击矿压危险状态的地质因素及指数

影响冲击矿压的主要因素有开采深度、顶板坚硬岩层、构造应力集中和煤层冲击倾向性等。表 4-4 为采掘工作面周围地质条件影响冲击矿压危险状态的因素及指数。

表 4-4 地质条件影响冲击矿压危险状态的因素及指数

序号	影响因素	因素说明	因素分类	评价指数
1	W_1	同一水平煤层冲击矿压发生历史（次数/n）	$n=0$	0
			$n=1$	1
			$2 \leqslant n < 3$	2
			$n \geqslant 3$	3
2	W_2	开采深度 h	$h \leqslant 400\text{m}$	0
			$400\text{m} < h \leqslant 600\text{m}$	1
			$600\text{m} < h \leqslant 800\text{m}$	2
			$h > 800\text{m}$	3

续表

序号	影响因素	因素说明	因素分类	评价指数
3	W_3	上覆裂隙带内坚硬厚层岩层距煤层的距离 d	$d>100m$	0
			$50m<d\leqslant100m$	1
			$20m<d\leqslant50m$	2
			$d\leqslant20m$	3
4	W_4	开采区域内构造引起的应力增量与正常应力值之比 $\gamma=(\sigma_g-\sigma)/\sigma$	$\gamma\leqslant10\%$	0
			$10\%<\gamma\leqslant20\%$	1
			$20\%<\gamma\leqslant30\%$	2
			$\gamma>30\%$	3
5	W_5	顶板岩层厚度特征参数 L_{st}	$L_s<50m$	0
			$50m<L_{st}\leqslant70m$	1
			$70m<L_{st}\leqslant90m$	2
			$L_{st}>90m$	3
6	W_6	煤的单轴抗压强度 Rc	$Rc\leqslant10MPa$	0
			$10MPa<Rc\leqslant14MPa$	1
			$14MPa<Rc\leqslant20MPa$	2
			$Rc>20MPa$	3
7	W_7	煤的弹性能指数 W_{ET}	$W_{ET}<2$	0
			$2\leqslant W_{ET}<3.5$	1
			$3.5\leqslant W_{ET}<5$	2
			$W_{ET}\geqslant5$	3
危险等级评价		$W_{t1}=\dfrac{\sum_{i=1}^{n}W_i}{\sum_{i=1}^{n}W_{i\max}}$	$W_{t1}\leqslant0.25$	无冲击
			$0.25<W_{t1}\leqslant0.5$	弱冲击
			$0.5<W_{t1}\leqslant0.75$	中等冲击
			$W_{t1}>0.75$	强冲击

这样，就可以根据表 4-4，用式(4-9)来确定采掘工作面周围采矿地质条件对冲击矿压危险状态的影响程度以及确定冲击矿压危险状态等级评定的指数 W_{t1}。

$$W_{t1}=\dfrac{\sum_{i=1}^{n_1}W_i}{\sum_{i=1}^{n_1}W_{i\max}} \tag{4-9}$$

式中，W_{t1} 为采矿地质因素确定的冲击矿压危险指数；$W_{i\max}$ 为表 4-4 中第 i 个地质因素中的最大指数值；W_i 为采掘工作面周围第 i 个地质因素的实际指数；n_1 为地质因素的数目。

2. 影响冲击矿压危险状态的开采技术因素及指数

同样，根据开采技术条件、开采历史和煤柱、停采线等这些开采历史和开采技术因素，确定响应的影响冲击矿压危险状态的指数，从而为冲击矿压的预测预报和危险性评价，以及冲击矿压的治理提供依据。表 4-5 所示为我们研究的采掘工作面周围的开采技术因素对冲击矿压的影响程度及指数。

表 4-5 开采技术条件影响冲击矿压危险状态的因素及指数

序号	影响因素	因素说明	因素分类	评价指数
1	W_1	保护层的卸压程度	好	0
			中等	1
			一般	2
			很差	3
2	W_2	工作面距上保护层开采遗留的煤柱的水平距离 h_z	$h_z \geqslant 60\text{m}$	0
			$30\text{m} \leqslant h_z < 60\text{m}$	1
			$0\text{m} \leqslant h_z < 30\text{m}$	2
			$h_z < 0\text{m}$（煤柱下方）	3
3	W_3	工作面与临近采空区的关系	实体煤工作面	0
			一侧采空	1
			两侧采空	2
			三侧及以上采空	3
4	W_4	工作面长度 L_m	$L_m > 300\text{m}$	0
			$150\text{m} \leqslant L_m < 300\text{m}$	1
			$100\text{m} \leqslant L_m < 150\text{m}$	2
			$L_m < 100\text{m}$	3
5	W_5	区段煤柱宽度 d	$d \leqslant 3\text{m}$ 或 $d \geqslant 50\text{m}$	0
			$3\text{m} < d \leqslant 6\text{m}$	1
			$6\text{m} < d \leqslant 10\text{m}$	2
			$10\text{m} < d < 50\text{m}$	3
6	W_6	留底煤厚度 t_d	$t_d = 0\text{m}$	0
			$0\text{m} < t_d \leqslant 1\text{m}$	1
			$1\text{m} < t_d \leqslant 2\text{m}$	2
			$t_d > 2\text{m}$	3

续表

序号	影响因素	因素说明	因素分类	评价指数
7	W_7	向采空区掘进的巷道，掘进头接近采空区的距离 L_{jc}	$L_{jc} \geqslant 150m$	0
			$100m \leqslant L_{jc} < 150m$	1
			$50m \leqslant L_{jc} < 100m$	2
			$L_{jc} < 50m$	3
8	W_8	向采空区推进的工作面，工作面接近采空区的距离 L_{mc}	$L_{mc} \geqslant 300m$	0
			$200m \leqslant L_{mc} < 300m$	1
			$100m \leqslant L_{mc} < 200m$	2
			$L_{mc} < 100m$	3
9	W_9	向落差大于 3m 的断层推进的工作面或巷道，接近断层的距离 L_d	$L_d \geqslant 100m$	0
			$50m \leqslant L_d < 100m$	1
			$20m \leqslant L_d < 50m$	2
			$L_d < 20m$	3
10	W_{10}	向煤层倾角剧烈变化(>15°)的皱曲推进的工作面或巷道，接近皱曲的距离 L_z	$L_z \geqslant 50m$	0
			$20m \leqslant L_z < 50m$	1
			$10m \leqslant L_z < 20m$	2
			$L_z < 10m$	3
11	W_{11}	向煤层侵蚀、合层或厚度变化部分推进的工作或巷道，接近煤层变化部分的距离 L_b	$L_b \geqslant 50m$	0
			$20m \leqslant L_b < 50m$	1
			$10m \leqslant L_b < 20m$	2
			$L_b < 10m$	3
危险等级评价		$W_{t2} = \dfrac{\sum_{i=1}^{n} W_i}{\sum_{i=1}^{n} W_{i\max}}$	$W_{t2} \leqslant 0.25$	无冲击
			$0.25 < W_{t2} \leqslant 0.5$	弱冲击
			$0.5 < W_{t2} \leqslant 0.75$	中等冲击
			$W_{t2} > 0.75$	强冲击

这样，可根据表 4-5，用式(4-10)来确定采掘工作面周围开采技术条件对冲击矿压危险状态的影响程度及冲击矿压危险状态等级评定的指数 W_{t2}。

$$W_{t2} = \frac{\sum_{i=1}^{n_2} W_i}{\sum_{i=1}^{n_2} W_{i\max}} \tag{4-10}$$

式中，W_{t2} 为开采技术因素确定的冲击矿压危险指数；$W_{i\max}$ 为表 4-5 中第 i 个开采技术因素的危险指数最大值；W_i 为采掘工作面周围第 i 个开采技术因素的实际危险指数；n_1 为开采技术因素数目。

3. 冲击矿压危险程度的预测

以上给出了采掘工作面周围地质因素和采矿技术因素对冲击矿压的影响程度及冲击矿压危险状态等级评定的指数 W_{t1} 和 W_{t2} 的具体表达式，根据这两个指数，用式(4-11)就可确定采掘工作面周围冲击矿压危险状态等级评定的综合指数 W_t，如表 4-11 所示。

$$W_t = \max\{W_{t1}, W_{t2}\} \tag{4-11}$$

式中，W_t 为某采掘工作面的冲击矿压危险状态等级评定综合指数，以此可圈定冲击矿压危险程度。

4.5.2 冲击危险性评价的多因素耦合法

多因素耦合分析法就是分析多个冲击地压影响因素的叠加影响作用，详细确定不同开采地段所具有的不同冲击地压危险等级，用于指导冲击地压危险预测、监测和治理工作。

这种方法先判断开采区域是否具有冲击地压危险。若该区域具有冲击地压危险，则使用多因素影响程度叠加法对区域内各个地段进行分区分级预测；主要是分析影响地段冲击地压危险的因素，根据各地段的实际情况对各个因素进行危险等级划分，叠加各个因素的危险等级，根据叠加结果预测该路段的最终危险等级。

影响冲击地压危险的因素包括：落差大于 3m 小于 10m 的断层影响、煤层倾角剧烈变化(大于 15°)的褶曲、煤层侵蚀与合层或厚度变化部分、顶底板岩性变化地段、上保护层开采遗留的煤柱下方、落差大于 10m 的断层或断层群附近、向采空区推进的工作面在接近采空区时、"刀把"形等不规则工作面或多个工作面的开切眼及停采线不对齐等区域、巷道交叉区域附近、沿空巷道煤柱区域、工作面超前支承压力影响区、老顶初次来压位置附近、工作面采空区"见方"区域、留底煤的影响区域、采掘扰动区域等。

多因素耦合分析法的危险等级为弱冲击危险、中等冲击危险和强冲击危险。当不同区域的最终危险等级确定后，采用不同图例和颜色标定在采掘工程平面图上。对应不同区域的最终危险等级，可以采取不同的防治措施。对于强或中等冲击危险等级的区域，在工作面回采前采用预卸压方式提前解危并加强防冲管理；对弱危险冲击等级的路段，在工作面回采过程中根据监测结果采取有针对性的防治措施。表 4-6 为多因素叠加分析法预测判别表。

表 4-6　多因素耦合法分区分级划分表

序号	影响因素	因素说明	区域划分	危险等级
1	W_1	落差大于3m断层的区域	前后20m范围内	强
			前后20~50m	中等
2	W_2	煤层倾角剧烈变化（大于15°）的褶曲区域	前后10m范围内	中等
3	W_3	煤层侵蚀、合层或厚度变化区域	前后10m范围内	强
			前后10~20m	中等
4	W_4	顶底板岩性变化区域	前后50m范围内	强
			前后50~100m	弱
5	W_5	上保护层开采遗留的煤柱下方区域	煤柱下方及距离煤柱水平距离30m范围内	强
			距离煤柱水平距离30~60m	中等
			距离煤柱水平距离60m范围内	弱
6	W_6	大规模断层或断层群区域	距离断层30m范围内	强
			距离断层30~50m	中等
7	W_7	向采空区推进的工作面	接近采空区50m范围内	强
			接近采空区50~100m	中等
			接近采空区100~200m	弱
8	W_8	"刀把"形等不规则工作面或多个工作面的开切眼及停采线不对齐等区域	拐角煤柱前后20m范围	强
9	W_9	巷道交叉区域	"四角"交叉前后20m范围	强
			"三角"交叉前后20m范围	中等
10	W_{10}	沿空巷道	区段煤柱宽6~20m时	强
			区段煤柱宽2~50m时	中等
11	W_{11}	工作面超前支承压力区	—	强
12	W_{12}	老顶初次来压	前后20m范围	中等
13	W_{13}	工作面采空区"见方"区域	单工作面初次"见方"前后50m范围	强
			多工作面初次"见方"前后50m范围	强
			工作面周期"见方"前后20m范围	中等
14	W_{14}	留底煤区域	底煤厚度0~1m时	弱
			底煤厚度0~2m时	中等
			底煤厚度大于2m时	强

续表

序号	影响因素	因素说明	区域划分	危险等级
15	W_{15}	采掘扰动区域	—	强
多因素耦合分析原则		1. 经综合指数法评价为无冲击危险的,不需进行分区分级划分 2. 经综合指数法评价为具有冲击危险、本表未描述的其他区域均定为"弱"等级 3. 多个"强"因素叠加或"强"因素与其他因素叠加时,定为"强"等级 4. 1个"中等"因素与1个或多个"弱"因素叠加时,定为"中等"等级 5. 2个及以上"中等"因素叠加时,定为"强"等级 6. 2个及以上"弱"因素叠加时,定为"弱"或"中等"等级		

4.6 冲击危险性的数值模拟分析法

多年的采矿实践证明,分析冲击矿压区域内的应力分布状态和应力值的大小是防治冲击矿压的基础。一般情况下,应力高的区域更容易聚积弹性能,因此,在一定的采矿区域,分析和确定应力分布和应力集中程度的大小,就可分析出冲击矿压危险程度,为开采时冲击矿压的防治打下基础(王金安等,2010)。

随着计算机技术的发展,可采用分析模拟方法确定采矿区域内的应力分布状态和其他参数。目前,世界上比较通用的分析模拟程度有 FLAC、UDEC、ANSYS 等,其采用的方法主要是有限元法、边界元法和离散元法等。

该方法的主要优点是可提前确定冲击矿压防治的重点区域,对于任意地点,特别是未开采区域,可提前预测冲击矿压危险状态,得出大范围内的空间信息,确定在工作面回采过程中,出现最大应力的时间和地点,预测开采空间大小、开采参数及开采历史对冲击矿压的影响。这种方法的缺点主要是对煤岩体进行了简化处理,对于模拟中的煤岩体特性,特别是弹性模量和泊松比没有考虑局部非均质性和各向异性。

因此,数值模拟方法只能作为一种近似方法使用。多年实践证明,数值模拟结果对于确定冲击矿压危险区域是有效的。

以下简单介绍利用数值模拟来确定采场塑性区边界的方法。

从地下开采岩层控制的本质上看,应力拱壳是煤层开采过程中覆岩抵抗不均匀变形而进行自我调节的一种现象,是围岩内应力发生集中,传递路线发生偏移而形成的一种似"坝"形空间应力分布区,承担自身及其上覆岩体的荷重。根据岩体应力迁移特征,提出应力拱壳演化(塑性区边界)判别系数,其公式为

$$k = \frac{|\sigma_1| - |\sigma_0|}{|\sigma_0|} \tag{4-12}$$

式中，k 为判别系数；σ_0、σ_1 分别为工作面开挖前、开挖后的应力。选取开挖后应力低于开挖前应力的 10% 作为塑性区边界，即取 $k=-0.1$ 作为边界判定。

采用 FLAC^{3D} 数值软件对义马跃进煤矿适当简化后的 25 大采区模型进行模拟，详细地质概况见本书第 7 章。如图 4-7 所示的数值计算模型，其尺寸为长×宽×高=1365m×1050m×350m，共 267936 个单元。对于重点研究区域（煤层巷道开挖区域）的单元采取细化处理，模型各岩层力学参数及厚度根据实际岩层柱状赋予。Anderson 断裂机制表明，逆断层的最小主应力方向为垂直方向，最大主应力和中间主应力方向为水平方向。作为一般性研究，赋予模型边界条件为：底部固定，最大水平主应力 $\sigma_1=29$MPa，中间水平主应力 $\sigma_2=24$MPa，最小主应力 $\sigma_3=20.5$MPa。

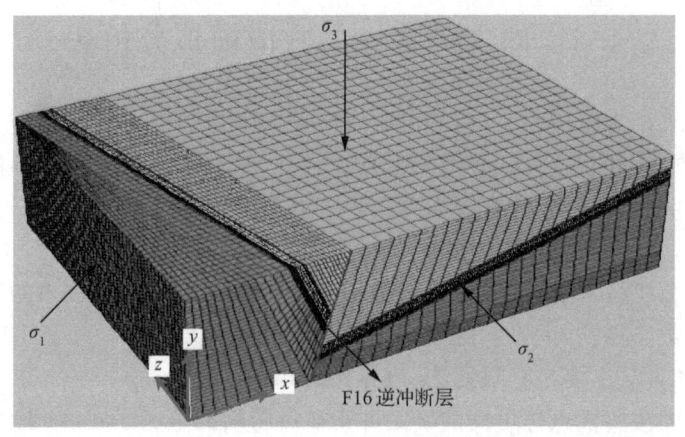

图 4-7　FLAC^{3D} 数值计算模型

根据塑性区边界判别系数 $k=-0.1$，可确定出 25110 工作面开采过程中沿煤层走向和倾向的塑性区边界，并采用光滑曲线连接便可形成塑性区边界的演化形态，如图 4-8 所示。

沿煤层走向的塑性区边界演化特征为[图 4-8(a)]：①随着工作面推进距离的增大，塑性区边界逐步向开切眼后方、上位岩层扩展，并向工作面前方移进；②塑性区边界的拱脚落在工作面前后方煤壁中，且随着工作面的推进，拱脚到临空区的距离不断增加；③塑性区边界形态随着工作面推进距离的变化而变化，当工作面推进距离较小时，塑性区边界的横半轴长度小于纵半轴长度，当工作面推进到一定距离后，塑性区边界拱的纵半轴高度趋于稳定，塑性区边界拱顶扁平率逐渐增大。沿煤层倾向的塑性区边界演化特征为[图 4-8(b)]：①沿煤层倾向，受煤层倾角影响，塑性区边界呈非对称分布；②工作面中部塑性区拱顶高度达到最大。

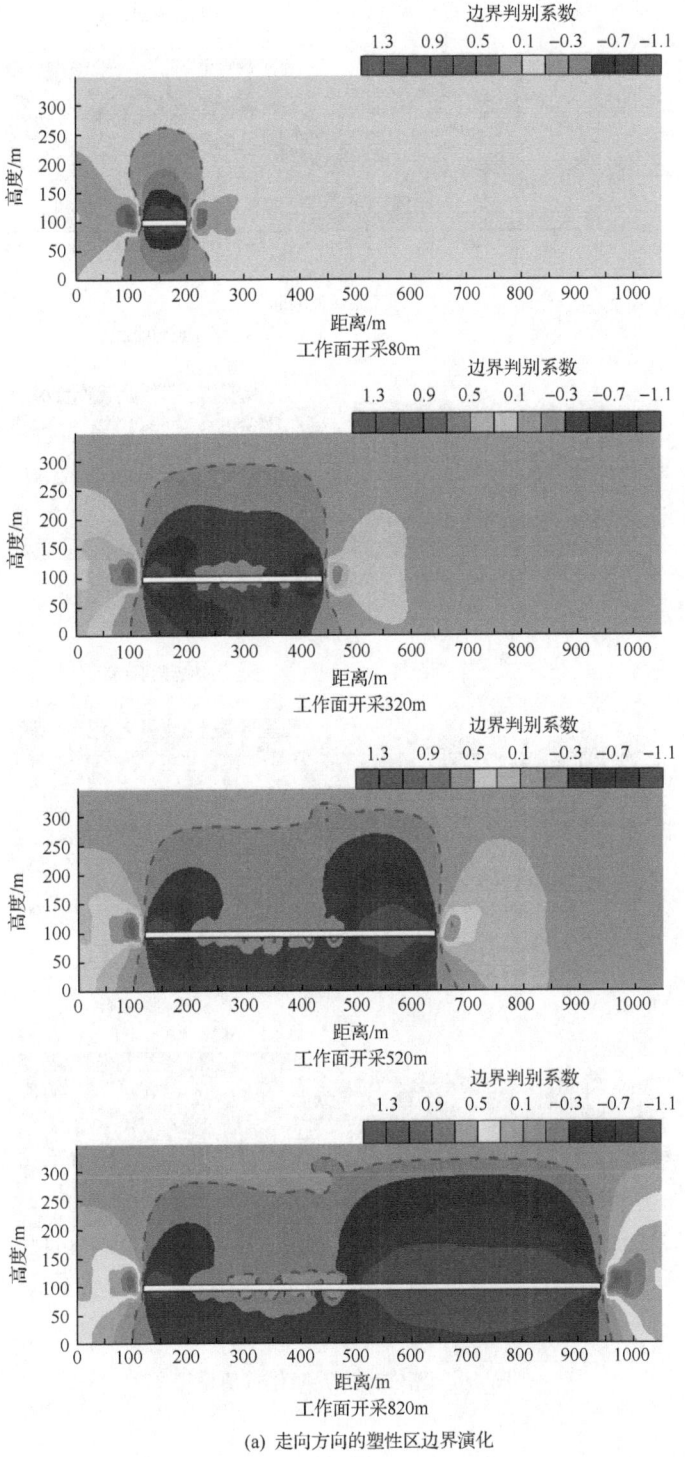

(a) 走向方向的塑性区边界演化

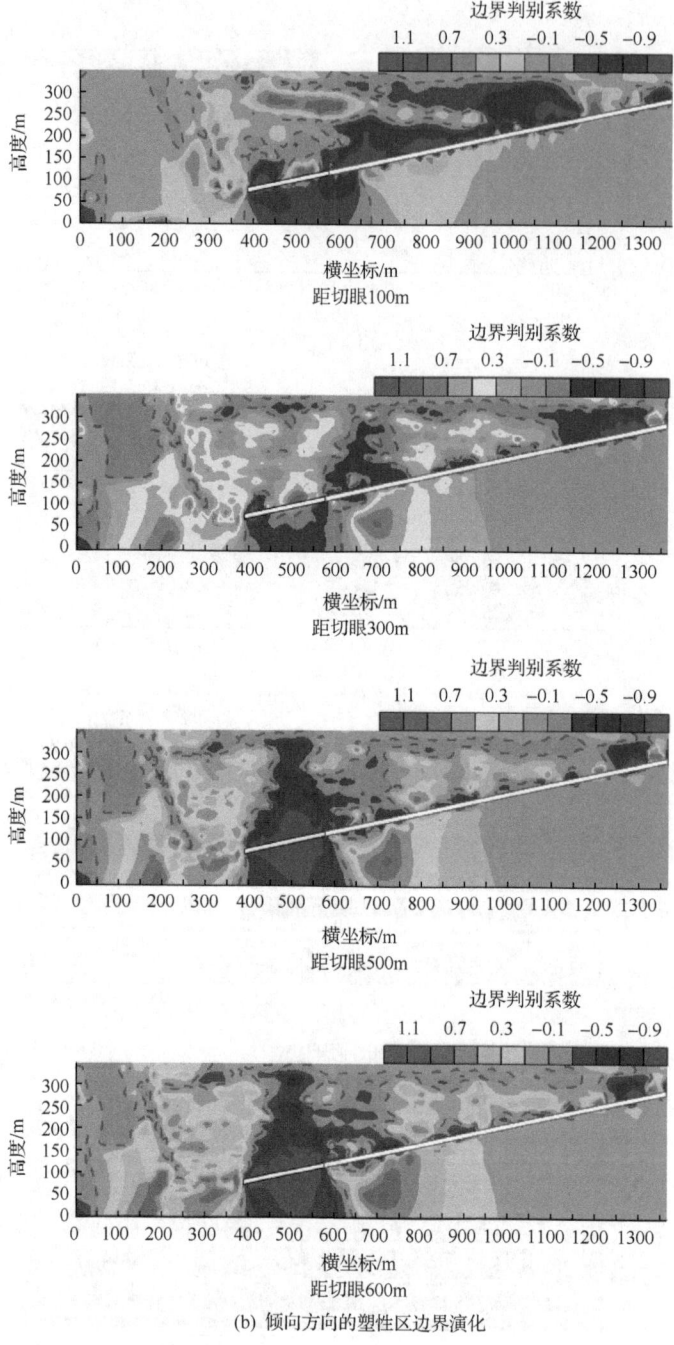

(b) 倾向方向的塑性区边界演化

图 4-8 塑性区边界演化数值模拟

4.7 冲击危险的电磁辐射监测

4.7.1 煤岩变形破坏的电磁辐射特征

岩石破裂电磁辐射的观测和研究是从地震工作者发现震前电磁异常后开始的。苏联和我国是在这方面开展研究较早的国家,还有日本和美国等国家也开展了这方面的研究工作。在近25～30年内岩石破裂电磁辐射效应的研究,无论是在理论研究方面,还是在应用研究方面,都取得了飞速发展,特别是在地震预报方面。

从20世纪90年代开始,中国矿业大学对载荷作用下煤体的电磁辐射特性及规律进行了较为深入的定性和定量研究。研究表明,煤岩电磁辐射是煤岩体受载变形破裂过程中向外辐射电磁能量的一种现象,与煤岩体的变形破裂过程密切相关(王恩元和何学秋,2000;窦林名等,2001;何学秋等,2003;肖红飞等,2004a,2004b,2004c,2006;撒占友等,2005,2006;聂百胜等,2007;宋大钊等,2012;孙强等,2012)。

煤岩材料的破裂一般呈张拉或剪切形式。当煤岩体的裂纹扩展时,在应力诱导极化作用下,在裂纹尖端表面区域中积聚大量正负电荷,裂纹尖端表面区域的扩展运动、电荷的迁移过程及破坏停止后正负电荷的快速综合过程均会伴随电磁辐射效应。煤岩剪切摩擦过程微观上是破坏过程,同样也会伴随电磁辐射效应。因此,承载煤岩在微观上非均匀应力作用下的变形及破裂过程必然伴随着电磁辐射效应。煤岩变形及破裂过程中的电磁辐射是在煤体各部分的非均匀变速变形引起的电荷迁移和裂纹扩展过程中形成的,煤体中应力越高,变形破裂过程越强烈,电磁辐射信号越强,其主频带也越高。

图4-9为某矿具有强烈冲击倾向性四层煤试样冲击破坏过程中电磁辐射的试验结果。试验用的煤岩试样是从原煤岩中直接钻取50mm×100mm的原煤试样。试验系统由加载系统、电磁辐射宽频带接收天线、电磁辐射信号数据采集系统、载荷和位移记录系统及电磁屏蔽系统等组成。

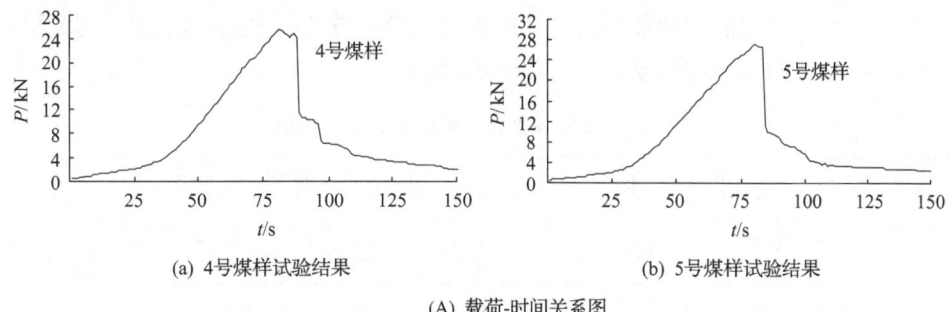

(a) 4号煤样试验结果　　　　　(b) 5号煤样试验结果

(A) 载荷-时间关系图

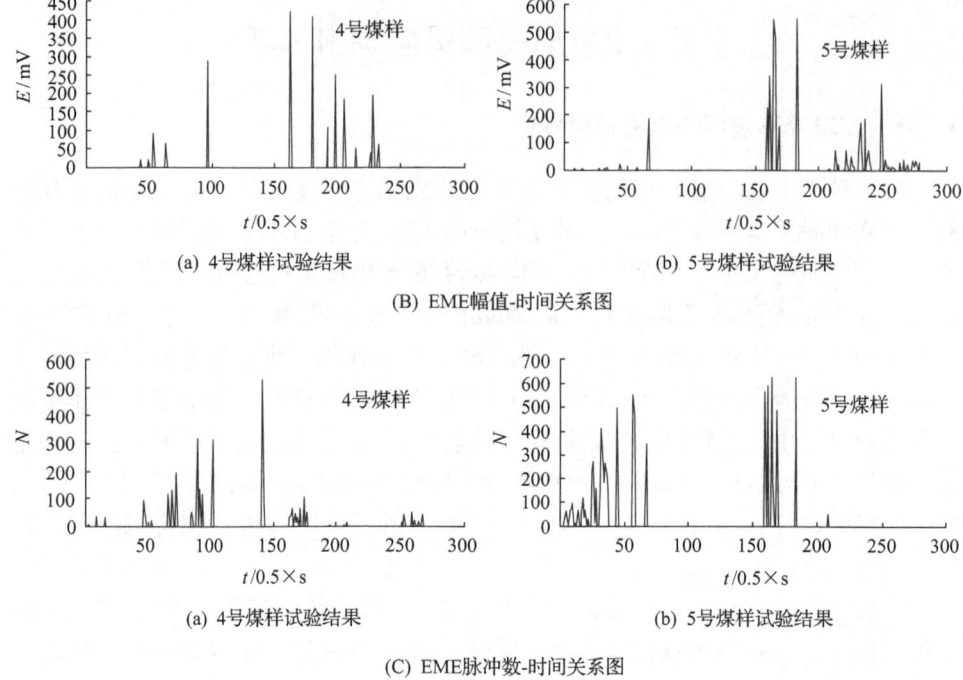

图 4-9 煤样的试验结果

由上述试验结果及作者已进行的研究可得出如下结论：煤体在载荷作用下变形及破裂过程中产生电磁辐射信号。电磁辐射基本上随着加载及变形速率的增加而增强。从煤的变形破坏试验结果来看，煤试样在发生冲击性破坏以前，电磁辐射强度一般在某个值以下，而在冲击破坏时，电磁辐射强度突然增加。

如果将煤岩体在载荷作用下，冲击破坏时最大应力的 80% 作为煤岩体冲击破坏的应力预警区，由于电磁辐射与煤体应力具有一定的对应关系，因此可以得出煤岩体冲击破坏应力预警区的电磁辐射预警值。根据确定的预警值进行煤岩体冲击破坏的预报，表 4-7 为某矿四层煤样冲击破坏的电磁辐射预警值。实验结果同时表明煤体电磁辐射的脉冲数随着载荷的增大及变形破裂的增强而增大。即煤体应力越大，变形破裂越强烈，电磁辐射信号也越强。

表 4-7 煤样冲击破坏的电磁辐射预警值

煤层	冲击破坏的应力值/MPa		冲击破坏的电磁辐射值			
	最大值	预警值	幅值/mV		脉冲数	
			最大值	预警值	最大值	预警值
4号煤	16.1	12.9	433	346	610	488

4.7.2 工作面附近的电磁辐射变化规律

在工作面不同区域,观测到的电磁辐射值是不同的。压力大的区域,电磁辐射值就高;冲击矿压危险性高的区域,电磁辐射值高。图 4-10 和图 4-11 是某矿 2408 工作面 12 月 18 日观测的电磁辐射值(图 4-11 中,上面一条曲线为最大值,下面一条曲线为平均值)。下平巷的冲击矿压危险性比上平巷的高。观测的电磁辐射值也是如此。

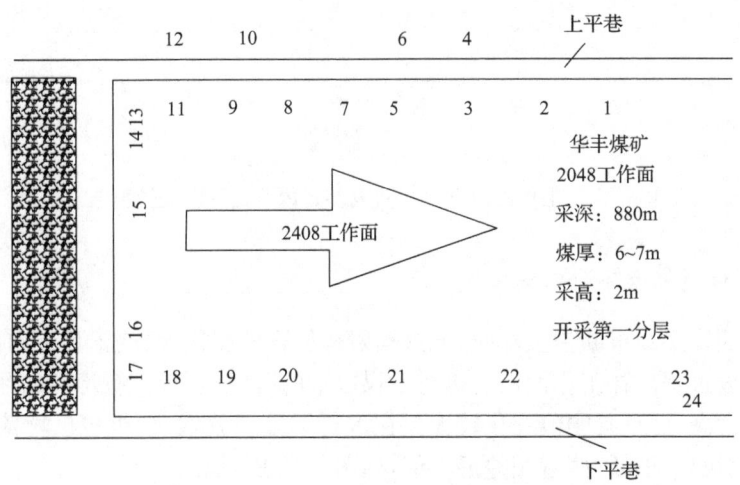

图 4-10 某矿 2408 面及电磁辐射测点布置图

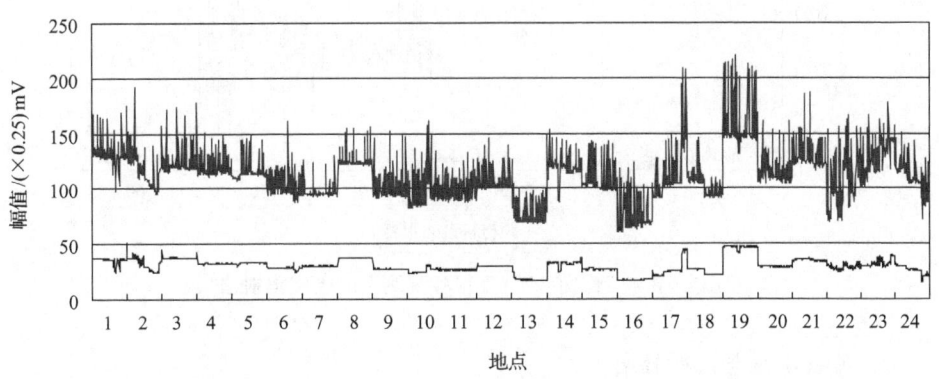

图 4-11 某矿 2408 面及其周围巷道内的电磁辐射值

1. 煤层应力与电磁辐射

在支承压力高峰区,电磁辐射强度高,脉冲数变化大。说明煤层内的应力高,而且煤层处于不断变形和破坏之中。图 4-12 为工作面前方 30m 处材料道内测定电磁辐射的结果。

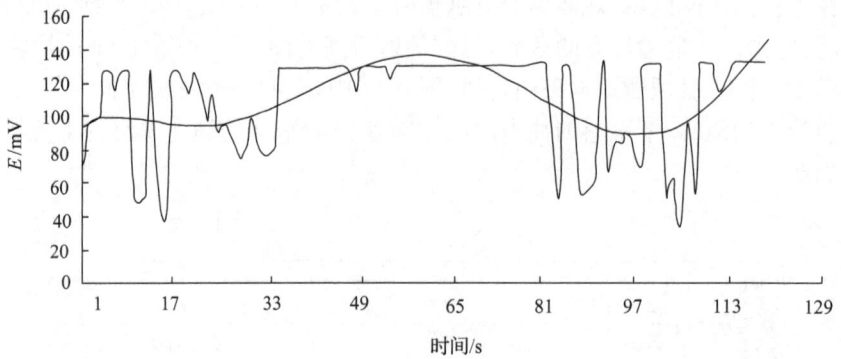

图 4-12 工作面前方 30m 处材料道内测定的电磁辐射值

2. 顶板断裂破坏与电磁辐射

工作面煤层顶板断裂破坏时,电磁辐射幅值剧烈变化,反映了顶板内聚集的弹性能的释放过程。在工作面没有进行采煤放炮的区段、顶板没有垮落的区段,电磁辐射值非常高,而且其幅值变化较大。在进行了采煤放炮,顶板也已垮落的区域,则电磁辐射幅值很低,两者相差近 4 倍,如图 4-13 所示。

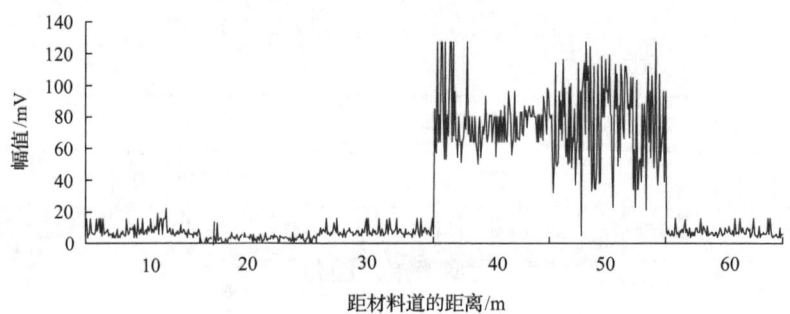

图 4-13 工作面 25 日夜班各观测点的电磁辐射值

3. 冲击矿压与电磁辐射

在冲击矿压发生前,电磁辐射的幅值有较大幅度的增长。例如,在工作面上头距风巷 120m 处,在测过以后不到半分钟,曾发生过一次煤炮(小型冲击),其强度为 70~80dB,如图 4-14 所示。

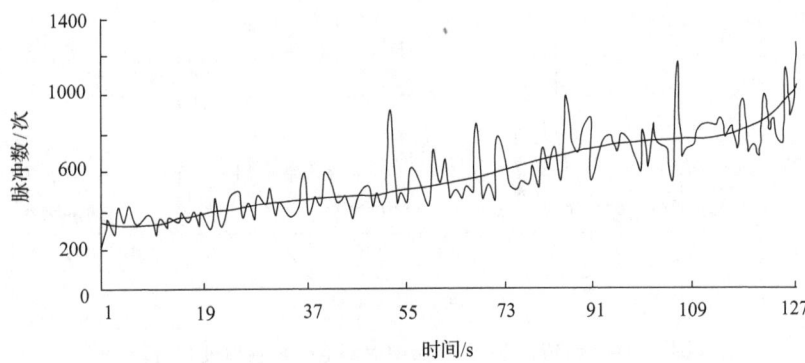

图 4-14　煤炮发生前电磁辐射脉冲数的变化趋势

诱发和发生冲击矿压前后电磁辐射变化有这样的规律,即冲击矿压发生前的一段时间,电磁辐射值较高,之后有一段时间相对较低,但在这段时间内,其电磁辐射值均达到、接近或超过临界值,之后发生冲击矿压。图 4-15 为冲击矿压发生前后工作面煤壁处的电磁辐射强度的变化规律。诱发冲击矿压前后电磁辐射的变化规律,同样证明这一点。

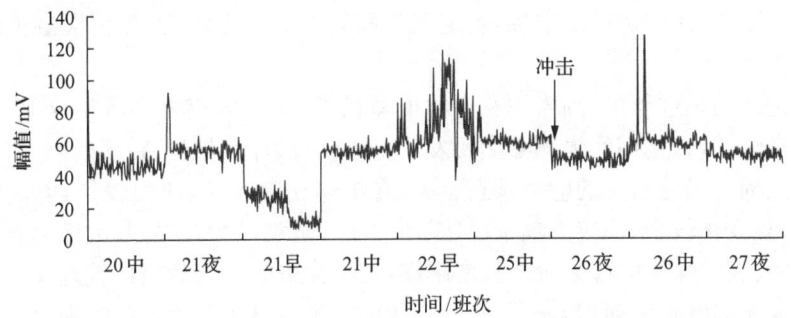

图 4-15　冲击前后工作面电磁辐射的变化

4. 卸压爆破与电磁辐射

在工作面有冲击矿压危险区域内进行卸压爆破前后,电磁辐射值有明显的变化。根据这个规律,可用电磁辐射方法检测卸压爆破的效果。图 4-16 为工作面上部随工作面推进,其电磁辐射值的变化规律。从图 4-16 可以明显地看出绝大部分冲击危险区域在卸压爆破后,电磁辐射值有了明显的下降,如 11 月 17～18 日,有的效果还非常好,特别是 11 月 18 日电磁辐射值下降得非常多。

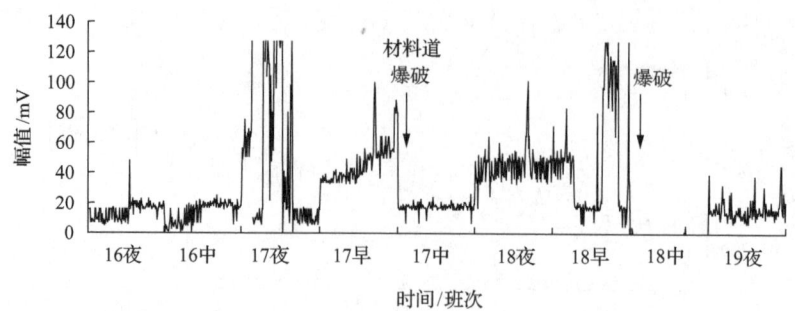

图 4-16　推进过程中工作面中上部电磁辐射值变化规律

4.7.3　冲击危险监测的电磁辐射技术

1. 电磁辐射监测冲击危险原理

电磁辐射可用来预测煤岩灾害动力现象。其主要参数是电磁辐射强度和脉冲数。电磁辐射强度主要反映了煤岩体的受载程度及变形破裂强度,脉冲数主要反映了煤岩体变形及微破裂的频次。此外,电磁辐射还可用于检测煤岩动力灾害防治措施的效果,评价边坡稳定性,确定采掘面周围的应力状态,评价混凝土结构的稳定性等。

掘进或回采过程中,围岩原有力学平衡状态被打破,应力将重新分配,向新的平衡状态转化,转化期间煤体必然要发生变形或破裂而引起电磁辐射。

电磁辐射强度与煤的应力状态有关,在煤体松弛区域,应力较低,电磁辐射信号较弱,且变化较小;在应力集中区,煤体的变形破裂过程较强烈,电磁辐射信号较强,频率较高。煤体的应力集中程度越高,发生冲击矿压的危险性就越大。因此通过监测煤体的电磁辐射信号强弱及其变化可以预测煤体的冲击危险程度。对煤体采用非接触方式监测的信号是松弛区和应力集中区产生的电磁辐射信号的总体反映。当监测范围内出现高应力集中区时,接收的信号表现出高应力集中区的特征。因此可以通过监测煤体的电磁辐射信号来预测监测范围内高应力集中区的范围及大小,从而实现煤体冲击矿压的监测预报。

电磁辐射和煤的应力状态有关,应力高时电磁辐射信号就强,电磁辐射频率就高,应力越高,则冲击危险越大。电磁辐射强度和脉冲数两个参数综合反映了煤体前方应力集中程度的大小,因此可用电磁辐射法进行冲击地压预测预报。

研究表明,煤岩冲击、变形破坏的变形值 $\varepsilon(t)$、释放的能量 $w(t)$ 与电磁辐射的幅值、脉冲数成正比。冲击矿压发生前的一段时间,电磁辐射值较高,之后有一段时间相对较低,但在这段时间内,其电磁辐射值均达到、接近或超过临界值,之后发生冲击矿压。电磁辐射的变化反映了煤岩破坏发生、发展的过程。

由于电磁辐射强度和脉冲数两个参数综合反映了煤体应力集中程度,因此监测收集电磁辐射幅值最大值、幅值平均值、脉冲数三个指标来反映不同应力条件下电磁辐射特征。

电磁辐射与煤岩应力的关系。统计损伤力学是描述材料损伤破裂与应力关系的一门科学。我们基于损伤力学和统计力学理论建立了煤岩变形破裂电磁辐射的力电耦合模型:

$$\frac{\sum N}{N_m} = 1 - \exp\left(-\left(\frac{\varepsilon}{\varepsilon_0}\right)^m\right) \qquad (4-13)$$

$$\sigma = E\varepsilon\left[1 - \frac{\sum N}{N_m}\right] \qquad (4-14)$$

式中,ε 为应变;m 和 ε_0 分别为 Weibull 分布的分布标度和以应变形式表征的形态参数;$\sum N$ 为电磁辐射脉冲数;N_m 为完全破坏时的电磁辐射累计脉冲数。设应变和应力之间符合线弹性关系,可以得到不同应力变化 $\Delta\sigma_1$、$\Delta\sigma_2$ 时对应的电磁辐射脉冲数 ΔN_1、ΔN_2 之比为

$$\frac{\Delta N_2/\Delta\sigma_2}{\Delta N_1/\Delta\sigma_1} = \left(\frac{\sigma_2}{\sigma_1}\right)^{m-1} \exp\left[\left(\frac{\sigma_1}{\sigma_0}\right)^m - \left(\frac{\sigma_2}{\sigma_0}\right)^m\right] \qquad (4-15)$$

这样,就得到单位应力的电磁辐射脉冲数与应力之间的关系,只要确定出煤岩变形破裂过程不同阶段应变之间的关系,即可得到煤岩流变-突变过程不同阶段电磁辐射脉冲数变化量的关系,从而求得电磁辐射脉冲数的临界值和变化趋势系数。

2. 煤岩冲击破坏危险与电磁辐射的关系

煤岩冲击危险性与电磁辐射的规律性关系主要表现在煤岩冲击破坏的电磁辐射预警准则、预警方法和预警临界值三个方面。

1) 预警准则

根据大量的实验室、现场试验和煤岩变形破裂电磁辐射的力电耦合模型,我们建立了煤岩冲击破坏的电磁辐射预警准则:

$$K_{Nr} = \frac{\Delta N_r/\Delta\sigma_r}{\Delta N_w/\Delta\sigma_w} = \left(\frac{\sigma_r}{\sigma_w}\right)^{m-1} \exp\left[\left(\frac{\sigma_w}{\sigma_0}\right)^m - \left(\frac{\sigma_r}{\sigma_0}\right)^m\right] \qquad (4-16)$$

$$K_{Nq} = \frac{\Delta N_q/\Delta\sigma_q}{\Delta N_w/\Delta\sigma_w} = \left(\frac{\sigma_q}{\sigma_w}\right)^{m-1} \exp\left[\left(\frac{\sigma_w}{\sigma_0}\right)^m - \left(\frac{\sigma_q}{\sigma_0}\right)^m\right] \qquad (4-17)$$

$$K_{Er} = \frac{E_r}{E_w} = \frac{\sigma_r}{\sigma_w}, \quad K_{Eq} = \frac{E_q}{E_w} = \frac{\sigma_q}{\sigma_w} \qquad (4-18)$$

式中，K_{Nr} 和 K_{Nq} 分别为有弱危险和强危险时电磁辐射脉冲数的临界值系数；K_{Er} 和 K_{Eq} 分别为有弱危险和强危险时的电磁辐射强度临界值系数；σ_w、σ_r、σ_q 分别为无、弱、强危险时的应力；ΔN_w、ΔN_r、ΔN_q 分别为无、弱和强危险时的电磁辐射脉冲数；E_w，E_r，E_q 分别为无、弱、强危险时的电磁辐射强度。

该准则反映了电磁辐射及其变化与煤岩体应力、煤岩体冲击危险性之间的关系。该准则表明，可以利用电磁辐射的强度和脉冲数两个指标监测预警煤岩冲击危险性。

2）预警方法

采用临界值法和动态趋势法相结合的预警方法，这是与煤岩体变形破裂过程或冲击矿压发展过程中的电磁辐射变化规律相适应的。冲击矿压的危险程度可分为无危险、弱危险和强危险。依据危险程度，采用三级预警，对于不同级别的冲击危险性，可采取相应的防治对策。

3）监测预警临界值

预警方法和防治对策见表 4-8，表中动态趋势方法中 K_E 表示电磁辐射强度的动态变化系数，K_N 表示电磁辐射脉冲数的动态变化系数。这是计算得到的理论临界系数，实施时需要根据现场实际情况进行微调，这显著缩短了过去根据大量实测结果统计求取临界值的周期。

表 4-8　冲击矿压危险电磁辐射预警临界值及防治对策表

预测方法	等级危险		
	无危险	弱危险	强危险
临界值法	$E<1.3E_w$ 且 $N<1.7N_w$	$E\geqslant 1.3E$ 或 $N\geqslant 1.7N_w$	$E\geqslant 1.7E_w$ 或 $N\geqslant 2.3N_w$
动态趋势法	$K_E<1.3$ 且 $K_N<1.7$	$K_E\geqslant 1.3$ 或 $K_N\geqslant 1.7$	$K_E\geqslant 1.7$ 或 $K_N\geqslant 2.3$
措施	不需要采取措施	边作业，边治理	撤人或立即采取措施

3. 测量的有效距离

根据研究结果，一般情况下，对于现场煤岩体来说，当电磁场频率低于 1 MHz 时，$\sigma/\omega\varepsilon\gg 1$，则煤岩体中电磁波传播的有效传播距离 L 为

$$L=\sqrt{\frac{\rho}{\pi\mu f}}, \quad f=\frac{\rho}{\pi\mu L^2} \tag{4-19}$$

式中，L 为电磁波传播的有效距离；ρ 为煤体的电阻率；μ 为磁导率；ε 为绝对介电常数；ω 为电磁波的频率；σ 为介质的电导率。

对于岩石和矿物，μ 一般是不随频率而变化的定值，即 $\mu=\mu_0=4\pi\times 10^{-7}$ H/m。

煤体的电阻率 ρ 一般在 $10^2\sim10^3$ $\Omega\cdot m$ 变化。当选择接收频率上限为 500kHz 时,则预测值(或有效深度)为 7.12～22.5m。

4. 测点的布置

因为采场周围的应力分布是不均匀的,冲击矿压一般发生在工作面及前方 100m 范围。观测点的布置原则是既要监测工作面的区域,又要监测两巷。而应力集中程度高的区域,则是重点防治区域,对于重点区域,要多布置一些测点。故测线间距可定为 10m,这样可覆盖全部危险区域。

4.7.4 电磁辐射监测冲击危险实例

1. 徐州三河尖煤矿

电磁辐射监测预报实践是在徐州三河尖煤矿 7204 高冲击危险工作面进行的。7204 工作面位于该井田的西翼,浅部为 7202 工作面,已于 1996 年元月回采完毕,深部为实体煤。西面为西一轨道下山及未采区,东面为设计边界。地面标高为 35.8～36.0m,工作面标高为 -707.5～-830.9m。7204 工作面材料道标高为 -771.2m,运输道标高为 -825.5m。7204 工作面走向长 475m,倾斜长 135～142m,回采具有强烈冲击倾向性的煤层,厚度为 1.35～3.18m,平均 2.25m,煤层倾角为 19～38°,平均 29°。煤层顶板直接顶为中砂岩,厚 11.89～18.06m,平均 12.97m,底板为粉砂岩,厚 0.4～7.09m,平均 4.30m。

7204 工作面开始回采后,曾先后发生了 5 次冲击矿压。特别是第 5 次,曾造成了 500m 巷道和工作面的破坏,工作面被迫停产。工作面恢复生产后,将原停采线向外 28m 处的联络巷作为切眼,进行安装并回采。工作面采用炮采,单体液压支柱支护。

观测结果表明,在采掘过程中,围岩发生破裂时,均有电磁辐射信号产生。电磁辐射信号随着围岩受载的增大而增强,而且还随变形速率的增加而增强。

正常情况下,工作面及顺槽的电磁辐射的幅值及脉冲数较小,变化不明显。工作面不同部位电磁辐射值不同。顶板压力大及煤体冲击危险性高的区域,电磁辐射值高。在冲击矿压发生前,电磁辐射有明显反映,其幅值或脉冲数增长幅度较大。其规律是冲击矿压发生前的一段时间,电磁辐射值较高,之后有一段时间相对较低,但在这段时间内,电磁辐射值均达到、接近或超过临界值,之后发生冲击矿压。也就是说,冲击矿压发生前的一段时间,电磁辐射连续增长或先增长,然后下降,之后又呈增长趋势,如图 4-17 所示。

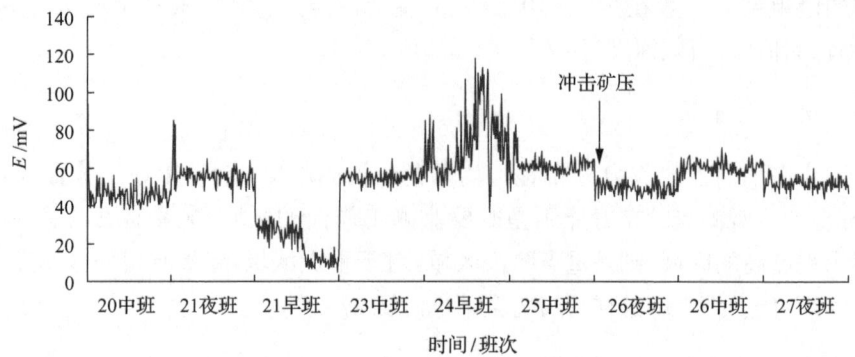

图 4-17　冲击矿压前后电磁辐射值的变化规律

此外,在冲击危险区域,采用卸压爆破后,电磁辐射也有明显的变化。即在卸压爆破前,若所测的电磁辐射幅值高,说明煤岩体所受的应力高,其中聚积有大量的弹性能。如果卸压爆破后,电磁辐射值有了明显的下降,说明应力有了降低,能量得到了释放;如果卸压爆破后电磁辐射值没有明显的变化,甚至有所上升,则说明煤岩体中的弹性能没有得到释放,而且应力更加集中,更容易发生冲击矿压,如图 4-18 所示。因此,采用电磁辐射监测配合其他监测方法可以大大提高工作面冲击危险的预测预报准确程度,并可检验卸压爆破防治措施的效果。

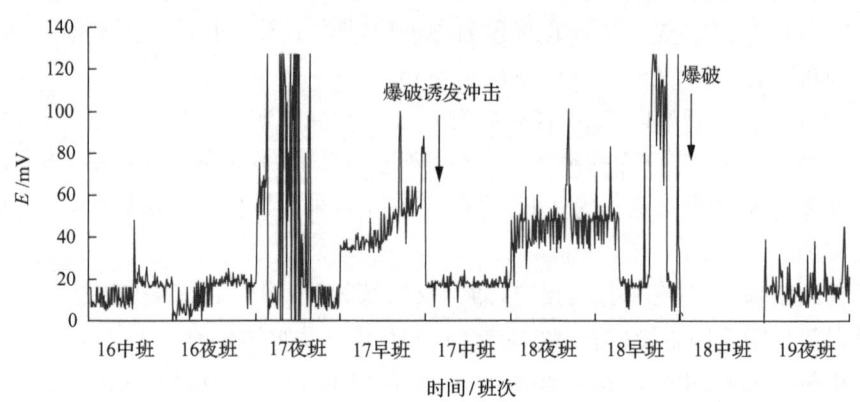

图 4-18　7204 工作面卸压爆破前后电磁辐射的变化规律

7204 工作面从恢复生产以来,采面及巷道共发生冲击矿压现象 38 次,其中 34 次为卸压爆破诱发,4 次虽进行了卸压爆破,但由于爆破力度不够,在落煤时诱发了冲击矿压现象。对于卸压爆破诱发冲击矿压和 4 次落煤诱发冲击矿压,在此之前,均采用电磁辐射进行了预测预报。从防治冲击矿压危险的结果看,如果以发生的冲击矿压现象为标准,则防治冲击矿压发生的有效率达 89%。

2. 新汶华丰煤矿

电磁辐射监测预报实践是在某矿 3406(1) 工作面进行。3406(1) 工作面位于 −750 水平三采区第二区段四层煤上分层工作面。四层煤厚 6.5m，具有强烈冲击倾向性，分三层开采，上分层采高 2.2m，倾角平均 34°。直接顶为厚 2.0m 的粉砂岩，基本顶为 70 余米厚的砂岩，粉、中、粗砂岩互层；3406(1) 工作面上下顺槽标高为 −537m，−635m，上为 3405 工作面采空区，西为井田边界，东为 2407 采空区，下为 3407 工作面，工作面走向长 650m。

3406(1) 工作面采用走向长壁垮落法开采，单体液压支柱配铰接顶梁支护，放炮落煤，自溜运输。

采用 KBD5 型电磁辐射仪进行工作面煤体的电磁辐射监测，监测方式为非接触式定向测试，为宽频带监测，接收频率上限为 500 kHz，有效监测距离为 7～22m，测点间距一般为 10m。

观测结果表明，正常情况下，工作面及顺槽的电磁辐射的幅值及脉冲数较小，变化不明显。工作面不同部位电磁辐射值不同。顶板压力大及煤体冲击危险性高的区域，电磁辐射值高。在较大的矿震、冲击矿压发生前，电磁辐射有明显反映，其幅值或脉冲数增长幅度较大。在冲击危险区域，诱发爆破后，电磁辐射的脉冲数变化剧烈，说明，在这期间煤壁内变形破坏变化强烈，发生冲击矿压危险的可能性较大。

图 4-19 为 3406(1) 工作面中部电磁辐射观测结果（M_L 表示震级）。图 4-20 为电磁辐射三个参数偏差值的变化规律。从以上图形看出，冲击矿压发生前，电磁辐射的三个特征参数均不同程度地超过了某一临界值，其偏差值变化较大。因此，采用电磁辐射监测配合其他监测方法可以大大提高工作面冲击危险的预测预报准确程度。

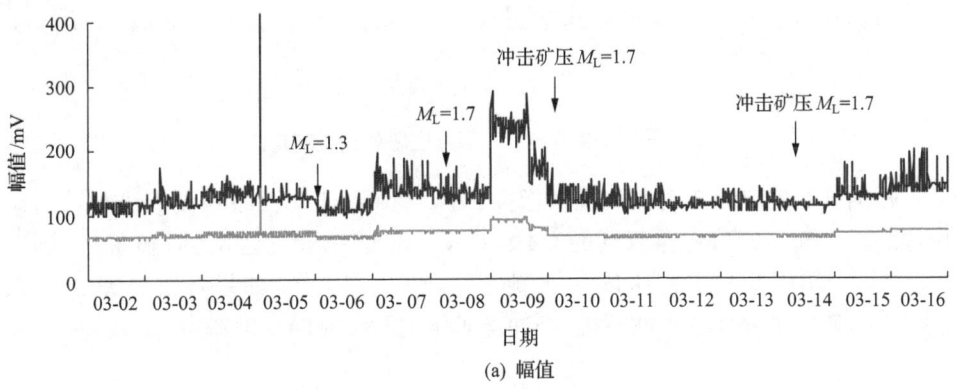

(a) 幅值

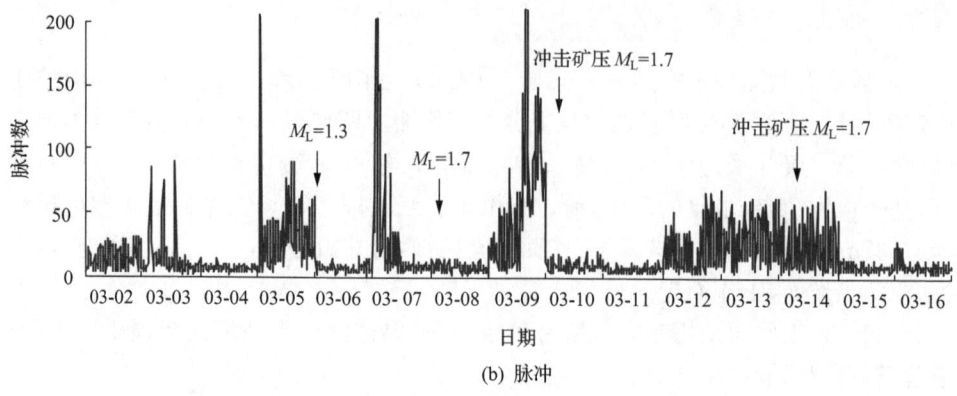

(b) 脉冲

图 4-19　冲击矿压前后电磁辐射值的变化规律

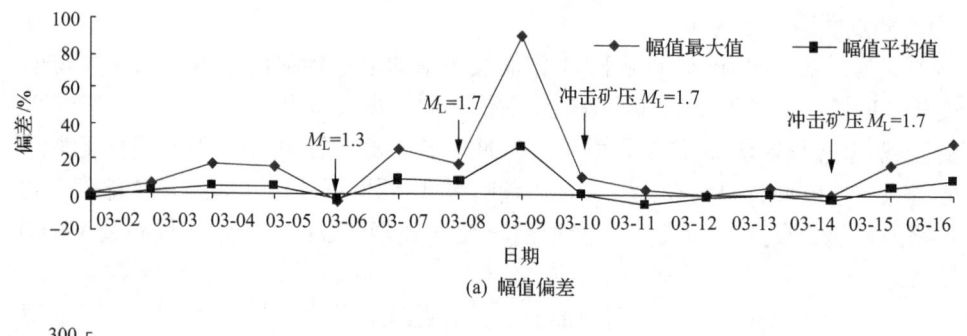

(a) 幅值偏差

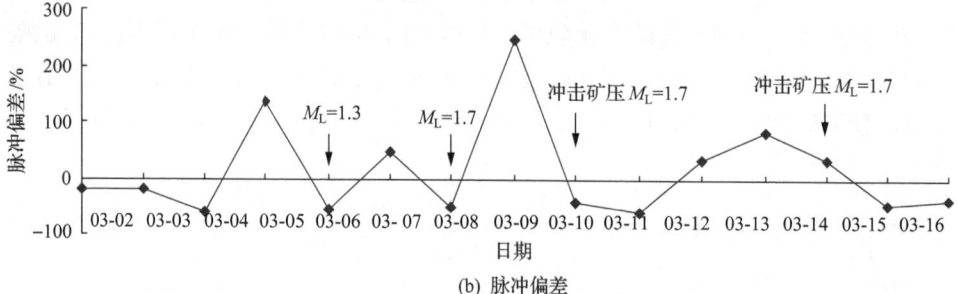

(b) 脉冲偏差

图 4-20　3406(1)工作面电磁辐射偏差变化图

根据确定的电磁辐射监测预报指标,对 3406(1)工作面各观测点进行冲击矿压危险性判断。如果将监测到的 C 级(中等)冲击矿压危险作为预测标准,则对 1.0 级以上矿震及冲击矿压危险预测的准确率为 100%,如果将监测到的 D 级(强)冲击矿压危险作为预测标准,则冲击矿压危险预测的准确率为 73%。

4.8 矿山震动规律及微震监测技术

微震是岩体破裂的萌生、发展、贯通等失稳过程的动力现象。在矿山开采过程中,微震的发生有天然微震及由采矿引发的微震两种,震动能量集中在 $10^2 \sim 10^{10}$ J,对应里氏震级 0～4.5 级;震动频率低,为 1～150 Hz;影响范围从几百米到几百千米,甚至几千千米。监测到的微震活动被称为微震事件,一个微震事件包含微震活动发生的时间、地点及剧烈程度等信息。

微震监测法就是采用微震网络进行现场实时监测,通过提供震源位置和发生时间来确定一个微震事件,并计算释放的能量,进而统计微震活动的强弱和频率信息,结合微震事件的分布情况判断潜在的矿山动力灾害活动(冲击矿压)规律,通过识别矿山动力灾害活动规律实现危险性评价和预警。

4.8.1 矿震与冲击矿压

矿震即矿山地震,又称微震,是矿山开采引起的地震活动(张少泉等,1988,1993a,1993b;Gibowicz and Kijko,1994)。矿震是各类诱发地震中危害性最大的一种,直接关系到矿山的安全问题。矿震也是世界深层采矿作业中最难掌握的现象,世界上许多国家都开展了对矿震的研究,以求经常性地预测较大的矿震事件。

矿震是矿区内在区域应力场和采矿活动作用影响下,采区及周围应力处于失调不稳的异常状态,在局部地区积累了一定的能量后以冲击或重力等作用方式释放出来而产生的岩层震动。

按矿震发生地点,矿震分为发生在开采面附近的矿震和发生在地质不连续面的矿震。发生在开采面附近的矿震和采矿率有关,其能量来源于自重,多发生在煤柱处,所以有时也称为压力型矿震。当开采引起的附加应力与构造应力相互作用时,如果引起断裂面的重新滑移,即发生在地质不连续面的矿震,由于与构造应力有关,有时也称构造型矿震。构造型矿震震级一般较大,南非的克莱克斯多普金矿被一条大的正断层错断,其错断处曾发生过 5.2 级矿震。

按矿山类型分,矿震分为煤矿中的矿震、钾盐矿中的矿震及金属矿中的矿震。矿山类型不同,震源机制也不同,表现出的特征也不同。煤矿中的矿震主要是煤体内弹性能高度集中,超过了煤体强度。煤矿中的矿震,往往在接近较大矿震时,微震活动急剧变化,甚至平静。钾盐矿属于一种在采矿应力作用下迅速变软的软岩,应力可以通过黏滞变形而减小,以无震级形式逐渐消耗位能,只有当弹性变形大于蠕变变形时,才有可能发生矿震。因此,钾盐矿中的矿震震级一般都很小。金属矿中矿震的发生更多的是由于断层活动的参与,震级一般较大,其特征更接近天然地震。

按矿震成因分,矿震分为煤(矿)柱冲击型矿震、顶板冒落型矿震、顶板开裂型矿震和断层活动型矿震。在实际中,这几种矿震往往伴随发生,如当出现大面积悬顶并久悬不落时,可能会出现顶板冒落和顶板开裂,如果附近存在矿柱或断层,则很可能发生煤(矿)柱冲击和断层活动。

矿震主要发生在地质构造比较复杂、地应力(构造应力)较大、断裂活动比较显著的矿区。在我国,发生矿震并构成灾害的矿区有北京、新汶、抚顺、北票、大同、华亭、鹤岗、七台河、阜新、徐州等矿区。例如,在抚顺矿区,现在每年矿震(地震台能记录到的矿震)次数达 3000~4500 次,最大震级为 $M_L3.3$ 级;北京在门头沟矿自 1947 年首次测到 $M_L3.8$ 级矿震以来,随着开采深度的不断增加,矿震频度和能量均显著增加,最大矿震达 $M_L4.2$ 级,北京市部分地区均有明显震感;新汶矿区现开采深度达 700~1000m,矿震现象已十分突出,每年发生的矿震达 100 余次,地面震感强烈,影响范围可达 10km 以上。

矿山震动将引发冲击矿压和岩体卸压。在矿山震动较强烈的情况下,在地面都能感觉到岩体的震动,甚至使地面的建筑物遭到破坏。在特殊情况下,矿山震动就是冲击矿压,造成巷道、工作面的突然损坏和破坏及人员的伤亡。

岩体卸压可以理解为冲击矿压的下限,是岩体振动、地音及井巷周围岩体破断的结果。岩体卸压只是造成巷道压缩、支架变形、岩体的破碎等。一次卸压不会破坏巷道的作用和功能,但多次卸压后,巷道就需要部分修复。图 4-21 为岩体内产生的动力现象及其之间的因果关系。

研究表明,开采区域内的矿震都是开采活动引起的;每个能量等级每年出现的震动次数是不同的。能量级越高,震动出现的频率就越低,能量级越低,震动出现的频率就越大。图 4-22 表示波兰某矿震动出现的频率 n 与能量级 E 之间的关系(Dubinski and Konopko,2000)。

震动频率与能量等级之间可用式(4-20)表示:

$$\lg n = a \lg E + b \tag{4-20}$$

式中,a,b 为方程系数。

因此,冲击矿压是矿山震动的一种形式,矿山震动和冲击矿压的基本关系为:①冲击矿压是矿山震动的事件集合之一;②冲击矿压是岩体震动集合中的子集;③每一次冲击矿压的发生都与岩体震动有关,但并非每一次岩体震动都会引发冲击矿压。

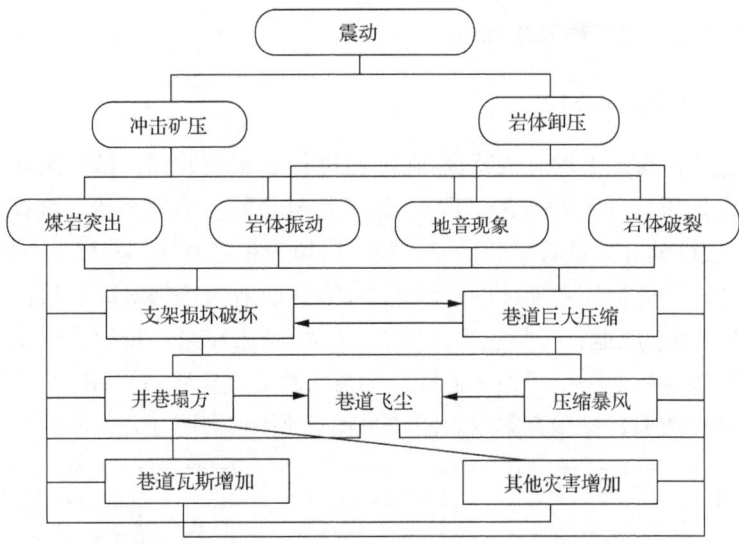

图 4-21 岩体内产生的动力现象及其之间的因果关系

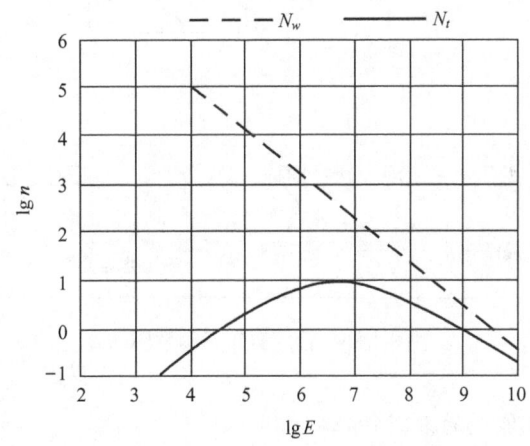

图 4-22 震动和冲击矿压频次与能量关系

研究表明,冲击矿压的发生和煤岩体内的震动事件有很密切的关系。发生冲击矿压的可能性和震动的能量有很大的关系,震动的能量越大,发生冲击矿压的可能性就越大。从冲击矿压与岩体震动的关系来看,发生冲击矿压的最低能量为 1×10^4 J;在能量级别为 1×10^6 J 时,发生的冲击矿压最多;当震动能量为 4×10^{10} J 时,其概率几乎为 1。

4.8.2 冲击震动的传播衰减规律

1. 震动试验测试系统

为确定冲击震动波的衰减特征,在地面进行了试验研究。试验采用中国矿业大学和国家地震局共同研制的 TDS-6 微震信号与数据采集系统。选择四种不同完整性、松散性的介质进行试验研究。第一场地为相对完整和坚硬的石块场地;第二场地为硬度较低但完整连续的细沙土地;第三场地为松散破碎岩层的小泥块土地;第四场地为水泥地。实验总共进行了 19 次,除去在第一场地的一次意外干扰影响和第三场地一次一个子站未连线总共两次的无效实验,总共得到 17 次有效原始实验信号和数据。试验方案示意图如图 4-23 所示(高明仕,2006)。

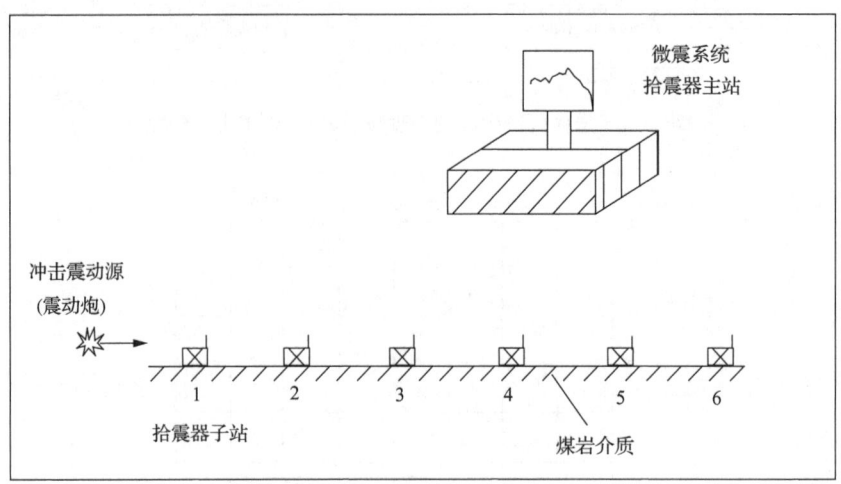

图 4-23 拾震器布置示意图

2. 冲击震动波能量的衰减特征

根据 TDS-6 微震试验系统内部设计自定的震动加速度幅值与震动烈度的对应关系、震动烈度与震级的关系,可以回归震动加速度幅值与震级之间的运算关系。再根据震级与能量之间的关系 $\lg E = 1.8 + 1.9 M_L$,可得到计算各拾震器位置震动能量与震动加速度之间的计算公式: $E = 10^{3.7849 + 0.8271 \ln a}$,从而计算出四个试验场地各拾震器位置冲击震动波能量值,进而得到冲击震动波沿传播距离的衰减特征曲线,如图 4-24 所示。

从上面能量衰减变化曲线可以看出,能量的衰减变化趋势同震动加速度的变化趋势,随传播距离增大能量也呈乘幂关系 $E = E_0 \ell^{-\eta}$ 衰减,初始衰减依然很快,到一定距离后衰减幅值减小。因此,可以推论出,应力波在岩土介质传播过程中,公用参量(加速度、速度、位移、应力、应变和能量)均遵循乘幂关系衰减规律。

在四种介质中的能量衰减指数的大小依然随介质的完整性、硬度、孔隙率等性能指标的变化而不同,这些指标越趋向良性,衰减指数越小,反之,衰减指数越大。例如,在水泥地介质中衰减指数为 1.1509,而在细沙土介质中衰减指数达到 2.1309。

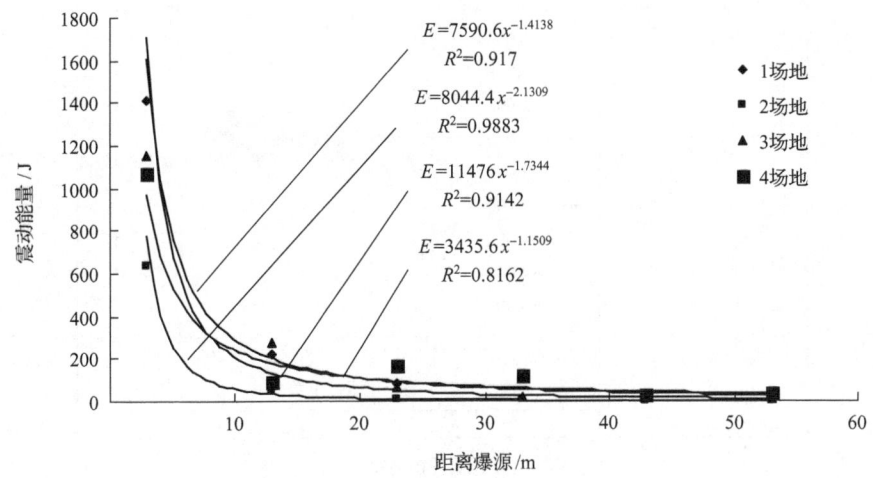

图 4-24　各实验场地各拾震器位置能量变化曲线

3. 震动传播的数值模拟分析

冲击矿压的发生最主要的一个因素是高应力的集中,而且这个高应力积聚的弹性变形能的释放是突然的、急速的瞬间阶段,通常都是由顶板坚硬岩层的突然弯曲下沉或断裂移动而造成的。有时也会发生这样的情况,即本来顶板岩层积聚的弹性能并不大,但受到周围采动影响,如放炮、机械振动等影响,这些采矿活动产生的震动能量传播至已经事先积聚了一定能量的坚硬顶板处,应力叠加总和超过了坚硬顶板所能承受的极限强度,诱发顶板岩层的突然弯曲下沉或断裂移动,能量转移至强度极限相对更低的煤体中,从而导致冲击矿压的发生。因此,可以说只要发生冲击矿压现象,一定是顶板或巷帮周围存在一个突然爆发冲击震动力的高应力区,我们将这个产生突然冲击震动的高应力区称为冲击源(震源)。

FLAC 数值模拟软件中的 Dynamic 模块,具有模拟如爆炸等突发冲击震动效应的力学模拟功能。通过一定的赋值语句,确定好震源加载波形,对各个参数相应赋值,就可以模拟巷道在冲击震动波的传播效应下围岩应力分布和位移趋势及大小,并分步再现冲击矿压破坏的全过程,这对研究冲击破坏机理提供了有力保证。

图 4-25 和图 4-26 是 5×10^6 J 能量级别的冲击震动源分别在顶板 20m 和 100m 处对巷道产生的冲击破坏效应模拟结果。

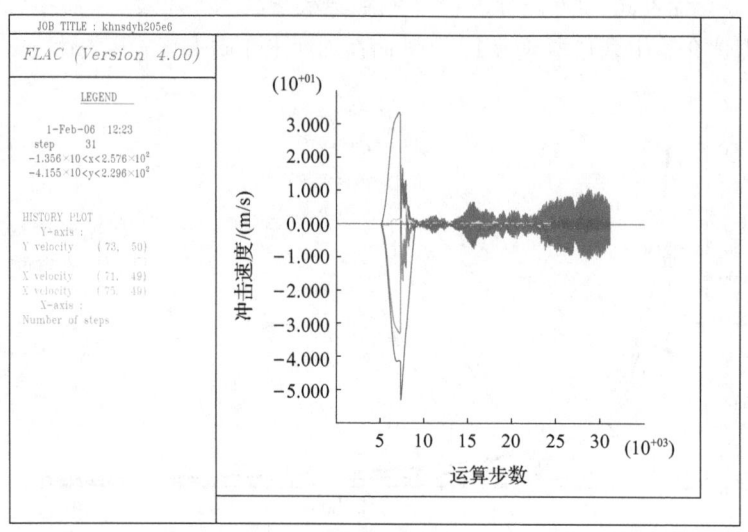

(a) 围岩冲击速度

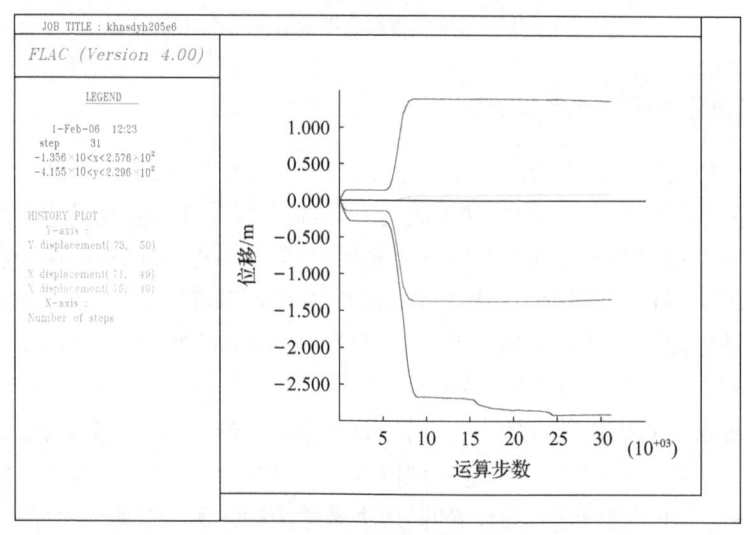

(b) 围岩位移

图 4-25　khnsdyh205e6 冲击效应

第 4 章 冲击矿压危险的监测预警

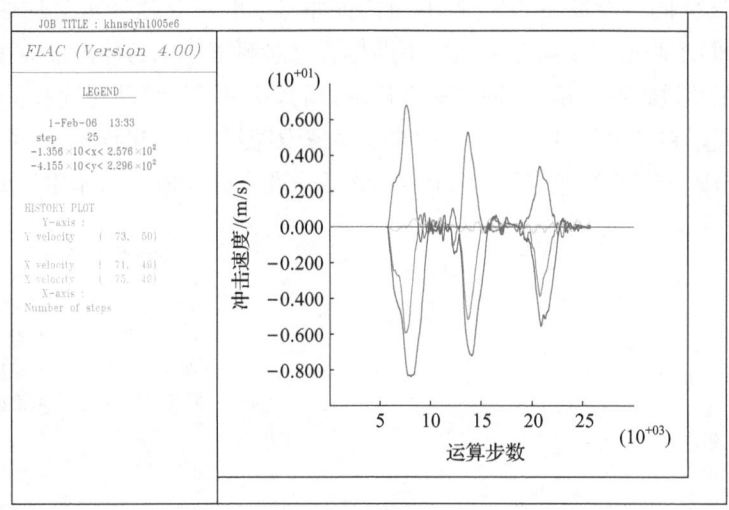

(a) 围岩冲击速度

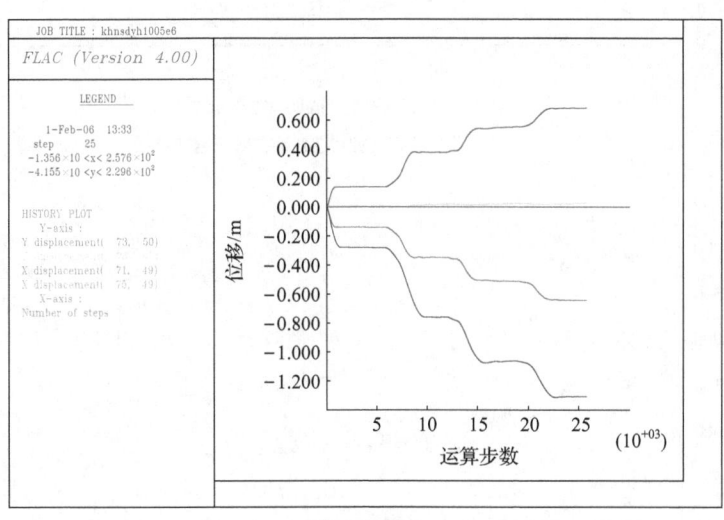

(b) 围岩位移

图 4-26　khnsdyh1005e6 冲击效应

从上面的结果看出，当冲击源距离巷道一定范围之内时，冲击速度和位移量很快就达到最大值，巷道基本呈瞬时破坏现象；而在冲击源距离巷道一定位置后，同一能量震源对巷道的破坏出现明显的分段累积作用效应，冲击载荷对巷道的破坏也呈现出多轮冲击破坏现象，巷道是在冲击波的反复压缩和拉伸作用下累积破坏的，速度时步变化过程与位移量时步变化过程呈现出一致性。

图 4-27 为同一能量(5×10^6 J)不同位置冲击震源对巷道冲击效应曲线,可以看出,同等能量冲击源距离巷道顶板不同位置时对巷道产生的冲击效应截然不同,随冲击源距巷道距离的增大,冲击效应逐渐减弱,巷道围岩移动速度和移动量均随距离的增大呈乘幂关系减弱。对于一个具体震源能量在一定距离之内可以造成巷道产生冲击矿压破坏现象,但在这个距离之后对巷道的冲击震动作用就减弱,甚至丝毫没有作用。

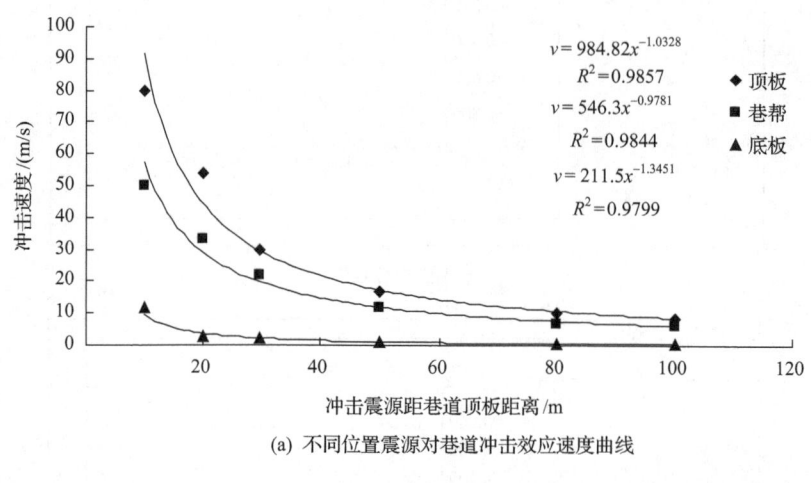

(a) 不同位置震源对巷道冲击效应速度曲线

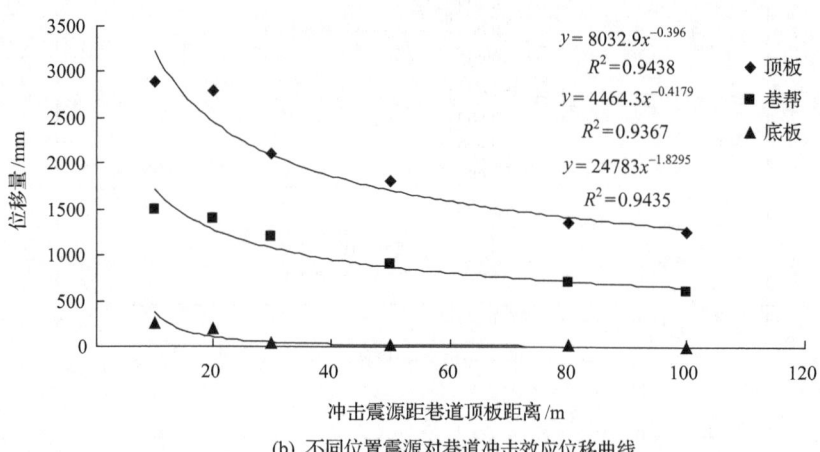

(b) 不同位置震源对巷道冲击效应位移曲线

图 4-27　同一能量(5×10^6 J)不同位置冲击震源对巷道冲击效应曲线

图 4-28 为 khnsdyh50e7 对巷道冲击破坏的演化过程。从巷道冲击破坏演化过程可以看出:在冲击矿压发生时,冲击震源界面以下形成一个明显的冲击隔离线,线上区域处于应力降低区,线下的应力集中程度很高,形成了明显的应力分区,我们形象地称这个隔离线为冲击隔离河,河下翻江倒海,河面之上相对平静。发生

冲击一开始应力就立即调整分配，顶板岩层在冲击波拉伸作用下很快屈服，高应力集中在巷道的两侧，形成类似于"双耳"状的对称高应力区域，对巷道帮部进行侵袭，巷道上部距离冲击隔离河近处应力越集中，从而使巷道自上而下破坏，破坏烈度也是上大下小。这种破坏过程也是现场最常见的巷帮冲击矿压现象。

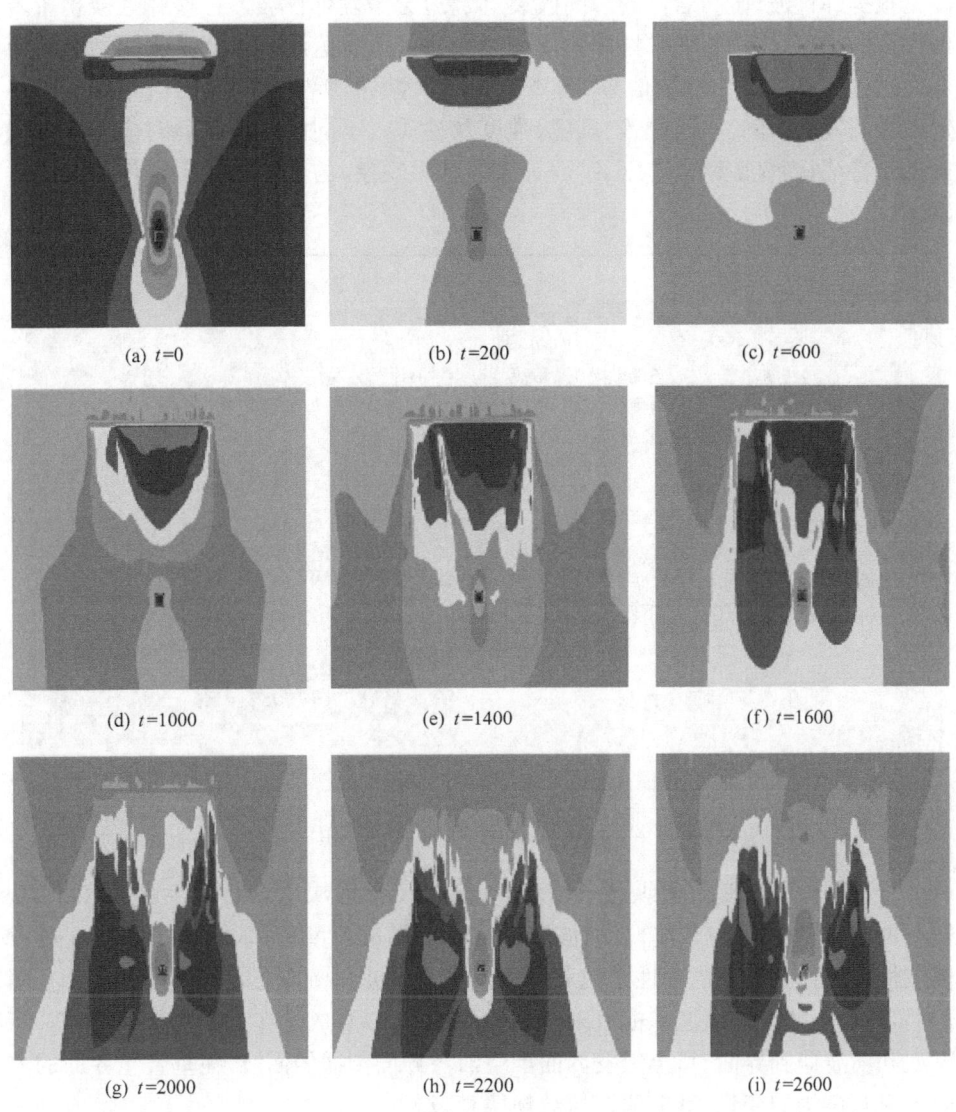

图 4-28 khnsdyh50e7 冲击源对巷道冲击破坏演化过程

4.8.3 震动机理及震动信号特征分析

1. 震动机理及震动波传播方程

根据弹性波理论,岩体的瞬间破裂(微震)会激发弹性波。这些弹性波携带着破裂源的信息,依赖岩体弹性介质向四周传播。微震监测技术就是利用地震传感器在远处测量这些弹性波信号(图 4-29)。然后根据所监测的微震信号特征来确定破裂的发生时间、空间位置、尺度、强度及性质。不同的岩石破裂对应不同的微震信号特征,而煤矿冲击矿压、矿震等煤岩动力现象,与岩体的微震事件有着必然联系。

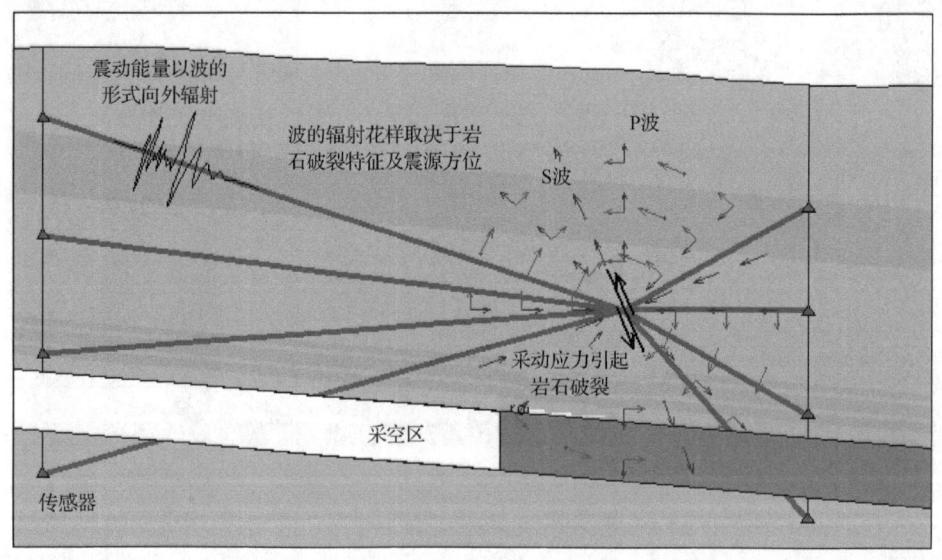

图 4-29 采矿引发的断裂和震动模型(一)

岩石的体积形变产生纵波(P 波),在它的传播区域里岩石发生膨胀和压缩。岩石的切变产生横波(S 波)。纵波和横波以不同的速度传播(纵波传播速度远较横波快),波速与岩石的弹性系数和密度有关。纵波和横波在震源周围的整个空间传播,统称为体波。纵波和横波未遇到界面时,可以看成是在无限介质中传播。当纵波和横波遇到界面时,会激发界面产生沿着界面传播的面波,在垂直于界面的方向上只有振幅的变化,其振幅按指数规律衰减。

采矿过程中,在开采扰动的影响下,岩体内部发生破坏,产生地震波。采矿产生地震波和大地地震波相比,具有震中浅、强度小、震动频率高、影响范围小的特点。图 4-30 和图 4-31 是几种基本采矿引发断裂模型和它们对应的纵波、横波位移场。

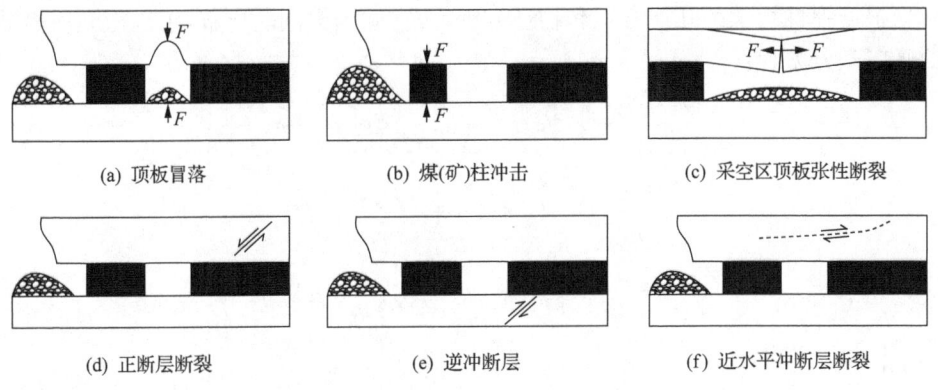

图 4-30 采矿引发的断裂和震动模型(二)

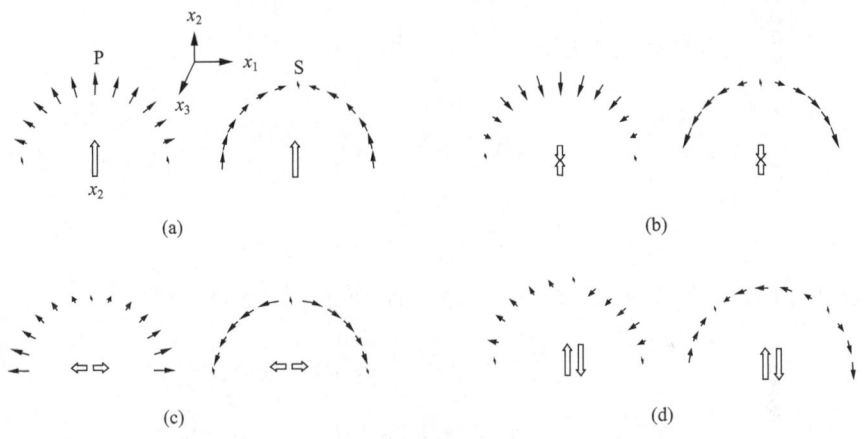

图 4-31 几种断裂模型对应的纵波、横波位移场

设在岩体微单元 $dV = dxdydz$ 上作用有体力 $Fi(F_x = F'_x rdV, F_y = F'_y rdV, F_z = F'_z rdV)$,其位移为 $u_i(u_x, u_y, u_z)$。引进标量势 Φ 和矢量势 Ψ,则

$$\mu_i = \text{grad}\Phi_i + \text{rot}\Psi_i \tag{4-21}$$

在微单元上不仅作用有体力,而且在六面体各个面上作用有面力。根据牛顿定律,面力和体力之和等于惯性力,则可得岩体微单元运动的微分方程:

$$\begin{cases} \rho\dfrac{\partial^2 u_x}{\partial t^2} = \rho F'_x + \dfrac{\partial \sigma_x}{\partial x} + \dfrac{\partial \tau_{yx}}{\partial y} + \dfrac{\partial \tau_{zx}}{\partial z} \\ \rho\dfrac{\partial^2 u_y}{\partial t^2} = \rho F'_y + \dfrac{\partial \sigma_y}{\partial y} + \dfrac{\partial \tau_{xy}}{\partial x} + \dfrac{\partial \tau_{zy}}{\partial z} \\ \rho\dfrac{\partial^2 u_z}{\partial t^2} = \rho F'_z + \dfrac{\partial \sigma_z}{\partial x} + \dfrac{\partial \tau_{xz}}{\partial y} + \dfrac{\partial \tau_{yz}}{\partial z} \end{cases} \tag{4-22}$$

根据弹性力学的几何方程和物理方程,按空间动力问题求解,可以得到所需波的基本微分方程:

$$\begin{cases} \rho \dfrac{\partial^2 u_x}{\partial t^2} = \rho F'_x + (\lambda+\mu) \dfrac{\partial e}{\partial x} + \mu \nabla^2 u_x \\ \rho \dfrac{\partial^2 u_y}{\partial t^2} = \rho F'_y + (\lambda+\mu) \dfrac{\partial e}{\partial y} + \mu \nabla^2 u_y \\ \rho \dfrac{\partial^2 u_z}{\partial t^2} = \rho F'_z + (\lambda+\mu) \dfrac{\partial e}{\partial z} + \mu \nabla^2 u_z \end{cases} \quad (4\text{-}23)$$

式中,

$$e = \dfrac{\partial u_x}{\partial x} + \dfrac{\partial u_y}{\partial y} + \dfrac{\partial u_z}{\partial z}$$

$$\lambda = \dfrac{E\nu}{(1+\nu)(1-2\nu)}$$

$$\mu = \dfrac{E}{2(1+\nu)}$$

$$\nabla^2 = \dfrac{\partial^2}{\partial x^2} + \dfrac{\partial^2}{\partial y^2} + \dfrac{\partial^2}{\partial z^2} \quad (4\text{-}24)$$

设体力为零,对式(4-24)的各个分量在各个轴上求导,可以得出:

$$\begin{aligned} \dfrac{\partial^2 u_x}{\partial t^2} &= \dfrac{\lambda+2\mu}{\rho} \nabla^2 u_x \\ \dfrac{\partial^2 u_y}{\partial t^2} &= \dfrac{\lambda+2\mu}{\rho} \nabla^2 u_y \\ \dfrac{\partial^2 u_z}{\partial t^2} &= \dfrac{\lambda+2\mu}{\rho} \nabla^2 u_z \end{aligned} \quad (4\text{-}25)$$

式(4-25)中,μ_i 用转子代替,可得

$$\dfrac{\partial^2 (\text{rot} u_i)}{\partial t^2} = \dfrac{\mu}{\rho} \nabla^2 (\text{rot} u_i) \quad (4\text{-}26)$$

式(4-26)描述了岩体的体积变形,而式(4-26)则描述了岩体的位置变形。这个方程还可以写成:

$$\begin{cases} \dfrac{\partial^2 \phi}{\partial t^2} = \dfrac{\lambda+2\mu}{\rho} \nabla^2 \phi = \nu_\alpha \nabla^2 \phi \\ \dfrac{\partial^2 \psi_i}{\partial t^2} = \dfrac{\mu}{\rho} \nabla^2 \psi_i = \nu_\beta \nabla^2 \psi \end{cases} \quad (4\text{-}27)$$

因此，岩体中力作用的结果，将产生两种变形，以两种不同的波传播，即纵波和横波，波速分别为 v_α 和 v_β。

不同矿山地震由于诱发成因不同，破裂机制也各有特点，如剪切、拉张或它们的组合，图 4-32 为典型的拉张和剪切破裂能量（位移）辐射花样。研究表明，拉张破裂所释放的能量及造成的应力降远小于剪切破裂的，其应力降大约为剪切应力降的 8%~12%。同时，最小应力为压应力的剪切破裂所释放的能量大于最小应力是拉应力的剪切破裂，如图 4-33 所示（曹安业，2009，2011；曹安业和窦林名，2008；曹安业等，2011）。

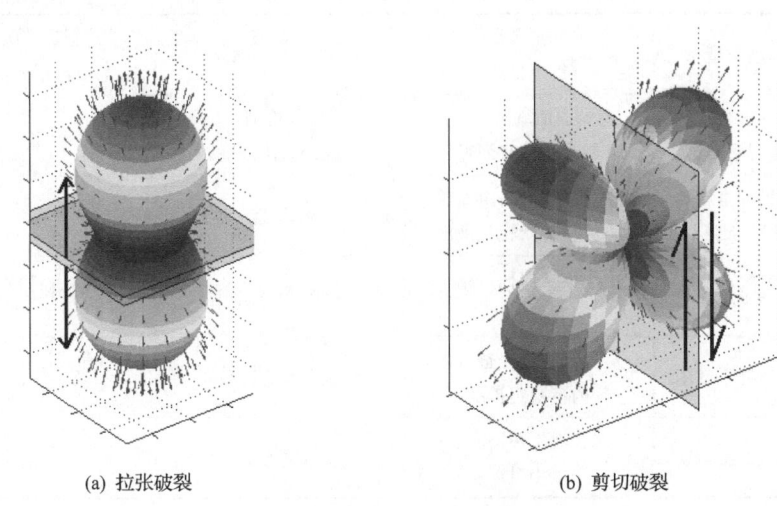

(a) 拉张破裂　　　　　　　　　　(b) 剪切破裂

图 4-32　两种典型岩石破裂形态

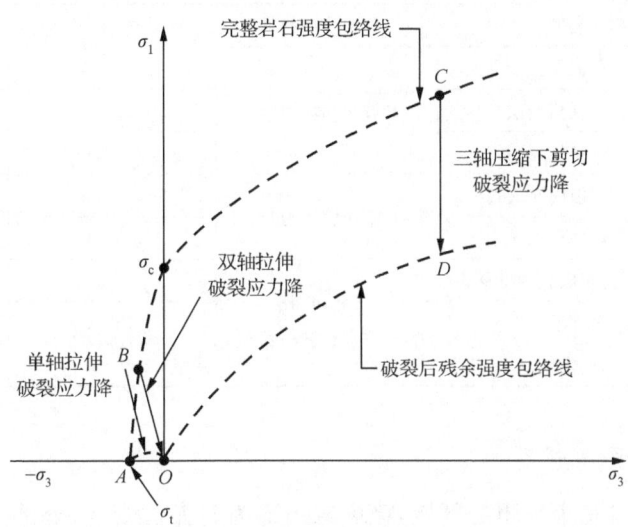

图 4-33　不同破裂形态的应力释放

微震事件破裂机制的研究可极大提高我们对工作面周围采动应力场和岩石破裂特征的认识,而这些不同特征又与不同矿山动力灾害密切相关。例如,瓦斯突出和顶板冒落主要与拉张破裂有关,而大震级的矿山地震或冲击矿压灾害主要由岩层剪切断裂或断层滑移诱发。因此,揭示不同冲击矿压类型(顶板型、煤柱型、构造型等)的震源过程,寻找较好的矿震理论来解释和指导冲击矿压的预报和防治实践,是微震法预测预报冲击矿压的首要任务。表4-9和表4-10为不同冲击震动类型震动机理及其特征的归类结果。

表4-9 冲击震动分类及特征

冲击震动类型	冲击震源机理描述	震动波初动符号	里氏震级(南非统计情况)
应变型冲击震动(巷道冒落)	巷道表面剥落,有时伴随煤岩体猛烈弹射	难以检测,内爆型(拉张型)	−0.2~0
弯曲破坏型冲击震动(顶板张性断裂)	平行于空间自由面的岩体呈板状猛烈抛出	内爆型	0~1.5
煤柱型冲击震动	煤体从煤柱边缘猛烈抛出	大部分为内爆型	1.0~2.5
剪切破裂型冲击震动	剪切破裂在完整岩体内不稳定扩展	双力偶剪切型	2.0~3.5
断层滑移型冲击震动	原有断层两侧突然产生相对运动	双力偶剪切型	2.5~5.0

表4-10 典型煤岩震动分类及特征

煤岩震动类型		P波初动符号	震动级别(里氏)	冲击危险性
拉伸型	顶板拉张断裂	P波初动均为"+"	0~1.5	弱~中等
	顶板离层		−0.2~0.5	弱
	顶板冒落		0~1.0	较弱
内爆型	顶板回转失稳	P波初动均为"−"	0~1.0	较弱
	煤柱压缩破裂		0~1.0	较弱
剪切型(双力偶型)	顶板剪切破裂或滑移失稳	P波初动呈"四象限"分布	2.0~3.5	较强
	煤柱动态冲击		1.0~2.5	较强
	采动诱发断层"活化"		2.5~5.0	强

2. 震动位移场分析

震动波震源是个封闭的区域,该区域内部为非弹性变形,外部只有震动波传播。在地震学上,描述震源方面的通常方法是采用一等效力模型来作为震源的近似,该模型忽略了震源区的非线形影响而与其线性波动方程相对应。力作用在给定点上所产生的位移与真实力作用于震源处所产生的位移一致,该力被定义为等效力。当震源与接收点的距离远大于震源破裂尺寸,以及所观测的地震波波长相对较长时,那么该震源区可被考虑为一个点,在该点上存在力与力偶系统的平衡。图 4-34 为常见地震波的 9 种点源模型。任何破裂类型都可由这些力偶的组合来表达。

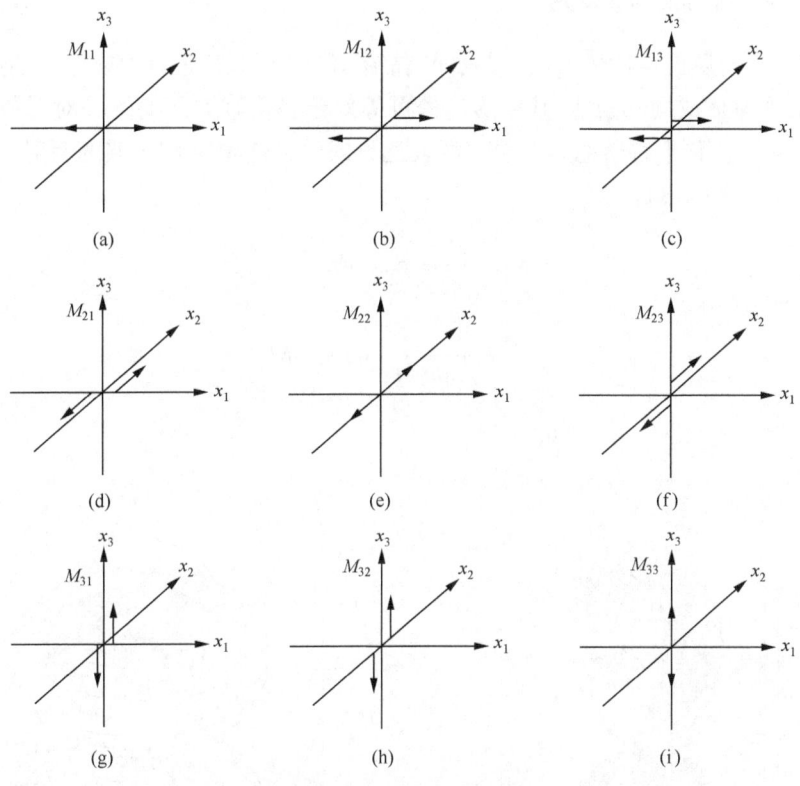

图 4-34 震动点源模型

下标 i、j 分别为力的方向和力臂的方向,并有 $M_{ij} = M_{ji}$

震源震动作用,给岩石介质施加作用力,使之发生变形(包括弹性变形和非弹性变形)。同时,由于实践中用于矿山震动破裂机理研究的方法和技术主要依据位移场的远场项,该作用力产生的位移用球形坐标 r,θ,φ 形式,可表示为

$$u^{\mathrm{P}} = \frac{1}{4\pi\rho v_{\mathrm{p}}^3 r} R^{\mathrm{P}}(M_{ij})$$
$$u^{\mathrm{SV}} = \frac{1}{4\pi\rho v_{\mathrm{s}}^3 r} R^{\mathrm{SV}}(M_{ij}) \quad (4\text{-}28)$$
$$u^{\mathrm{SH}} = \frac{1}{4\pi\rho v_{\mathrm{s}}^3 r} R^{\mathrm{SH}}(M_{ij})$$

震动能量因震源受力方式的不同在不同方位辐射并不一样。通过分析不同微震事件破裂形态,可进一步分析该事件的位移及能量分布情况。下面根据鲍店矿 $103_{上}02$ 工作面开采中出现的几种震动类型,先对震动事件受力源及位移场进行理论分析。

3. 顶板冒落震动位移场

若顶板岩层稳定性较差,岩层之间"黏结"不够牢固,顶板重力或应力超过支撑力,会造成整体或局部崩落,其冒落过程可等效于在垂直方向上的一对对称张力,见图4-34(i)。顶板冒落的震动位移场表达见式(4-28),P波和S波的辐射花样(能量辐射)可见图4-35。

$$u_r = \frac{1}{4\pi\rho v_P^3 r}\cos^2\theta M_{33}$$

$$u_\theta = -\frac{1}{4\pi\rho v_S^3 r}\sin\theta\cos\theta M_{33} \qquad (4\text{-}29)$$

$$u_\varphi = 0$$

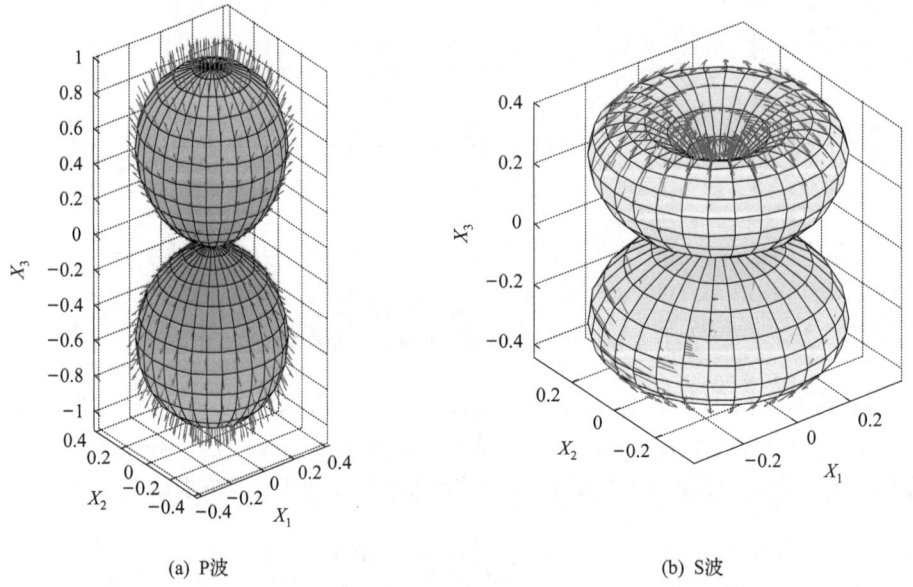

(a) P波　　　　　　　　　　　(b) S波

图4-35　顶板冒落微震事件的P波和S波(SV和SH的组合)辐射花样

4. 顶板拉张断裂震动位移场

随着工作面的回采，坚硬顶板在采空区后方悬露一定程度后，在重力作用下通过岩梁自身的开裂，即破坏性变形来释放积累的能量。因此，顶板的开裂等效于一对水平方向的对称张力，见图 4-36。震源（顶板断裂处）的等效点源模型可见图 4-34(a)。其震动位移场表达见式(4-30)，P 波和 S 波的辐射花样可见图 4-37。采空区顶板的拉张断裂往往伴随顶板冒落发生。鲍店矿微震监测的小能量事件主要以这两类震动类型为主。

$$\begin{aligned} u_r &= \frac{1}{4\pi\rho v_P^3 r}\sin^2\theta\cos^2\varphi M_{11} \\ u_\theta &= \frac{1}{8\pi\rho v_S^3 r}\sin 2\theta\cos^2\varphi M_{11} \\ u_\varphi &= -\frac{1}{8\pi\rho v_S^3 r}\sin\theta\sin 2\varphi M_{11} \end{aligned} \tag{4-30}$$

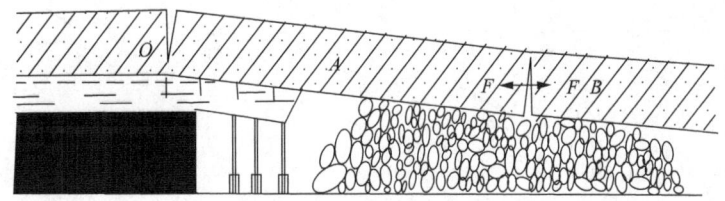

图 4-36 顶板拉张断裂示意

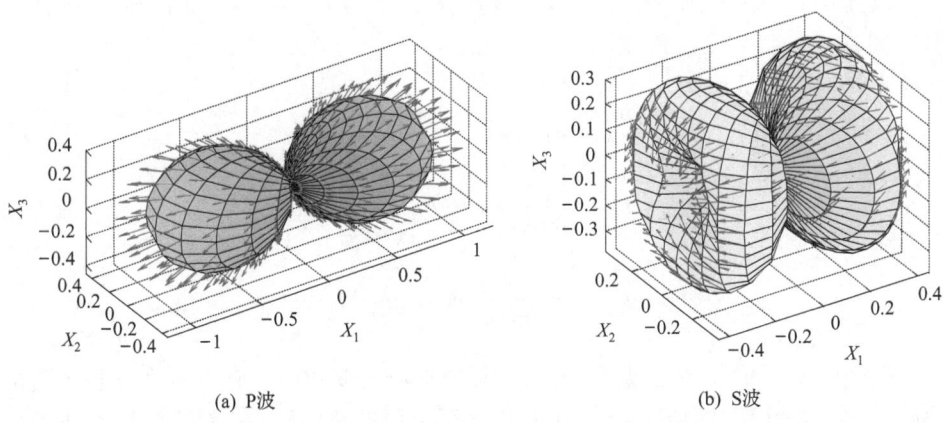

(a) P 波 (b) S 波

图 4-37 顶板拉张断裂的 P 波和 S 波辐射花样

5. 断层型（顶板冲击型）冲击震动位移场

巷道掘进或工作面回采都要破坏原岩应力，导致巷道或工作面附近的应力集中，当应力水平超过围岩体或岩体结构面（断层、节理等）的极限承载强度时，容易诱发在巷道或工作面附近的断层活动，导致大面积岩体在瞬间突然破坏或岩体结构面的滑移错动发生剪切破坏，导致断层型冲击震动。同时，煤壁前方和上方岩层的层间剪切滑动或煤壁前方厚层坚硬顶板的大厚度剪切破坏（容易引发顶板冲击型破坏），其破裂机理和断层活动一样主要都用剪切破裂来描述。从地震学角度，描述剪切破裂的最常用的震源模型为一对双力偶模型，见图 4-38。双力偶震源的物理意义是：断层或岩层剪切错动是震动的原因，可以是岩体沿原有断层面重新滑动，也可以是应力集中产生的剪切破裂带，破裂面两侧岩体分别向两个相反方向错动。

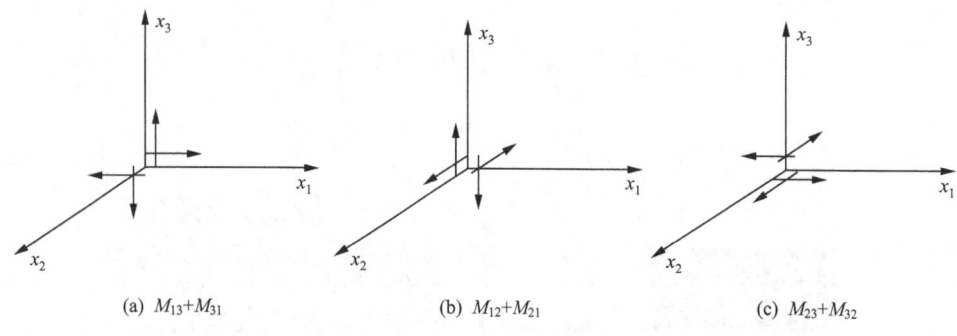

图 4-38　三种基本的双力偶

以图 4-38（a）为例，震动位移场表达见式 4-31，P 波和 S 波的辐射花样见图 4-39。

$$u_r = \frac{1}{4\pi\rho v_P^3 r}\sin 2\theta \cos\varphi M_{13}$$

$$u_\theta = \frac{1}{4\pi\rho v_S^3 r}\cos 2\theta \cos\varphi M_{13} \qquad (4-31)$$

$$u_\varphi = -\frac{1}{4\pi\rho v_S^3 r}\cos\theta \sin\varphi M_{13}$$

由式（4-31）可知，对于纵波和横波，其位移场是变化的。存在两个互相垂直的片面，一个是断层的剪切面，另一个是垂直于断层的法向面，在这两个面上，纵波的振幅为零。纵波的最大振幅在 $\Theta = \pm 45°$，向外为正，向内为负。而横波恰恰旋转了 45°，如图 4-39 所示。对于 $v_\alpha/v_\beta = \sqrt{3}$ 的岩石介质来说，最大方向上的剪切位移

是最大膨胀位移的 $3\sqrt{3}$ 倍。该类矿山震动破裂机理与天然地震类似,震动释放能量和冲击破坏性也最大。

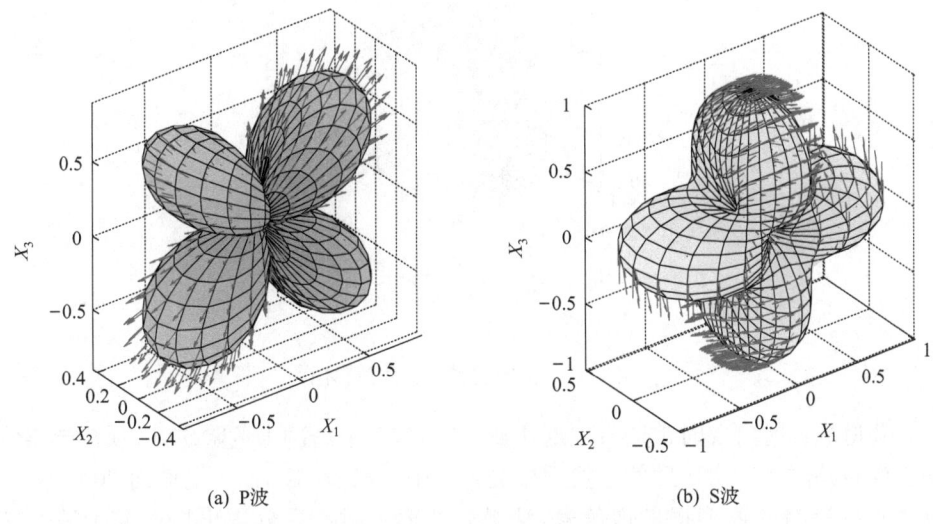

(a) P波　　　　　　　　　　(b) S波

图 4-39　剪切破裂(双力偶源)的震动纵横波位移图

6. 爆破震动位移场

在进行爆破时,炸药堆积比较规则,且体积小,与天然地震、矿震相比,将其视为一个"点源"更为合理,一般认为爆破是在一个理想的球形腔内形成汽化区、液化区和塑性区。在这个过程中,岩石直接受到的力是正压力,没有剪切力,所以爆破直接产生的波也只有压缩波 P 波而没有剪切波即所谓的横波 S 波,其等价力源可表示为式(4-32),其 P 波位移场的辐射花样可见图 4-40。

$$\boldsymbol{M} = \begin{bmatrix} M_{11} & 0 & 0 \\ 0 & M_{22} & 0 \\ 0 & 0 & M_{33} \end{bmatrix} \tag{4-32}$$

同时,由于岩石的不均匀性,使得破裂过程不能沿着初始力的方向破裂从而发生切变,派生出 S 波,即爆破产生的 S 波,不是原生波,而是次生波。应力波的作用使得岩体沿径向方向产生压应力和压缩变形,切向方向产生拉应力和拉伸变形。由于爆破时直接生成的波只有 P 波,因此 P 波初动的四象限分布均为正方向爆轰气体的直接作用引起煤岩体产生的强烈振动,其波形振幅及衰减速率主要取决于装药量,衰减时间较长。因此,爆破信号波形分成两部分,分别是爆轰气体和煤岩体产生的震动波。

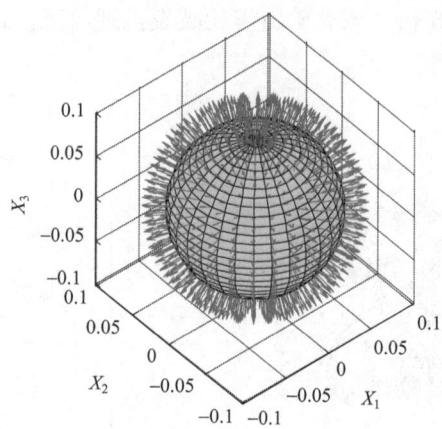

图 4-40　纯爆破震动纵波位移图

巷道掘进时需要时常进行放炮作业。同时,对于高冲击危险矿井,顶板与煤体卸压爆破是防治冲击矿压的主要手段之一。图 4-41 为 $103_{上}06$ 工作面 2008 年 11 月 2 日掘进时的典型掘进炮信号,从微震波形中很容易分辨出爆破原生波与次生波。

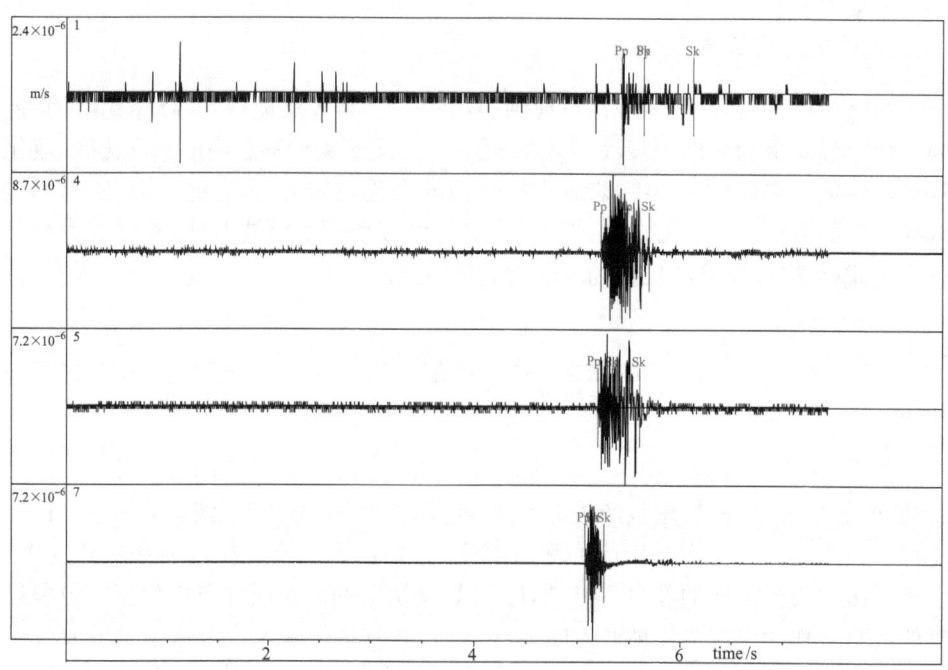

图 4-41　典型爆破信号

第4章 冲击矿压危险的监测预警

根据上述分析,断层滑移等冲击震动由于其破裂过程主要是沿结构面或最大优势剪切破坏方向进行的,因此该类双力偶震动事件的S波(剪切波)能量占总释放能量的主要部分。因此,S波与P波的能量比,是判别矿区诱发震动事件震源机理类型的一个重要标志。所观测到的S波能量损耗可解释为非双力偶震源机理或P波辐射能量的增强,以及表现出的拉张破裂或至少在拉张方向上的剪切破坏。图 4-42 和图 4-43 分别为 $103_{上}02$ 工作面切眼后方典型的顶板张性破裂和断层滑移(岩层剪切破断)的微震信号。可以明显看出,破碎张性破裂微震信号其震动振幅远小于断层活化(岩层剪切破断)微震信号。同时,拉张破裂的S波与P波能量之比也远小于断层活化(岩层剪切破断)微震信号。根据监测结果,拉张破裂的S波与P波能量之比一般在 10 以下,而剪切破断的S波与P波能量之比远大于 10,甚至达到 10^3 以上,说明顶板冒落、拉伸断裂等非双力偶事件明显具有高P波能量特征,这也是通过从微震波形判别矿震震动机理最直观的方法。

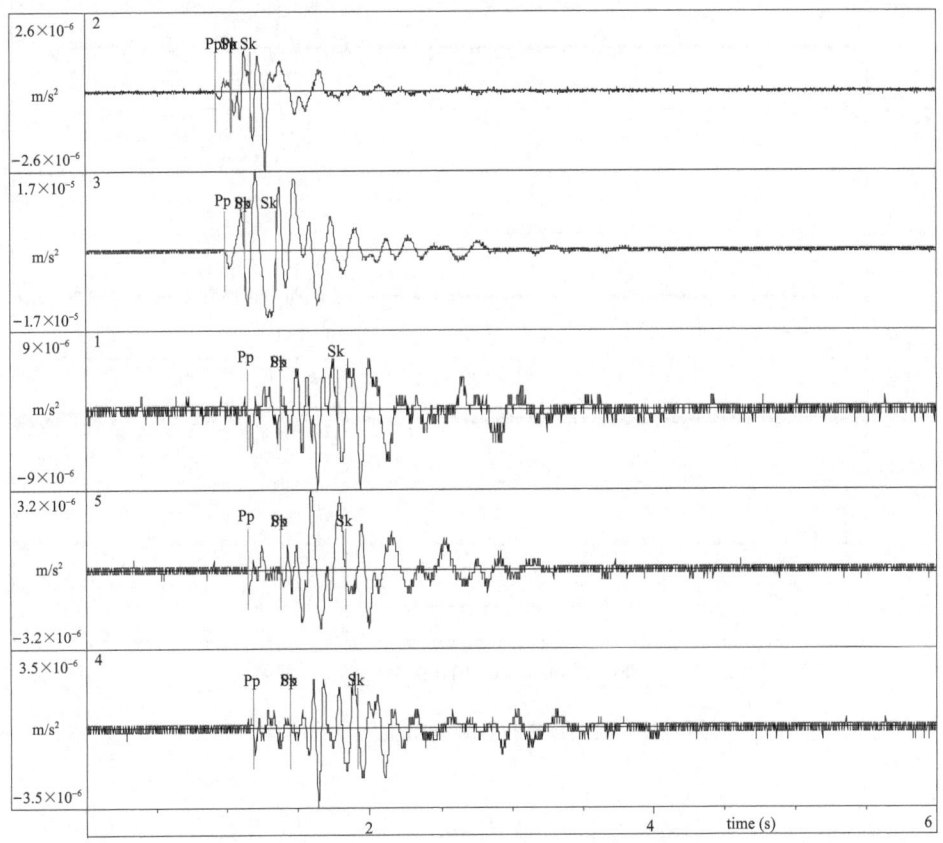

(a) 2008-08-01 00:12:58 ($E=2600$J, $E_S/E_P=6.26$)

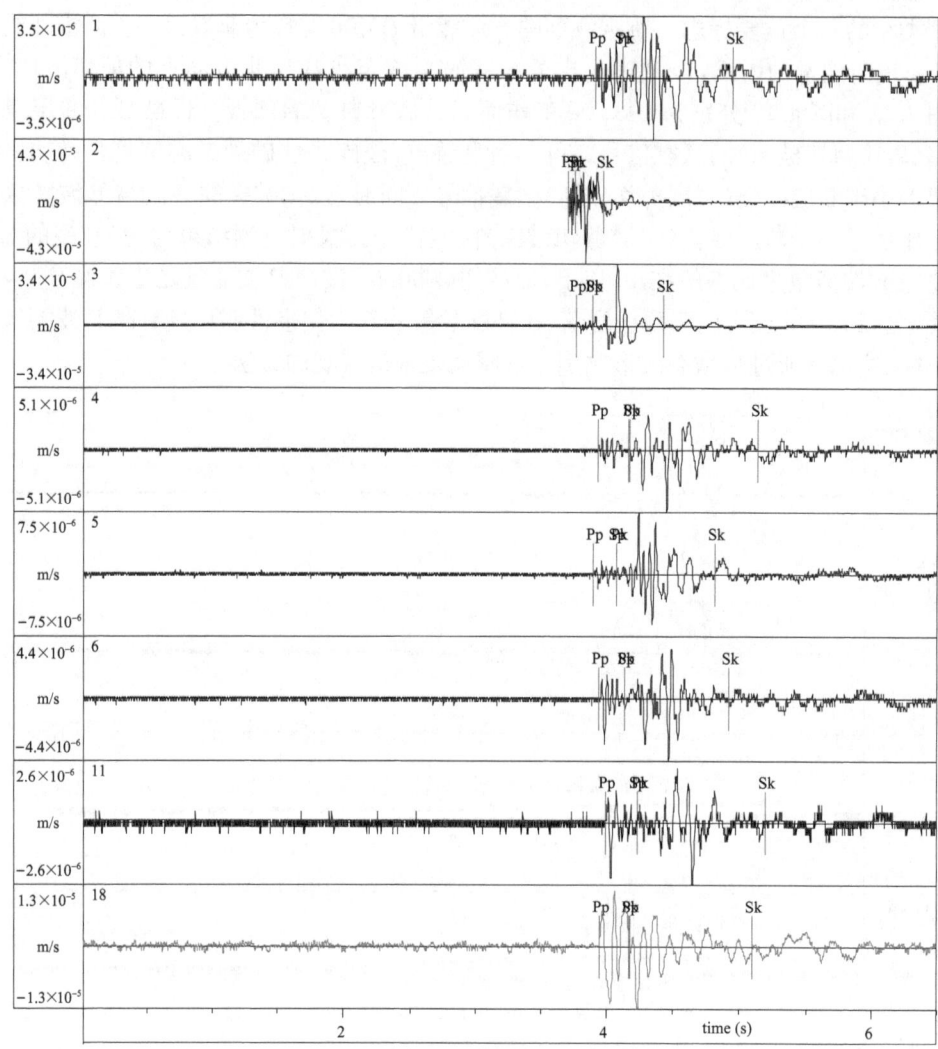

(b) 2008-08-01 00:14:11(E=391J, E_S/E_P=2.94)

图 4-42 典型顶板拉张破裂微震信号波形特征

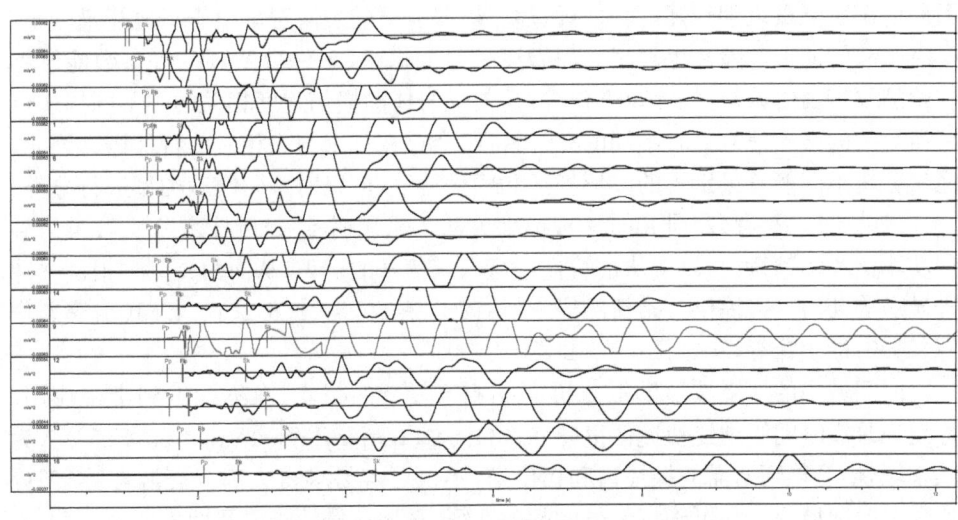

(a) 2008-08-15 03:48:44 ($E=5.02\times10^6$J, $E_S/E_P=43.3$)

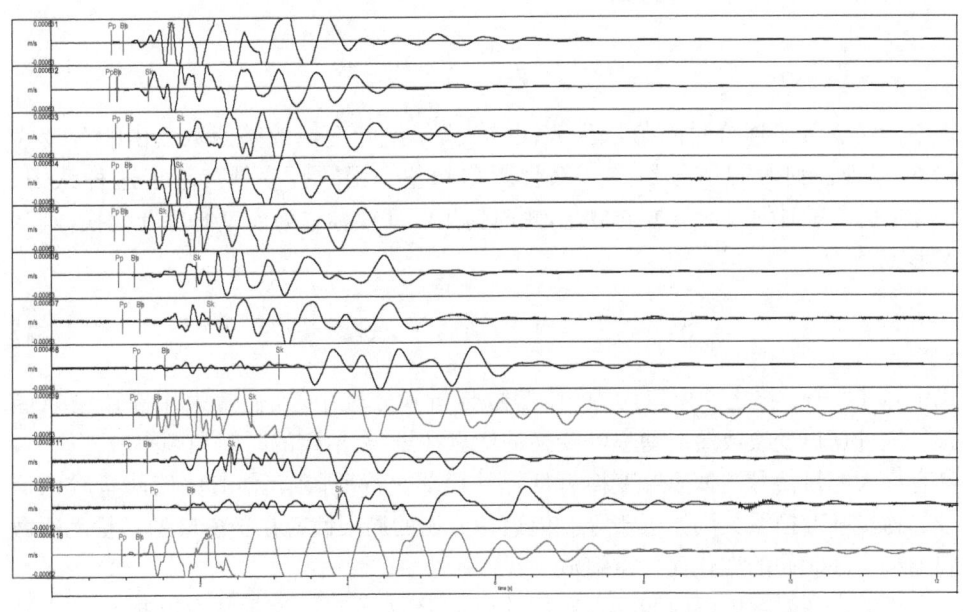

(b) 2009-02-01 08:26:51($E=2.97\times10^6$J, $E_S/E_P=36.3$)

图 4-43　断层活化(剪切破断)微震信号的部分波形

7. 不同能量级别的微震频谱分析

不同矿山地震由于诱发成因不同,煤岩破裂机制也各有特点,其释放能量大小也各不相同。由前面震动机理分析可知,工作面周围岩层剪切破断或断层活化等引起的矿震能量级别较高,而采空区后方破碎岩层破裂或冒落由于释放能量较小,矿震引起的冲击危险性也较小。而微震信号的振幅、事件数及频率等参数能够反映微裂纹扩展的数量、尺寸及方位等,是与煤岩体的损伤程度相关的。不同损伤机制所导致的微震信号具有不同的频谱特征,会存在一个与之相应的特征谱。因此,通过分析不同能量级别下的波形特征和频谱特征,可以对不同震动类型进行分类。

谱分析已成为微震研究的一种标准方法。采用时-频分析技术分析微震信号的功率谱和幅频特性,以便从谱特性进行微震信号的辨识,从而为预测预报矿井冲击矿压等动力灾害提供一条新的线索(陆菜平等,2005,2008,2010a,2010b;李志华等,2010;徐学锋等,2010;Lu et al.,2012,2013)。

时间域内的地震波形模拟分析需要相当复杂的技术,尚不能做到常规应用。地震记录或时间序列经快速傅里叶变换(Fast Fourier Transformation,FFT)变为频率域,便可得到所需的振幅谱和相位谱,不但可容易求得大部分震源参数(部分参数在时间域内),亦可确定信号的频率特征,掌握信号的构成及性质。

傅里叶变换的基本形式如下:

$$S_{\mathrm{F}}(\omega) = \frac{1}{2\pi}\int_{-\infty}^{+\infty} S(t)\mathrm{e}^{-i\omega t}\mathrm{d}t \tag{4-33}$$

式中,$S(t)$为一连续时间信号函数;$\mathrm{e}^{-i\omega t}$为傅里叶变换的基函数。由积分变换式,可发现任何时间信号的突变都会影响到整个函数频率域。基于这种认识,Gabor引入短时傅里叶变换的概念,短时傅里叶变换称之为窗口傅里叶变换,其基本形式是

$$S_{\mathrm{WF}}(\omega,\tau) = \int_{-\infty}^{+\infty} \mathrm{e}^{-i\omega t}\omega(t-\tau)S(t)\mathrm{d}t \tag{4-34}$$

式中,$\omega(t-\tau)$称之为窗口函数,在信号分析和处理中,人们常采用高斯窗口函数。这种窗口变换或短时傅里叶变换的优点在于,在给定的时间和频率域范围内,具有最大能量信号的傅里叶变换有良好的局部化特征;在其他时频段能量较小信号的傅里叶变换系数则接近于零。但这种变换的局限性就在于窗口的形状无法做到随频率和时间的变化而任意缩放。

把原来在时域内以时间t为变量的函数$B_H(t)$变换为频域内以频率f为变量的函数$B(f)$,也就是将原来的函数分解为一系列振幅不同的频率变化的正弦函数,得出频域内振幅随频率变化的函数$B(f)$:

$$B(f) = \int_0^T B_H(t)\mathrm{e}^{-2pft}\mathrm{d}t \tag{4-35}$$

这里的t为$B_H(t)$在时域内延伸的区间。由于振幅的平方正比于功率,定义单位时间内功率谱密度$S(f)$为

$$S(f) = B(f)^2/T \tag{4-36}$$

鲍店矿微震监测系统运行至今,震动事件能量主要集中在 $10^2 \sim 10^5$ J,同时 $103_{上}02$ 工作面开采过程中也出现了多次 10^5 J 以上的有感强矿震事件。分析数据主要选自 2008-07-15~2009-03-31。在不同能量级别下,微震信号所对应的波形形态和频谱存在着不同的特征。表 4-11 中统计了鲍店煤矿不同能量级别下的微震信号波形和频谱特征。

表 4-11 鲍店煤矿不同能量级别下微震信号比较

能量级别/J	持续时间/ms	衰减情况	振幅数量级/(m/s)	主频/Hz	频率分布/Hz
$E \geqslant 10^5$	大于4000	慢	10^{-4}	2	0~10
$E \geqslant 10^4$	2000~3000	较慢	$10^{-6} \sim 10^{-4}$	5	0~30
$E \geqslant 10^3$	1000~2000	较快	$10^{-6} \sim 10^{-4}$	5	0~60
$E \geqslant 10^2$	1000~1500	快	$10^{-6} \sim 10^{-5}$	6	0~60

表 4-12~表 4-14 分别为星村煤矿、平顶山十一矿和大同忻州窑煤矿不同能量级别下的微震信号波形和频谱特征。

表 4-12 星村煤矿不同能量级别下微震信号比较

能量级别/J	持续时间/s	振幅/10^{-3}m	频率范围/Hz	主频/Hz	衰减速度
$\geqslant 10^5$	1.5~2.2	10~40	0~20	2	最快
$\geqslant 10^4$	1~2	1~30	1~45	10	快
$\geqslant 10^3$	1~2	0.8~6.5	15~120	25	中
$\geqslant 10^2$	0.5~1	0.6~6	40~130	48	慢

表 4-13 平顶山十一矿不同能量级别下微震信号比较

能量级别/J	持续时间/ms	衰减情况	振幅($\times 10^{-5}$m/s)	主频/Hz	频率分布/Hz
$E \geqslant 10^5$	1200~3000	较快	9~60	5~10	0~100
$E \geqslant 10^4$	1000~2000	较快	1.5~50	30~50	0~150
$E \geqslant 10^3$	800~1500	快	1.5~20	20~80	0~150

表 4-14 忻州窑煤矿不同能量级别下微震信号比较

能量级别/J	持续时间/ms	衰减情况	振幅($\times 10^{-4}$m/s)	主频/Hz	频率范围
$E \leqslant 10^3$	500~2000	快	$\leqslant 0.5$	25	0~60
10^4	1000~3000	较快	1~9	6	0~60
$\geqslant 10^5$	1600~5000	慢	1~9	3	0~10

4.8.4 矿山微震监测参数的确定

1. 震源的定位

微震事件的物理过程是很复杂的,实际情况表明,震源并非一个几何点,而是有一定尺寸的空间范围,微震的发生也有一个时间过程。但是,深入的研究表明,震源处的煤岩破裂过程,虽然不是爆发于某一点,某一瞬间,却是从某一点开始,向单侧或双侧发展,从而释放出巨大的破坏能量。从煤矿冲击矿压使用研究的角度,可以把震源看成破坏最严重的小区域的中心几何点,把震源开始破裂的时间看成发震时间,这种"点源模型"有效地反映了震源的主要特征。

表征震源的参数主要有震动发生空间和震动发生时间。

最常用的震源定位基本原理如下所述(Drzezla et al., 1993; Marcak and Zuberek, 1994; Dubinski et al., 1995; 平健等, 2010; 田玥和陈晓非, 2002; Ge, 2003; 逄焕东等, 2004; 李会义等, 2006; 陈炳瑞等, 2009; 董陇军等, 2011; 吕进国等, 2013; 吴建星和刘佳, 2013; 朱权洁等, 2013; 谢兴楠等, 2014)。

(1) 已知条件。在空间直角坐标系中,各拾震器的坐标为 $x_i, y_i, z_i (i=1, 2, \cdots, 8)$,各通道微震活动初至时刻为 $T_i (i=1, 2, \cdots, 8)$。

(2) 求解震源参数:

$$\boldsymbol{S}_0 = [x_0, y_0, z_0, T_0]$$

(3) 基本公式。空间距离方程:

$$D_i = [(x_0-x_i)^2 + (y_0-y_i)^2 + (z_0-z_i)^2]^{\frac{1}{2}}, \quad i=1,2,\cdots,8 \quad (4\text{-}37)$$

时间距离方程:

$$D_i = V_i(T_i - T_0), \quad i=1,2,\cdots,8 \quad (4\text{-}38)$$

式中, D_i 为震源与第 i 个拾震器的空间距离; V_i 为微震波从震源到第 i 个拾震器的当量速度; x_i, y_i, z_i, T_i 为拾震器的空间坐标和波动初至时刻; x_0, y_0, z_0, T_0 为震源的空间坐标和发震时刻。

(4) 基本原理。

现以等速度模式 $V_i = V (V 已知)$ 的简化情况为例,说明 SOS 系统的初步定位原理。

设微震波到达各拾震器的顺序为 $1, 2, \cdots, 8$,联立式(4-37)和式(4-38)则得到以下 8 个方程:

$$(x_0-x_i)^2 + (y_0-y_i)^2 + (z_0-z_i)^2 = V^2(T_i-T_0)^2, \quad i=1,2,\cdots,8$$

取 $z_0 = z_1, t_i = T_i - T_1, i = 2, 3, \cdots, 8$,用第 i 个方程减第一个方程,得到以下 7 个线性方程:

$$2(x_i - x_1)x_0 + 2(y_i - y_1)y_0 - 2V^2 t_i T_0 + [(x_1 - x_i)^2 + (y_1 - y_i)^2 + (z_1 - z_i)2 + V^2(T_i - T_0)^2 + 2(z_i - z_1)z_0] = 0, \quad i = 2, 3, \cdots, 8$$

采用最小二乘法可得以下正规方程组,方程的个数与未知数个数相等。

$$A_{j1}X_0 + A_{j2}Y_0 + A_{j3}T_0 + B_j = 0, \quad j = 1, 2, 3$$

式中,$A_{ji} = \sum_{k=2}^{8} a_{ki} a_{kj}; B_{ji} = \sum_{k=2}^{8} a_{ki} b_k; a_{ki}, a_{kj}, b_k$ 为原始方程组中未知数的系数。

由此,可以确定震源的初步定位参数。

2. 拾震器的布置

微震拾震器是布置在井下专用硐室中,在坚实岩体上施工混凝土基座,拾震器放基面上构成测站。拾震器接收信号是有方向性的,因此可以按垂直或水平不同方向布置。通常情况下,微震系统由 16 个探头组成,因此,应该充分利用,以组成监测网。

拾震器位置合理布置的目的,一是提高定位精度;二是要尽量获取有用信息,减少干扰。

1) 监测网布置原则

(1) 监测网在空间上包围待测区域,避免形成直线或二次曲线,有足够而适当的密度。

(2) 测站既要尽可能接近待测区域,避免大断层或破碎带的影响,也要远离机械和电器干扰。

(3) 按监测环境与检测要求选择拾震器监测方向。

(4) 既要照顾当前开采区域,又要考虑未来一段时期的开采活动。

(5) 尽量利用现有巷道或硐室和矿井风流通风,测站硐室要避开开采活动影响范围位置,以减少施工、通风及维修费用。

2) 选择计算

监测网选择计算的依据是重点监测范围、可能的测站布置、可能的波速误差和到时差测量误差范围。进行计算的方法是对可能的测站位置进行组合,按岗位误差最小选取最优组合作为监测网测点。

3. 波速参数的配置

选择最佳波速参数,是提高震源定位精度的主要因素之一。

为了进行震源定位计算,微震监测系统常采用简化的变速度场模型。其实质是假定速度是传播距离的函数,并以 6 个点组成的 5 段折线来表示这种关系,同时假定速度为拾震器站的比例函数,并以 8 个速度系数来描述比例关系,波速参数的选择就是寻找最佳的速度距离曲线和波速系数。

常采用最小二乘法,以定位误差平方和为目的函数,根据已知坐标的冲击矿压情况,计算出最佳波速参数。目的函数的形式如下:

$$R(x_1,x_2,x_3,x_4) = \sum_{k=1}^{m} f_k^2(x_1,x_2,x_3,x_4) \tag{4-39}$$

式中,$R(x_1,x_2,x_3,x_4)$ 为目的函数;x_1,x_2,x_3,x_4 为未知数,微震事件待求参数;$f_k^2(x_1,x_2,x_3,x_4)$ 为定位误差。

4. 能量参数计算

1) 微震事件的能量

微震发生的过程也就是煤岩体中所积累的应变能释放的过程。这种在微震发生过程中所释放的能量为微震总能量,它主要由以下几部分组成。

(1) 在震源破裂区,由于断裂两侧的摩擦及附近岩石破坏而消耗的一部分能量,可称之为摩擦能量 $E_{摩}$。

(2) 在塑性变形区,由于塑性变形而消耗掉的能量,称之为 $E_{塑}$。

(3) 在弹性变形区,一部分能量产生弹性变形,称之为 $E_{弹}$,这部分能量将以弹性波的形式传播出去,因此可以称之为振动波能量。

(4) 在微震发生后,在新的力学平衡中还有剩余变形,因此存在剩余变形能 $E_{剩}$。因此,总的能量为

$$E_{总} = E_{摩} + E_{塑} + E_{弹} + E_{剩} \tag{4-40}$$

由于弹性能 $E_{弹}$ 可以方便地从微震信号中得到估计值,因此一般计算弹性能 $E_{弹}$,在根据经验公式 $E_{总} = K \times E_{弹}$ 进行计算。

通常所说的震动能量,就是指振动波所携带的能量,我国习惯用微震震级来表示震动能量。

2) 以震动持续时间计算微震能量

该方法的建立基于地震研究实际观测中发现的一个重要现象,即对同一事件,当各通道的放大倍数等参数相对稳定时,各通道所记录的振动持续时间也较稳定。同时,地震的强度越大,震动持续时间越长,强度越小,震动持续时间越短。震动的持续时间几乎与震源距离无关。

从这种现象出发,建立了微震能量与持续时间的关系:

$$\lg E = a + b\lg T + c(D) \tag{4-41}$$

式中,E 为微震事件能量;T 为振动持续时间;a,b 为待定系数;$c(D)$ 为待定函数。

监测结果表明,当震源距离不太大时,$c(D)$ 变动不大,小于前两项,因而可写成:

$$\lg E = a + b\lg T \tag{4-42}$$

为了确定待定系数 a 和 b,需进行一系列的观测,以积累若干次微震的 E,T 数值,并应用数理统计方法进行分析。

用振动持续时间反映微震能量,不仅简便而且不依赖振幅、频率等动力学参数,但上述关系是基于统计结果,准确性会受到一定影响。

4.8.5 矿山微震信号活动规律性

1. 微震活跃带的划定

强度较大的冲击矿压无不与坚硬顶板的剧烈活动有关,此外,大的构造断裂带活动,也会造成强大的冲击矿压与矿震。所以,判断顶板的活动、构造断裂带的活动区域,是预测冲击矿压危险趋势的重要内容。因此,进行微震监测工作,必须首先测定微震的震源位置、震级,再根据震源分布特点及相应的地质构造分析所得到的地质构造带划分出微震活动带。

2. 微震活动在空间分布上的迁移性

微震事件随时间有顺序的沿着某一开采活动或沿构造断裂带活动,或交替进行,称为震中迁移。震中迁移是由顶板活动、断层活动的连续性决定的。一部分地区顶板或断层带释放能量以后,其他区域的顶板或断层应力场在调整过程中发生冲击震动。在分析时可以根据迁移规律,来推测未来大的微震出现的地点。较大微震发生前,小的微震活动的空间分布从零乱变为有规律的分布,这是较普遍的规律。由于各地区的地质构造条件,生产开采条件和微震能量累积状况不同,小的震动的分布形式必然有所不同。

3. 强大微震活动地区的重复性和填空性

微震事件活动具有地区重复性,根据研究,强度越大的微震,在原地重复的现象就越少。所谓填空性,即大事件发生在小事件空白边缘区。微震强度越大,则空白空间范围越大,且形成空白的时间越长。这种现象可以从能量释放的时空均匀性得到解释。

4. 微震小事件震中分布面积的变化与大事件震级和位置的关系

显然,微震小事件的活动反映了大的断层活动前的微破裂过程,因此小震活动面积的变化,反映了岩层内部应力的变化,因此可以以此推断较大的微震活动的发展过程。但矿山微震活动又与开采活动地点密切相关,所以小的微震活动范围必然受开采活动分布和进展情况的牵制。因此,必须结合实际情况分析微震活动、冲击矿压与开采活动的关系。

5. 微震序列

微震活动的序列现象已被现场观察与记录所证实,如大煤炮前往往发生一系列由小变大的煤炮;在大的冲击矿压发生后,又有一系列的较小的剩余能量释放过程。可以把微震序列分为主震、震群、孤立震等类型,并研究作用力源、岩层物理力学性质、地质构造条件与系列的关系。

6. 矿震震动能量与震级对应关系确定

矿震对煤岩体稳定性的影响大小取决于矿震能量释放的多少,微震监测系统监测得到的只是各传感器接收到的由震动机械能转化成的电压值,再把监测到的电压值转化为能量值,根据此能量值,在考虑地震波在传播过程中因为反射、折射、透射等造成的衰减的基础上,得到震源能量和距离之间的能量关系式,从而推算出震源能量值,它一般通过标记震动波形由微震系统自动计算得到。

微震震级的计算方法源于地震震级的计算方法,地震震级是通过测量地震波中的某个震相的振幅和周期,并考虑地震波传播过程中的衰减计算得到的一个衡量地震相对大小的量。根据人对地震的感觉和地震的破坏程度将里氏震级划分9个级别,3级以下的地震属于弱震,人们一般不易觉察;6级以上属于强震,根据震源的不同深度会造成严重的破坏和损坏。地震的能量是根据地震仪记录到的地震波振幅和周期计算得到的,地震的震级由能量推算得出,地震释放出的能量与震级成正比,能量越大,震级越大。

矿震能量与震级之间可用式(4-43)表示:

$$\lg E = a + b M_L \tag{4-43}$$

式中,a、b 为常数,不同煤矿震级—能量关系式的 a、b 参数不同,需结合煤矿具体地质条件、开采状况来确定。

确定震级与能量的关系时,一般将微震监测到的矿震能量与当地地震台提供的各对应矿震的震级进行数据拟合,用到的数学方法一般为传统的三角函数逼近法、Pade 逼近法、插值法、最佳一致逼近多项式法、最佳平方逼近和最小平方拟合等,以及现代的模糊逼近法、神经网络逼近法、小波理论法和支持向量机函数逼近法等。

波兰地球物理学家 Dworak 结合其在波兰多年的工作经验,设定 a、b 分别取值 2.2 和 1.9。

图 4-44 为华丰矿利用最小平方数据拟合得到的矿震能量与震级的对应关系,表 4-15 为拟合数据,华丰矿微震监测系统为 ARAMIS M/E,可看出,矿震能量的对数值与震级之间为线性增长关系,华丰矿 a、b 分别取值 3.419 和 2.162,即 $\lg E = 3.419 + 2.162 M_L$。

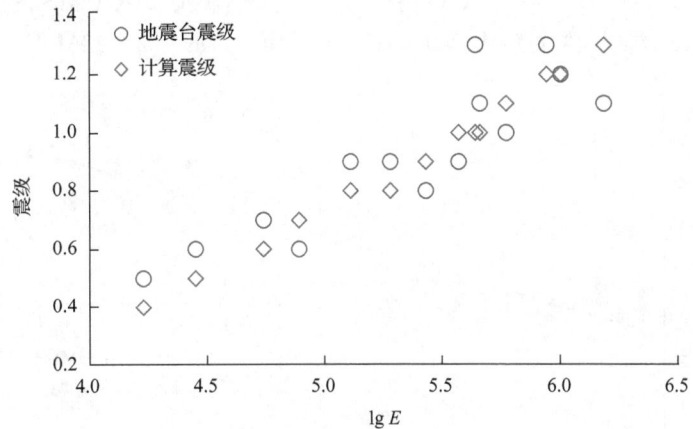

图 4-44 矿震能量与震级之间的关系(以华丰矿为例)

表 4-15 震级计算结果对比

能量/J	$\lg E$	地震台震级	计算震级	震级误差
1.70×10^4	4.2	0.5	0.4	0.1
2.80×10^4	4.5	0.6	0.5	0.1
5.50×10^4	4.7	0.7	0.6	0.1
7.80×10^4	4.9	0.6	0.7	-0.1
1.30×10^5	5.1	0.9	0.8	0.1
1.90×10^5	5.3	0.9	0.8	0.1
2.70×10^5	5.4	0.8	0.9	-0.1
3.70×10^5	5.6	0.9	1	-0.1
4.40×10^5	5.6	1.3	1	0.3
4.60×10^5	5.7	1.1	1	0.1
5.90×10^5	5.8	1	1.1	-0.1
8.80×10^5	5.9	1.3	1.2	0.1
1.00×10^6	6.0	1.2	1.2	0
1.50×10^6	6.2	1.1	1.3	-0.2

兖矿鲍店煤矿 SOS 微震监测系统便采用了最常用的震动能量对所监测微震事件的震动强度进行描述,兖矿矿震台网监测则采用震级作为衡量震动强度的主要指标。为更好地对两种不同监测尺度的监测系统进行对比分析,根据选择两套系统共同监测到的 80 多次矿震事件,对 $\lg E = a + bM_L$ 线性关系中的常数 a、b 进行了拟合计算。

其最小二乘法拟合曲线见图 4-45(a)。根据拟合结果,初步可得 $a = 1.77 \pm 0.15$,$b = 1.53 \pm 0.15$。相关系数为 $r = 0.88$,$\lg E$、M_L 显著线性相关,a、b 拟合结果可信。$\lg E = 1.77 + 1.53 M_L$。以同样的方法求得华丰煤矿 ARAMIS 微震监测系统震动能量与震级转换的关系式,如图 4-45(b)所示,$\lg E = 2.123 M + 3.484$。

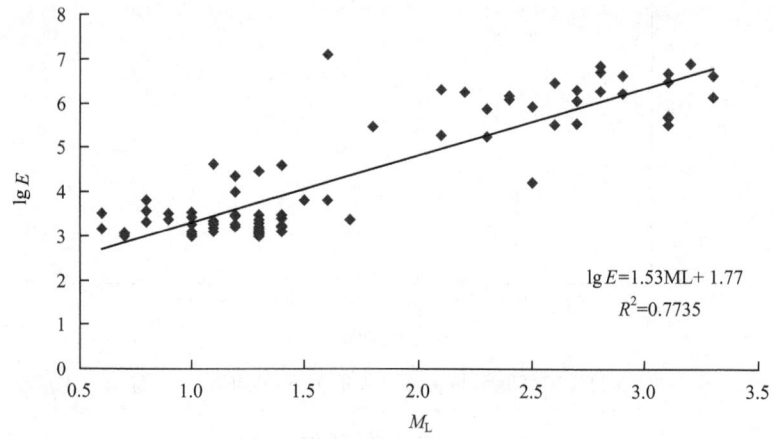

(a) 鲍店煤矿SOS微震监测系统震动能量与震级转换关系

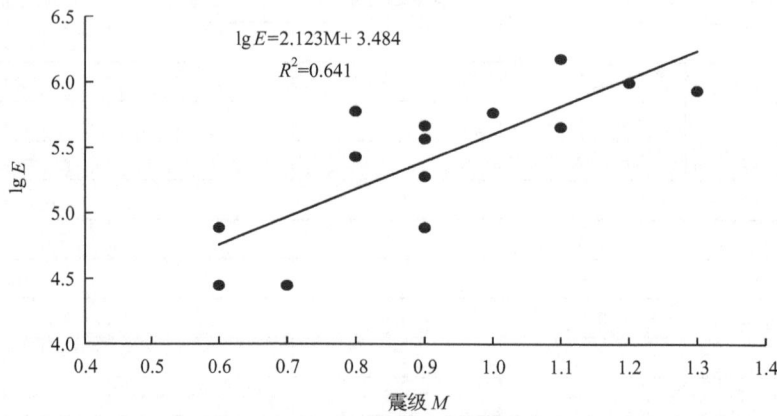

(b) 华丰煤矿ARAMIS微震监测系统震动能量与震级转换关系

图 4-45　震级与震动能量拟合曲线

波兰上西里西亚煤田矿震震级能量满足如下关系：
$$\lg E = 1.8 + 1.9 M_L$$

在没有精确进行震级能量对比观测的矿区，可借鉴以上公式对矿震震级和能量进行评估。

7. 矿震活动性与煤层开采速度的相关性

根据兖矿鲍店煤矿 SOS 微震监测系统记录的矿震资料统计，2008 年 7 月 15 日至 2009 年 3 月 25 日 $103_{上}02$ 工作面共发生矿震约 8200 次，平均日频次约 24 次/天，最高日频次达 105 次/天。工作面开采期间，矿震主要以低能量释放为主，其中能量级别为 $EC=10^2 J$ 和 $EC=10^3 J$ 的矿震次数分别占震动总数的 78% 和 21%，最大震动能量为 $10^7 J$，由此可见综放开采过程中震动次数多，释放能量大。

图 4-46 为低能量级别（能量级别为 $EC=10^2 J$ 和 $EC=10^3 J$）震动次数以及其各成分比例和比值的变化。从图 4-46 中可以看出，低能量级别的震动次数、震动

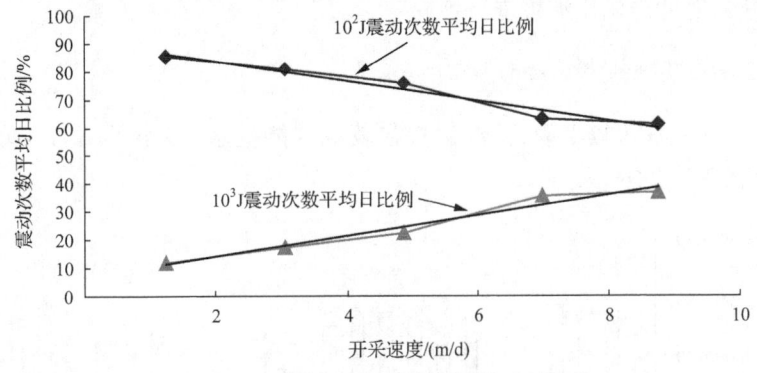

(a) 低能量各成分震动次数的平均日比例变化

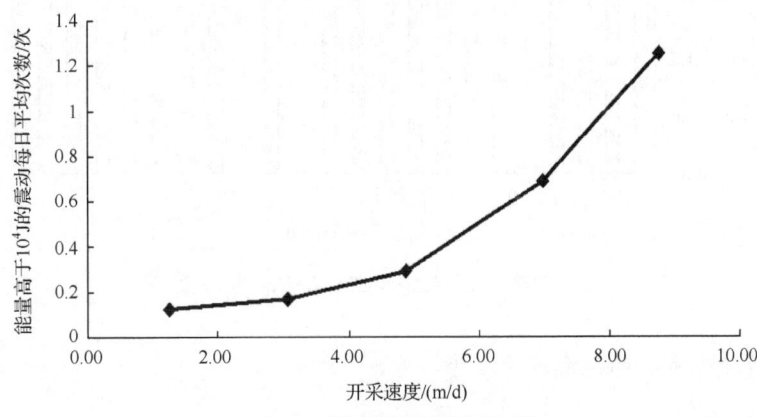

(b) 高能量震动次数日平均变化

图 4-46　各能量级别震动次数及其成分变化

能量随着开采速度的增加均线性增加,而两者震动次数的比值却显著地减少。统计研究各开采速度下各能量级别每天所占次数的比例发现,随着开采速度的增加,$EC=10^2$J 震动次数平均日比例呈线性的减少,而 $EC=10^3$J 震动次数平均日比例呈线性的增加。说明 $EC=10^2$J 和 $EC=10^3$J 的震动次数都在增加,但是其中 $EC=10^3$J 的震动次数的增长速率明显要大于 $EC=10^2$J 的增长速率。这就是说,开采速度的增加,使低能量所占成分发生显著变化,向低能量中相对较高能量移动。波兰的研究结果表明,从冲击矿压和岩体震动的关系来看,发生冲击矿压的最低能量为 1×10^4J,且岩石的变形破坏过程实际上就是一个从局部耗散到局部破坏最终到整体灾变的过程。因此,随着开采速度的增加,工作面发生冲击的危险性增高。

4.8.6 冲击矿压前的微震活动趋势性

通过大量的监测实践,根据微震活动的变化、震源方位和活动趋势可以评价冲击矿压危险,对冲击矿压灾害进行预警。

1. 无冲击危险的微震活动趋势

微震活动一直比较平静,持续保持在较低的能量水平(小于 10^4J),处于能量稳定释放状态(图 4-47)。

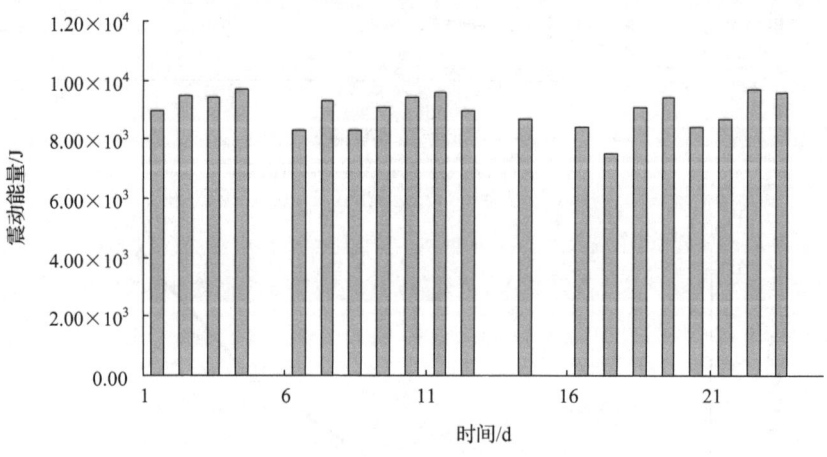

图 4-47 稳定状态的微震活动

2. 有冲击危险的微震活动趋势

(1) 微震活动的频度和能级出现急剧增加,持续 2~3 天后,会出现大的震动(图 4-48)。

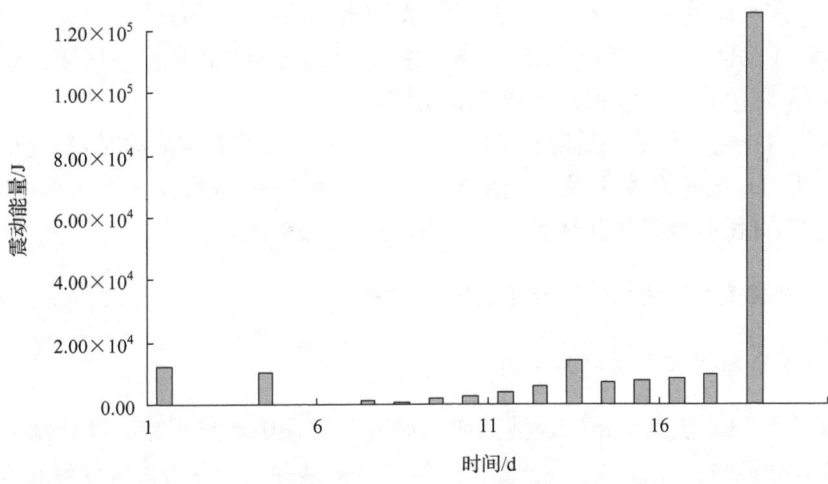

图 4-48 指数增长型微震活动

(2) 微震活动持续保持在一定能级(小于 10^4 J),突然出现平衡期,持续 2~3 天后,出现大的震动和冲击(图 4-49)。

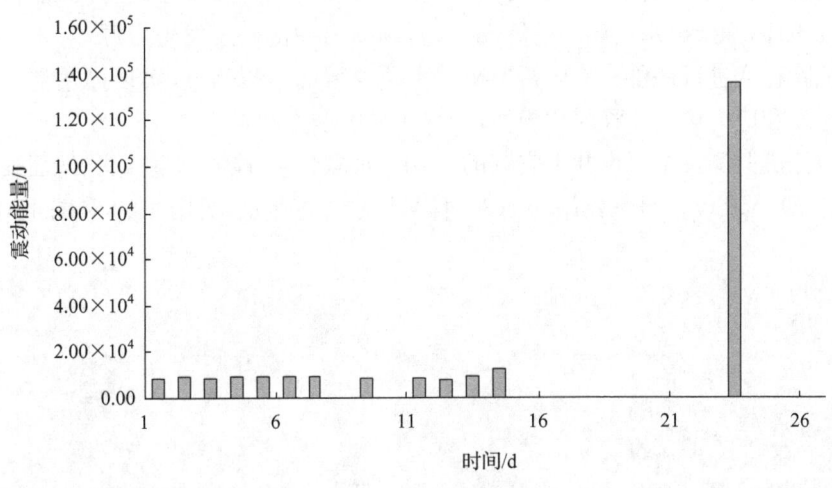

图 4-49 频繁-平静型微震活动

3. 冲击矿压危险的预警

(1) 冲击矿压显现发生前,矿震次数和矿震能量迅速增加,维持在较高水平,直到发生大的强矿压显现后,矿震次数和矿震能量明显降低。

(2) 微震信号的频次先呈现逐渐增加的趋势,然后开始急剧下降,当微震信号频次再次增加时,表明强矿压即将来临。

(3) 震动能量小于 1×10^4 J 的区域，无冲击危险。震动能量大于 1×10^4 J，小于 1×10^5 J 的区域，存在冲击矿压灾害发生的危险，为弱冲击危险性区域。而且震动能量越大，冲击矿压灾害发生的危险性就越大。

(4) 微震活动与采掘活动有密切关系，当出现较大的微震活动时，都应从时间序列分析与采掘的关系，逐次远离采掘线时危险性较小，逐次向采掘线靠近时，应加强防范，并配合地音法和钻屑法等监测，防止出现事故。

4.8.7 微震技术监测预警冲击矿压危险实例

1. 波兰 SOS 微震监测系统简介

波兰 SOS 微震监测系统是波兰矿山研究总院采矿地震研究所设计制造的新一代微震监测仪。该仪器已在波兰大多数矿井安装并用于冲击矿压危险的监测预报工作。

SOS 微震监测系统可实现对矿井包括冲击矿压在内的矿震信号进行远距离（最大 10km）、实时、动态、自动监测，给出冲击矿压等矿震信号的完全波形。通过分析研究，可准确计算出能量大于 100J 的震动及冲击矿压发生的时间、能量及空间三维坐标，确定出每次震动的震动类型，判断出冲击矿压发生力源，对矿井冲击矿压危险程度进行评价。能分析出矿井上覆岩层的断裂信息，实现描述空间岩层结构运动和应力场的迁移演化规律，为煤矿的安全生产服务。

该微震监测仪主要由井下安装的 16 个 DLM 2001 检波测量探头、地面安装的 16 通道 DLM-SO 信号采集站和 AS-1 信号记录器等组成，见图 4-50 和图 4-51。

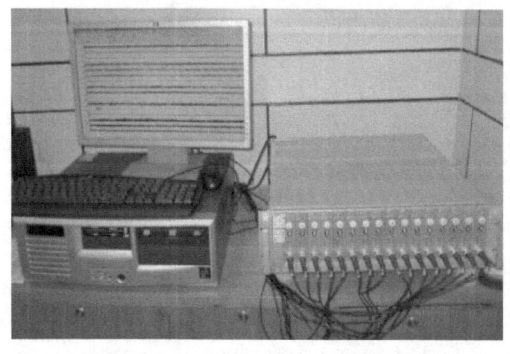 

图 4-50　SOS 微震监测系统信号记录仪、信号采集站及探头

第4章 冲击矿压危险的监测预警

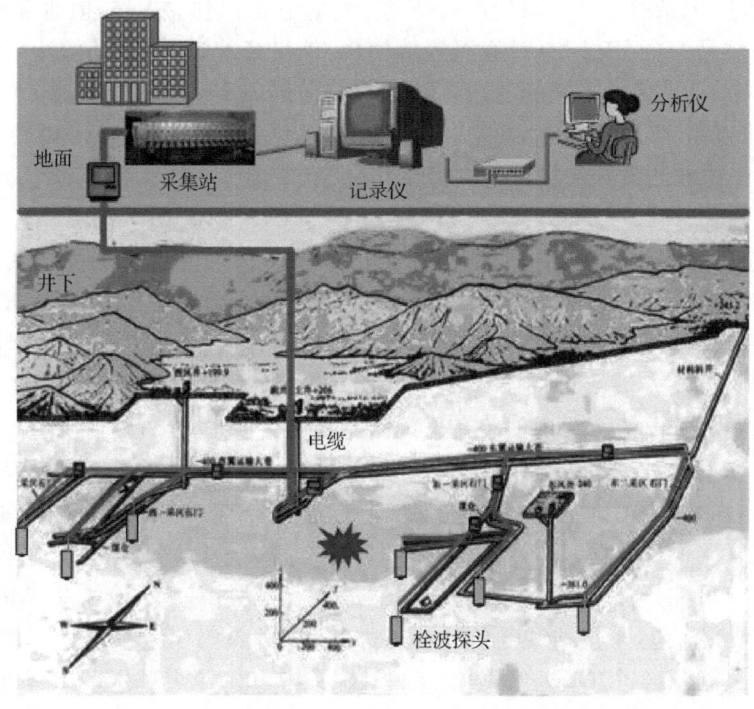

图4-51 微震监测系统布置工作结构图

井下部分：DLM-2001检波测量探头（由拾震、磁变电信号转换处理、信号放大增益、发射等部分组成），通过井下的电话线，由井上对其供电，并将信号传到地面。DLM-2001检波测量探头垂直安装在底板1m以上长的锚杆上，便于施工、维护和移动。

井上部分包括DLM-SO信号采集站（由向DLM-2001检波测量探头供电部分和信号接收、整流、滤波、光电转化、信号放大增益、A/D转化等部分组成）、AS-1信号记录器（信号接收、A/D转化、控制部分等组成）及中心计算机等组成。整个仪器，包括GPS时钟、信号传输与拾震器检测等均通过中心计算机控制。DLM-SO信号采集站用来采集DLM-2001检波测量探头传过来的信号并向DLM-2001检波测量探头供电。AS-1信号记录器将矿震信号转换成数字信号。

软件部分：系统软件由"MULTILOK"和"SEISGRAM"组成。"SEISGRAM"软件来完成有用（震动）信号的提取、微震信号的可视化及其分析、波群的分离和筛选等。"MULTILOK"软件完成包括定位、能量大小等所有关于岩体震动参数的计算。

1）工作原理

AS-1 Sejsgram记录仪是基于内嵌入有32通道A/D转换卡的IBM PC计算

机而设计的,记录仪用于记录岩层的震动。尽管它可以独立工作,但通常是通过地面局域网与另一台 IBM PC 计算机连接使用;该设备能连续、自动探测、采集和记录从 DLM-SO 采集站采集到的地震数据。根据矿山震动监测的要求,AS-1 Seisgram 记录仪是 32 输入通道,并与 2 套 DLM-SO 信号采集站连接,可使用 32 个 DLM-2001 检波测量探头进行地震记录与分析。AS-1 Sejsgram 记录仪的供电电源为 220V 交流电。

1 套 DLM-SO 采集站通过与 16 个 DLM-2001 检波测量探头配合共同工作,采集站将本质安全型信号和非本质安全型信号隔离。测量探头里的电流调制信号通过矿井电缆传输进入采集站。在采集站内,通过运算放大器和两个传输器将从各个 DLM-2001 检波测量探头检测到的信号准确复制,并转换为相应的电压信号。传输线中的电流大小由安装在采集器前端的 2 色发光二极管控制。检波电路中的各电压信号进一步传输到滤波器中滤波处理,这样,信号的幅频响应(即频带宽度、信号水平)便可确定。信号适当处理后,进一步经过输出放大电路,通过电路板上不同联接位置选择×1、×2、×5、×10 放大倍数进行信号放大。主要电缆噪音可通过有可控开关的 50Hz 带通滤波器消除。一套 DLM-SO 采集站的供电电源为 220V 交流电,采集站经电缆分别向每个 DLM-2001 检波测量探头提供 42V 本质安全电源。16 个 DLM-2001 检波测量探头中,每个 DLM-2001 探头分别通过避雷设备串联连接到 DLM-SO 采集站上。每个 DLM-2001 检波测量探头与 DLM-SO 采集站之间的最大距离为 10km。

2) 产品的功能

SOS 微震监测仪能够监测矿山井下开采引起的矿震事件并提供以下功能。

(1) 系统能够即时、连续、自动收集震动信息记录并进行滤波处理;自动生成震动信号图并自动保存;在主站可全部浏览。

(2) 定期打包保存震动记录信息;历史震动信息查看。

(3) 手动(自动)捡取通道信息进行震源定位并可显示震源在图上的位置;自动计算震动能量。

(4) 地震检波器参数的输入和修改。

(5) 确定岩层中震动的传播速度,大大提高了定位精度。

(6) 震源定位点、能量可显示在矿图中,矿图能够放大和平移方便观察震动源点,并可以文件的方式打印出来。

(7) 系统可以监测的震动能量大于 100J,频率在 0.1~600Hz 的震动。

3) 主要的技术参数

SOS 微震监测系统主要技术参数表如表 4-16 所示。

表 4-16　SOS 微震监测系统主要技术参数表

参数	参考值/说明
传输通道个数	16 通道(标准,可扩展至 32 通道))
传感器	安装在锚杆上的 DLM-2001 检波拾震探头
拾震器灵敏度	50～15000mA·s/m
地下震动信号频带宽度	0.1～600Hz
信号传输形式	电流型、数字式
非线形误差	＜3%
井下测量准确性	＞95%
记录和处理的动态范围	≤110dB
采样频率	最大 2500Hz
信号线电压等级	直流≤42V
设备安全类型	地面信号采集站到井下为本质安全型
信号传输距离	回路电阻≤880Ω时,传输线与地间的绝缘电阻≥2MΩ,传输导线间电阻≥1MΩ,传输距离≤10km
定位精确度	监测区域:整个矿井区域 $10\times10Km^2$ 井上下空间优化布置传感器±20m (X,Y),±50m (Z) 井下合理布置传感器后±20m (X,Y),±70m (Z)
震源定位最小震动能量	100J
系统井下部分安全等级	IP 54
系统井下部分防爆等级	EExi$_a$ I (可用于任何瓦斯条件下)
供电	地面集中供电,微震探头布置方便,无需井下供电

2. 甘肃华亭煤矿

甘肃省华亭煤矿 250101 工作面回采期间并未出现大的矿压显现,自开掘 250102 工作面以来,据不完全统计,2007 年 4 月～2008 年 7 月 250102 工作面顺槽掘进和回采过程中,发生了几十次冲击矿压现象,其表现主要为运输顺槽转载机巷道部分地段帮部移近、底鼓 100～1800mm 不等,损坏部分机电设备,造成支护设施损坏和人员伤亡,具有典型的动力特征。为此,选用波兰 SOS 微震监测系统对矿山震动进行实时监测,通过对震动信号的分析和发展演变趋势的分析,形成了矿山冲击矿压灾害的微震监测预警技术。图 4-52 为矿井微震监测台网布置图。

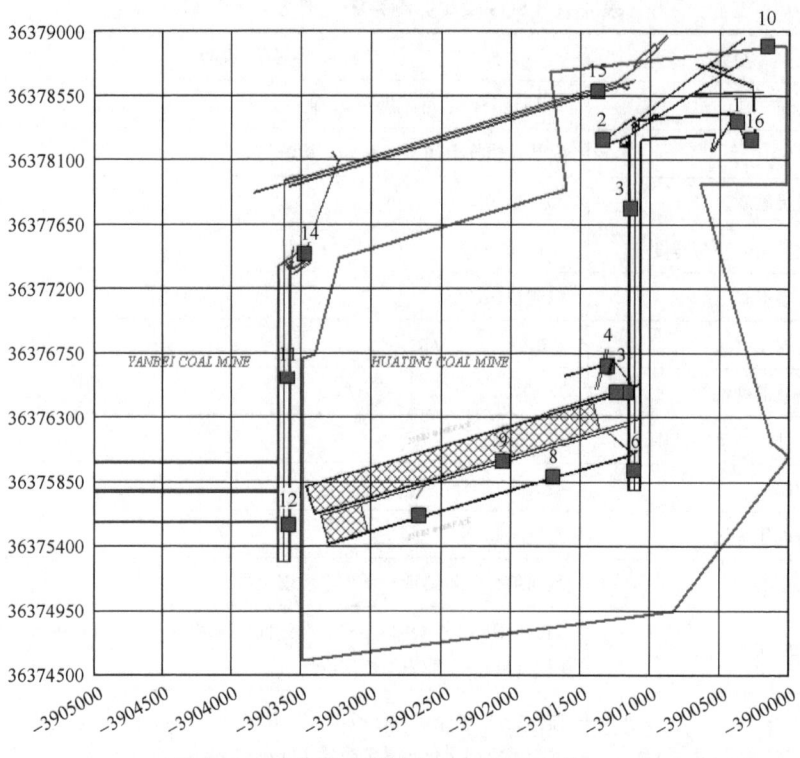

图 4-52　华亭煤矿微震台网布置图(单位:m)

自 250102 工作面回采以来(12 月 27 日～4 月 20 日),工作面转载机段已经发生了多次强矿压显现,而事实上,在这些大的震动事件发生前,岩体已经出现了大量的微震活动。这些微震活动所发生的频次及能量的变化与冲击矿压发生有非常明显的关系。

1 月 29 日发生冲击前,从图 4-53 震动的能量变化趋势来看,首先在 1 月 19 日～1 月 25 日期间存在一个岩体内发生震动的活跃期,活跃期内震动在时间尺度上分布比较均匀,并发生多次能量接近于 10^6J 的震动,之后进入能量的下降阶段,且 1 月 26 日全天未出现震动,随后能量开始上升,震动事件在时间尺度上相对比较集中,震动次数也比较稳定,但是从 1 月 28 日的 23:00 到 1 月 29 日的 15:52 近 17 个小时内出现了异常的沉寂区间,最终产生冲击。

3 月 16 日冲击矿压发生前,征兆就更加明显了,岩体总是出现活跃与平静的交替期,但每次平静后再出现的震动能量都会有所提升,这说明 250102 工作面监测区域内处于异常活动的时刻,工作面周围岩体处于能量释放的危险阶段,在出现

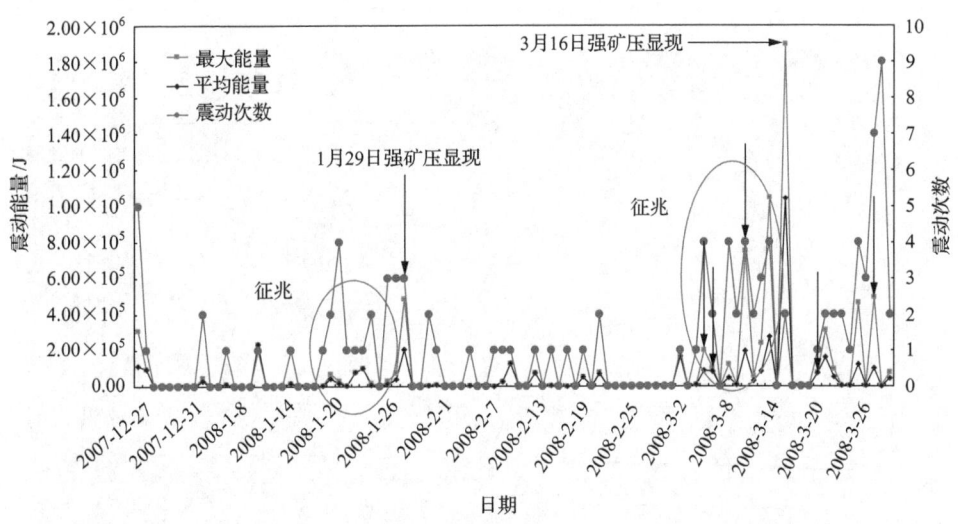

图 4-53　华亭矿冲击与振动的关系监测结果(4 月 2 日冲击能量达 2.7×10^6)

3 月 10 至 3 月 14 日一个能量释放比较大和震动次数上升的区间后,又在 3 月 14 日 18:40 分至 3 月 16 日 9:40 分近 39 个小时内出现了一个异常的沉寂阶段,沉寂阶段内,未发生任何震动,之后产生了冲击,震动能量达到 1.9×10^6 J,造成了井下的破坏。

发生 3 月 16 日的大震动后,岩体随即进入一个沉寂的阶段,这是由于积聚在岩体的能量得到一定程度释放的原因,随着工作面进一步的推进,又出现了 3 月 24 日至 3 月 28 日的震动活跃期,期间 250102 工作面附近共发生了 4 次能量超过 10^5 的大震动,与 1 月 29 日在震动能量变化趋势上有非常大的类似点,之后进入下降阶段,岩体活动性降低,震动次数也出现了明显的下降,但随后两天岩体又开始出现活动,能量又有所回升,还出现了能量大于 10^5 的震动,紧接着危险的情况又出现了,从 4 月 1 日的 5 时 15 分至 4 月 2 日下午 16 时 15 分近 35 个小时内出现了沉寂的情况,最后产生冲击,能量达到了 2.7×10^6 J,此次冲击造成了巷道的严重破坏,且出现了人员受伤的情况。

250102 工作面监测的情况,5 月 11 日发出了冲击危险预警单,如图 4-54 所示。正如 5 月 11 日的预测,5 月 12 日 7 时 6 分距回风顺槽 65m 处发生一次能量为 1.97×10^6 J 的大震动,如图 4-55、图 4-56 所示,影响范围为 60m,顶板下沉 0.3m,巷道底鼓 0.3~0.5m,轨道被抬起,移变列车被掀翻。

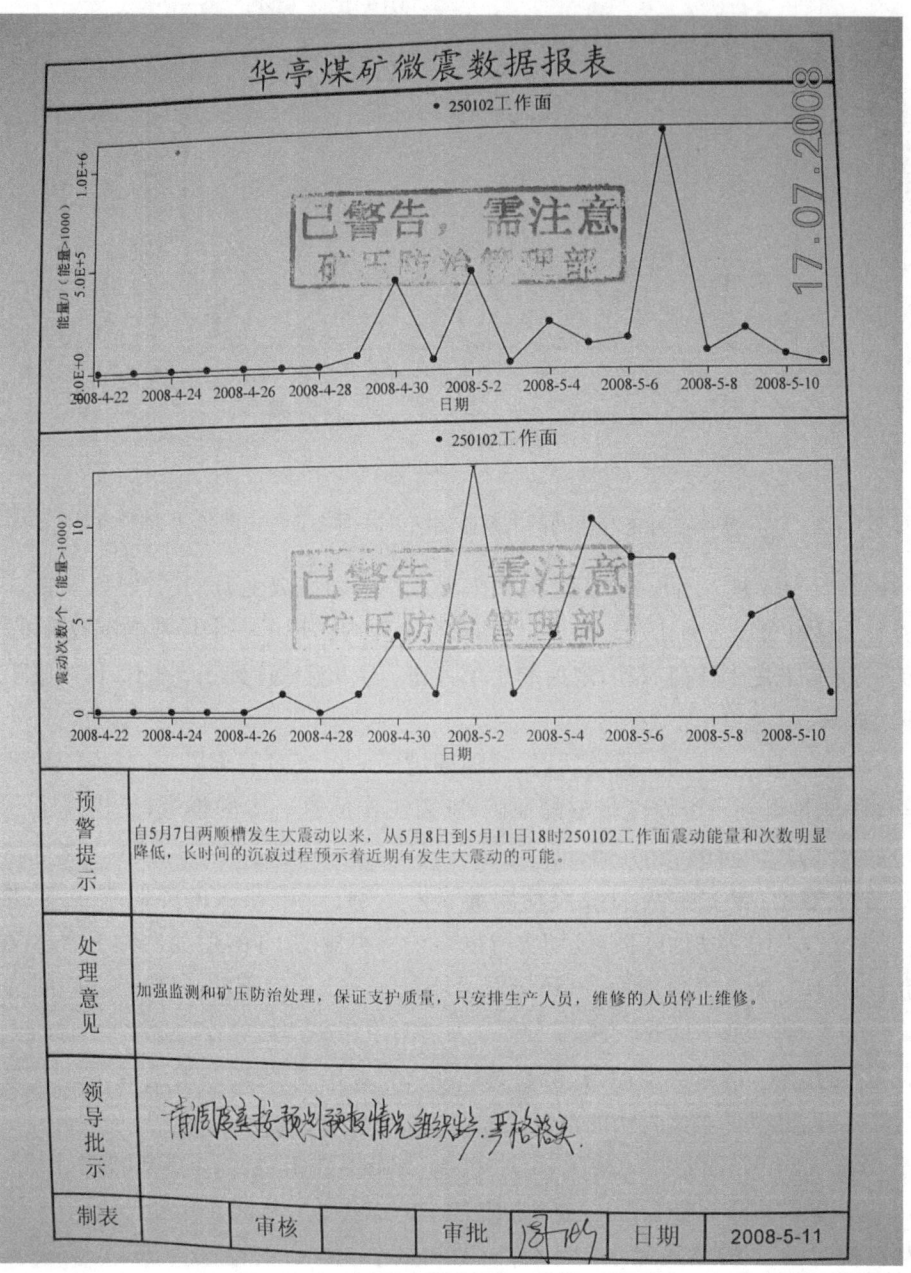

图 4-54　5 月 11 日 250102 工作面冲击危险预警单

第4章 冲击矿压危险的监测预警

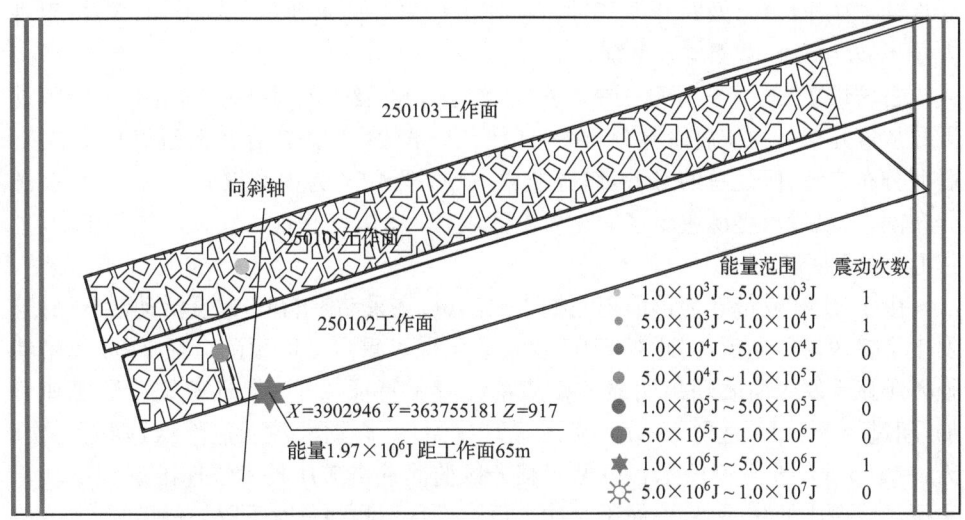

图 4-55 5 月 12 日微震监测结果

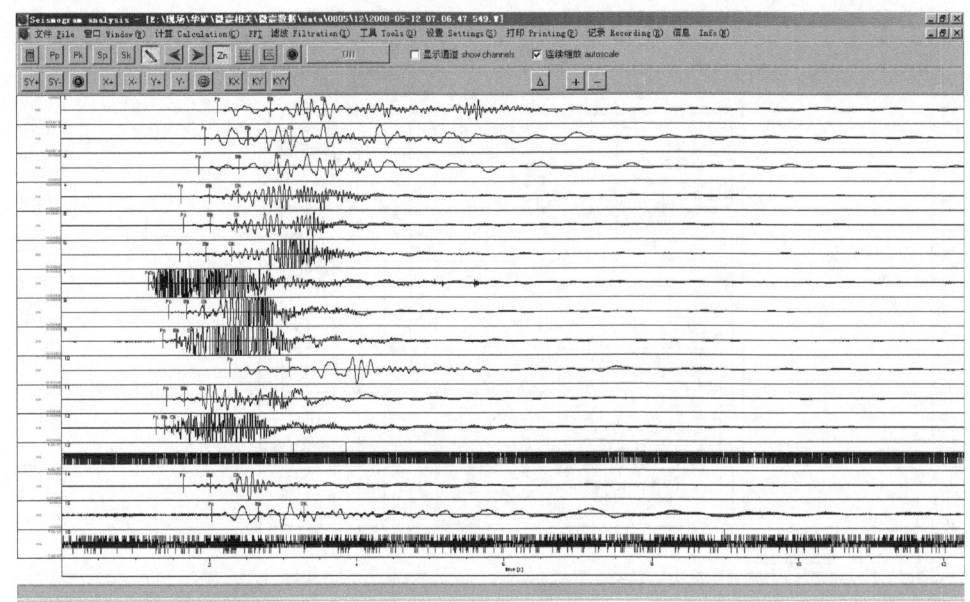

图 4-56 华矿 5 月 12 日的冲击矿压显现波形图

3. 临沂古城煤矿

临沂古城煤矿开采深度达 900m 以上。古城煤矿于 2004 年 11 月 25 日发生首次冲击矿压以后,及时开展了冲击矿压的监测与防治研究。2007年7月,引进安装了波兰SOS微震监测系统。

古城煤矿于2007年7月中旬安装微震观测系统,对井下矿震活动进行了观测。从这几个月的矿震事件分布图可以看出,虽然古城煤矿存在大面积的采空区,震源分布广泛,但是总的来看,震源非常集中,图4-57为古城煤矿2月28日震源分布图,可以看出震源主要集中在4个区域,即1315工作面、2101工作面、1120工作面、2103掘进头。

由于2103皮带巷为目前正在掘进的巷道,在采动影响下,矿震活动活跃,并且发生了多次矿压显现,因此对2103皮带巷采取了重点分区预测。在2103皮带巷强矿压显现发生前表现出明显的矿震前兆异常特征,2月15日矿震次数迅速增加,超过20次/天,直到28日强矿压显现发生后,震动次数明显降低,降为5次/天,如图4-58、图4-59所示。可见矿震分区监测冲击矿压技术快速准确地反映出采掘区域矿震变化趋势,以便于对冲击危险进行预测并及时采取解危措施。

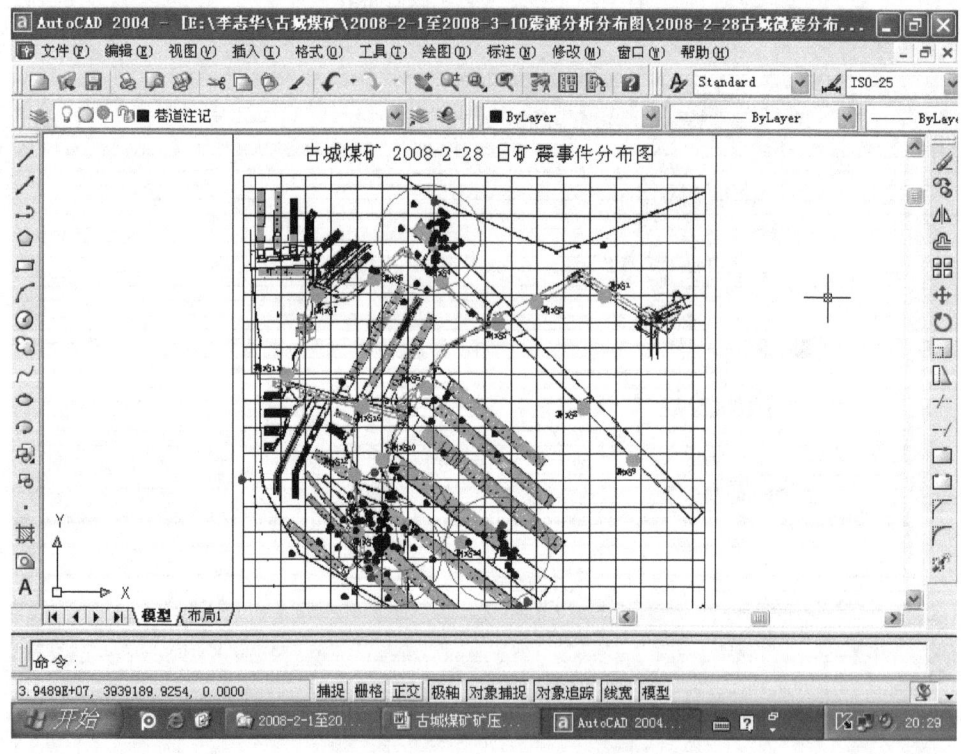

图4-57 古城煤矿2008年2月28日矿震事件分布图

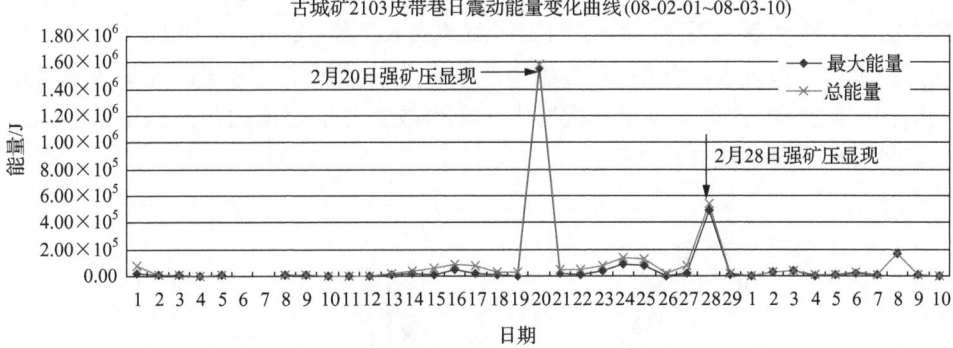

图 4-58　古城煤矿 2103 皮带巷震动能量随时间变化曲线

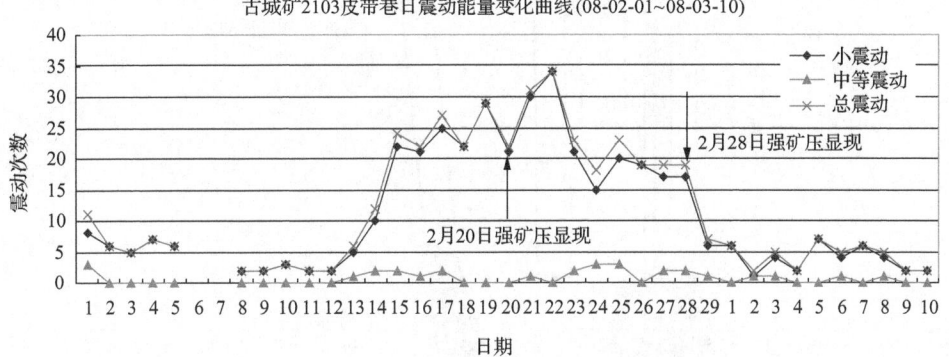

图 4-59　古城煤矿 2103 皮带巷震动次数随时间变化曲线

4. 山东天安星村煤矿

山东省天安矿业有限公司星村煤矿地处曲阜市。矿区内地势平坦,地面高程在+50～+56m,地形东高西低,煤层埋深为-900m～-1200m,属典型深部开采矿井。

E3103 面是首采区内第一个工作面,位于东翼轨道石门南,F14 正断层北,东界为未开掘的 E3105 工作面,西界为未开掘的 E3101 工作面 133m 保护煤柱。工作面推进长度为 350m,面长为 144m,煤层平均厚度为 7.26m。该面在巷道掘进过程中,多次发生断锚杆、断锚索等事故以及煤炮、顶板震动和冒顶等矿山动力显现情况。

为保障工作人员人身安全和矿井安全正常生产,矿方高度重视深部矿井安全生产问题,在矿井设计初期就将冲击矿压列为重点灾害对象进行预防和治理。并于 2008 年 8 月安装波兰 SOS 微震监测系统并正式运行。

自正式运行微震监测系统至 2009 年 12 月初,星村煤矿已完成东二采区 E3202 工作面及东一采区 E3101 西工作面的回采工作,东一采区 E3101 东工作面回采已近半。在该段时间内,SOS 微震监测系统共监测到 14924 次能量级别各不相同的矿震活动,矿井未发生一次冲击矿压事故。井田范围内微震活动比较强烈的区域分布情况如图 4-60 所示。

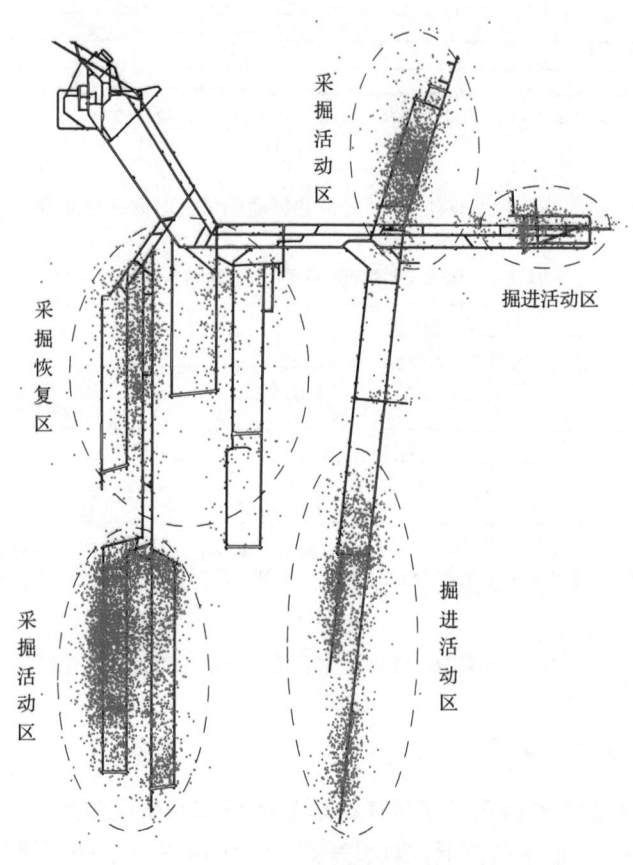

图 4-60 井田微震活动分布

自 SOS 微震监测系统安装至今,已积累了大量的微震监测数据,根据这些实测数据,以每月作为一个时间单位,反演单位时间内的能量变化趋势,研究煤岩体内弹性能量的变化,可分析确定井田范围内的冲击高危区域。井田范围内能量演化结果如图 4-61 所示,黄色区域表示的是能级在 10^3 J 以上的区域,代表井田范围内能量的整体分布趋势;红色区域是能级在 10^4 J 以上的区域,属于冲击危险的高危警戒区。

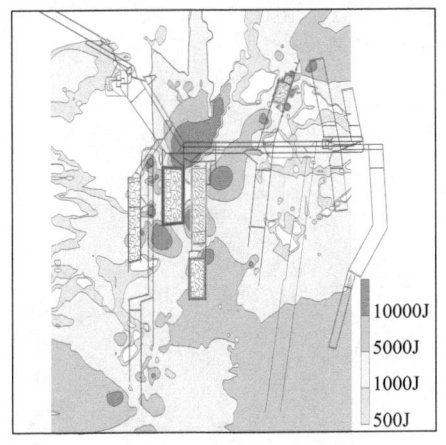
(a) 2008年9月份井田能量分布

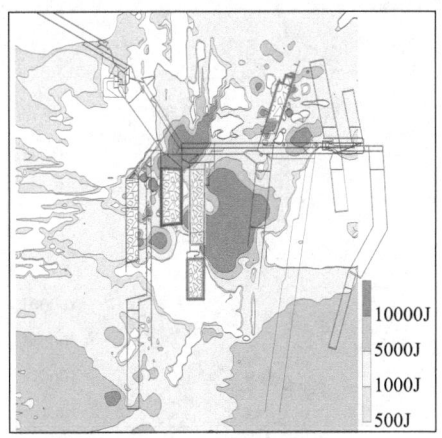
(b) 2008年10月份井田能量分布

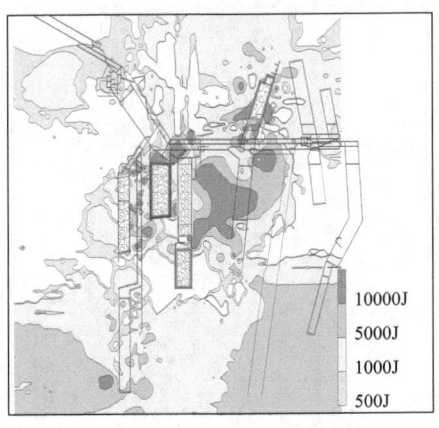
(c) 2008年11月份井田能量分布

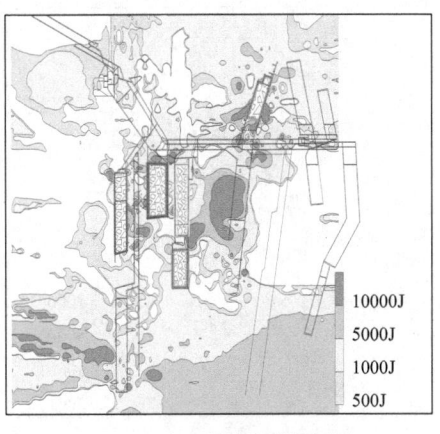
(d) 2008年12月份井田能量分布

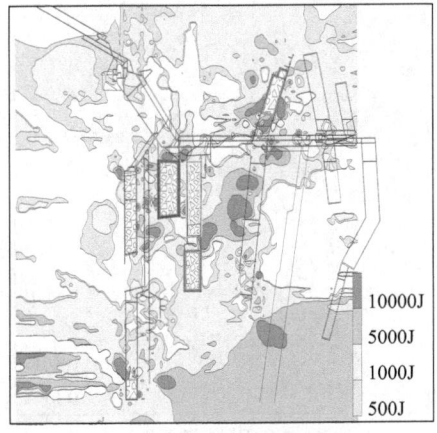
(e) 2009年1月份井田能量分布

(f) 2009年2月份井田能量分布

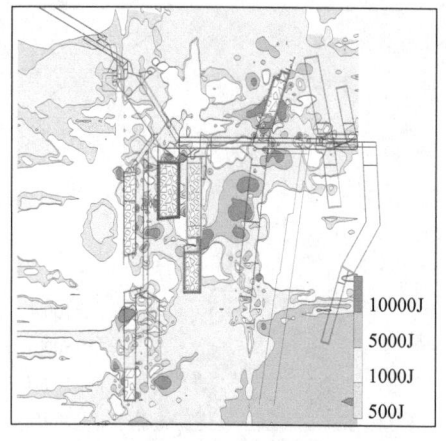
(g) 2009年3月份井田能量分布

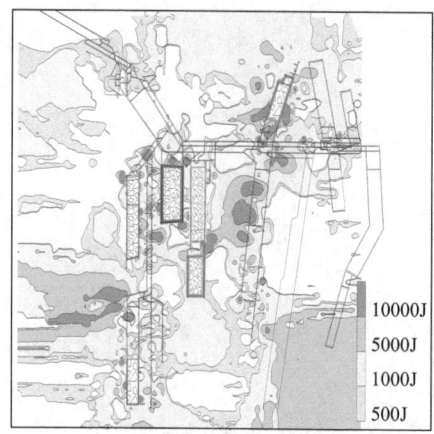
(h) 2009年4月份井田能量分布

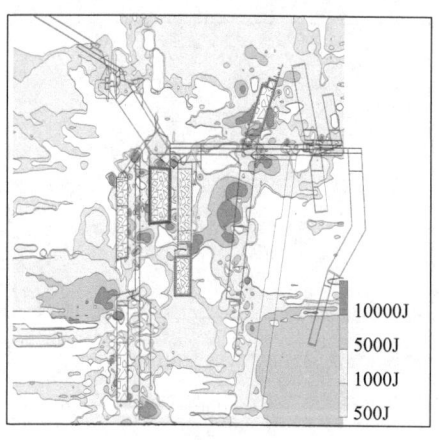
(i) 2009年5月份井田能量分布

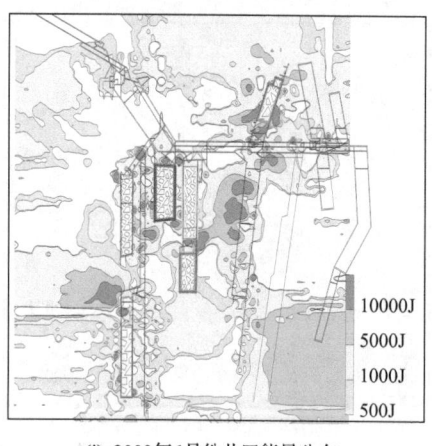
(j) 2009年6月份井田能量分布

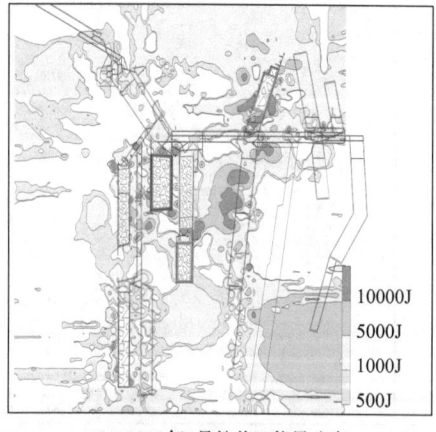
(k) 2009年7月份井田能量分布

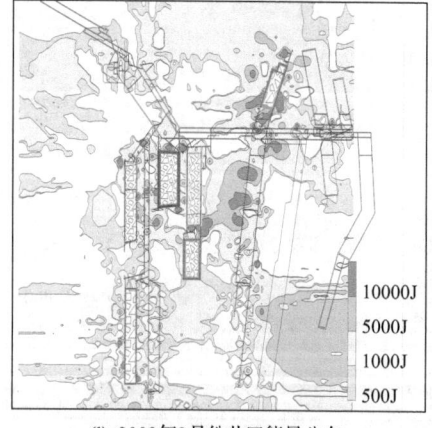
(l) 2009年8月份井田能量分布

第 4 章　冲击矿压危险的监测预警

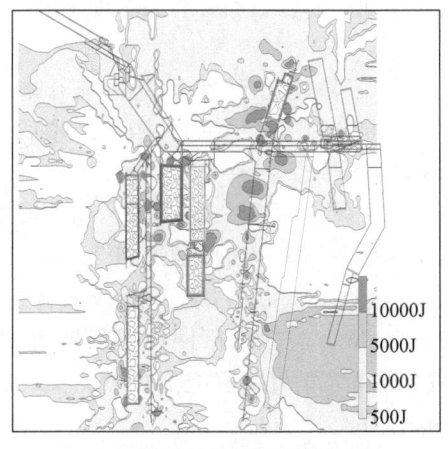
(m) 2009年9月份井田能量分布

(n) 2009年10月份井田能量分布

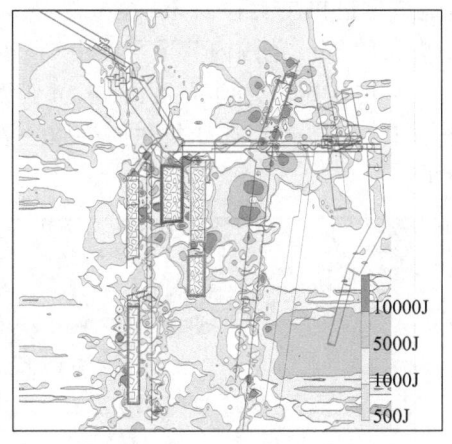
(o) 2009年11月份井田能量分布

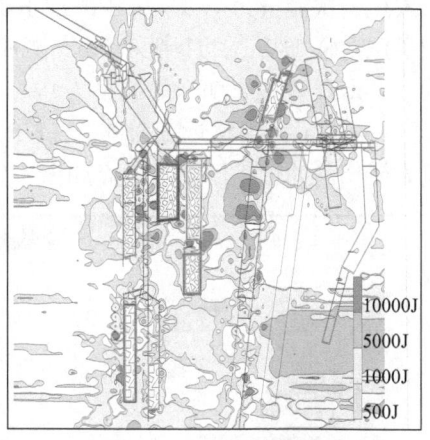
(p) 2009年12月份井田能量分布

图 4-61　星村煤矿井田内能量分布

从井田范围内的能量变化来看，一般受采掘活动影响的区域，能量集中程度就较为明显，而在采动影响小或者无采动影响的区域，能量聚集的可能性就会降低。并且随着采掘活动的不断影响，能量集中带会在一定程度上发生转移、分散、破碎，并向周边区域转移而变得更为集中。

5. 鹤岗峻德煤矿

峻德煤矿位于鹤岗市区南端，是鹤岗煤田最南部的一个井田。龙煤鹤矿集团峻德煤矿 2004~2008 年多次发生冲击矿压，导致巷道毁坏严重及人员伤亡，冲击矿压危害较为严重。为了监测预报冲击矿压危害，减轻矿井损失保障人员安全，龙煤鹤矿集团峻德煤矿与中国矿业大学、波兰矿山研究总院进行合作，决定引进波兰SOS微震监测系统。

峻德煤矿二水平北3层三、四区一段、二段、三段均已于2005年以前开采完毕，其中二水平北3层三、四区二段南块于2004年9月发生一次冲击矿压，事后该区留下一块走向长80m、倾斜长120m的煤体没有开采。

该区原设计走向长1195m，倾斜宽度188m，回风道原设计长1560m，与上段采空区净煤柱4~6m，其中回风反上60m，北部回风道740m，南部回风道760m。北部回风巷标高为-224~-242m，施工至325m处见P16断层，于5月19日停工。南部回风巷标高为-224~-227m，设计长度760m，与三、四区回风石门贯通，于5月20日开门，截止到8月2日冲击矿压发生时，南部回风道施工长度为396m。冲击矿压发生的位置为从场子头往后36m范围内。

2009年8月2日夜班，掘进一区104队当班出勤6人。21点27分，掘进面端头发生一次能量为7.3×10^4J的冲击矿压，造成掘进机尾上移0.8m至上帮，自移溜子尾上移1.0m，距上帮0.6m。造成场子头向后36m范围内巷道高度由3m变为2.2m，最矮处2.0m，底鼓量为0.6~1.0m，平均0.8m。巷道宽度由4.7m变为2.93~4.2m，下帮移近量为0.8~1.8m，平均1.35m。冲击矿压发生时导致一名工人受伤。冲击矿压发生地点如图4-62所示。

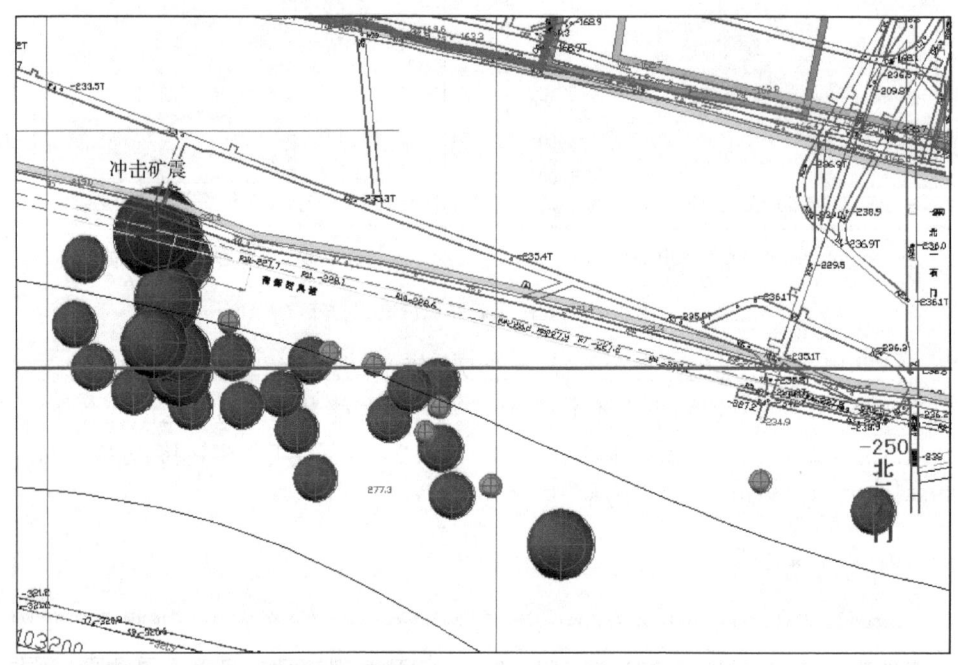

图4-62　三水平北3层三、四区一段回风巷冲击矿震分布平面图

第 4 章 冲击矿压危险的监测预警

对于这次冲击矿压,我们可以采用能量趋势法进行预警。能量趋势法涉及矿震冲击临界能量,对于峻德煤矿,根据冲击矿压监测的情况,2009 年 8 月 2 日发生了一次 7.3×10^4 J 的冲击矿压。根据检查结果,峻德煤矿目前最大矿震能量可达 1.66×10^5 J。因此,可将 10^4 J 作为弱冲击危险临界值,10^5 J 作为强冲击危险临界值。

图 4-63 为三水平北 3 层三、四区一段回风巷利用能量趋势法的作图方法预测冲击矿压危险的示例。由图可见,根据 7 月 15 日至 17 日数据预测 7 月 21 日、22 日为弱冲击危险期,而在 7 月 19 日起矿震能量已达到本周期能量峰值之后能量开始下降,到 7 月 22 日,能量连续下降 3 天,可判断冲击危险已解除,未出现强矿震;根据 7 月 29 日、7 月 30 日矿震数据预测 7 月 31 日为弱冲击危险期,8 月 1 日、8 月 2 日为强冲击危险期,而在 8 月 2 日晚发生了冲击矿压。说明确定 10^4 J 作为弱冲击危险临界值,10^5 J 作为强冲击危险临界值是合理的。

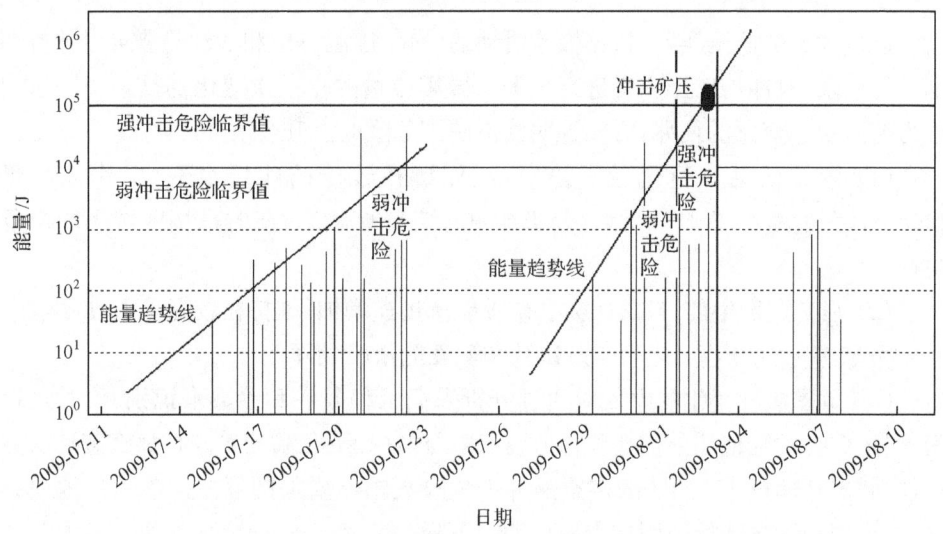

图 4-63 能量趋势法(作图法)冲击矿压危险预报示例

4.8.8 冲击危险的微震监测预警

1. 冲击危险界定

(1) 对掘进巷道:出现能量超过 1×10^4 J 的矿震(危险性矿震)说明在掘进过程中开始具有冲击危险。

(2) 对采煤工作面:①出现能量超过 1×10^5 J 的矿震(危险性矿震)说明在工作面回采过程中开始具有冲击危险。②当采掘工作面具有冲击危险性,应采取以下对策。若为危险性矿震,应及时与震源点附近区域取得联系,询问并记录现场矿压显现、动力现象及震动破坏情况;加强微震法监测与冲击危险性分析,并与其他监测方法结合综合应用于冲击危险预警;根据冲击危险级别确定相应的防治措施。

(3) 为了达到微震法确定观测区域内冲击矿压危险的目的,应将微震能量、微震频次与震源分布相关指标与下列因素联系起来:①采掘工作面是否生产,若停产,微震活动将显著降低;②开采技术条件,包括残留煤柱、停采线、相向回采或掘进、工作面见方;③开采地质条件,如断层、褶曲、坚硬顶板;④在具有近似开采条件的其他采掘面中的冲击矿压危险状况。尤其是掘进期间的冲击危险状况,一般掘进期间有冲击显现的地方,回采期间同样会发生。

2. 微震趋势判别冲击危险

通过大量的监测实践,根据微震活动的变化、震源方位和活动趋势可以评价冲击矿压危险,对冲击矿压灾害进行预警。微震参量的每一次变化都是某个区域中应力变形状态变化的征兆,可以说明冲击矿压危险的上升或下降。

(1) 微震活动一直比较平静,持续保持在较低的能量水平(工作面小于1×10^4 J,掘进面小于 1×10^3 J),处于能量稳定释放状态,此时采掘区域无冲击危险性。

(2) 强矿震发生前,矿震次数和矿震能量迅速增加,维持在较高水平,持续2～3天后会出现大的震动,之后矿震次数和矿震能量明显降低。

(3) 微震参量变化的原因应通过分析采掘工程条件和参数来识别:①对掘进面,当采矿技术与地质条件恶化(如遇到残留煤柱、断层、褶曲等)时,那么震动次数增加,并出现超过 1×10^4 J 的矿震是冲击危险大幅度增加的征兆。当采矿地质条件改善,震动频次降低说明冲击矿压危险下降。②对回采工作面,当采矿技术与地质条件恶化(如遇到残留煤柱、断层、褶曲、见方等)时,那么矿震能量降低是冲击危险大幅度增加的征兆。

(4) 对回采工作面,岩体中能量的释放总是处于一种波动状态,对应积聚和能量释放的频繁转换,而在具有冲击危险的情况下,这种波动状态开始加剧。震源总能量变化趋势先经历一个震动活跃期(活跃期内出现能量超过 1×10^5 J 的矿震),之后出现较明显的下降阶段(正常生产条件下),开始具有冲击危险性,而在下降阶段再回升或下降阶段中出现比较长时间的沉寂现象后,或震动频次维持在较高水平时,此时具有强冲击危险性(图 4-64)。

(5) 如果微震强度参数的变化是在固定的时间内震动次数增加、推进量和工

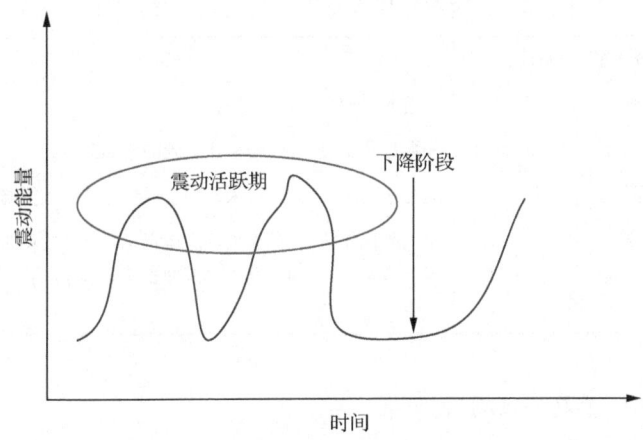

图 4-64 冲击危险前的矿震活动规律

艺循环的增加:①在微震能量同时增加的情况下,这是冲击矿压危险上升的征兆;②在微震能量同时减少的情况下,这是冲击矿压危险下降的征兆。

(6) 如果微震强度参数的变化是在固定的时间内震动次数减少、推进量和工艺循环的减少:①当至少在几个生产循环(采煤工作面或巷道最少推进 20m)中维持这种情况时,这是冲击矿压危险下降的征兆;②当震动的微震能量增加时,这是冲击矿压危险上升的征兆。

(7) 震动相对与观测巷道的位置变化:①在震源向采煤工作面或巷道迎头接近时,冲击矿压危险上升;②当震源向离生产区域较近的断层、遗留煤柱、停采线等区域积聚时,这是冲击危险上升的征兆;③在震源向采空区方向远离采煤工作面或巷道迎头时,冲击矿压危险下降;④震动频次升高后,若总是集中在一个较小的区域内释放能量,说明岩体的某个小区域内岩体活动加剧,是强矿震来临的又一个前兆。当出现震动集中程度指标值与震动次数曲线在纵向上明显偏离的时段,且与之前的曲线偏离程度相比,震动次数越多,指标值越小,集中程度越高,则发生强矿震的可能性就越大。

3. 冲击危险的微震监测预警

在某个矿井的某个区域内,在一定的时间内,已进行了一定的微震观测。在这种情况下,就可以根据观测到的微震能量水平,对冲击矿压危险进行预测预报。冲击矿压危险程度分为四级,根据不同的危险程度,可采用相应的防治措施,如表 4-17 所示。

表 4-17 冲击矿压危险状态分级及相应对策表

危险等级	危险状态	危险指数	防治对策
A	无危险	<0.25	所有的采掘工作可正常进行
B	弱危险	0.25~0.5	采掘过程中,加强冲击矿压危险的监测预报
C	中等危险	0.5~0.75	进行采掘工作的同时,采取强度弱化减冲治理措施,消除冲击危险
D	强危险	>0.75	停止采掘作业,人员撤离危险地点。采取强度弱化减冲治理措施。采取措施后,通过监测检验,冲击危险消除后,方可进行下一步作业

4. 微震的能量趋势预测法

如果将冲击矿压的危险性采用危险指数来表示,则可采用微震能量趋势预测法预测冲击矿压危险程度。

$$\mu_{sj} = \bigvee_{i=1}^{2} \{\mu_{ei}(e_i)\} \tag{4-44}$$

式中,

$$\mu_{ei}(e_i) = \begin{cases} 0, & e_i < a_i \\ \dfrac{e_i - a_i}{b_i - a_i}, & a_i \leqslant e_i < b_i \\ 1, & e_i \geqslant b_i \end{cases} \tag{4-45}$$

$$e_i = \log(E_i) \tag{4-46}$$

式中,i 表示索引号;e_1 表示主要震动能量;e_2 表示偶尔发生的最大震动能量;E_i 表示震动能量;a_i,b_i 表示系数,对于不同的井巷,其值是不同的。其系数值如表 4-18 所示。

表 4-18 不同采掘工作面的系数值

| 震动能量 | 类别 | | |
	系数	垮落面	巷道
e_1	a_i	2	0
	b_i	6	4
e_2	a_i	4	2
	b_i	7	6

5. 冲击危险的微震监测预警法

微震监测预警法确定采掘面冲击矿压危险状况，主要是根据矿震能量等级。

（1）震动能量的最大值 E_{max} 和大多数的震动能量值。

（2）一定推进距释放的微震能量总和（$\sum E$）。

同时，如果确定的冲击矿压的危险程度高，当上述参数降低后，冲击矿压危险性不能马上解除，必须经过一个昼夜，或一个循环周转后，逐级解除，一个昼夜最多只能降低一个等级。如表 4-19 所示。

表 4-19 冲击矿压危险的微震监测预警指标

危险状态	工作面	掘进巷道
A 无危险	1. 一般：$10^2 \sim 10^3$ J，最大 $E_{max} < 5 \times 10^3$ J 2. $\sum E < 10^5$ J/每 5m 推进度	1. 一般：$10^2 \sim 10^3$ J，最大 $E_{max} < 5 \times 10^3$ J 2. $\sum E < 5 \times 10^3$ J/每 5m 推进度
B 弱危险	1. 一般：$10^2 \sim 10^5$ J，最大 $E_{max} < 1 \times 10^5$ J 2. $\sum E < 10^6$ J/每 5m 推进度	1. 一般：$10^2 \sim 10^4$ J，最大 $E_{max} < 5 \times 10^4$ J 2. $\sum E < 5 \times 10^4$ J/每 5m 推进度
C 中等危险	1. 一般：$10^2 \sim 10^6$ J，最大 $< E_{max} < 1 \times 10^6$ J 2. $\sum E < 10^7$ J/每 5m 推进度	1. 一般：$10^2 \sim 10^5$ J，最大 $E_{max} < 5 \times 10^5$ J 2. $\sum E < 5 \times 10^5$ J/每 5m 推进度
D 强危险	1. 一般：$10^2 \sim 10^8$ J，最大 $E_{max} > 1 \times 10^6$ J 2. $\sum E > 10^7$ J/每 5m 推进度	1. 一般：$10^2 \sim 10^5$ J，最大 $E_{max} > 5 \times 10^5$ J 2. $\sum E > 5 \times 10^5$ J/每 5m 推进度

4.9 冲击危险的声发射监测技术

采矿活动引发的动力现象分为两种：强烈的，属于采矿微震的范畴；较弱的，如声响、振动、卸压等则为采矿地音，也称为岩石的声发射。

岩石声发射现象的研究从 20 世纪 30 年代开始。首先是由欧伯特（Obert）在锌矿和铅矿测量地震波传播时开始，其后在美国的密歇根（Michigan）铜矿进行。随后声发射的研究在美国、日本、南非、波兰、德国、俄罗斯、捷克等国家展开。

声发射法就是以脉冲形式记录弱的、低能量的地音现象。其主要特性是：振动频率从几十至 2000Hz 或更高；能量低于 10^2 J，下限不定；振动范围从几到大约 200m。

采用的方法主要有站式的连续监测和便携式流动地音监测。用来监测和评价局部震动的危险状态及随时间的变化情况。主要记录声发射频度（脉冲数量）、一定时间内脉冲能量的总和、采矿地质条件及采矿活动等。

对于冲击矿压危险性的评价来说，主要是根据记录到的岩体声发射的参数与局部应力场的变化来进行。岩石破坏的不稳定阶段是岩石中裂缝扩展的结果，而声发射现象则是微扩张（岩体中出现的破裂和零量裂隙缝）超过界限的表征，而该现象的进一步发展则表明岩石的最终断裂。根据矿山压力，最终断裂最终引发高能量的震动，对巷道的稳定形成威胁，也可能引发冲击矿压。

4.9.1 岩石变形过程中的声发射

声发射现象与岩石变形过程有很大的关系。最初认为，根据声发射与岩石变形过程的关系，可以预测破坏的时刻。故研究集中在不同岩石试样、不同压载荷、拉载荷、剪载荷增长的情况下的声发射的规律。常用的参数为声发射频度或脉冲数量。

但是，在稳定常载荷下，对于蠕变，声发射频度与岩石变形速度有关。对于循环加载，声发射对前一循环的载荷有记忆效果，称为 Kaiser 效应。

岩石的声发射与岩石非弹性变形紧密相关。

声发射频度的变化类似于岩石非弹性体积变形速度的变化，而脉冲总数量的变化对应非弹性体积变形的变化。

1. 载荷的增长对岩石声发射的影响

研究表明(Tang et al.，1997；Kornowski，1994)，所有类型的岩石，随着载荷的增加，声发射的频度随之增长直至破坏或到其极限强度。脆性岩石受压时，声发射的增长与岩石开始错位有关，这种现象出现在大约 0.4～0.9 倍的岩石极限强度阶段。空隙岩石和少量围压及轴压时，声发射的增长与局部破裂和空隙有关，图 4-65 为砂岩试块单轴受压下声发射频度与信号总数的变化。

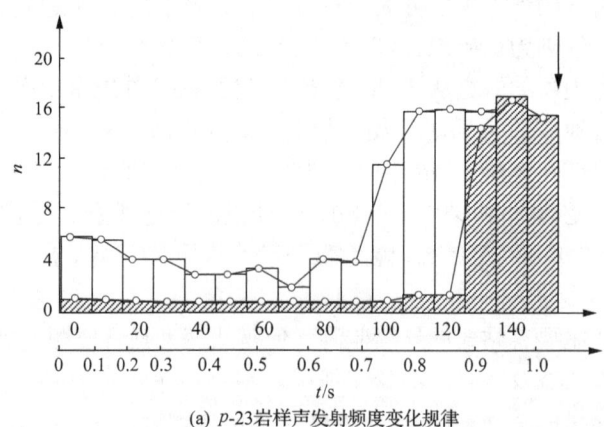

(a) p-23岩样声发射频度变化规律

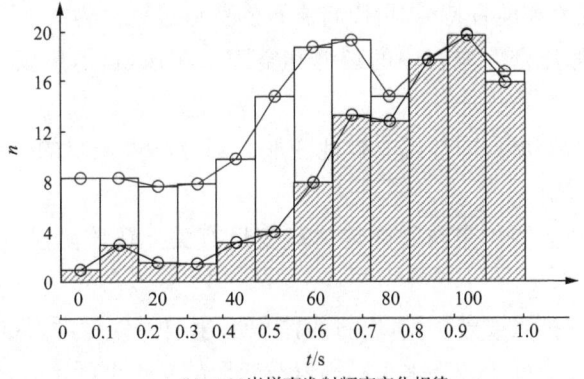

(b) p-30岩样声发射频度变化规律

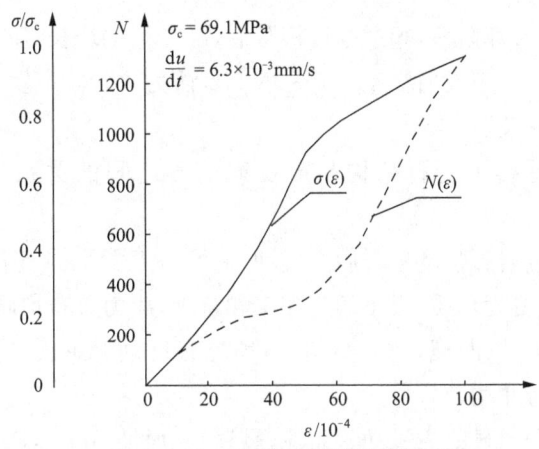

(c) p-23岩样声发射总计数变化规律

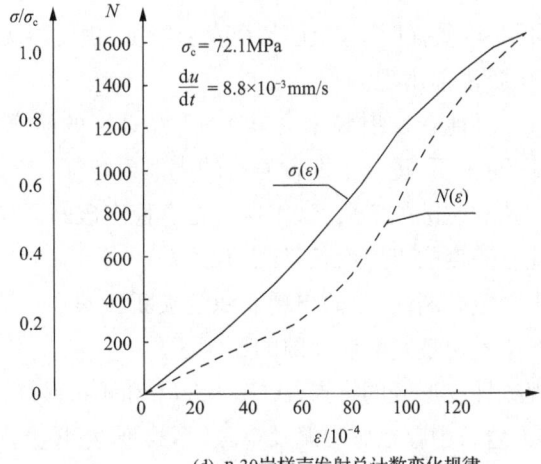

(d) p-30岩样声发射总计数变化规律

图 4-65　砂岩试块单轴受压下声发射频度与信号总数的变化

考虑矿山压力和地音特征,可以将岩石的变形过程分为如下阶段。

Ⅰ阶段:压缩压密。岩石中的裂缝和空隙。在该阶段,声发射频度有稍微上升,有时不明显。

Ⅱ阶段:线性变形。弹性或亚弹性变形。部分不可恢复的变形。在该阶段声发射波的频率很低。

Ⅲ阶段:扩涨或微扩张与非弹性体积变形有关。在该阶段,声发射频度大量上升。

Ⅳ阶段:加速扩张或宏扩张,岩石的体积迅速增大伴随微裂缝产生及断裂,在该阶段,声发射频度处于较高水平。当岩石变形趋向某个区段时,声发射频度可能在达到强度前下降。

Ⅴ阶段:岩石破坏阶段,超过强度极限后,随变形的增长,压力下降。而声发射在该阶段研究不多。声发射频率 $200\sim 1MHz$,认为该阶段声发射下降是因宏观裂缝的增长与发展有关。

因此,Mogi 总结了岩石结构与声发射信号之间的关系,并将其分为以下三类。

Ⅰ类——超过岩石强度极限后主震动(断裂)很强烈,预先没有信号而出现断裂(再次),这种岩石为均质,很小的空隙率和解理,应力分布均质。

Ⅱ类——主震动(断裂)比Ⅰ类弱,但预先有震动脉冲。这类为非均质,而空隙、解理、压力分布非均匀。

Ⅲ类——缺少明显的主震动。裂隙(震动)先增加后减小,变形释放能量(一些塑性岩石与裂隙)。

图 4-66 为岩石非均质程度下,变形与声发射特征,由此可见,声发射与非弹性变形有关,甚至在微扩涨前出现。

Boyce 等(1981)以地音发射频率为 $0.1\sim 100KHz$ 的研究为基础,在单向压力,加载速度为 $77kPa/s$ 下,提出了四种岩石的声发射特征。

Ⅰ类——有空隙和裂隙的实质区(A 点),也有稳定破断区(C 点),该区预报了非稳定破断区和地音频度的迅速增长(D 点开始)。

Ⅱ类——缺少稳定破断区,立即出现非稳定破断(C/D)。

Ⅲ类——岩石中不出现空洞和裂隙的压实区。

Ⅳ类——出现线性变形区的特点($A/B-C/D$)和预报破坏的破断区。

第Ⅰ、第Ⅱ类为岩石中存在微裂缝及空隙,而第Ⅲ、第Ⅳ类为坚硬岩石。

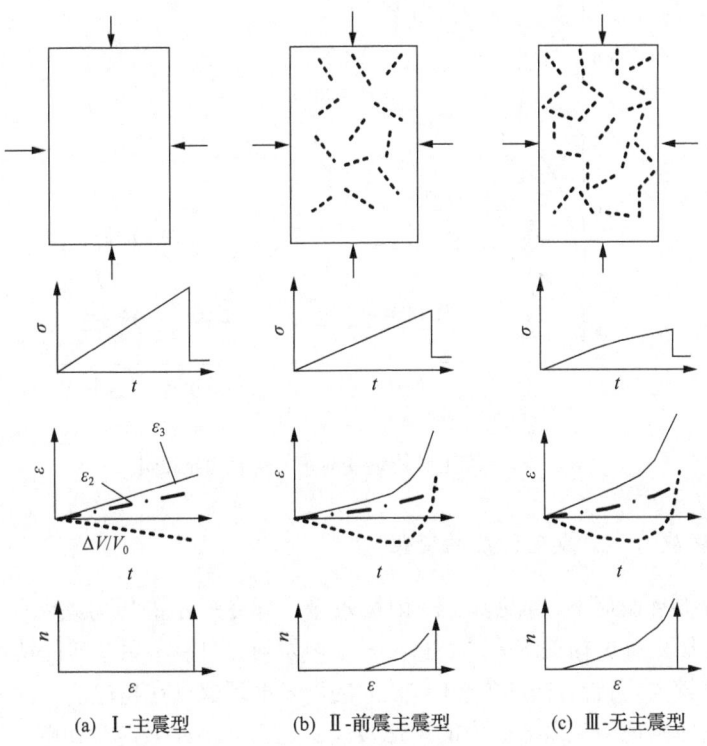

(a) Ⅰ-主震型　　(b) Ⅱ-前震主震型　　(c) Ⅲ-无主震型

图 4-66　非均质岩石的变形与声发射特征

2. 稳定载荷下声发射频度的变化

随着岩石非弹性体积变形的增长,声发射频度随之增长。在稳定载荷下,岩石蠕变变形时,声发射频度也增长。

研究表明,声发射的脉冲数量与岩石非弹性变形或者声发射频度与变形速度存在如下关系(唐春安,1993):

$$n = \frac{dN}{dt} = b\left(\frac{d\varepsilon}{dt}\right)^p \tag{4-47}$$

式中,b, p 为常数,p 稍大于 1。

岩石蠕变时,声发射频度的变化与蠕变变形相类似。而对于岩石的稳定性来说,重要的是确定第三阶段的蠕变。

第一阶段蠕变,较高的声发射频度。

第二阶段蠕变,声发射频度的增加有所下降。

第三阶段蠕变,声发射频度再次增加。如图 4-67 所示。

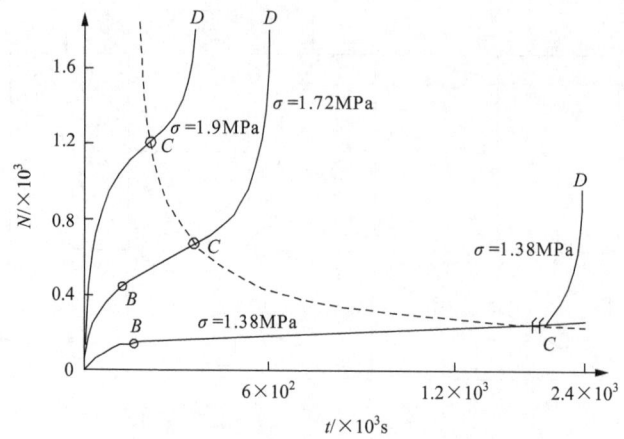

图 4-67 冻土试块蠕变时声发射信号的变化

3. 循环载荷下声发射频度的变化

岩石在循环载荷下,声发射出现记忆效应。即在一定的压力差水平下,声发射水平与加载历史有负相关的关系,也就是说,声发射源具有不可逆转的特点。如果这部分的比例较大,当岩石循环加载时,较大的声发射现象仅在超过了上次循环加载的最大压力后才出现。该最大压力的记忆效应称之为 Kaiser 效应。如图 4-68 所示。

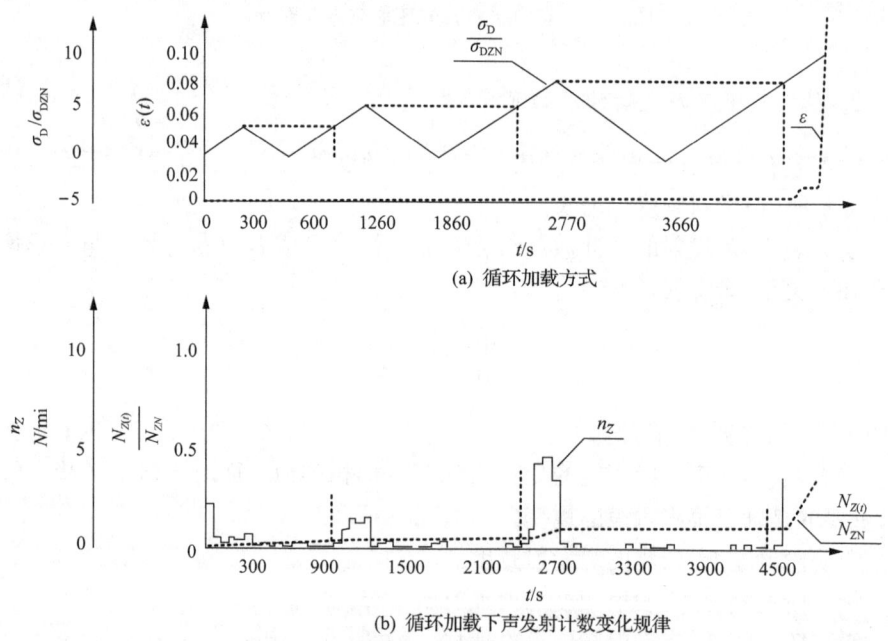

图 4-68 砂岩在循环加载时轴向变形与声发射的关系

4.9.2 声发射的观测方法

岩体声发射的特征与岩体微震的特征类似,故声发射观测与测量的原则也相似。声发射测量主要由探头、声发射信号的传输、数据的记录与处理等组成。

对于矿山动力现象——冲击矿压的监测与预报,声发射法主要有两种形式。一种是固定式的连续监测,第二种是便携式的流动监测。

1. 固定式连续声发射监测探头的布置

这种监测方式类似于微震监测,有固定的监测站,可以连续监测煤岩体内声发射现象的连续变化,预测冲击矿压危险性及危险程度的变化。图 4-69 为声发射探头的布置示意图(Kornowski,1994)。

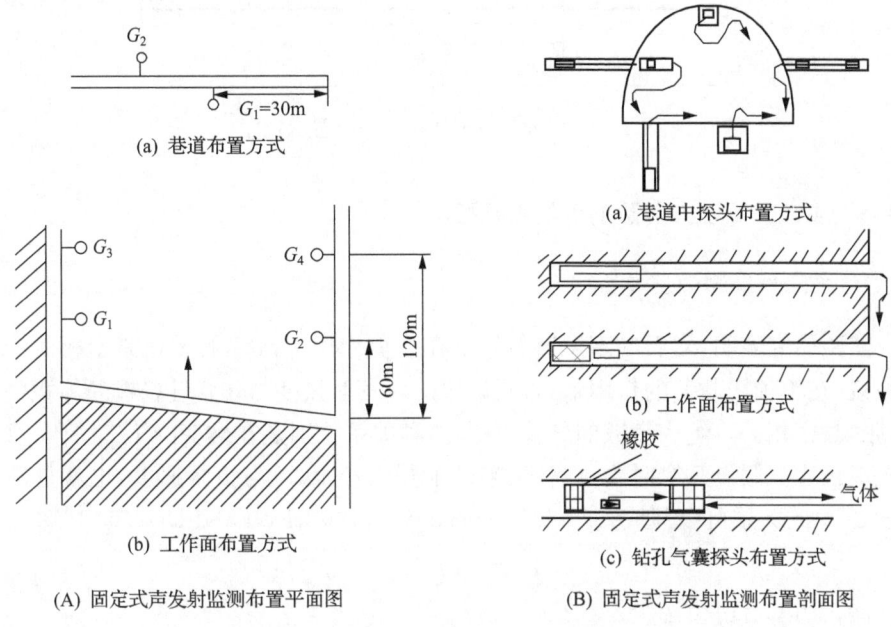

图 4-69 声发射探头布置示意图

声发射探头总是布置在上下两平巷的煤壁或顶板之中。探头一般安设在深为 1.5m 以上的钻孔中,以便避开巷道周边的破碎带。在回采工作面进行监测时,近的探头距工作面 40m,远的探头距工作面 110m。如果探头的去噪效果较好,则探头可以布置在距工作面 20m 处。在掘进巷道进行监测时,探头应布置在距掘进面 30~100m。一般来说,探头的布置应避开断层、煤层尖灭、老巷等阻尼大的地点。

2. 流动声发射监测探头的布置

采用激发声发射法(Kornowski,1994)对冲击矿压的危险性进行监测时,其探头一般布置在深 1.5m 的钻孔中,距探头钻孔 5m 处打一个深 3m 的钻孔,其中装上激发所用的标准重量炸药(1kg)。如图 4-70 所示。记录炸药爆炸前后一段时间内,产生的微裂隙形成的弹性波脉冲。每次测量进行 32 个循环,每循环记录 2 分钟,其中,放炮前 20 分钟,10 个循环,这样爆炸后 44 分钟,22 个循环。

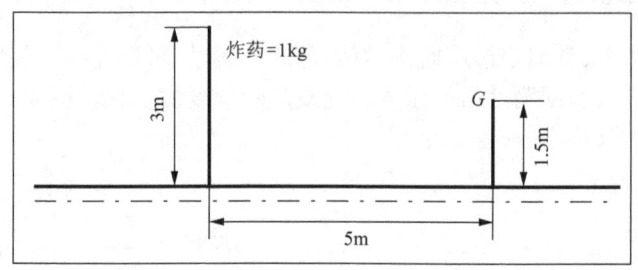

图 4-70 激发声发射法探头等布置示意图

4.9.3 冲击矿压动力危险的声发射预警

1. 危险性监测的基础

实验研究表明,岩石的声发射与岩石在载荷作用下破坏的过程紧密相关。简单地说,在单轴增载荷的作用下,岩石试块的声发射强度与非弹性(破坏)体积变形(扩张)紧密相关。绝大多数的试验表明,这种关系特别是在蠕变的第二阶段,可以说是成正比。假设某个时刻,地音发射的能量大小 $w(t)$ 与扩张速度,也就是破坏速度 $\varepsilon'(t)$ 的关系可以写成式(4-48)(Kornowski,1994;Dou and Drzezla,1998):

$$\varepsilon'(t) = Cw(t) \tag{4-48}$$

两边积分可以得到

$$\varepsilon(t) = \varepsilon_0 + C\int w(t)\mathrm{d}t = \varepsilon_0 + C_a W(t) \tag{4-49}$$

式中,$\varepsilon(t)$ 为从加载开始到时间 t 的总破坏变形;$W(t)$ 为与岩石微破坏有关的地音事件总能量;C、C_a 为常数。

在一定的条件下,如果试块破坏时,存在某个破坏变形的标准值,记为 ε_c,式(4-49)两边由该值相除,并记 $C_0 = \varepsilon_0/\varepsilon_c$,$C_1 = C_a/\varepsilon_c$,则

$$0 \leqslant Z(t) = C_0 + C_1 W(t) \leqslant 1 \tag{4-50}$$

式中，$Z(t)$ 为 t 时刻岩体破坏的危险状态值；$Z(t) = \varepsilon(t)/\varepsilon_c$ 确定了 t 时刻岩石在载荷影响下，实际破坏的危险程度。

式(4-50)表明了地音与岩石破坏过程和岩石破坏危险之间的关系。

对于井下采掘作业来说，考虑一个固定点或者是采掘面推进过程中的某个运动点意义不大。因为采掘工作面是向未破坏的原始煤体推进的。因此，采掘工作面前方的破坏程度和危险性有以下两个过程。

(1) 随着时间的增长，破坏程度(完全破坏或接近于破坏)和危险性增加。

(2) 采掘工作面推进到没有破坏的区域。

从理论上讲，岩体破坏的速度可以由工作面开采速度限制，但实际上很难做到。通常在岩体破坏速度与采掘工作面推进速度之间有一个平衡状态。该平衡状态的特点是接近于一个稳定的危险程度和每吨煤或者每平方米出露顶板的声发射值接近于一个稳定值。对于该状态来讲，声发射的较小变化通常是一个概率事件，证明岩体破裂的危险性有小的变化。声发射的较大变化和较长的持续时间说明了平衡状态的变化和危险性的变化——危险性增加或降低。上述观点就是连续声发射监测法的基础。

设 E 为过去一小时内声发射的能量或事件数，$\bar{E}$ 为一段时间内这些值的平均值，d 为能量或事件数的偏差值。偏差值定义为

$$-1 \leqslant d = \frac{E - \bar{E}}{\bar{E}} \tag{4-51}$$

假设存在一个函数 F_0，它与单位时间内因岩体危险程度平均值的变化 ΔZ 而变化的平均偏差值 $d(t)$ 有关。函数 F_0 是未知的，但可以由近似值 F_1 来代替。则对于连续时间段来说：

$$\bar{Z}(t) = \bar{Z}_0 + \int_0^t F_0(\bar{d}(t)) \mathrm{d}t = \bar{Z}_0 + \int F_1(\bar{d}(t)) \mathrm{d}t \tag{4-52}$$

这里，变量上面的横线表示其平均值，Z_0 为初始岩体破坏危险状态值。

对于以小时为单位时间的，则可以写为

$$\bar{Z}(t) = \bar{Z}_0 + \sum F_1(\bar{d}(t)) \tag{4-53}$$

这样，采用连续监测的地音法，可以通过岩体破坏危险状态值，来确定采掘工作面的冲击矿压危险程度。

2. 冲击矿压危险性评价指标的确定

由上可知，岩体中声发射的地音强度及事件数增加，说明岩体内应力的增加及冲击矿压危险性的增加。对于采掘工作面，为评价冲击矿压的危险性，以如下 8 个

地音指标为基础来确定地音强度和事件数的偏差(Kornowski,1994;Dou and Przezla,1998;窦林名等,2000)。

(1) 采煤班的班平均事件数 $\bar{N}_{wt}$。

(2) 非采煤班的班平均事件数 $\bar{N}_{st}$。

(3) 采煤时间的小时平均事件数 $\bar{N}_{wh}$。

(4) 非采煤时间的小时平均事件数 $\bar{N}_{sh}$。

(5) 采煤班的班平均地音强度 $\bar{E}_{wt}$。

(6) 非采煤班的班平均地音强度 $\bar{E}_{st}$。

(7) 采煤时间的小时平均地音强度 $\bar{E}_{wh}$。

(8) 非采煤时间的小时平均地音强度 $\bar{E}_{sh}$。

对于给定的单位时间,可以确定上述每个指标的偏差值。例如,对于采煤班的班平均事件数 $\bar{N}_{wt}$,其偏差值为

$$d = \frac{N - \bar{N}_{wt}}{\bar{N}_{wt}} \times 100\% \qquad (4\text{-}54)$$

其余类推(式中,N 为观测班的事件数)。

3. 冲击矿压危险状态的分类

采用地音法对冲击矿压的危险性进行评价时,可将冲击矿压的危险程度分为四级,即 a 级,无冲击危险。所有的采矿作业按作业规程进行。b 级,弱冲击危险。此时,所有的采矿作业可按作业规程规定的进行;加强冲击矿压危险状态的观测及采矿作业的监督管理。c 级,中等冲击危险。在这种危险状态下,下一步的采矿作业应当与冲击矿压的防治措施一起进行。对观测结果和控制情况测量记录在案,观测的危险程度不再增长。d 级,强冲击危险。此时,应停止采矿作业,不必要的人员撤离危险区域;生产矿长应当确定限制和降低冲击矿压危险程度的方法和措施,并检验防治措施的效果,确定实施冲击矿压防治措施的工作人员。

如果采取措施后,冲击矿压危险程度有了降低,则采矿作业可继续进行;如果危险状态不变,必须继续采取防治措施;如果冲击矿压危险程度继续升高,则所有的采矿作业必须停止,暂停或关闭采掘面及巷道。通过专家分析、研究出处理意见,经上级批准,方可实施防治措施以及进行采矿作业。

4. 冲击矿压危险状态的预测

1) 班危险性状态的评价

根据班地音事件数及地音强度的偏差(采煤班或非采煤班的地音事件数及地音强度的偏差),对冲击矿压危险状态进行评价。通过归一化处理,采掘工作面的危险性程度可表示为(Dou and Drzezla,1998;窦林名等,2000):

$$\mu_{d0} = \begin{cases} 0, & d < 0 \\ 0.25d, & 0 \leqslant d < 400\% \\ 1, & d \geqslant 400\% \end{cases} \quad (4\text{-}55)$$

式中,μ_{d0}为以本班数据为基础确定的危险状态;d为地音事件数或地音强度的偏差值。

图 4-71 介绍了采用地音法对采掘工作面进行冲击矿压危险状态班评价的具体实施方法。

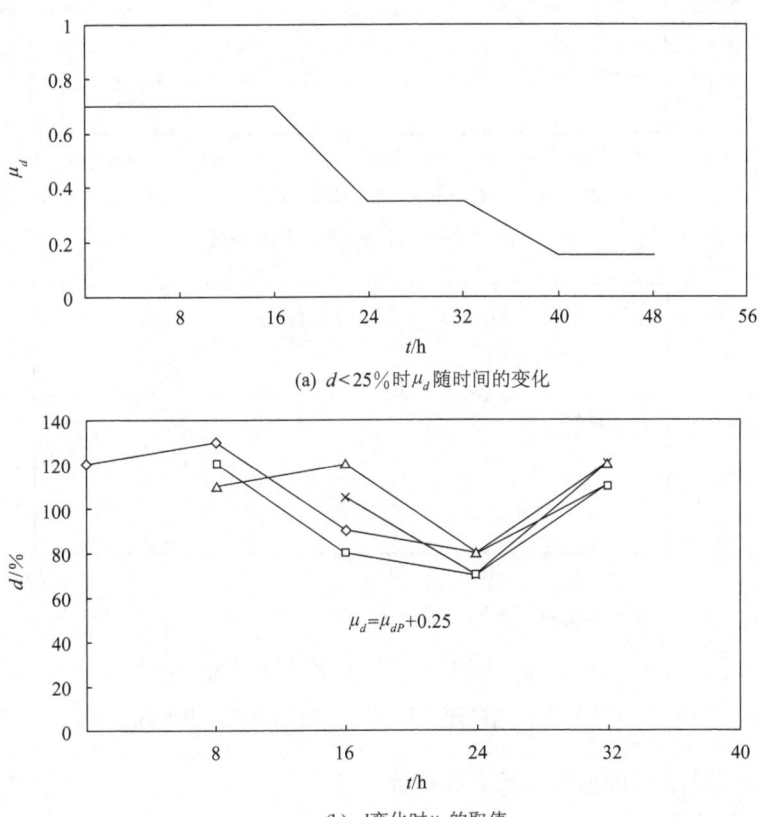

(a) $d < 25\%$ 时 μ_d 随时间的变化

(b) d 变化时 μ_d 的取值

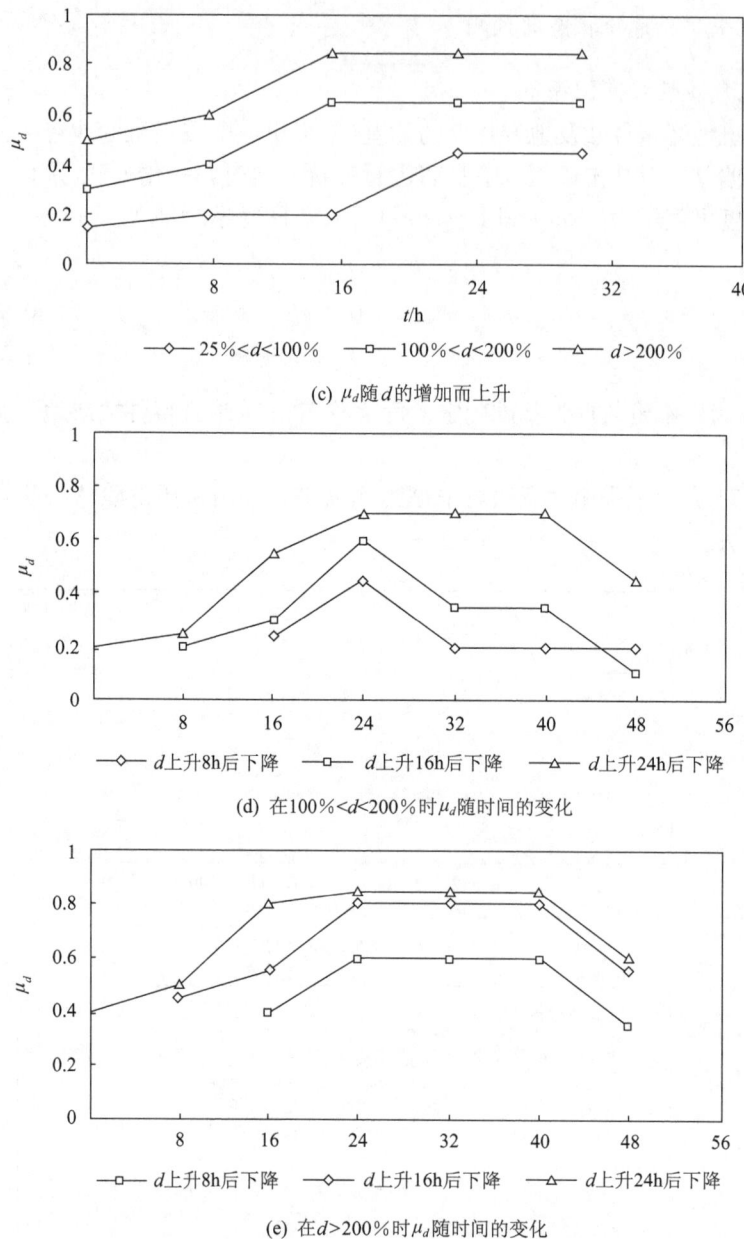

图 4-71 冲击矿压危险状态 μ_d 与偏差值 d 和时间

2) 小时冲击矿压危险性状态的评价

根据小时地音事件数及地音强度的偏差(采煤小时或非采煤小时地音事件数及地音强度的偏差),可评价冲击矿压的危险状态。通过归一化处理,采掘工作面

的危险程度可表示为

$$\mu_d = \begin{cases} \max\{\mu_{d0}(d) - 0.15(4-t), 0\}, & t < 4\mathrm{h} \\ \mu_{d0}(d), & t \geqslant 4\mathrm{h} \end{cases} \quad (4\text{-}56)$$

$$\mu_{d0} = \begin{cases} 0, & d < 0 \\ 0.25d, & 0 \leqslant d < 400\% \\ 1, & d \geqslant 400\% \end{cases} \quad (4\text{-}57)$$

式中，μ_{d0} 为以本班及前几个班数据为基础确定的该班实际危险状态；d 为小时地音事件数及地音强度的偏差值；t 为偏差持续的小时数，其余符号意义同前。

对于目前在煤矿采用的三八工作制度来说，如果下一个小时的偏差值 d 是下降的，则冲击矿压的危险状态由以下公式计算：

$$\mu_{d1} = \begin{cases} \mu_{dp} + 0.125\left(1 - \sqrt{1 - \dfrac{d}{\sqrt{8}}}\right), & \text{当 } d \leqslant \sqrt{8} \\ \mu_{dp} + 0.125\sqrt{\dfrac{d}{\sqrt{8}}}, & \text{当 } d > \sqrt{8} \end{cases} \quad (4\text{-}58)$$

$$\mu_{dp} = \min(\mu_{d1}, 1) \quad (4\text{-}59)$$

以小时地音事件数及地音强度的偏差为基础，通过上述关系式确定危险状态时，其冲击矿压危险程度应不低于该班开始时的危险程度。表 4-20 为根据小时地音事件数及地音强度的偏差对采掘工作面冲击矿压危险状态进行评价的具体实施方法。

表 4-20 根据小时地音事件数及地音强度的偏差评价冲击危险

持续时间/h	μ_d			
	$d<100\%$	$d=100\%\sim200\%$	$d=200\%\sim300\%$	$d>300\%$
1	0	0~0.05	0.05~0.30	>0.30
2	0	0~0.20	0.20~0.45	>0.45
3	<0.10	0.10~0.35	0.35~0.60	>0.60
4	<0.25	0.25~0.50	0.5~0.75	>0.75
5	<0.25	0.25~0.50	0.5~0.75	>0.75
6	<0.25	0.25~0.50	0.5~0.75	>0.75
7	<0.25	0.25~0.50	0.5~0.75	>0.75
8	<0.25	0.25~0.50	0.5~0.75	>0.75

4.9.4 固定连续声发射监测冲击危险

1. ARES-5/E 地音监测系统概述

ARES-5/E 地音监测系统是采用地音监测法进行矿井冲击危险性评估的专用设备,能够对监测区域范围内的地音事件进行实时监测。布置在井下的地音探头监测到地音事件并将其处理为模拟信号,然后经过井下发射器处理后,由通信电缆传输至地面。系统可以监测震动频率为 28~1500Hz、能量小于 1000J 的地音事件,其监测范围与微震监测系统形成了很好的互补。应用该系统可以实现对监测区域内较弱震动事件进行实时监测,经过系统软件的统计分析后,可以对监测区域当前的危险等级进行评估,并对其下一时段的危险等级进行预测,为预防可能发生的冲击危险争取了宝贵的时间,对提高冲击矿压防治工作效率、有效控制冲击矿压事件的发生有很大的帮助。

ARES-5/E 地音监测系统拥有以下特点:①地面集中供电,无需井下供电;②供电与信号传输共用一路通信电缆;③地面集中控制,系统设置简便;④系统监测精度高,监测范围大,地音探头布置方便;⑤实现地音现象的不间断、持续测量;⑥GPS 时钟精确计时;⑦实时显示监测区域地音事件统计数据;⑧可以对监测区域进行冲击危险等级评价。

2. ARES-5/E 地音监测系统工作原理

地音是煤岩体破裂释放的能量,以弹性波形式向外传递过程中所产生的声学效应。在矿山,地音是由地下开采活动诱发的,其震动能量一般为 $0 \sim 10^3$ J;震动频率高,为 150~3000Hz。相比微震现象,地音为一种高频率、低能量的震动。大量科学研究表明地音是煤岩体内应力释放的前兆,利用地音现象与煤岩体受力状态的关系,可以监测到局部范围内未来几天可能发生的动力现象。

地音监测就是应用监测网络对现场进行实时监测,其监测区域一般集中在主要生产空间(主要包括回采工作面和掘进工作面)。地音监测系统的工作原理是:通过提供统计单位时间监测区域内地音事件的数量和释放的能量,来判断监测区域的冲击危险等级;经过长期监测后,可以在已有数据的基础上,对下一时段内监测区域危险等级进行预测,从而实现对监测区域的危险性评价和预警。

ARES-5/E 井下传感器对地音事件进行实时监测,并将监测得到的数据发送到井下发射器内;发射器对监测信号进行放大、过滤后,将其转化为电压信号后传送到地面中心站;地面中心站会对接收到的信号进行分类、统计,并将其转化为数字信号,然后发送到系统分析软件内;最终,由系统分析软件根据实时监测数据对监测区域的冲击危险性进行综合评价,并给出相应的统计图表。

3. ARES-5/E 地音监测系统结构

地音监测技术涉及计算机技术、软件技术、电子技术、通信技术、应用数学理论和地球物理学,是相关学科交叉集成的应用结果。ARES-5/E 地音监测系统结构如图 4-72 所示,包括以下两个部分。

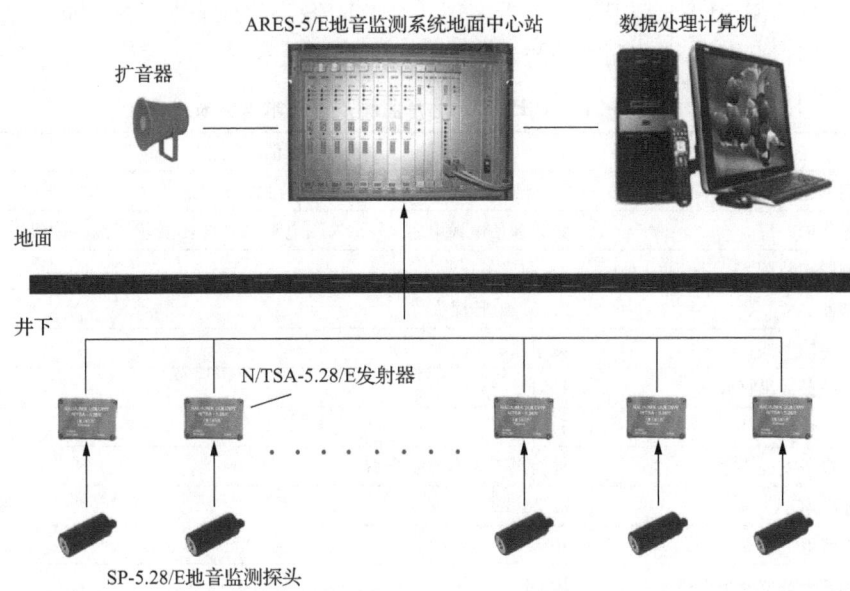

图 4-72 ARES-5/E 系统结构图

1) 系统地面部分

安装在系统数据分析服务器上的 OCENA_WIN 软件。软件的主要功能是统计地音事件数量及其释放的能量,并以此为依据对监测区域危险等级进行评估。

ARES-5/E 地面中心站。主要由信号接收模块、信号处理模块、TRS-2 安全变压器及 SR15-150-4/11 I 供电装置组成。其功能是接收发射器发送的信号,经过数字化处理及分类统计后,将数据发送到 OCENA_WIN 软件进行分析。

2) 系统井下部分

SP-5.28/E 探头。其功能是实时监测震动信号,并将数据发送至发射器。

N/TSA-5.28/E 发射器。其功能是接收 SP-5.28/E 探头监测到的信号,经过放大、过滤处理后,通过通信电缆传输至地面中心站。

4. ARES-5/E 地音监测系统功能

ARES-5/E 地音监测系统配备了 OCENA_WIN 软件,系统能够监测矿山井下地音事件,主要提供以下功能:①可以将岩体破裂过程中发出的声音频率转化为电信号;②对电信号进行放大、过滤并传输到地面中心站;③能够实现通道检测;④连续记录地音信号并转化为数字形式;⑤自动监测地音事件;⑥连续记录地音事件数字波动曲线;⑦连续记录信号波动曲线参数,包括开始时间、持续时间和最大振幅;⑧测量超出正常范围的地音信号频率;⑨以报告和图表形式实现地音信号处理结果的可视化;⑩向装有 OCENA_WIN 软件的电脑传输数据;⑪通过 GPS35-LVS 或 GPS16-LVS 型卫星接收器实现几个 ARES-5/E 地面中心站的同步使用。

ARES-5/E 地音监测系统技术参数,如表 4-21 所示。

表 4-21　ARES-5/E 地音监测系统技术参数表

技术参数	参考值/说明
监测通道	8 个(最多可扩容至 8 个地面中心站,64 个通道)
信号传输距离	如果通信电缆电容 $\leqslant 0.6\mu F$、电阻 $\leqslant 700\Omega$,传输距离 $\leqslant 10km$
监测频率范围	28~1500Hz
传感器	SP-5.28/E 探头
信号传输形式	数字式、二进制
信号的最大采样频率	10kHz
信号传输信噪比	54 dB
井下设备安全类型	地面以下为本质安全型
传输线电压	32V±1V
传输线电流	40mA
系统井下部分安全等级	IP 54
系统井下部分防爆等级	EExiaI(可用于任何瓦斯条件下)

系统软件运行的界面如图 4-73 所示。软件界面友好,保证用户方便地使用系统的各个功能,可以直接输入命令对系统进行操作;同时,系统软件提供了连续自动显示来自中心站记录信息的功能。用户可以在现有屏幕上设置一个新的窗口,如数据和平均值每小时的变化,将一个通道监测得到的能量强度和地音变化的数据用不同形式的图表表示出来,监测曲线每分钟变化更新一次。

如图 4-74 所示为地音监测系统软件输出的地音探测器的支距列表,表中列出了各探测器距离工作面的距离,方便用户查看各个探测器的支距情况,对用户能够做到及时挪动探测器起到指导作用。

如图 4-75 所示为地音监测系统软件输出的各监测通道危险状态列表。包括每小时、每工作班地音事件数量和能量的危险等级。用户可以根据需要选择工作班和小时。

如图 4-76 所示为地音监测系统软件输出的 250102 工作面运输顺槽 4 通道地音事件的记录列表,包括自安装运行以来所有的数据。灰色背景数字表示偏差值过大,应引起注意。

图 4-73　地音系统事件数量与能量强度的实时监测界面

支距列表

开采区	通道	地音探测器名称	扩充	距离	开采时间段活动阈值	非开采时间段活动阈值	支距改变日期
5#/2501/250102	1	A1_250102HS	25000	150	20	10	
5#/2501/250102	2	A2_250102HS	26000	110	20	10	
5#/2501/250102	3	A3_250102YS	24000	71	20	10	
5#/2501/250102	4	A4_250102YS	26000	111	20	10	
5#/2501/250103hf	5	A5_250103HS	26000	86	20	10	
5#/2501/250103hf	6	A6_250103HS	26000	35	20	10	
5#/2501/250103ys	7	A7_250103YS	24000	35	20	10	
5#/2501/250103ys	8	A8_250103YS	27000	69	20	10	

打印　返回

图 4-74　地音探测器的支距列表

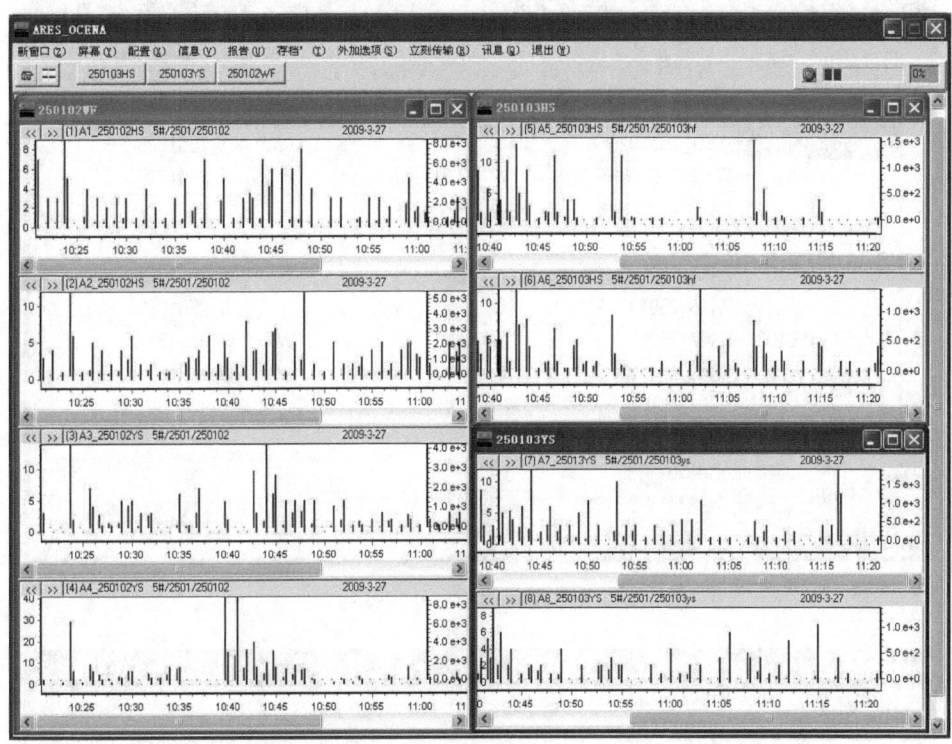

图 4-75 监测通道危险状态列表

图 4-76 地音监测系统记录列表

第 4 章 冲击矿压危险的监测预警

如图 4-77 所示为地音监测系统软件处理后输出的 250102 工作面回风顺槽 1 通道地音事件数量变化图。

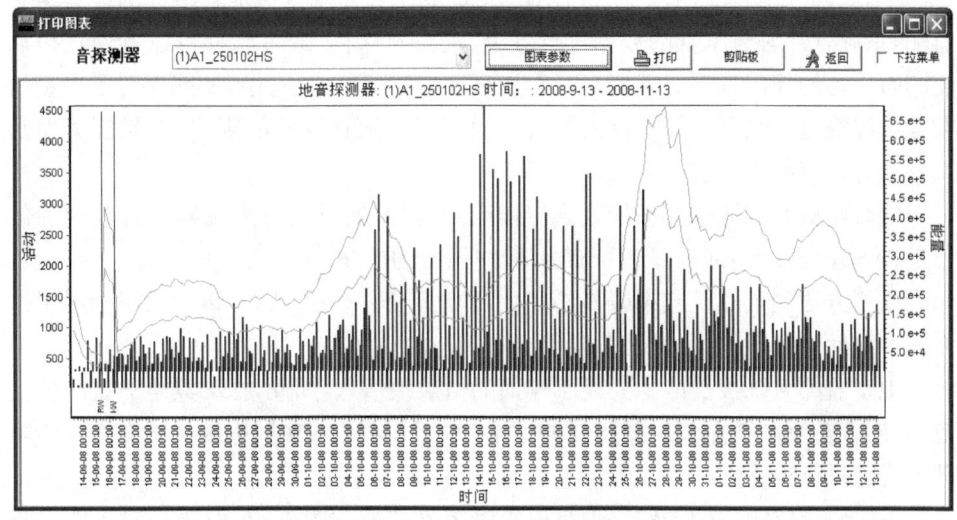

图 4-77 地音监测结果统计图

在一段时间数据统计的基础上,系统通过分析地音事件的发生规律,可以自动对相应监测区域在下一时间段内的危险等级进行预测,如图 4-78 所示,图的右侧区域即为系统对不同监测区域危险等级的预测结果。

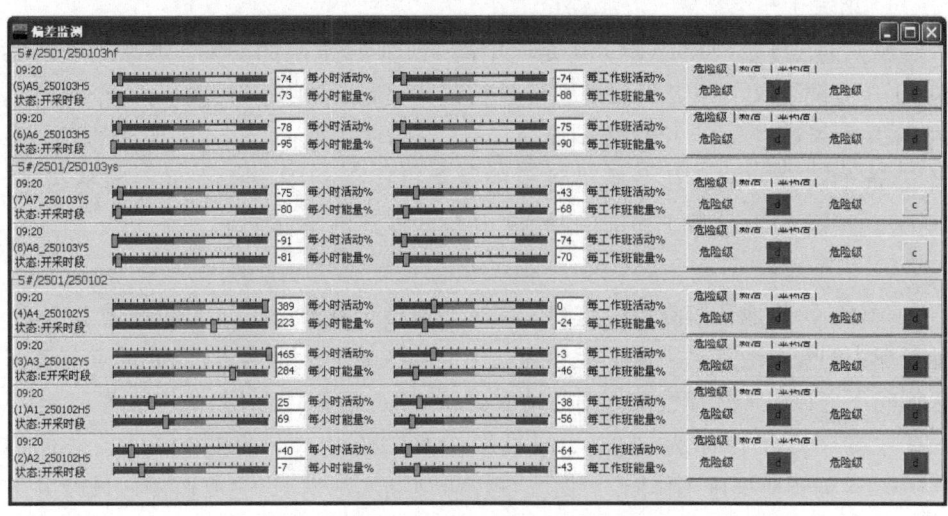

图 4-78 地音监测系统危险等级预测界面

5. ARES-5/E 地音监测系统的监测数据分析方法

ARES-5/E 地音监测系统的监测网络起到了对监测区域地音事件的连续实时监测,系统软件对监测到的数据进行分类、汇总及保存,通过软件可以方便地提取监测时域内的任何数据。系统自运行以来,时间达到一年有余,期间保存了大量的数据。提取这些数据,并通过分析,可以找到很多地音事件的规律,对矿压管理及煤岩动力灾害的防治意义重大。

地音监测系统通过探头接受煤岩体破裂信号,通过信号采集器将接收到的信号进行处理,最终得到的是表征破裂事件强度的能量和一段时间内的地音次数。地音监测方法侧重的是破裂事件的变化,即地音事件偏差值,并以此为根据对工作面的危险性进行评价,并给出危险等级和相应的对策。

地音监测系统接受的主要是工作面的微破裂信息,因此,探头具有一定的接受范围,地音监测系统探头最低接受的频率为 28Hz,所以,在探头接收频率之外的震动不会被系统接受到。

虽然地音监测法的工作原理是以震动事件的变化为基础,但通过对系统接收到的时间序列信息,对其进行统计分析,依然能够得到类似微震的变化规律。从一个角度反应了地音可以和微震相互配合,取长补短,从而达到更好的效果。

6. 实例分析

1) 波兰卡托维兹矿

波兰卡托维兹(Katowice) 矿是一个高冲击矿压危险的矿井。其中所有的巷道、工作面都采取了冲击矿压危险性评价的地音法。图 4-79 所示为一个月时间内,采用地音法对 535b 垮落法工作面、535a 充填法工作面、535c 工作面的开切眼及 535a 的斜巷冲击矿压危险性评价的结果(Dou and Przezla,1998;窦林名等,2000)。实践表明,这些工作面的冲击矿压危险性评价比较准确。

2) 华亭煤矿

ARES-5/E 地音监测系统监测区域主要包括长壁回采工作面和掘进工作面。地音探头的安装地点必须保证能够接收到监测区域的地音信号,安装地点与监测区域间不得存在干扰弹性波传播的地质破碎区(如工作面、断层、采空区等)。华亭煤矿主要生产工作面为 250102 回采工作面、250103 回风顺槽掘进工作面和 250103 运输顺槽掘进工作面,根据华亭煤矿现场实际情况,主要监测区域及井下探测器在回采工作面和掘进工作面的布置如图 4-80 所示。

第 4 章 冲击矿压危险的监测预警

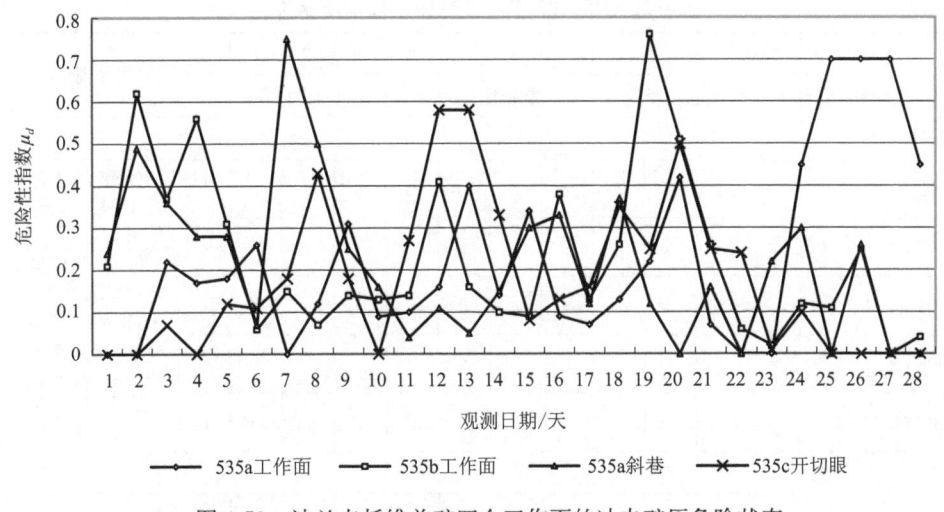

图 4-79 波兰卡托维兹矿四个工作面的冲击矿压危险状态

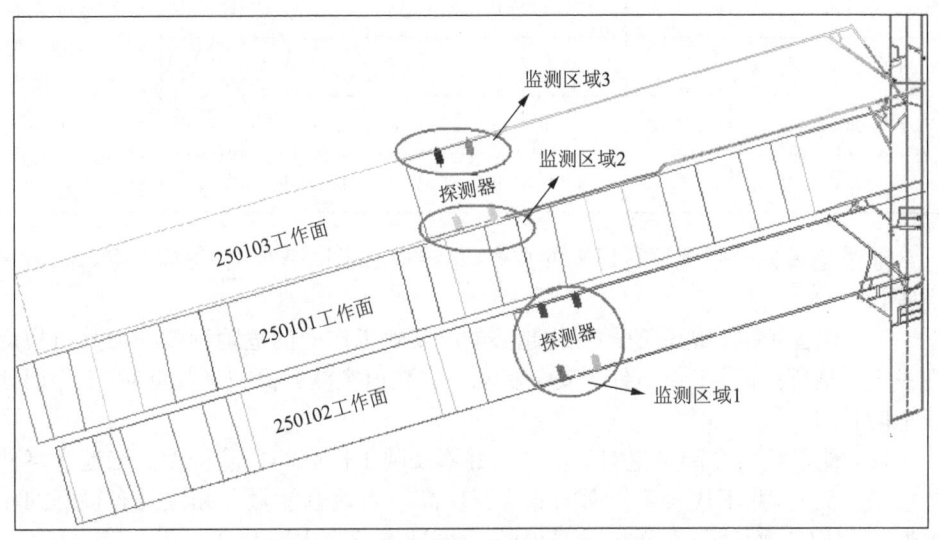

图 4-80 地音监测区域及探测器布置图

ARES-5/E 地音监测系统在华亭煤矿安装运行将近一年,取得了丰富的监测数据。统计系统自安装运行以来的监测数据,通过对比系统的日工作班评价结果与矿压显现情况,可知系统对监测区域的危险状态做到了准确评价。

表 4-22 为系统运行期间对监测区域的危险状态做出准确评价的实例。

表 4-22　250102 工作面运输顺槽矿压事件

通道	1	2	3	4	1	2	3	4	1	2	3	4	矿压显现情况
工作班	活动危险级				能量危险级				危险级				
事件一													
2008-08-30 15:00	a	a	a	a	a	a	b	b	a	a	b	b	2008 年 8 月 31 日 10 时 54 分,能量为 8.0×10⁴J,震源位置在回采线后 3.2 米,距运输顺槽 28 米。煤爆声造成棚顶下沉压在转载机封顶板上
2008-08-30 23:00	a	a	a	c	a	a	c	c	a	a	c	c	
2008-08-31 07:00	a	a	a	a	a	a	b	c	a	a	b	c	
2008-08-31 15:00	a	a	a	c	a	b	b	d	a	b	b	d	
2008-08-31 23:00	a	a	a	c	a	b	b	d	a	b	b	d	
事件二													
2008-10-04 07:00	a	d	d	d	a	d	d	d	a	d	d	d	2008 年 10 月 5 日 6 时 30 分,煤爆声造成上沿帮 7 个皮带上托辊靠死,能量为 9.8×10³J,能源在运输顺槽向外 80 米处
2008-10-04 15:00	a	d	d	d	a	d	d	d	a	d	d	d	
2008-10-04 23:00	a	d	d	d	a	d	d	d	a	d	d	d	
2008-10-05 07:00	a	d	d	d	a	d	d	d	a	d	d	d	
2008-10-05 15:00	a	d	d	b	b	d	c	c	b	d	d	c	

通过整理分析系统运行以来的数据,总结得出了以下结论(窦林名等,2000;贺虎等,2011)。

(1) 地音频次和能量值的变化趋势能够反映工作面的危险程度。当其值稳定在一个数值周围时,工作面处于安全状态。当数值突然升高或者降低时,工作面处于危险状态。

(2) 地音频次和能量绝对值的高低并不反映工作面的危险程度。当地音事件的能量很高时,并不代表工作面的危险程度高。当地音能量和频次具有很好的相关性时,则工作面处于安全状态,否则预示着冲击危险程度升高。

(3) 当地音事件频次和能量的其中一个指标有较大变化时,也预示着工作面危险性的增大。

(4) 在采掘活动都很正常的情况下,出现地音事件的沉寂,即能量和频次都处于一个较低水平,也预示着危险性的提高。

(5) 地音系统接收到的信号一般为高频信号,高频信号容易衰减,所以系统的每个探头都有一定的有效范围,即通常情况下,地音事件同一信号被所有探头接收到的可能性很小,但是如果一段时间内,有较多的通道数(大于 3 个)同步变化,各通道能量和次数都表现出很强的一致性,则说明此时煤岩体内部活动剧烈且范围较大,这种情况持续一段时间,通过微震监测若没有较大能量的释放,则预示着工作面的危险性将会非常高。

4.9.5 激发声发射法监测预警

激发声发射监测方法的基础是在岩体受压状态下,局部较小应力的变化(如少量炸药的爆炸)将引起岩体微裂隙的产生,而应力越高,形成的裂缝就越大,持续时间就越长,也可以说岩体中能量的聚积和释放程度就越高,冲击矿压发生的危险程度就越高。炸药爆炸产生的微裂隙,其中的部分可以通过声发射仪器测到,并以脉冲的形式记录下来。这样,就可以比较放炮前后声发射活动的规律,确定应力分布状态,从而确定冲击矿压危险状态(Kornowski,1994)。如图 4-81 所示。

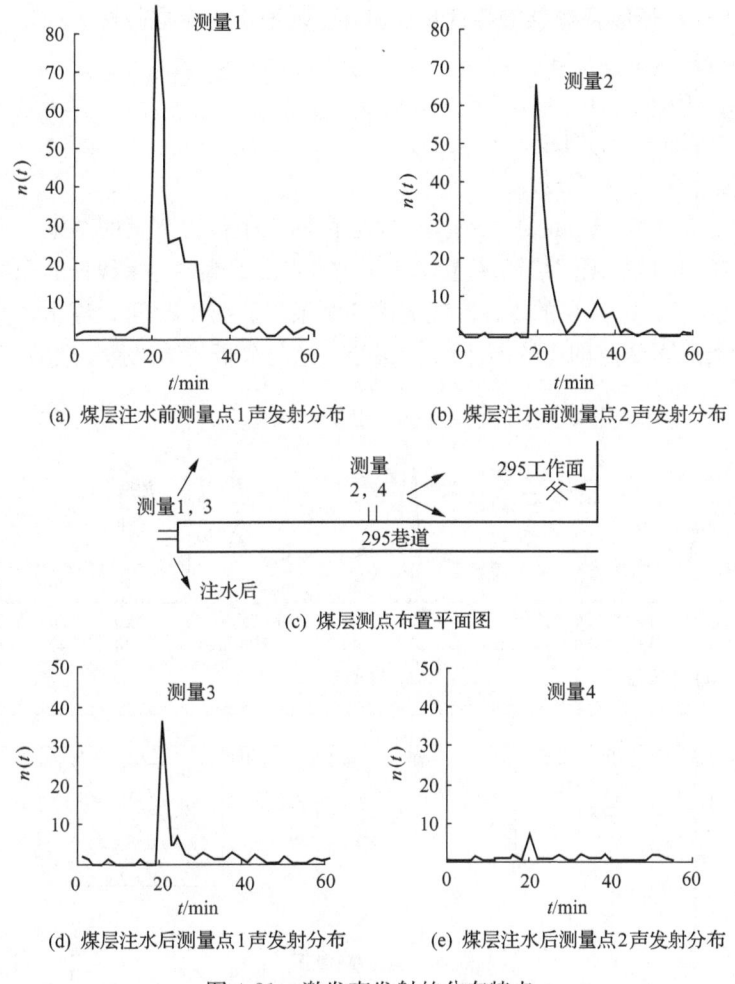

图 4-81 激发声发射的分布特点
1,2. 煤层注水以前;3,4. 煤层注水以后

研究表明,炸药爆炸后,岩体中释放的声发射的振幅值及持续时间(从爆炸开始测量的声发射值,回到爆炸前的声发射水平)与岩体中的应力状态成正比。

一般情况下,炸药爆炸后,声发射脉冲的分布可近似由如下公式表示:

$$n(t) = n_0 + Ae^{-bt} + e_1^t \tag{4-60}$$

$$w(t) = n(t)w_1 + e_2^t \tag{4-61}$$

式中,n_0,A,b,w_1 为通过测量确定的参数;$w(t)$ 为聚积的能量;e_1^t,e_2^t 为随机误差。

则冲击矿压危险程度可用如下公式表示:

$$0 \leqslant Z = a_0 + a_1 n_0 + a_2 A + a_3 b^{-1} + a_4 w_1 \tag{4-62}$$

式中,$a_0,\cdots,a_n$ 按测量数据的统计规律确定。则冲击矿压危险性为:

(a) 无冲击危险 $Z<0.5$;
(b) 弱冲击危险 $0.5 \leqslant Z<1.5$;
(c) 中等冲击危险 $1.5 \leqslant Z<2.5$;
(d) 强冲击危险 $Z \geqslant 2.5$。

图 4-82 为波兰 ManifestLipcowy 矿在工作面三个位置测试的结果。其中,位置②为部分卸压区域的测试结果,位置①为下方 507、510 煤层停采线处的测试结果,而位置③则为 507、510 煤层的煤柱区域测试的结果。从图 4-82 可以看出,①点处的冲击矿压危险最大,③点的比较小,而②的最小。这与分析的结果是一致的。

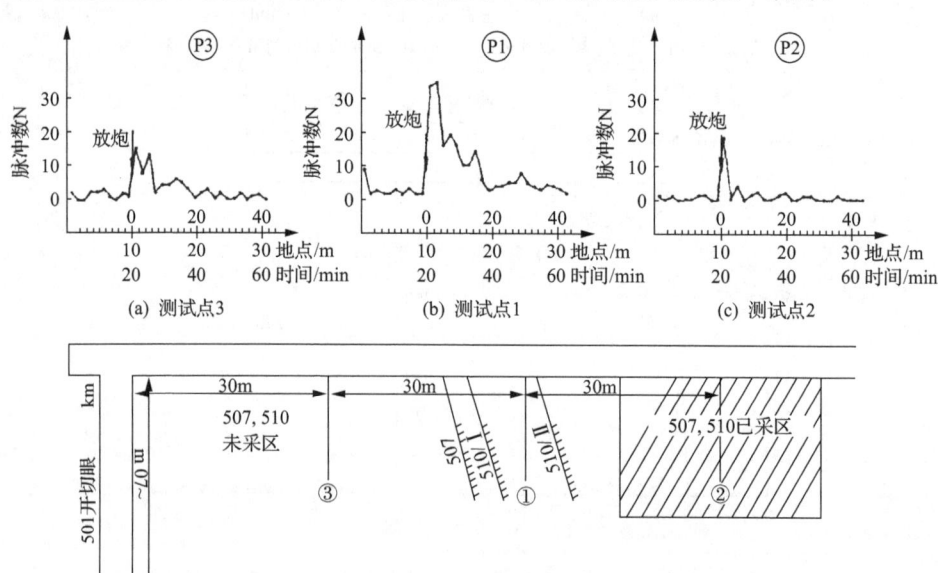

图 4-82 工作面不同位置采用激发声发射法测试的结果

4.10 煤层应力分布的弹性波 CT 技术

4.10.1 煤体受载与弹性震动波速的试验研究

为了采用弹性波分析确定岩层内的应力状态,首先需要在实验室条件下研究煤岩块在加载情况下波速与应力之间的关系,从而为通过反演波速进行应力分布特征的研究和冲击危险监测预警打下理论基础。为此,对某煤矿的煤样进行单轴压缩直至破坏,试验在四川大学水利水电学院 MTS815 Flex Test GT 岩石与混凝土材料特性试验机上进行(巩思园等,2012a,2012b)。

煤样的单轴压缩全过程超声波测试结果表明,纵波波速都随应力的增加而增加。单轴压缩条件下,试样总是在应力作用的开始阶段时,纵波波速变化有较高梯度,而随着应力的不断增加,纵波波速的上升幅度减缓,并逐渐趋于水平。在应力升高到一定阶段后,影响波速大小的因素不再随应力的增加而调整。这种现象表明应力与波速间应具有幂函数关系,即

$$V_p = a\sigma^{\psi} \tag{4-63}$$

式中,a 和 ψ 为拟合和选择的参数值。

图 4-83 为煤样试验关系模型和应力与纵波波速的拟合曲线。其实验模型的相关系数达到了 0.88,拟合曲线为

$$V_p = 662\sigma^{0.5823} \tag{4-64}$$

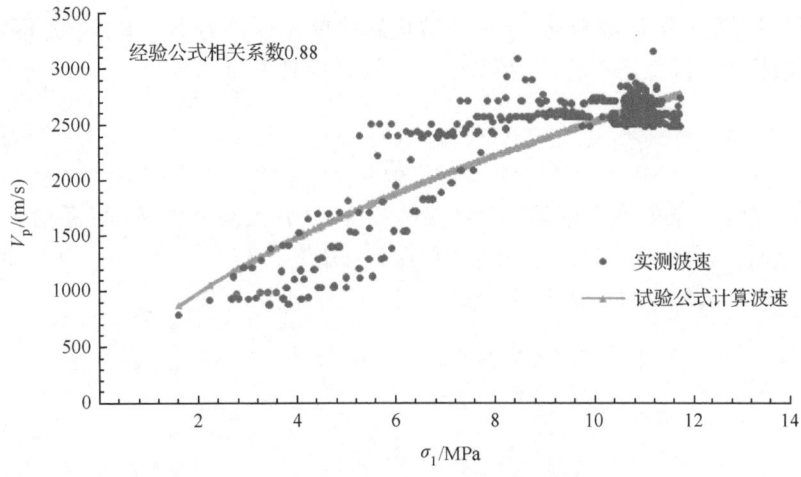

图 4-83 单轴压缩条件下应力与纵波波速之间的关系

4.10.2 弹性震动波 CT 透视的原理

弹性震动波 CT 透视技术,就是地震层析成像技术,是一种采矿地球物理方法之一。其工作原理是利用地震波射线对工作面的煤岩体进行透视,通过地震波走时和能量衰减的观测,对工作面的煤岩体进行成像。地震波传播通过工作面煤岩体时,煤岩体上所受的应力越高,震动传播的速度就越快。通过震动波速的反演,可以确定工作面范围内的震动波速度场的分布规律,根据速度场的大小,可确定工作面范围内应力场的大小,从而划分出高应力区和高冲击矿压危险区域,为这种灾害的监测防治提供依据。

弹性震动波 CT 透视技术是在回采工作面的一条巷道内设置一系列震源,在另一条巷道内设置一系列检波器。当震源震动后,巷道内的一系列检波器接收到震源发出的震动波。根据不同震源产生震动波信号的初始到达检波器时间数据,重构和反演煤层速度场的分布规律。弹性震动波 CT 透视技术主要采用震动波的速度分布 $v(x,y)$ 或慢度 $S(x,y) = 1/v(x,y)$ 来进行。假设第 i 个震动波的传播路径为 L_i,其传播时间为 T_i,则(Luxbacher,2008;Luxbacher et al.,2008;Hosseini et al.,2012b,2013)

$$T_i = \int_{L_i} \frac{\mathrm{d}s}{V(x,y)} = \int_{L_i} S(x,y)\mathrm{d}s \tag{4-65}$$

式(4-65)为一曲线积分;$\mathrm{d}s$ 为弧长微元。$V(x,y)$ 和 L_i 都是未知的,T_i 为已知的。这实际上为一个非线性问题。在速度场变化不大的情况下,可以近似地把路径看做是直线,即 L_i 为直线,实际上地下介质地质情况是复杂的,射线路径也往往是曲线。现在把反演区域离散化,假如离散化后的单元数目为 N。每个单元慢度为一对应常数记为 $S_1, S_2, \cdots, S_n$。则第 i 个射线的旅行时表为

$$T_i = \sum_{j=1}^{N} a_{ij} S_j \tag{4-66}$$

式中,a_{ij} 为第 i 条射线穿过第 j 个网格的长度。当有大量射线(如 M 条射线)穿过反演区域时,根据式(4-66)就可以得到关于未知量 $S_j(j = 1,2,\cdots,N)$ 的 M 个方程($i = 1,2,\cdots,M$),M 个方程组合成一线性方程组为

$$\begin{cases} T_1 = a_{11}S_1 + a_{12}S_2 + a_{13}S_3 + \cdots + a_{1j}S_j \\ T_2 = a_{21}S_1 + a_{22}S_2 + a_{23}S_3 + \cdots + a_{2j}S_j \\ \qquad\qquad\qquad\vdots \\ T_i = a_{i1}S_1 + a_{i2}S_2 + a_{i3}S_3 + \cdots + a_{ij}S_j \end{cases} \tag{4-67}$$

写成矩阵形式如下:

$$AS = T \tag{4-68}$$

式中，$A = (a_{ij})_{M \times N}$ 称作距离矩阵；$T = (T_i)_{M \times 1}$ 为传播时间向量，即检波器得到的初至时间；$S = (S_i)_{N \times 1}$ 为慢度列向量。通过求解上述方程组就可以得到离散慢度分布，从而实现井间区域的速度场反演成像。值得注意的是，在地震层析成像过程中矩阵 A 往往为大型无规则的稀疏矩阵（A 中每行都有 N 个元素，而射线只通过所有 N 个像元中一小部分），而且常是病态的。实际应用中要反复求解式(4-67)来得到重建区域的速度场。由于联合迭代法（simultaneous iterative reconstruction technique，简称 SIRT 方法）收敛速度较快，而且对投影数据误差的敏感度小，因此一般选取 SIRT 方法的反演结果为弹性波 CT 图像进行解释（Gilbert，1972）。

4.10.3 冲击危险预警模型及其预警准则

冲击矿压预测预报的基础是确定煤层中的应力状态和应力集中程度。由试验结果知，应力高且集中程度大的区域，相对其他区域将出现弹性波波速的正异常，其异常值由如下公式计算得到。

$$A_n = \frac{V_p - V_p^a}{V_p^a} \tag{4-69}$$

式中，V_p 为反演区域一点的弹性波波速值；V_p^a 为模型波速的平均值。

根据试验结果，可以确定应力集中程度与弹性波波速正异常的关系和判别准则，如表 4-23 所示。同样，开采过程中必然会使顶底板岩层产生裂隙及弱化带，而岩体弱化及破裂程度与弹性波波速的大小相关，因此通过弹性波波速的负异常可以判断反演区域的开采卸压弱化程度，如表 4-24 所示。通过构建的弹性波波速异常参数表 4-23 和表 4-24，采用弹性波速 CT 成像就可对冲击危险进行预警。

表 4-23 波速正异常变化与应力集中程度关系表

冲击危险指标	应力集中特征	正异常 A_n/%	应力集中概率
0	无	<5	<0.2
1	弱	5～15	0.2～0.6
2	中等	15～25	0.6～1.4
3	强	>25	>1.4

表 4-24 波速负异常变化与弱化程度之间的关系表

弱化程度	弱化特征	负异常 A_n/%	应力降低概率
0	无	0～−7.5	<0.25
−1	弱	−7.5～−15	0.25～0.55
−2	中等	−15～−25	0.55～0.8
−3	强	<−25	>0.8

4.10.4 弹性波 CT 透视的现场应用与实证

1. 16302C 工作面概述

16302C 工作面为 $3_下$ 煤层一孤岛工作面,位于 16 采区中部,工作面面长 135.5m,推进长度 742.4m。平均采深达 670m。该工作面设计停采线南距北区回风巷巷中 80m,切眼中心线南距北区回风巷巷中 826m。东部为 $163_下02$ 采空区,西部为 $163_下03$ 采空区。16302C 工作面切眼位置位于 16303 面采空区中部位置,由薄煤区 2.0m 厚煤层及 KF69 断层确定,设计长度为 140m。工作面停采线与相邻两工作面停采线位置一致,如图 4-84 所示。

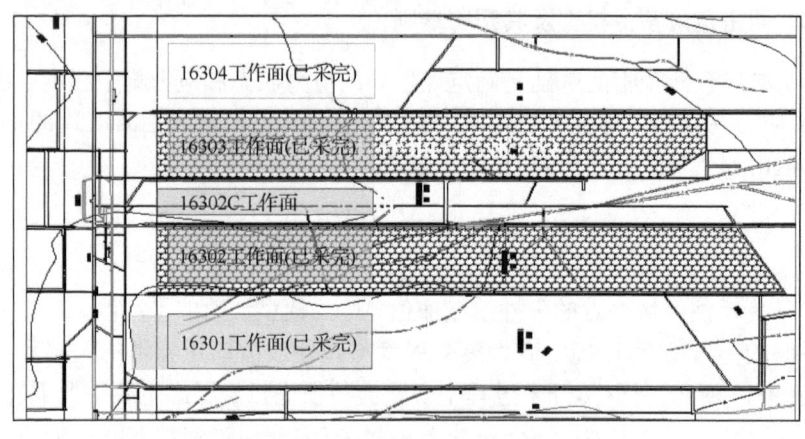

图 4-84　16302C 工作面示意图

2. 弹性波波速 CT 反演结果分析

图 4-85 所示为 16302C 工作面弹性波波速反演结果。根据波速与应力关系可知,高波速区对应高应力区,低波速区代表低应力区。

3. 16302C 工作面冲击危险区域的确定

采用弹性波波速异常的冲击危险判别方法确定的冲击危险结果如图 4-86 所示。煤层中的危险指标分布区域比较集中,在切眼附近和停采线区域都存在应力集中和波速异常现象。在工作面两侧附近都测到明显的波速负异常,显示顶板破碎,应力集中程度较低,即可以推断在 16302C 工作面相邻采空区影响下,顶板沿断层滑移并破断是造成附近波速较低的原因,但是在工作面内部的断层处存在高应力集中区。在联络巷附件及 3 煤变薄处存在明显的波速异常和应力集中现象,其中左侧等值线的变尖处体现的更加明显,说明在联通巷附近存在冲击危险性。

第4章 冲击矿压危险的监测预警

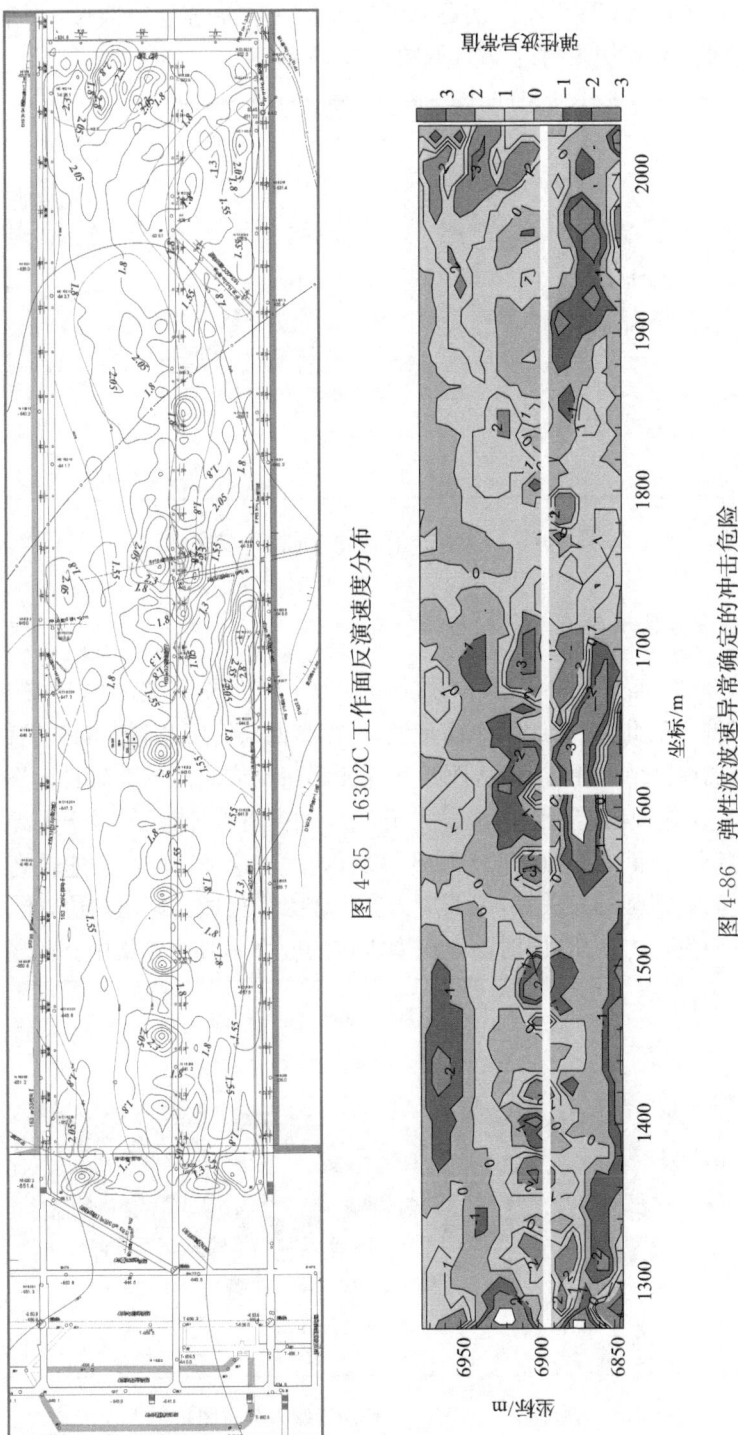

图 4-85　16302C 工作面反演速度分布

图 4-86　弹性波波速异常确定的冲击危险

根据以上分析结果及生产实际条件,确定三个冲击危险区域:停采线附近(C)、联通巷处(B)和切眼附近(A),如图 4-87 所示。

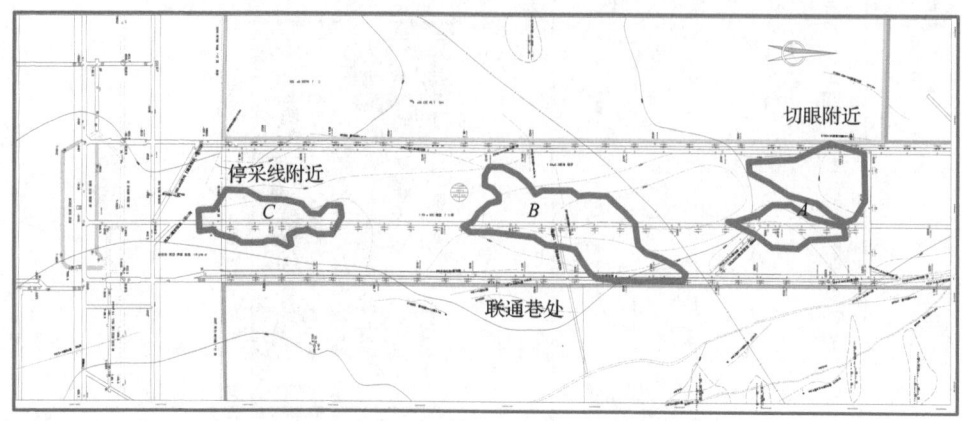

图 4-87　16302C 工作面冲击危险区域确定

4. 冲击危险区域的微震监测检验

对于 16302C 工作面来说,其回采前不仅做了弹性波 CT 工作,还安装了矿井微震监测系统。因此,对于此工作面来说,可以将回采后所监测到的微震数据与弹性波 CT 透视预警结果相对比,从而相互验证其探测或监测的准确性。图 4-88 所示为 16302C 工作面内监测到的能量大于 10^3J 的微震点分布图,对于震源点来说,震动主要位于工作面右半侧,即 A 和 B 区域内,这与这个区域内波速较高、波速异常比较明显具有很强的相关性,说明应力变化较大。据冲击矿压理论,能级越高的矿震点越易引发冲击矿压,同时高能级微震点的应力一般比较集中。从图 4-88 可

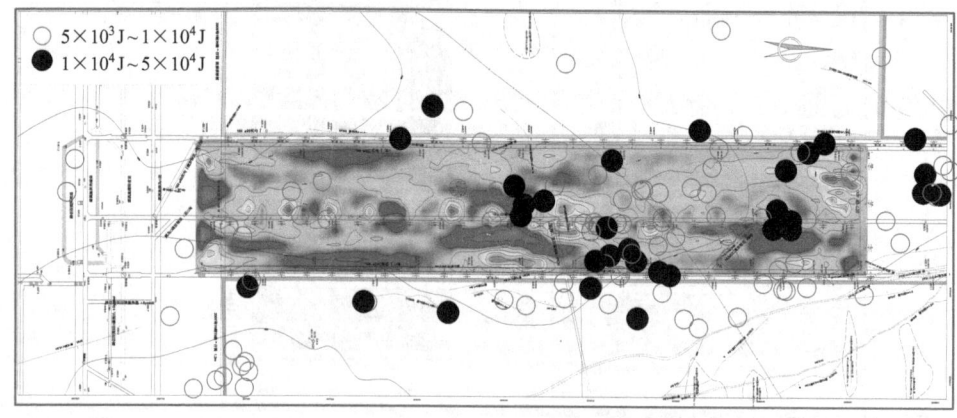

图 4-88　16302C 工作面微震点分布图

以看出,能量 $E>10^4$ J 的震动主要发生在工作面的 A 和 B 区域内,弹性波 CT 透视预警位置与微震监测结果一致性达 80% 以上。以上验证了弹性波 CT 透视确定工作面内高冲击危险区结果的有效性和可靠性(Dou et al.,2012)。

4.11 煤层应力在线监测技术

煤岩冲击动力灾害应力实时在线监测可实现对煤体应力 24 小时连续监测,其理论基础是"基于当量钻屑量的煤岩冲击预警理论"。该机理指出,在有冲击危险的区域,在发生煤岩冲击动力灾害之前,采动应力存在逐步增加的过程,且应力必须达到煤体破坏极限时,才有可能发生煤岩冲击动力灾害。

以煤体应力增量作为冲击危险评价指标,见表 4-25,评价一组压力传感器的冲击危险状态。以应力增量评价的冲击危险状态结合过程判断作为强冲击地压危险的判别标准,见表 4-26,当应力在线监测系统监测到某区域处于强冲击危险时,工作面需停产,进行卸压解危工作。图 4-89 和图 4-90 分别为应力在线系统结构示意和现场应用效果。

表 4-25 冲击地压应力在线评价指标

危险状态	应力增量 $\Delta\sigma$/MPa
A 无危险	$\Delta\sigma<2$
B 弱危险	$2<\Delta\sigma<4$
C 中等危险	$4<\Delta\sigma<6$
D 强危险	$\Delta\sigma>6$

表 4-26 强冲击地压危险的应力在线判别标准

正常生产	强冲击危险的预警
所有观测点的应力监测数据均为 A(无危险)	一组及以上数据为 D(强危险)
一组观测数据为 B(弱危险),且三天内应力无明显增加	两组及以上数据为 C(中等危险)
一组数据为 C(中等危险),且一天内应力无明显增加	一组数据为 C(中等危险),且一天内应力明显增加,钻屑量超限或动压明显
—	两组及以上数据为 B(弱危险),且钻屑量超限或动压明显

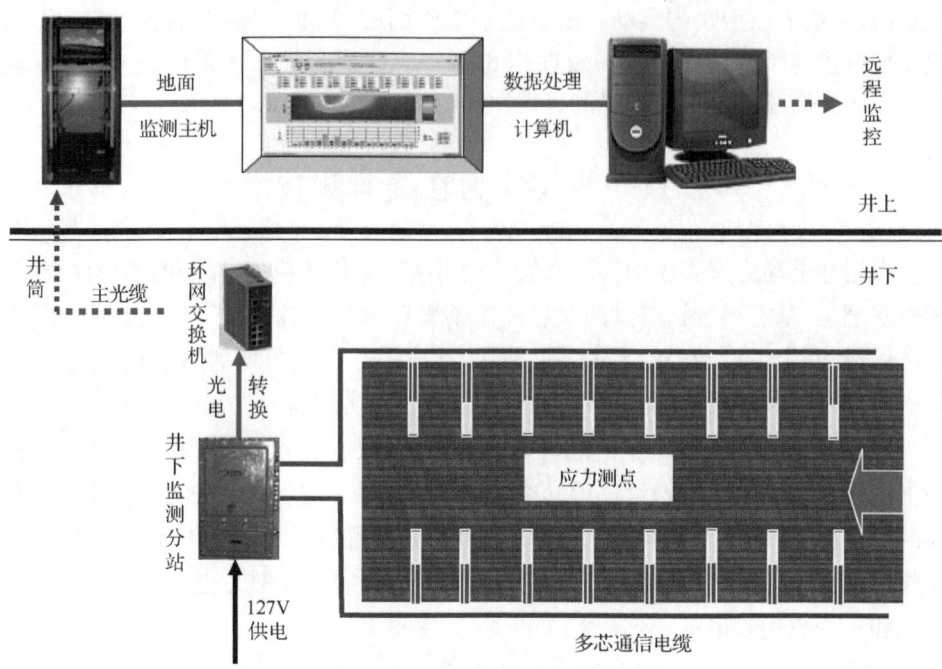

图 4-89　应力在线系统结构示意

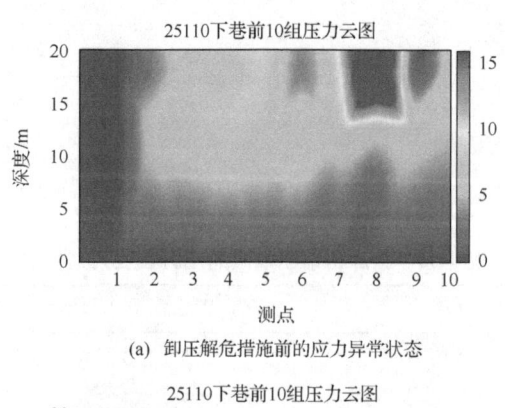

(a) 卸压解危措施前的应力异常状态

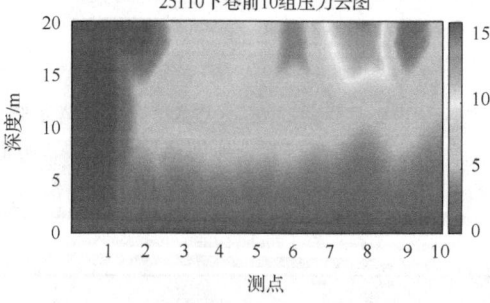

(b) 卸压解危措施后的应力状态1

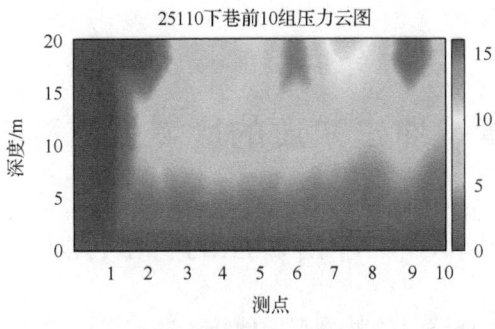

(c) 卸压解危措施后的应力状态2

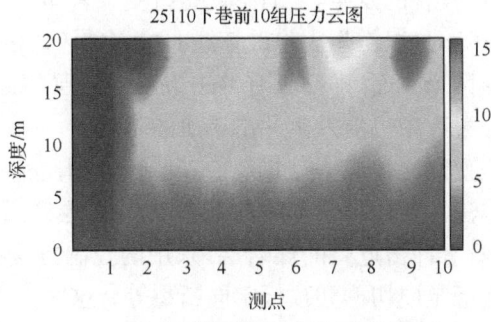

(d) 卸压解危措施后的应力状态3

图 4-90 应力在线系统现场应用效果

第 5 章 冲击矿压的区域性防范与控制

5.1 冲击矿压的防治原则

冲击矿压研究的最终目的就是有效地防止冲击矿压发生。从冲击矿压的形成机理看,控制冲击矿压灾害的发生,实质上就是改变煤岩体的应力状态或控制高应力产生,以保证煤岩体不足以产生失稳破坏或非稳定破坏。根据实际煤岩体条件,冲击矿压的防治包括两个方面,即已具有冲击危险煤岩层的冲击矿压防治和目前尚无冲击危险但开采过程中可能发生冲击矿压的防治。

为了从根本上改变煤岩体应力分布规律,以降低冲击危险程度,目前国内外采用的冲击矿压防治方法主要包括合理的开采布置、保护层开采、煤层松动爆破及煤层预注水等;对于已具有冲击危险的煤岩层,采用的控制方法有煤层卸压爆破、钻孔卸压、煤层切槽、底板定向切槽和顶板定向断裂等。这些方法在我国均获得了广泛应用。

在冲击矿压防治过程中,通常遵从以下原则。

(1) 避免高应力的形成:调整开采顺序,调整采区和工作面布置,实现无煤柱开采,避免形成应力高度集中。

(2) 优先开采无冲击倾向和无冲击危险煤层:在煤层群开采条件下使用,通过先开采无冲击倾向或冲击倾向相对较弱的煤层,可使具有危险煤层的应力条件得到改善,从而使冲击危险煤层在回采过程中的冲击危险性下降。

(3) 扩大应力释放范围以降低应力集中程度与应力释放速度:改进开采方法,使开采过程中的应力释放区域增大,从而避免局部应力的高度集中与冲击危险区域的形成。煤矿开采必然导致煤岩层应力的重新分布与释放,当这种分布过程与释放过程导致煤岩层的失稳破坏或非稳定破坏时,发生冲击矿压的可能性将大大提高。例如,在厚煤层开采条件下,如果采用分层开采方式回采煤层,当采用沿顶回采和沿底回采等不同方案时,采场应力分布规律和应力释放范围明显不同,特别是沿顶分层回采时,发生冲击的危险性最大;如果采用一次性采全高形式回采,在煤层顶底板比较稳定、整体性相对较好时,则煤层将具有一定的发生冲击的可能性;如果采用放顶煤开采方法回采,则支架上方顶煤的变形与破坏使煤层中的能量能够及时地释放出来,降低煤层中能量的存贮,可降低回采工作面发生冲击的危险性。

（4）保证与最大主应力方向平行回采与掘进：调整开采方向，降低冲击危险性和冲击危害程度。实践表明，最大主应力的方向和大小与冲击矿压的发生具有密切的关系，当回采工作面或掘进工作面的方向与最大主应力方向呈垂直或较大角度时，工作面发生冲击的危险性和危害程度将大大增加。这已在北京门头沟煤矿和枣庄陶庄煤矿的冲击矿压防治实践中得到验证。

（5）控制煤层存贮能量的条件：对煤层实施卸压钻孔、切槽、卸压爆破等，以改变煤体承载能力，使应力集中程度下降，并使煤体应力峰值向煤岩体深部转移，降低冲击危险性或诱发冲击。

（6）控制顶板能量的突然释放与加载：顶板的可控垮落实质上就是改善煤岩层结构系统的能量释放条件。对顶板实施定向断裂（定向水压致裂或深孔断顶爆破技术），可改变工作面周围煤岩层的应力分布，使煤岩体中存贮的能量能够及时、有效地以稳定形式释放出来。

（7）改善底板中的应力条件：对底板进行切槽卸压，其弹性变形能的消耗也将增加，从而避免底板煤岩层中能量的高度集聚与突然释放。

（8）最大限度地降低构造对冲击矿压的影响：煤岩层中极软弱层的存在，往往会产生非连续变形与破坏并导致冲击矿压的发生。加固软弱层使煤岩体形成稳定结构，避免煤岩体沿软弱层产生黏滑而发生冲击矿压；或者采取高压预注水、深孔爆破等方法，使软弱层加厚，变形加大，易于以稳定、缓慢形式释放大量的弹性能，起到防止冲击矿压发生的作用。

5.2 合理布置与分区开采

实践表明，合理的开拓布置和开采方式对于避免应力集中和叠加，防止冲击矿压关系极大。大量实例证明，多数冲击矿压是由开采技术不合理造成的。不正确的开拓开采方式一经形成就难以改变，临到煤层开采时，只能采取局部措施，而且耗费很大，效果有限。故合理的开拓布置和开采方式是防治冲击矿压的根本性措施。

5.2.1 冲击矿压煤层开采设计的基本原则

冲击矿压煤层开采设计的基本原则如下。

（1）开采煤层群时，开拓布置应有利于保护层开采。

先开采无冲击危险或冲击危险性小的煤层作为保护层。且优先开采上保护层。例如，抚顺、辽源等煤矿，属厚煤层上行水砂充填法开采。作为保护层的第一分层开采都尽量布置在冲击危险性小的煤层中进行。

(2) 划分采区时,应保证合理的开采顺序,最大限度地避免形成煤柱等应力集中区。

因为煤柱承受的压力很高,特别是岛形或半岛形煤柱,要承受几个方面的叠加应力,最易产生冲击矿压。上层遗留的煤柱还会向下传递集中压力,达到相当大的深度,导致下部煤层开采时也易发生冲击矿压。统计表明,陶庄矿在回收煤柱时发生的冲击矿压占全矿冲击次数的 29.8%,唐山矿、城子矿约占一半。龙凤矿实际资料抽样分析表明,两侧为采空区的工作面在回采过程中,冲击矿压发生次数显著增多。

(3) 采区或盘区的采面应朝一个方向推进,避免相向开采,以免应力叠加。

因为相向采煤时上山煤柱逐渐减小,支承压力逐渐增大,很容易引起冲击矿压。例如,陶庄矿 272 水采区 5 号上山西翼开采时,在上山附近发生了 17 次冲击矿压。而且相向采煤又要被迫在高压力区中掘进,造成冲击矿压频繁发生(占总次数的 60%)。为了改变这种状况,提出实行单翼采区跨上山采煤的办法。并把单区段独立回采的开采程序改为多区段联合开采程序,使采掘工作在不同区段中交替进行,能实现沿采空掘进,避免了在高应力区掘进和维护的弊端。

(4) 在地质构造等特殊部位,应采取能避免或减缓应力集中和叠加的开采程序。

在向斜和背斜构造区,应从轴部开始回采,在构造盆地应从盆底开始回采;在有断层和采空区的条件下应采用从断层或采空区开始回采的开采程序。

(5) 有冲击危险的煤层的开拓或准备巷道、永久硐室、主要上(下)山、主要溜煤巷和回风巷应布置在底板岩层或无冲击危险煤层中,以利于维护和减小冲击危险。

回采巷道应尽可能避开支承压力峰值范围,采用宽巷掘进,少用或不用双巷或多巷同时平行掘进。对于水采区的回采枪眼应躲开高应力集中区,选在采空区附近的压力降低区为好。例如,城子矿于 1971 年回收-250 水平西护巷煤柱时按常规布置方法,造成严重的冲击矿压伤亡事故,被迫停采封闭。时隔近 20 年后再行回收时,采用底板集中大巷、分区小石门进入煤层,以及避峰送巷、宽巷掘进等开采方式,仅历时 11 个月就安全回收该煤柱,取得了较好的经济效益和社会效益。

(6) 开采有冲击危险的煤层,应采用不留煤柱垮落法管理顶板的长壁开采法。回采线尽量是直线且有规律地推进。不同的采煤方法,矿山压力的大小及分布也不同。房柱式等柱式采煤法由于掘进的巷道多和在采空区遗留的煤柱多、顶板不能及时充分的垮落,造成支承压力较高。在工作面前方掘进巷道势必受到叠加压力的影响,增加了危险性。水力采煤法虽然系统简单、高效,但遗留的煤垛在采空区形成支撑,顶板不能及时规则地垮落,又要经常在支承压力带开掘水道和枪眼,加之推进速度高、开采强度大,易造成大面积悬顶的危害,导致发生冲击矿压。采用长壁式开采方法,则有利于减缓冲击矿压的危害。

(7)顶板管理采用全部垮落法,工作面支架采用具有整体性和防护能力的可缩性支架。

统计表明,采用非正规采煤法的采区冲击矿压次数多、强度大,水力充填次之,全部垮落法次数少且强度弱。我国发生冲击矿压的煤层,其顶板大多又厚又硬,不易垮落。采用注水、爆破等方法,使顶板弱化或垮落,能减缓冲击矿压。根据抚顺、阜新等煤矿冲击矿压危害情况,伤亡事故主要是由于冲击震动、推倒或折断支架,造成片帮和冒顶伤人。所以冲击危险工作面必须采取特殊的支护形式,加强支护强度,提高支架的整体性和稳定性。

5.2.2 冲击矿压煤层开采技术原则

在冲击矿压煤层开采过程中,除严格遵守基本原则外,还应遵守以下技术原则。

(1)在冲击危险区的煤层中掘进和回采时,必须始终在煤层的保护带范围内进行,确保保护层的宽度不小于 3.5 倍采高。

(2)煤层应力高度集中时,必须进行解危处理,否则不得进行回采和掘进工作。

(3)应避免在支承压力峰值区掘进巷道。

(4)严重冲击矿压厚煤层中的巷道应布置在应力集中区外。双巷同时掘进时,2 条平行巷道之间的前后错距应大于 150m,避免在时间、空间上的相互干扰影响。

(5)相向掘进的巷道相距小于 150m 时,必须停止一个头掘进。停掘的巷道要加固,继续掘进的巷道除加强支护外,冲击矿压危险严重时,还必须采取卸压措施。

(6)煤层巷道应采用宽巷掘进。巷道支护应采用可缩性拱形或环形金属支架。严禁采用混凝土支架和刚性金属支架。在破碎顶板条件下,支架间顶帮必须插严背实。

(7)新采区投产要保持合理的开采顺序,避免形成"孤岛区"或"孤岛工作面"。同一煤层相邻阶段的工作面向同一方向推进时,错距不得小于 500m;

(8)在采空区内不得留有煤柱,如果必须在采空区内留煤柱,则应进行论证,报企业技术负责人审批,并将煤柱的位置、尺寸及影响范围标在采掘工程平面图上。开采孤岛煤柱的,应进行防冲安全开采论证;严重冲击矿压矿井不得开采孤岛煤柱。

(9)回采工作面一般应保持直线式。台阶式工作面的台阶错距不应大于 3m。

(10)分层开采厚煤层时,分层顺槽应内错布置,上、下分层顺槽轴线距离至少不小于 3 倍巷道宽度。上、下分层切眼间距至少应内错 5m。每个分层工作面应先于上分层工作面停采线至少 5m 停采。

(11) 厚煤层采用一次采全厚大采高回采和综放开采时，应尽可能将巷道沿底板布置；冲击危险区域因支承压力影响范围的扩大而应扩大到工作面前方 150m。

(12) 厚煤层采用分层综放开采时，第一分层巷道应注意加强支护，尤其是当底板煤层较软时，应对底板适当加固。

(13) 采用冒落法管理顶板时，应提高切顶支架的工作阻力，选用强力液压支架。采用单体支柱支护时，必须加强切顶线支护强度，并将采空区所有支柱回收干净。

(14) 在一般情况下，掘进与回采工作面的躲炮直线距离不小于 300m，躲炮时间大于 30 分钟；在作业规程中应明确规定躲炮地点。

(15) 掘进与回采作业规程应包括工作地区的冲击危险级别、地质构造说明与简明图表、上层采动边界位置图、掘进与回采方式、循环进度、支护形式、加强支护的措施与要术、防治冲击矿压措施及发生冲击矿压时的应急措施（包括撤人路线）。

(16) 根据监测结果，在冲击矿压危险煤层内划定严重危险区，标在采掘平面图上，并在严重危险区周围设立警告牌，限制无关人员停留。

(17) 如果采取的措施不能阻止冲击矿压危险的发生，或出现中等以上的危险时，必须停止作业，直到采取有效措施，使之卸压为止。

5.3 保护层开采

保护层开采技术是最有效的战略性措施。有冲击矿压的主要国家，如苏联、波兰等，对这种方法的原理和实施参数进行了深入广泛的研究，取得了显著的应用效果。我国于 1958 年开始试用并成功地解决了部分瓦斯突出煤层的开采问题。此外，门头沟矿等进行了用于防治冲击矿压的试验，积累了一定经验。

5.3.1 保护层开采原理

保护煤层开采之后，会在实体煤岩层中形成一定的采空空间，工作面上覆顶板岩层冒落移动，形成冒落带、裂隙带和移动带。冒落带中，破断后的岩块呈不规则垮落，碎胀系数比较大，一般为 1.3～1.5，但经重新压实，碎胀系数可降到 1.03 左右。此区域与所开采的煤层毗连，很多情况是在直接顶岩层冒落后形成的，根据经验，冒落带的高度一般为采厚的 3～6 倍；冒落带以上为裂隙带，岩层产生裂隙和离层，支撑在开采层底板；其高度可按已采跨度的 0.6～0.9 倍估计。再上为移动带。

采空区顶板岩体的垮落,引起应力向周围的实体煤岩转移,周围的岩层和煤层也在高应力作用下向自由空间变形和移动,并在采空区顶板上方形成自然冒落拱,使上覆岩体的自重应力及构造应力传递给采空区以外的煤岩体。也即保护层的开采对其周围的岩层及煤层产生较大的采动影响,并在采空区上下方的一定岩层内形成卸压作用,导致该岩层内岩体的应力状态及位移状态均发生较大程度的变化,应力降低,变形增大,煤岩体的完整性遭到破坏,由此削弱了冲击矿压发生的地质条件,丧失了诱发冲击矿压等动力灾害的可能性及危险性。

由于煤层开采,导致围岩产生变形、断裂、离层并向已采空间移动,根据保护煤层开采对煤岩实体的扰动影响程度和特征,可以将应力在走向或者倾向方向上划分为四个应力带,即正常应力带、支承压力带、卸压带及应力恢复带,并且这四种应力分布形式随着保护煤层工作面的推进而同向移动,并逐步对被保护煤层造成不同程度的影响,如图 5-1 所示。

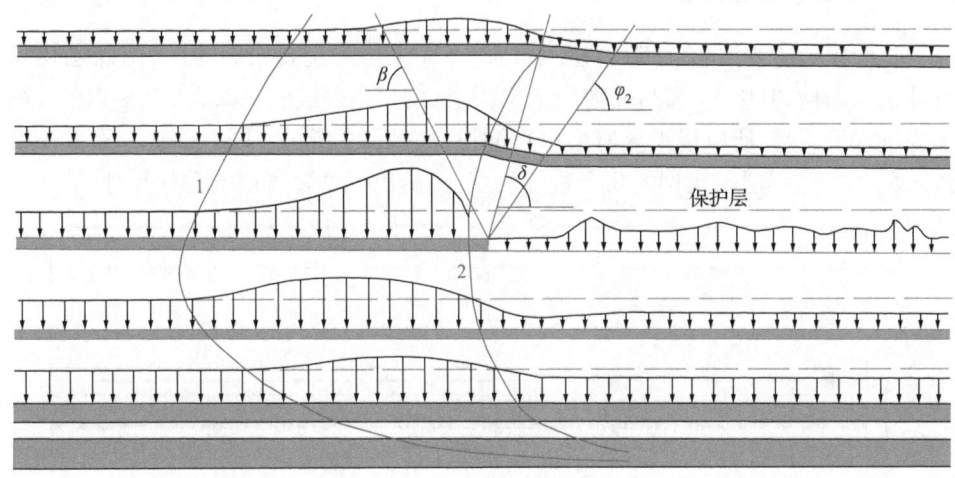

图 5-1　保护层开采卸压带示意图

φ_2. 充分移动角;β. 边界角;δ. 断裂角;1. 升高应力区边界线;2. 卸压带边界线

正常应力带一般分布在保护煤层回采工作面前方 50m 以外。此带内的煤岩体未受采动影响,在不考虑构造应力影响时,其所受应力值应为 $\sigma=\gamma H$;支承压力带一般分布在保护煤层工作面前方 50m 至后方 20m,其长度取决于工作面开采深度、开采长度、煤层厚度及其倾角等;在卸压带内,压力已传递给该带以外的煤岩层,煤体承受的压力不断减小,产生卸压作用,煤体产生膨胀变形,释放弹性能,被保护层受到了"解放作用"而丧失发生冲击矿压的能力;应力恢复带位于保护层回采工作面后方较远处,其位置与层间垂距有关,保护层采空区内冒落矸石逐渐被压实,使得该带的煤岩层重新承受压力,但应力值已小于原始应力值,煤层仍保留一定的膨胀变形处于卸压保护状态。

综上所述,开采保护层后,上覆岩层垮落,底板岩层发生移动变形,被保护煤体所受支承压力降低,形成了卸压保护带,从而起到降低冲击矿压危险的作用。在被保护层中,支承压力峰值降低,但作用范围加大。

因此,保护层开采后,对被保护层而言,保护层起到了"降压、减震、吸能"的作用,这就是保护层开采的防冲原理。

(1) 降压:保护层开采后,在被保护的范围内,应力和支承压力降低。

(2) 减震:保护层开采后,上覆岩层结构发生了破坏。在被保护层开采时,上覆岩层的破断和滑移范围大幅度降低,上覆岩层的破坏和滑移上覆的能量也大幅度降低,从而起到了"减震"的作用。

(3) 吸能:保护层开采后形成的冒落带和裂隙带,破坏了岩层的结构,岩体的松散增大了震动波传播的衰减系数,起到了吸收震动能量的作用(吴向前,2012)。

5.3.2 被保护层应力变化规律

试验模型主要由 15 个煤岩层组成,$3_上$、$3_下$ 煤层为主要研究对象,两煤层均具有冲击倾向性,其中 $3_上$ 煤为较薄的上保护层,模拟煤岩层的采深为 560~710m,煤层为近水平开采,所以模拟煤岩层水平铺设,如图 5-2 所示。图 5-2 显示了主要模拟对象 $3_上$、$3_下$ 煤层及模型的几个边界岩层,并给出了主要岩层的几何尺寸。

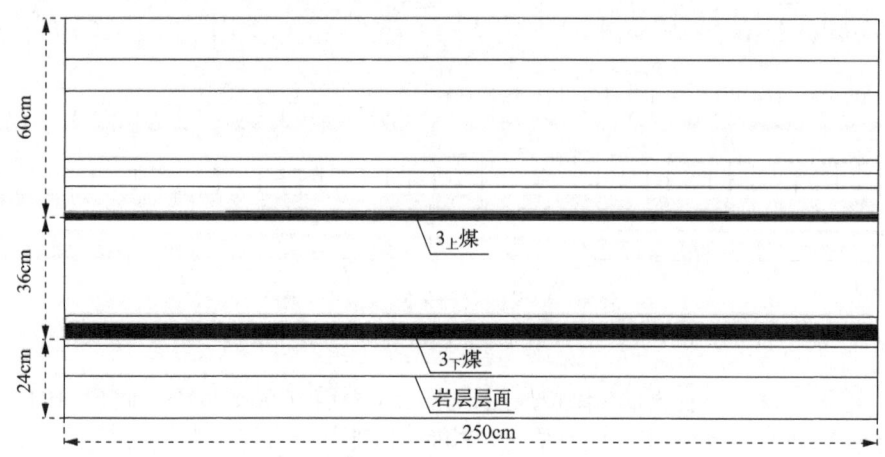

图 5-2 模拟实验模型图

模型铺设步骤如下。

(1) 将模板安装好,准备好进行第一阶段建模。

(2) 自煤层底板开始,逐层称取相似材料,干拌均匀后,加水拌匀。

(3) 将拌好的材料倒入模型中,用刮板将材料刮至设计位置并捣实压平。

（4）为了保持原有的相似条件，在刚铺好的一层上面撒些云母粉表示分层，然后压平，再铺下一层。

（5）岩层中有厚度及强度较大的关键层在铺设过程中应压实达到模拟相似条件，煤层铺设过程中可添加较轻的模拟材料，降低模拟材料的密度和模拟岩层的强度。

（6）在铺设过程中将压力盒和位移计布置在设计位置。

保护层开采垂直压力影响评定依次选用距离工作面 40m、80m、120m 和 160m 的 4#、6#、8# 和 10# 压力盒监测数据作为依据，其余压力盒因失效等原因不作为参考。经过数据转换及处理之后的被保护层动压变化曲线如图 5-3 所示。

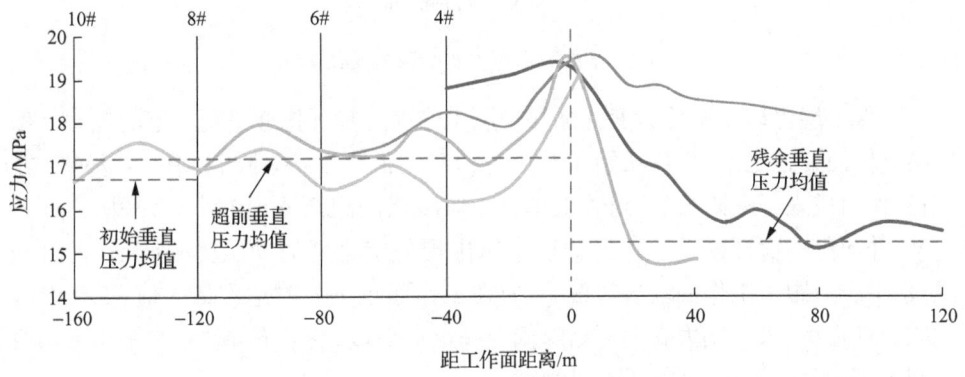

图 5-3　被解放煤体内垂直应力变化曲线

随保护层工作面逐步开挖，被保护层煤体垂直应力变化呈现一定的规律。工作面开采之前，煤岩系统未受人为扰动影响，煤体应力基本处于稳定状态，初始压力维持在 16.6MPa 左右；工作面开始回采但未跨过监测点之前，被保护层受扰动影响压力出现小幅度上升，动压影响逐步增大；工作面到达监测点正上方时，所有压力盒的监测值均增加至最大值，基本维持在 19.5MPa，表明工作面正下方煤岩体总是处于最大采掘扰动影响区，此时对被保护层及其上下方岩体的破坏程度也最大，应力集中水平及能量积聚程度均在一定程度上得到弱化，对被保护层的解放程度达到最高；工作面跨过监测点之后，被保护层内压力急剧下降，平均残余压力水平达到 15.3MPa，正常情况下下降后的压力水平低于未受扰动影响阶段的初始压力值。同时，远距离的超前工作面及采空区范围内的被保护层内的监测点因受每次开挖动压及工作面来压扰动影响，压力值出现明显波动，扰动时压力升高，停采时压力逐渐恢复，表明了工作面采掘扰动的较大影响范围。

保护层开采水平压力影响评定依次选用距离工作面 0m、40m、80m 和 120m 的 12#、13#、14# 和 15# 压力盒监测数据作为依据。经过数据转换及处理之后的被保护层水平动压变化曲线如图 5-4 所示。

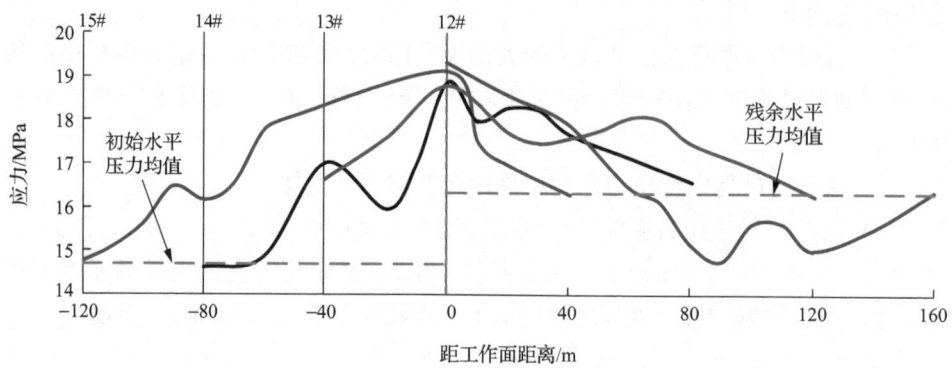

图 5-4　被解放煤体内水平应力变化曲线

被保护层煤体水平应力变化随保护层工作面逐步开挖亦呈现一定的规律。保护层工作面开挖之前,煤体初始水平压力处于较低水平,基本维持在 14.7MPa 左右;工作面进入开采阶段后,随着工作面距监测点的距离逐渐缩小,水平压力逐渐上升,并随每一次开挖及工作面周期来压出现一定程度的动压增幅波动,也就是说,水平压力距离工作面较远时偏小,而在工作面正下方时达到最大值;工作面推过监测点之后,水平压力影响逐渐降低至一定水平,采空区下方残余水平压力均值达到 16.5MPa,高于初始水平压力均值。

保护层工作面回采期间被保护层煤体内垂直压力与水平压力的变化特征表明,两参量之间具有相同点和不同点。相同点是:随保护层工作面回采,两参量均呈现"逐渐增大→达到最大值→逐步下降"的变化特征,工作面正下方煤岩体的垂直压力及水平压力是同时段最大值;每一次动压扰动(包括人为开采活动及工作面周期来压等因素)影响都将迫使两参量的一定幅度的波动变化,表明工作面匀速稳定开采将有利于采掘区域的矿压控制,工作面时停时采将引起地应力的波动变化,有助于采场围岩系统的蠕变,进而引起包括冒顶、偏帮、支护失效、软煤岩突出甚至冲击矿压等不必要的灾害。不同点是:垂直压力初始均值及超前压力均值普遍大于采空区残余垂直压力均值,而水平压力初始均值普遍小于采空区残余水平压力均值,这与采空区作为自由空间存在的影响有直接关系。一方面采空区上方岩体垂直压力不能作用于破碎煤岩体进而将力传导至下方保护层,对上部垂直压力起到阻断作用,使得采空区残余垂直压力明显降低;另一方面,采空区下方岩体因具备了自由运动的空间而使得水平压力在一定程度上积聚于更下一层的弹性岩层区。

5.3.3 保护层开采的应用

1. 保护范围和保护程度

决定解放范围和解放程度的基本因素是采空区宽度、岩体的结构和强度、采深、开采层的倾角和厚度、开采方法和时间等。

2. 开采保护层的原则

合理地安排开采顺序，充分利用解放效果，避免形成应力集中，在保护层内保证整个块段采净，避免留设煤柱。

（1）合理安排煤层群的开采顺序和单一煤层的分层开采顺序。

开采煤层群时，应先选择无冲击危险煤层作为保护层开采。

当冲击矿压危险煤层的顶底板方向都有保护层时，应先开采上保护层。这样既有利于维护巷道又有利于安全开采。上保护层能使全阶段的煤层都得到保护，也可选用上下保护层结合方案。此时，需注意上下保护层的保护范围必须相互交叉。如无上保护层，可将下保护层超前一区段，使本区段的危险煤层全部得到解放。

当全部煤层都有冲击危险时，应先采危险性或厚度最小的煤层。

（2）合理安排采区开采顺序，区段回采方向、速度和距离，使保护层在走向方向上保持足够的超前距离。

当开采保护层时，采空区内不得留煤柱。特殊情况非留煤柱不可时，应经总工程师批准，并将煤柱的位置和尺寸准确地标在采掘工程图上。每个被保护层采掘图上，也应相应地标出煤柱的影响范围。在此范围内进行采掘工作时，必须采取防治措施。

5.4 冲击矿压煤层开采技术参数

5.4.1 工作面参数的确定

1. 工作面长度

研究表明，回采工作面和采空区的大小对冲击矿压的影响是非常大的。对于一个新采区的第一个工作面来说，由于两边都是实体煤，开始时顶板处于四周固支状态。当顶板初次断裂后形成三边固支状态，在这种状态下，工作面的压力是最小的，冲击矿压危险性也是最小的。

对于同一采区的第二、第三工作面，当采空区的宽度之和还没有完全影响到地表时，根据岩层移动理论，此时，采空区的宽度之和 S 一般小于 0.4 倍的开采深度，

即

$$S < 0.4H \tag{5-1}$$

此时,工作面周围岩体内的应力逐步增加。

当采空区的宽度之和达到了完全影响地表的程度时,即

$$S = 0.4H \tag{5-2}$$

此时,由于上覆岩层的充分移动,在煤系地层中,震动释放的能量是最大的,即冲击矿压的危险性是最大的。

当回采工作面继续开采,采空区继续增加时,即

$$S > 0.4H \tag{5-3}$$

在这种情况下,由于上覆岩层的移动处于平衡状态,煤层中释放的震动能量将处于某一水平。

在孤岛煤柱的情况下,由于三边均为采空区,因此开采时其释放的震动能量是很大的。从上述分析可知,工作面长度对冲击矿压危险程度的影响主要是在采空区宽度为 $S > 0.4H$ 的条件下。此时,回采工作面的一边为采空区,另一边为实体煤。从工作面边缘到采空区形成一个直角,在这部分煤体上,因工作面前方移动应力集中区和采空区边缘煤体上的应力集中相互叠加,形成很高的应力集中现象。而且在工作面推进过程中,这种现象一直存在。

研究表明,应力峰值距采空区边缘 10~20m。上述直角区的应力集中影响为 40~50m。当工作面长度大于 50m 时,直角对应力集中程度不会产生影响,而且对动力现象的发生也不会产生影响。在这种情况下,加大工作面长度对限制冲击矿压的发生是有利的。如图 5-5 所示。

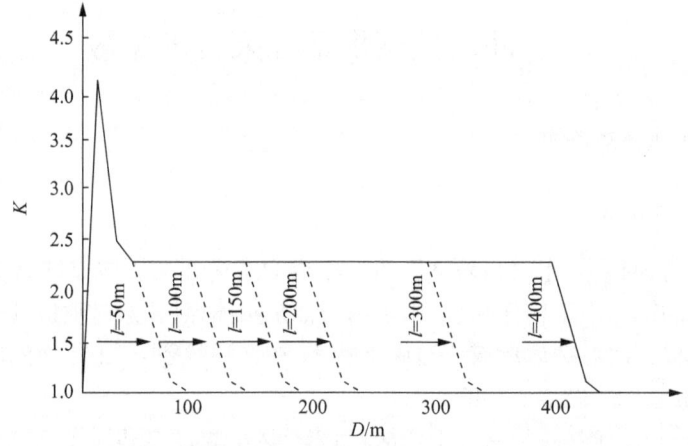

图 5-5 煤层中应力集中系数与工作面长度之间的关系

由上述分析可知,对于不同的工作面,不同开采时间和不同位置,其对冲击矿压危险性的影响是不一样的。因此,对于某一工作面,需经具体分析和考虑。

2. 采高

一般情况下,效率最高,对工作面生产最有利的开采高度是 2.5~3.0m。而在这种采高情况下,发生冲击矿压的比例也高达 72%。如果将冲击矿压发生的百分比与在给定采高条件下工作面产量的比值定义为冲击矿压指数 n,则 n 与采高之间的关系为

$$n = 0.757m - 0.707 \tag{5-4}$$

式(5-4)表示这样一个趋势,即随着采高的增加,冲击矿压危险性也随之增加。

而因顶板坚硬岩层引起的顶板冲击,则与该岩层的厚度、强度、距煤层的距离及煤层采高等有关。采高的增加,将使顶板的坚固性下降,该层顶板引起的震动强度将会降低。如果降低采高不能保证坚硬顶板不断裂运动,则可使顶板的坚固性增加,在其破断时,将会释放更大的能量。在这种情况下,降低采高是无益的,除非保证坚硬顶板岩层不发生断裂破坏。

3. 推进速度

大量的研究表明,回采工作面的推进速度与低能量的矿山震动之间存在着明显的关系,即工作面的推进速度越快,产生的矿山震动就越多。而对于冲击矿压,波兰的研究结果是顶板冲击矿压危险性与工作面开采过程中发生的最大震动事件成正比。

当回采工作面匀速推进时对防治冲击矿压的发生是有利的。工作面停采以后的恢复生产时期,推进速度突然加速等均有可能引发冲击矿压。图 5-6 为某矿在工作面推进过程中释放能量的大小与工作面推进之间的关系,表明了该矿工作面在停采两周前,停采两周期间及停采两周后释放的能量的大小。由图可知,停采两周后释放的能量比停采两周前的要大 6 倍。而产量和震动数量基本一样。

5.4.2 冲击矿压煤层的布置原则

有冲击矿压危险的煤层进行开采设计时,如何设计及工作面的布置对于冲击矿压的防治是一个非常重要的问题。限制冲击矿压危险增加的最基本的原则是少掘巷道,而且主要的巷道尽量布置在岩石之中。然后,才是考虑成本的问题。

与水力采煤、水砂充填等开采系统相比,长壁旱采工作面对于防止冲击矿压的发生是最有利的。

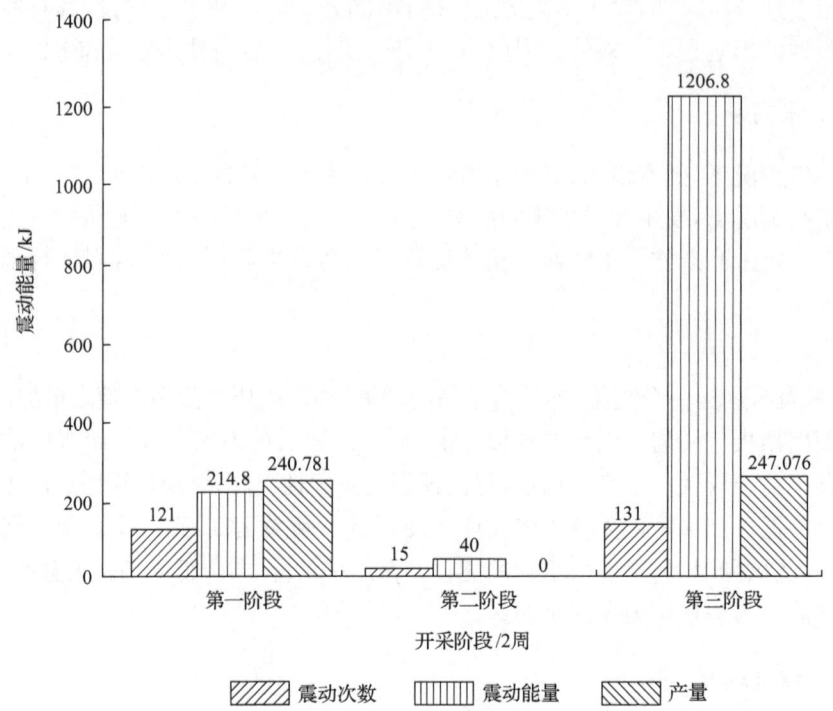

图 5-6 释放能量大小与工作面推进速度之间的关系

对于具体的开采条件,在煤层布置及开采系统选择时,应尽可能选择采干净煤层的方式,不留任何煤柱及残采区。对于保护煤柱,在开采过程中就应回收干净。因为煤柱上的应力集中现象随煤柱的存在而一直存在,不随时间变化。因此,最有利的布置方式是无煤柱开采,不留任何回采煤柱。对于邻近层停采线的影响,当布置巷道时,巷道应与其垂直,或将巷道布置在停采线影响范围之外。

研究和实践均证明,当回采工作面接近老巷或采空区时,冲击矿压危险将会大幅度上升。当工作面接近与之平行或几乎平行的老巷时,其间煤柱上的应力将会叠加,产生较大的应力集中现象。这种情况下,工作面接近这条巷道时,不仅使这条巷道,而且也使推进工作面的冲击危险性大幅度上升。因此,在煤层开采设计时,要尽量避免形成这种局面。如果必须在工作面通过的区域掘进这样的巷道,也应该使巷道与工作面之间的夹角大于 $15°$。

5.4.3 煤层开采顺序及开采方向

对于煤层群开采,其正确的开采顺序与煤层冲击倾向性及煤层群的解放层开采等紧密相关。首先开采的煤层应该是能够卸压的煤层,而且没有冲击倾向性或为弱冲击倾向性。其次,在开采解放层时,应考虑煤层之间的间距、顶底板岩性和采空区处理方式等。因为这些决定着解放层的卸压方式和卸压程度。图 5-7 为残采区影响范围内最大垂直应力分布图,而图 5-8 则为解放层的影响范围关系图。

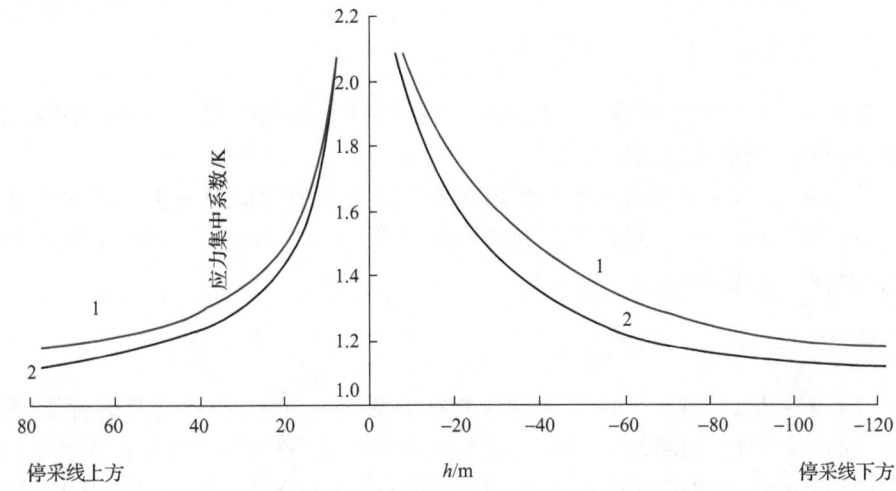

图 5-7 残采区影响范围内最大垂直应力分布图

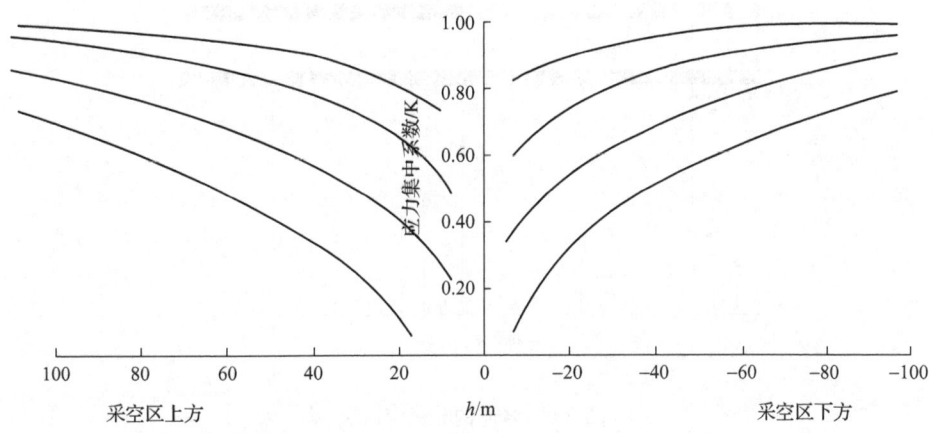

图 5-8 解放层的影响范围关系图

在开采具有冲击倾向性的厚煤层时,最好是沿顶板采用垮落法先采第一分层,该分层对于其他分层来说,起解放层的作用。

煤层的开采方向应根据具体的开采布置及设计来确定。但有一条,在同一开采区域,工作面应向同一方向推进。同样,对两个矿井相邻的两个采区,其推进方向也应一致。

煤层开采时,应禁止留下残采区和孤岛煤柱,统一规划采区。区段工作面的开采采用或者是从上到下,或者是从下到上的一个方向进行。对于向斜轴部,区段的开采应从轴部最低的部分向上推进。

5.4.4 高冲击危险区域

1. 应力集中区域

煤岩体中应力集中是冲击矿压发生的基本因素。而煤岩体的应力集中现象则与矿井的开采历史及地质构造有关。

停采线、采区对岩体应力集中的影响程度随采深的增加而增大。这种应力集中具有长期保持的特点,在停采线和残采区形成 20~30 年后,其中的应力集中程度与初始形成的值没有多大的区别。

2. 非稳定区

开采解放层后,其上下区域的卸压特征见图 5-9。而卸压效果是多种因素决定的,如开采深度、煤层厚度与采高、采空区处理方式、解放层距煤层的距离、顶板岩层的种类和解放层区域的大小等。其关系是非常复杂的。但一般情况下,有效期为 2~5 年。

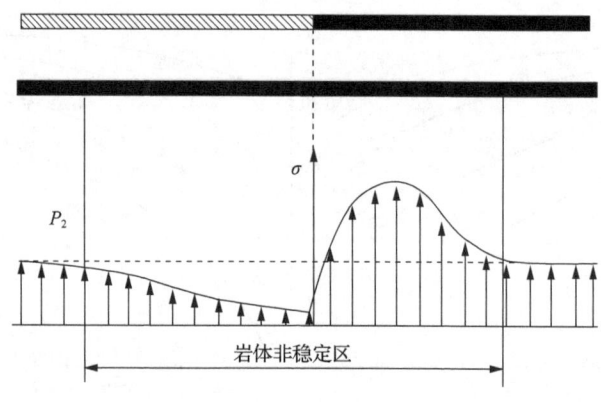

图 5-9 岩体的非稳定区域

一般情况下,岩体的非稳定区域出现在如图 5-9 所示的区域。该区域是由于煤层的停采线或边角形成的。当工作面推进到该区域后,停采线上方的岩体将移动,形成二次应力重新分布,在此过程中,就有可能对回采工作面产生影响,形成冲击矿压。

3. 两层煤巷道间的煤柱及巷道相互交叉

当两层煤间布置的巷道相互平行时,在其投影间距很小,只有十几米的情况下,从矿压的观点看,就在两巷道之间形成了煤柱。如果该煤柱的宽度不大,将会造成应力集中现象,不仅在一个煤层,而且在另一个煤层中,均可能会发生冲击矿压。此外,在两个煤层的巷道交叉时,也会发生这种情况,如图 5-10 所示。煤层的尖灭、褶曲的情况与这类似。

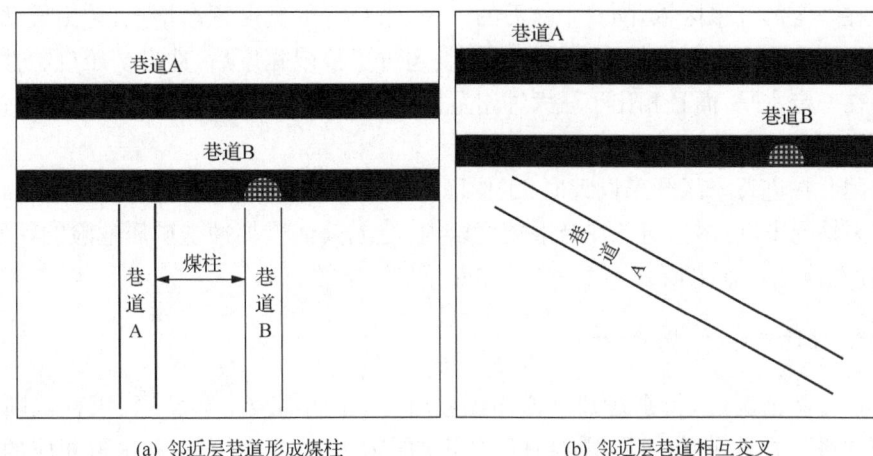

(a) 邻近层巷道形成煤柱　　　　(b) 邻近层巷道相互交叉

图 5-10　邻近煤层之间巷道的影响

4. 断层附近

当工作面接近断层带时,这种危险比其他区域高得多。其主要影响因素是断层破坏了顶板的连续性,而断层有一定的倾角,此外还存在构造应力,如图 5-11 所示。

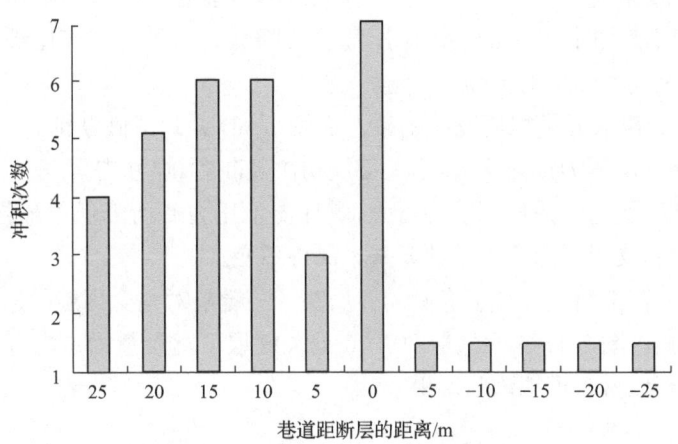

图 5-11　冲击矿压与断层之间的关系

工作面开采最好能将有一定落差的断层两边的煤采干净。如果留下了煤住,则留下的煤柱上将产生很高的应力集中现象,其影响程度比没有断层时高得多。

5. 采空区的极限宽度

在一定的开采区域,随着工作面的回采,采空区的宽度逐渐增大,矿山震动和冲击矿压危险也逐渐增加。当采空区宽度超过了极限宽度后,冲击矿压危险性将保持在一定水平,而且相比于最大冲击危险,其危险性要小。根据岩层移动理论,该极限宽度 $S_{gr} \approx 0.4H$。

因此在进行采区开采设计时,工作面累计不等于极限宽度 S_{gr}。在工作面正常回采情况下,应尽量避免在极限宽度以内,造成其他增加冲击矿压危险的因素。在高冲击矿压危险的采区,第一个工作面是最安全的。

6. 接近采空区、煤柱、断层

在一些情况下,特别是开采孤岛煤柱时,工作面需要向采空区、煤柱或断层方向推进。在这种情况下,需要具体分析冲击矿压的危险状态,并采取相应的防治措施。在工作面将要接近上述区域时,应预先采取卸压措施,在采动支承压力到达之前使其卸压。一般情况下,超前距离应大于 $60\sim80m$,并加强观察,进行连续预测。

7. 顶板关键层

在顶板岩层中,如果存在坚硬、厚层关键层,则很容易积聚大量的弹性能。当其断裂、聚积的能量释放时,将产生大量的震动,可能会产生冲击矿压。当关键层距煤层的距离增大时,其中的冲击矿压危险会降低。这可分析煤层综合柱状图来确定关键层及其对煤层的影响。

图 5-12 为离散元模拟研究的结果。由图可知,关键层破断前,随着采出宽度的增大,煤柱支承压力逐渐增大,当关键层初次破断时,煤柱支承压力达最大值,关键层初次破断后,随着采出宽度的增大,煤柱支承压力有所降低并最终稳定,采宽达一定程度后,支承压力集中系数 k 基本保持不变。

相似材料模拟研究和现场实测同样反映了关键层对整个岩层的运动以及对冲击矿压的影响。图 5-13 为距煤层 30.5m 处关键层下离层量沿走向分布随工作面推进变化的相似材料模拟试验结果。

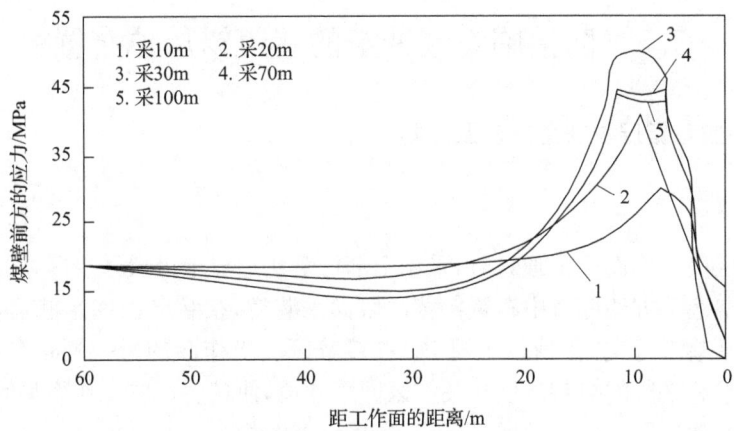

图 5-12 关键层与煤柱支承压力分布

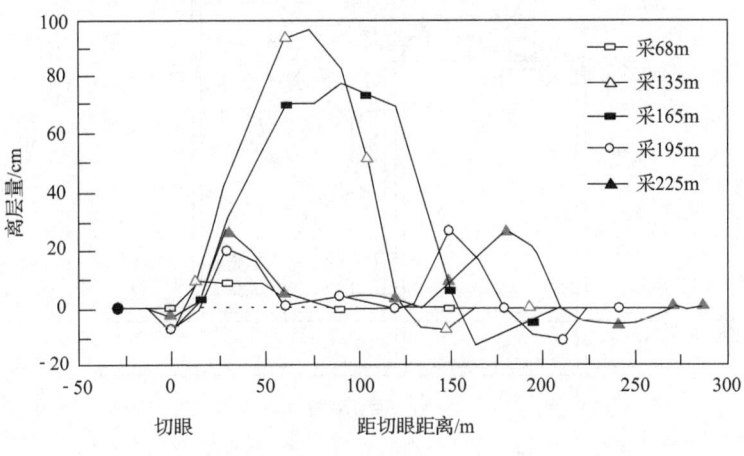

图 5-13 模拟关键层离层的变化

8. 多种灾害综合

如果在煤层开采时,同时出现冲击矿压、瓦斯、煤尘等灾害,则需要进行综合考虑,采取相应的综合防治措施。例如,在冲击矿压和瓦斯爆炸危险并存的情况下,就应当对煤层进行瓦斯抽放;对采空区进行瓦斯抽放;弱化顶板岩层,使其断裂步距减小。

5.5 防治临空巷冲击的巷道错层位布置

5.5.1 临空巷错层位布置方法及原则

1. 布置方法

在上区段工作面回采顶煤时,采用全部垮落法形成上区段采空区,然后在临近上区段采空区下方的底煤中布置接替区段回采巷道,接替区段回采巷道与上区段内侧回采平巷平行交错间隔一段距离,在接替区段工作面的另一侧布置与上区段内侧回采平巷平行的接替区段非临空区回采巷道,使接替区段工作面呈倾斜布置,之后进行接替区段工作面的回采工作,布置示意图如图 5-14 所示。

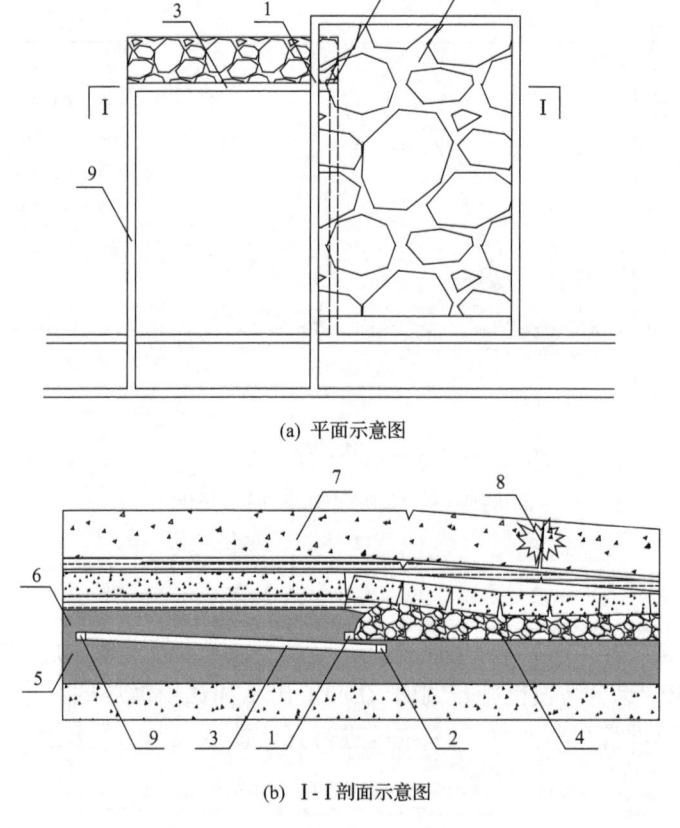

(a) 平面示意图

(b) I-I 剖面示意图

图 5-14 临空区巷道外错布置示意图

1. 上区段内侧回采平巷;2. 接替区段临空区回采巷道;3. 接替区段工作面;4. 上区段采空区;
5. 底煤;6. 顶煤;7. 覆岩亚关键层;8. 矿震;9. 接替区段非临空区回采巷道

这种布置方式以降低临空区巷道所承受的叠加动静载为主要原则,从回采巷道优化布置角度进行冲击矿压防治。

2. 临空巷降低静载原则

矿井开采活动未进行之前,未受采掘工程扰动的应力场即原岩应力场,由煤层开采位置的固定而无法改变;因此,如果要从降低静载的角度对临空区巷道进行卸压保护,必须对静载的另外一个组成部分——煤岩系统扰动导致的采动支承压力的分布特征进行分析,从而选择临空区巷道的合理布置位置。

随着上区段工作面的回采,由于一般都采用全部垮落法管理顶板,导致顶板甚至上覆岩层受到不同程度的弯曲、断裂、垮落,承载位置向临空区实体煤侧移动,致使采场周边实煤体或煤柱侧承受附加上覆岩层的重量,对临空区侧形成较高的采动支承应力分布特征如图 5-15 所示。

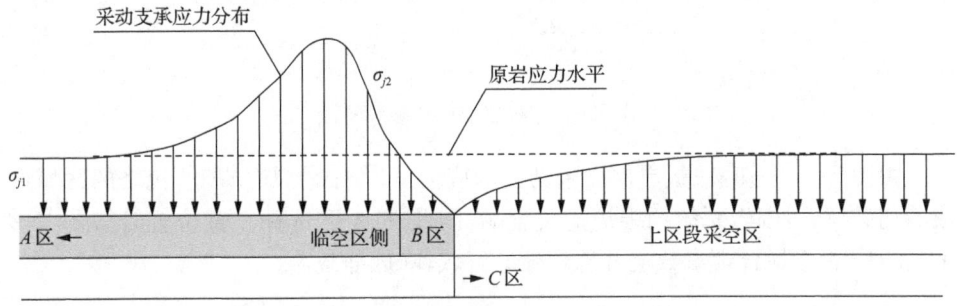

图 5-15 临空区侧采动支承应力分布特征

由图(5-15)可知,受采动支承应力的影响,临空区侧应力分布主要特征是:采空区自由约束面处应力趋近为 0,然后逐渐上升至支承应力峰值位置后开始下降至原岩应力水平趋于稳定;而上区段采空区侧,由于煤体被采出,导致有一段位置处于应力降低区,而随着顶板的垮落及其煤岩体的碎胀性,采空区间逐渐被压实,重新稳定,趋于原岩应力水平。

因此在选择接替区段工作面临空区回采巷道布置位置时,为达到降低静载的目的,应尽量考虑应力降低区或者不受采动支承应力影响的原岩应力区,适合的位置为 A、B、C 三个区域,如图 5-15 所示。A 区与 B 区进行比较,考虑回采率因素,大煤柱会导致大量煤炭资源的损失,不利于煤矿经济效益的提高,因此 B 区优于 A 区;B 区与 C 区进行比较,考虑巷道稳定性因素,塑性小煤柱全部被压酥,导致巷道围岩系统稳定性较差,维护成本较高,且由现场实践来看,该区域受上区段未稳定上覆岩层的影响,矿震活动频繁,对于强矿震动载没有任何的防范作用,动静载叠加后还是有很大诱发冲击矿压的可能性,因此 C 区优于 B 区。

综上分析,接替区段工作面临空区回采巷道最优布置位置在上区段采空区下方,避开了采动支承应力影响区,提高回采率且围岩稳定性较好。但是具体布置位置尚需要考虑底板应力分布特征,从而进行确定。

上区段回采在临空区侧造成的采动支承应力分布不仅对该侧实煤体造成局部应力集中,还会向底板深部传播;不考虑采动支承应力的影响时,底板岩层主要受水平原岩应力的拉伸或者挤压影响,且影响一致、处于平衡状态;此时受采动支承应力的影响,底板岩层的平衡性被破坏,呈现剪切破坏特征,如图 5-16 所示。

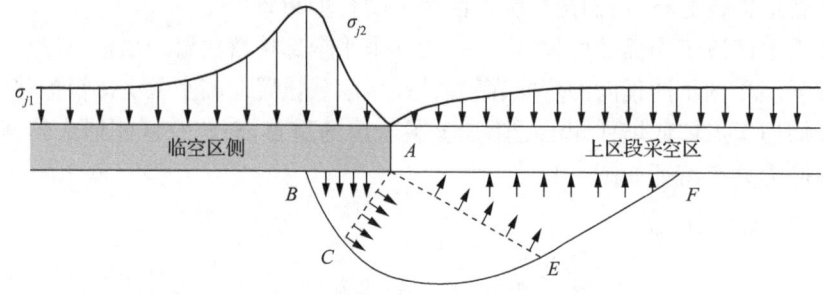

图 5-16　底板岩层剪切破坏特征

由图 5-16 可知,底板岩层受采动支承应力的影响,在 BCEF 所包络的区域形成剪切破坏,对围岩系统的维护造成影响,因此在 A 区选择布置位置时需要考虑 AF 的距离,选择合理参数避开剪切破坏区域,降低静载。

3. 临空巷降低动载原则

随着接替区段工作面的回采,开采扰动导致未完全稳定的上区段采空区上方的覆岩亚关键层弯曲破坏甚至断裂,对接替区段采掘空间形成动载扰动;因此临空区巷道主要所受动载扰动来自顶板或覆岩运动、断裂形成的高能量矿震。

根据已有研究发现矿震动载以应力波形式向外传播能量时,应力波是以球形波方式在矿井空间范围内传播的,随球体半径不断增大向外几何扩散;这种震动应力波在传播过程中,会引起距矿震震源 l_i 处质点的沿平衡位置的往返振动并伴随介质的弹性变形,并且该质点处的能量密度等于介质单位体积内动能的最大值,因此,震动波的能量 E_i 与质点峰值位移振幅 A_i 的平方成正比,而震动波质点位移的振幅 A_i 与扩散半径 l_i 成反比,如式(5-5)所示,随着矿震动载向外传播距离的增加而不断衰减。

$$\begin{aligned} E_i &\propto A_i^2 \\ A_i &\propto A_0/l_i \end{aligned} \quad (5-5)$$

式中,A_0 为震源处的峰值位移振幅。

同时考虑矿震动载扰动与对煤岩系统的应力扰动的相互关系,应力波在煤岩体中产生的动载荷的关系式中,矿震震动波的能量 E_i 正比于传播中质点的峰值振动速度 $(v_{pp})_i$ 的平方,则可以得出 E_i 与应力扰动 σ_d 的相互关系,如式(5-6)所示:

$$E_i \propto (v_{pp})_i^2$$
$$E_i \propto \sigma_d^2 \tag{5-6}$$

震动波在煤岩介质传播过程中,除因几何扩散而发生的一定衰减外,同时受到煤岩结构的塑性、非线性等阻尼作用,应力扰动进一步被损耗和吸收,这是震动波在传播介质中的固有衰减特性,主要是由于介质的内摩擦和热传导引起的能量耗散。此外,震动波在煤岩介质中传播时,遇到断层、悬落柱等地质构造时,还会出现震动波的折射及反射等,即产生散射效应,对应力扰动进一步衰减。但是由于岩层结构的复杂性,散射衰减难以和介质固有衰减分离开,因此,矿震动载震动波衰减规律研究往往以指数衰减形式近似进行描述,根据已有震动波能量衰减理论的研究及以上分析,矿震震源动载经传播介质衰减后对临空区巷道造成的动载扰动 σ_0 如式(5-7)所示:

$$\sigma_d = \sigma_0 \mathrm{e}^{-\eta l/2} \tag{5-7}$$

式中,σ_0 为矿震震源处动载强度;l 为矿震震源与巷道之间的传播距离;η 为传播介质对矿震动载的衰减指数。

由于临空区巷道布置范围的局限性,对于矿震震源处动载强度 σ_0 与矿震震源与巷道之间的传播距离 l 都难以有较大的改变,而对于传播介质的改变则可以通过将临空区巷道布置在一定位置实现。

根据实验室试验研究,传播介质对矿震动载的衰减指数 η 与介质的完整性、强度、孔隙率等性能指标有密切关联,且传播介质对冲击震动波的吸收程度随介质的破碎度和松散度的增大而增大,大小随介质的变化而不同,在完整坚硬致密介质中很小,而在松散软弱孔隙介质中明显增大。

因此采用外错布置技术后,恰好可以利用上区段采空区的松散破碎软弱围岩结构对外部矿震震源震动波的强衰减作用削弱矿震动载对临空区外错巷道的应力扰动。从而使该回采巷道受动静载叠加影响最弱,有效保护该临空区回采巷道,起到防治冲击矿压的目的(郭晓强,2012)。

5.5.2 临空巷错层位布置参数计算

在考虑外错布置时,上区段工作面已回采结束,上覆处于采动影响范围内的"三带"岩梁已趋于稳定,固定支承应力的峰值位置为布置参数的重要研究内容,对采空区侧底板岩层应力分布起主要作用,在实煤体侧建立弹塑性力学模型对固定支承应力峰值位置进行理论计算,如图5-17示。

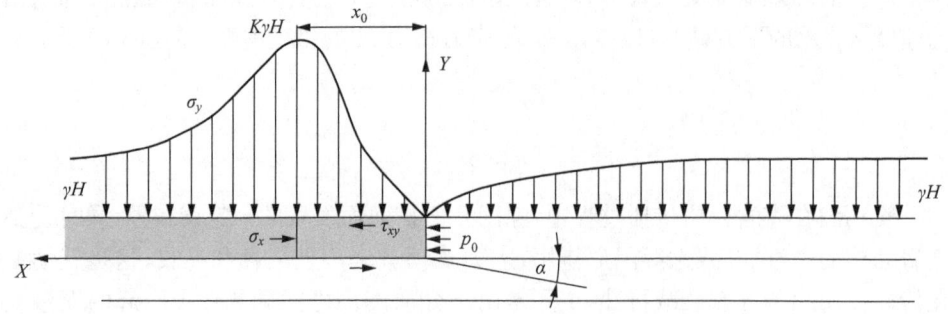

图 5-17　固定支承应力峰值位置计算模型

根据弹塑性理论,解得极限强度区域的巷帮支承应力随位置变化的计算公式如式(5-8)所示:

$$\sigma_y = \left[\frac{1}{\beta}(p_0 - \gamma_0 x_0 \sin\alpha) + \frac{C_0 + M\gamma_0 \sin\alpha}{\tan\varphi_0} \right]$$
$$\exp\left\{ \frac{M\beta\gamma_0 \cos\alpha - \tan^2\varphi_0}{\beta} + \frac{\tan\varphi_0}{M\beta}x + \left(\frac{\tan^2\varphi_0}{M\beta} - \gamma_0 \cos\alpha\right)y \right\} \tag{5-8}$$

式中,β 为煤柱塑性极限区测压系数,$\beta = \mu/(1-\mu)$;γ_0 为煤体容重,单位为 kg/m^3;p_0 为侧向约束力,$p_0 = C_0 \tan\varphi_0$,单位为 MPa。由于:

$$\sigma_y(x = x_0, y = M) = K\gamma H \cos\alpha \tag{5-9}$$

式中,K 为支承应力峰值区应力集中系数;γ 为覆岩平均容重,单位为 kg/m^3;H 为采深,单位为 m。

解得固定支承压力峰值点距巷帮的表达式如式(5-10)所示:

$$x_0 = \frac{M\beta}{\tan\varphi_0} \ln\left[\frac{\beta(K\gamma H \cos\alpha \tan\varphi_0 + C_0 + M\gamma_0 \sin\alpha)}{\beta(C_0 + \gamma_0 \sin\alpha) + C_0} \right] \tag{5-10}$$

即距离巷帮 x_0 处,固定支承应力达到峰值点,帮体实煤体处于极限平衡状态。

受固定支承应力影响,巷帮底板岩层在一定范围内变形、破坏,对下区段回采巷道支护与围岩状况造成影响的主要是剪切滑移特征,因此在选择合理位置时必须以避免处于剪切滑移极限破坏区域为原则。

借鉴岩土力学中的地基计算模型,根据矿井工程实际,煤壁与底板的关系近似于建筑物的基础与地基的关系,因此可建立巷旁底板破坏特征模型,如图5-18所示。

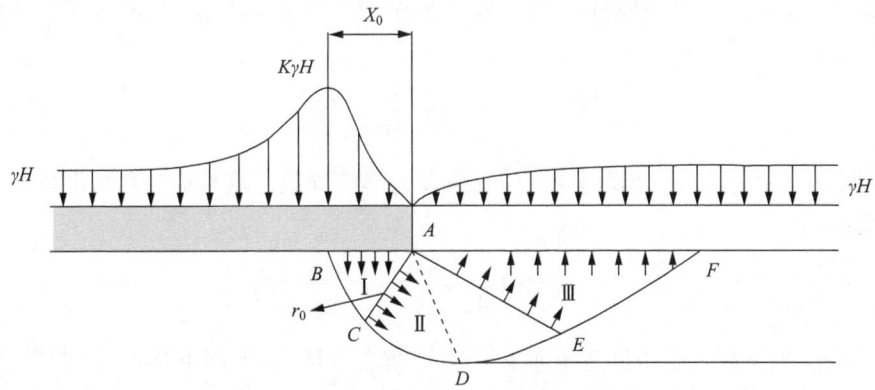

图 5-18 底板破坏特征模型

根据上述模型,D 点为受固定支承应力影响最深的点,整个底板呈现剪切滑移变形或破坏,根据塑性理论,将底板极限平衡区划分为如图 5-18 所示的Ⅰ、Ⅱ、Ⅲ三个区,分别为主动应力区、过渡区和被动应力区。

Ⅰ区中角度关系如式(5-11)所示:

$$\angle CAB = \angle CBA = \frac{\pi}{2} + \frac{\varphi_1}{2} \tag{5-11}$$

式中,φ_1 为底板岩层内摩擦角。

Ⅱ区中,根据模型特征,CE 曲线是以 A 为原点、AC 为半径 r_0、底板岩层内摩擦角 φ_1 为极角的对数螺线,螺线上任意点与原点距离为极径 r,其方程如式(5-12)所示:

$$r = r_0 \exp(\theta \tan\varphi_1) \tag{5-12}$$

式中,θ 为 r 与 r_0 的夹角,区间为 $[0, \pi/2]$。

Ⅲ区中角度关系如式(5-13)所示:

$$\angle EAF = \angle EFA = \frac{\pi}{2} - \frac{\varphi_1}{2} \tag{5-13}$$

根据几何关系及以上分析得式(5-14):

$$r_0 = x_0 \Big/ \left[2\cos\left(\frac{\pi}{4} + \frac{\varphi_1}{2}\right) \right] \tag{5-14}$$

E 点为满足对数螺线方程的一个极值点,则

$$r_{AE} = r_0 \exp\left(\frac{\pi}{2} \tan\varphi_1\right) \tag{5-15}$$

F 点为受剪切滑移破坏影响与处于采空应力降低区的临界点,根据几何关系得

$$L_{AF} = 2r_{AE}\cos\left(\frac{\pi}{4} - \frac{\varphi_1}{2}\right) \tag{5-16}$$

联立上述公式,可计算出受固定支承应力影响导致的底板极限剪切滑移变形、破坏距离:

$$L_{AF} = x_0 \tan\left(\frac{\pi}{4} + \frac{\varphi_1}{2}\right)\exp\left(\frac{\pi}{2}\tan\varphi_1\right) \tag{5-17}$$

因此,根据以上临空区巷道布置原则与理论计算,可得如下结论:①考虑削弱动载因素,基于应力波衰减特征,将接替区段回采巷道布置在采空区下方,利用其垮落松散结构削弱外围矿震动载的扰动;②具体布置参数中水平错距 L_{AF} 的确定主要以避开临空区回采巷道采动支承应力的影响为原则,同时考虑固定支承应力影响导致的底板极限剪切滑移破坏;③对于垂直错距,由于临空区巷道布置范围的局限性,对于矿震震源处动载强度 σ_0 与矿震震源与巷道之间的传播距离 L 都难以有较大的改变,其确定主要考虑现场设置人工假顶的稳定性情况。

5.6 冲击危险区域煤柱宽度的设计

5.6.1 华亭煤矿煤柱区冲击矿压概况

华亭煤矿煤层地质构造简单,由东向西为大型向斜构造,主要构造线方向以 NW 向压扭性断裂为主干,受强烈的地质作用影响,煤体呈现较严重的压性脆裂破坏特征。矿区内主采 5 号煤层厚度达 36m,为特厚煤层。目前正在开采的是华亭煤矿二水平首采 2501 采区的第二个工作面,250102 工作面位于向斜轴部,东低西高,面长 201m,倾角 5°~8°,较平缓,与已采的 250101 综放工作面相邻,之间留设有 20m 煤柱,开采深度为 700m 左右。250102 工作面上方地表为山区,工作面开采初期位于山体的脊背下方。煤层直接顶为灰色、深灰色层理明显的砂质泥岩,厚度为 2.5m,稳定性差,易冒落,块度大;老顶为胶结致密、层理发育的细砂岩,厚度为 5~10m,较坚硬;煤层底板直接底为灰黑色、松软、富含炭质的泥岩,厚度为 0.5~2.1m;老底为灰、灰白色粗砂岩,厚度为 6.5~19m。

250101 工作面回采期间并未出现大的矿压显现,而自开掘 250102 工作面以来,据不完全统计,2008 年 1 月~2008 年 7 月 250102 工作面回采过程中,发生了 24 次冲击矿压显现,并主要集中在与 250101 采空区和 250102 工作面之间 20m 煤柱相邻的运输顺槽内,其表现为运输顺槽转载机巷道部分地段帮部移近、底鼓

100~1800mm不等，损坏部分机电设备，造成支护设施损坏和人员伤亡，具有典型的动力特征，其中尤以2008年4月2日16时10分发生的冲击矿压最为严重，发生地段为图5-19所示的运输顺槽转载机头后8m至前置架之间的几十米范围，巷道发生严重变形破坏，顶底板接合，两帮移近量很大，支柱变形，并造成多名职工伤亡。

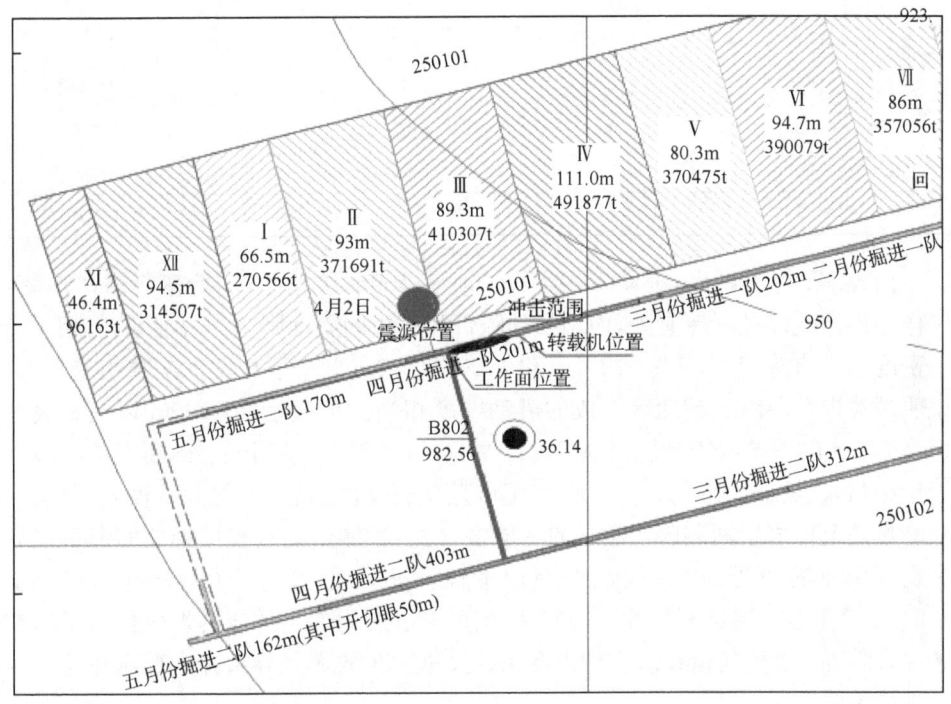

图5-19　4月2日250102工作面冲击显现示意图

多起冲击矿压事故表明华亭煤矿褶曲构造、开采因素、工作面布置、地面形态、上覆岩层运移、工作面开采强度和推进速度对冲击矿压的显现有很大的影响，其中以褶曲构造和留设的20m煤柱影响最大，多起冲击矿压显现给工作面的安全回采和巷道掘进带来了较大困难，也给矿井造成了巨大损失。

5.6.2　煤柱区冲击危险性分析

250102工作面回采期间，微震监测系统记录了大量矿震数据，对2008年4月20日至7月31日期间工作面附近震源高程和能量结果进行统计，如表5-1所示。

表 5-1　工作面 4～7 月震动分类表

高程范围/m	平均高程/m	平均能量/(J/次)	次数	总能量/J
700～800	758	7040	27	190079
800～900	856	49843	73	3638508
900～1000	974	11591	419	4856754
1000～1100	1034	9264	408	3779553
1100～1200	1151	7925	199	1577102
1200～1300	1247	6750	157	1059815
1300～1400	1338	6763	63	426053
1400～1500	1447	7069	32	226207
总计			1378	15754071

由表 5-1 可以看出,震动多发生在 900～1100m 层位上,与垮落带多次垮落、工作面煤体破碎过程等有关,而顶板裂隙带和底板的震动则多为岩层断裂,相对震动密度小于垮落带。1100～1200m 和 1200～1300m 两个层位震动次数相差不大,说明裂隙带各层断裂转动等形成的震动密度相当。顶板标高 1100m 以上和底板标高 800m 以下单次震动能量在 7000J 左右,相差不大,说明岩层的断裂单次释放能量相当,释放比较平均。在 800～900m 范围震动次数较少,但能量极大,单次释放能量是上覆岩层断裂产生震动的 7 倍多,表明岩体活动过程中释放的能量多集中在开采面的附近,而在煤层中释放的能量占了很大的比例,与实验室测定 250102 工作面煤层具有强冲击倾向性具有一致性,为冲击矿压的发生提供了内在条件,而 20m 煤柱的留设对这种内在条件又进一步放大是导致冲击矿压在巷道内显现的主要原因。

为此,采用三维数值模拟软件 FLAC^{3D},根据华亭煤矿的实际开采条件及实验室煤岩样的物理力学试验研究,模拟在 2501 采区的现有开采技术条件下,250102 工作面在回采过程中煤柱区的应力分布情况,确定高应力分布状态和煤柱区的冲击危险性。模拟结果表明在 250102 工作面回采前,250101 工作面回采结束后,采空区侧形成应力的降低区,而在煤柱中则形成了一个应力集中区,导致从 250102 工作面开采初期,开采区域内应力集中的范围就主要集中在 20m 煤柱与工作面前方,尤其以煤柱上应力的集中程度最高,预示着煤柱将是影响 250102 工作面开采期间冲击矿压显现的主要因素,当工作面推进到 180m 时,集中系数达到最高,如图 5-20 所示。

分析 4～7 月份以来震源分布的特点,如图 5-21～图 5-23 所示,发现较大矿震的位置与数值模拟结果具有耦合关系。能量在 10^3～10^4J 范围的震源分布比较平均,工作面上、中、下部都有覆盖,不具有明显的集中和空白性,而在 10^4～10^5J 范

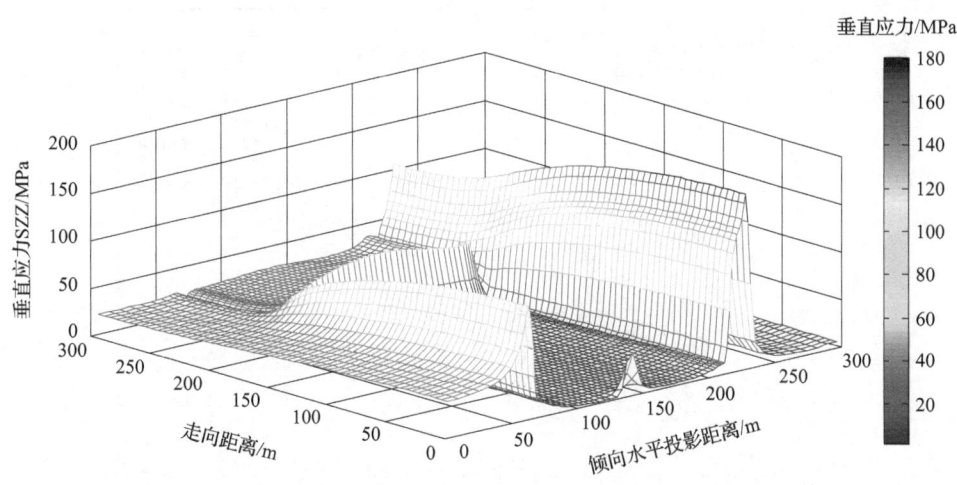

图 5-20 工作面推进 180m 时煤体内垂直应力分布图

围时,震源分布开始具有近似明显的集中性,主要集中在 250102 工作面的上下部,而上部则有向煤柱靠拢的趋势,到了 10^5 J 以上之后,震源分布的集中趋势就更加明显了,大的震动几乎随着工作面的推进依次分布在煤柱的周围,从大震动的分布来看,工作面两侧应存在着比较高的应力分布带,而受煤柱和采空区的影响,250102 工作面运输顺槽侧的危险性更大。

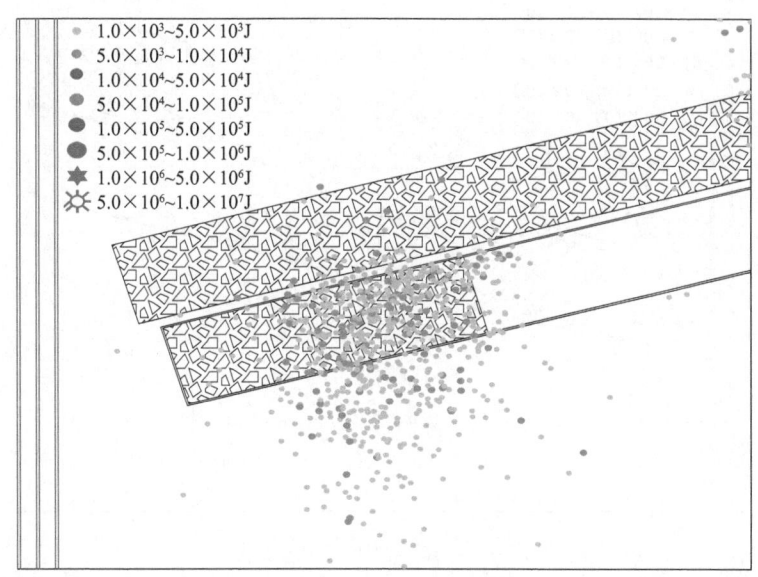

图 5-21 $10^3 \sim 10^4$ J 范围震源分布图

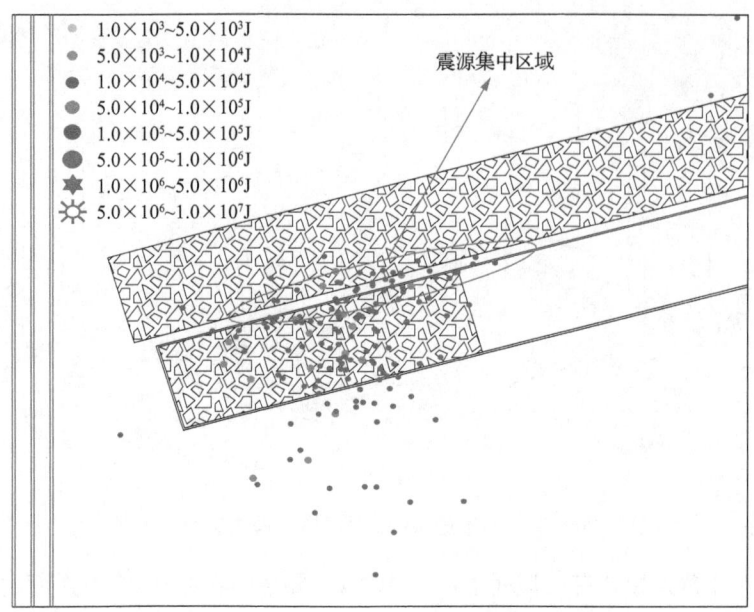

图 5-22　$10^4 \sim 10^5$ J 范围震源分布图

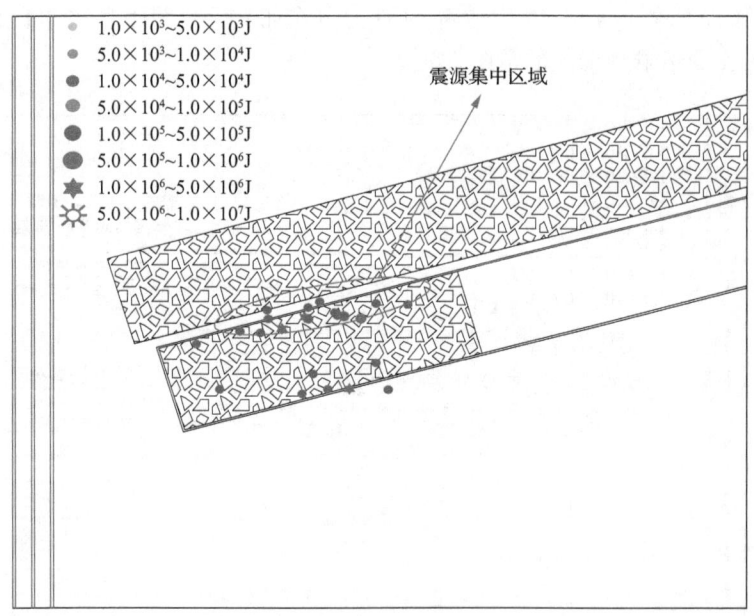

图 5-23　10^5 J 以上震源分布图

综上所述,250102 工作面开采期间,由于存在 250101 工作面的采空区,与之相邻的 20m 宽的煤柱上存在一个较大的垂直应力分布带,煤柱上的老顶下沉并不充分,根据煤柱区域发生冲击矿压的机理和现场实践,在2501采区的开采技术条件下,20m煤柱内极易形成发生冲击矿压的冲击核,需要重新设计煤柱的宽度。

5.6.3 防冲煤柱设计

一般来说,煤柱尺寸的宽高比(W/H)为5~10时,对预防煤柱型冲击矿压是不利的,见图5-24,由于华亭煤矿2501采区01面和02面间留设的煤柱宽度达到20m,高度为3.4m,宽高比为5.8,正好落入此范围内,从而易形成危险程度较大的临界煤柱。临界煤柱由于尺寸太大,存在不稳定的弹性核,导致煤柱不能平稳地进入屈服状态,或在顶底板维持永久破坏前屈服。又由于煤柱的尺寸太小,而不能完全承受其上的支撑载荷。因此,好的煤柱设计不仅要能保证巷道内支护质量和人员设备安全,在具有冲击危险的矿井,还要能够降低冲击危险性(张军,2007)。

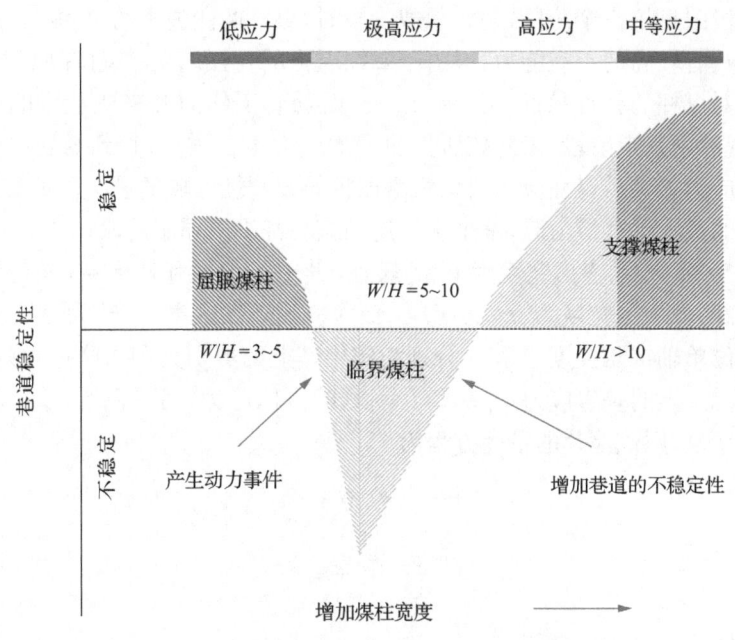

图5-24 煤柱宽高比W/H与承载特性关系

从图5-24中可以看出,屈服煤柱和支撑煤柱都能够有效地保证巷道的稳定性,支撑煤柱的弹性核区较宽,能够支撑住上覆岩层所施加的载荷,煤柱不易发生突然失稳破坏,同样屈服煤柱在现场的应用表明该技术也能够有效减少冲击矿压次数,降低巷道内的底鼓严重程度,相比支撑煤柱可节省大量的煤炭。屈服煤柱方法容许巷道和煤柱在侧向支撑压力作用下产生一定的变形,从而把大量的载荷转移到周围的实体煤中,降低自身的应力集中程度,防止大量弹性能积聚后的突然释放造成煤柱型冲击矿压的发生。

为提高华亭煤矿顺槽的稳定性,防止煤柱内弹性能的突然释放而造成冲击矿压的显现,华亭煤矿 2501 采区防冲煤柱可设计为屈服煤柱和支撑煤柱两种,尺寸的设计基于以下手段。

(1) 基于 Wilson 和突变理论从解析式上分析煤柱冲击危险性与承载煤柱尺寸的关系。

(2) 由于屈服煤柱尺寸的设计过程中需要考虑煤柱破坏的峰后特性,以及煤柱与顶底板的复杂作用机理,很难完全用解析方法描述煤柱的承载行为,故采用 FLAC 数值模拟方法解决。

1. 承载煤柱设计

根据 Wilson 理论,当煤柱从其周围岩体分离出来后,将经历初始承载、巷道有限稳定和极限抵抗三个阶段,初始承载阶段时,煤柱两侧失去约束,并开始屈服,屈服区域不具有较高的承载能力,但由于摩擦阻力的存在,会在煤柱屈服和开挖的自由面之间对煤柱的弹性核起到限制作用。而随着工作面开采所造成的应力的增加,在巷道有限稳定阶段,煤柱核所受的平均应力也在增加,直到与屈服区域边界上的峰值应力相等。煤柱应力的持续增加将导致塑性区域的进一步扩展,最终,当达到煤柱的最大承载能力时,整个煤柱连同核心都进入屈服阶段。

如图 5-25 所示,考虑宽度为 W 的煤柱,其中既包括弹性区域,又包括塑性区域,从塑性区域中取宽度为 dx 的薄片,x_b 为一侧塑性区宽度,H 为煤柱的高度,σ_c 为煤的原位单轴抗压强度,τ 和 μ 分别为作用其上的剪切力和内摩擦角系数。σ_z 则为作用在薄片上的垂直应力,σ_x 为薄片一侧的侧向应力,另一侧为 $\sigma_x + d\sigma_x$,忽略该薄片的重量,则该薄片的平衡方程为

$$H d\sigma_x = 2\mu \sigma_y dx \qquad (5\text{-}18)$$

$$\frac{d\sigma_x}{dx} = \frac{2\mu}{H} \sigma_z \qquad (5\text{-}19)$$

并做如下假设。

(1) 水平应力等于煤柱侧已破坏部分的黏结力。当 $x = 0$ 时,$\sigma_x = C = 0.1 \text{MPa}$。

(2) 在弹塑性交界处,水平应力达到原岩水平应力状态,即水平应力等于垂直应力。当 $x = X_b$ 时,$\sigma_x = \sigma_v = \gamma Z$,式中,$\gamma$ 为岩层重力密度;Z 为采深。

(3) 屈服区域的应力满足莫尔-库仑破坏准则,当屈服发生时,单轴抗压强度会突然降为零。

$$\sigma_z = k\sigma_x \qquad k = \frac{1 + \sin\phi}{1 - \sin\phi} \qquad (5\text{-}20)$$

式中,σ_z 为材料的侧限强度;σ_x 为侧限应力;k 为围压系数;ϕ 为内摩擦角。

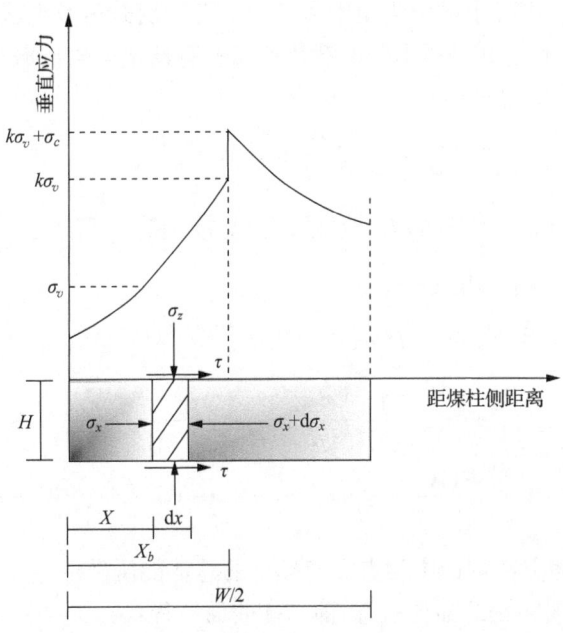

图 5-25 巷道有限稳定阶段煤柱受力力学示意图

由此,可计算在巷道有限稳定阶段塑性区的宽度为

$$X_b = \frac{H}{2}\left(\left(\frac{\gamma Z}{C}\right)^{\frac{1}{k-1}} - 1\right) \tag{5-21}$$

在选择设计承载煤柱时,为保证巷道稳定性,就要保证煤柱不能从有限稳定阶段向极限抵抗阶段转化,煤柱在有限稳定阶段的承载力就必须大于上覆岩层施加在煤层上的载荷,由于上覆岩层施加的实际载荷很难估计,故可用突变理论分析煤柱尺寸与煤柱突变失稳的关系。为此,将煤柱及其顶板视为一个力学系统,设煤柱侧巷道的宽度为 b,则煤柱中弹性核的宽度为 $T = W - 2X_b$,煤柱弹性区受到两侧塑性区的约束,处于三向应力状态,在煤柱走向方向上取单位长度,则弹性区载荷 P_1 与变形 u 的关系可表示为

$$P_1 = \frac{ETu}{(1+\mu)(1-\mu-\mu/k)H} - \frac{\mu\sigma_c T}{k(1-\mu-\mu/k)} \tag{5-22}$$

设煤柱弹性区和塑性区的垂直应力相同,将塑性区简化为受两向应力状态的平面应变模型,根据弹性力学,并引入损伤参量 D,对于宽度为 $W - T$ 的塑性区,在煤柱走向方向上取单位长度,则塑性区载荷 P_2 与变形 u 的关系为

$$P_2 = \frac{E(W-T)}{(1-\mu^2)H} u \, \mathrm{e}^{-u/u_0} \tag{5-23}$$

式中，u_0 为常数。煤柱上的应力集中主要由上覆岩层载荷及上区段工作面开采和开掘巷道所引起，巷道开掘所引起的载荷近似取巷道上覆岩层载荷的一半，则煤柱上的载荷 P_3 可表示为

$$P_3 = \frac{0.3\gamma Z^2}{2} + \gamma ZW + \frac{1}{2}b\gamma Z \tag{5-24}$$

由煤柱及其顶板所组成的力学系统的总势能函数 V 可表示为

$$\begin{aligned} V &= V_1 + V_2 + V_3 \\ &= \frac{1}{2}P_1 u + \int_0^u P_2 u\, du + P_3 u \\ &= \frac{ET}{2(1+\mu)(1-\mu-\mu/k)H}u^2 - \frac{\mu\sigma_c T}{2k(1-\mu-\mu/k)}u \\ &\quad + \int_0^u \frac{E(W-T)}{(1-\mu^2)H}u e^{-u/u_0}\,du + \frac{\gamma Z}{2}(0.3Z + 2W + b) \end{aligned} \tag{5-25}$$

式(5-25)即为突变理论中尖点突变模型的总势能函数。令总势能函数 V 的一阶导数等于零得到突变的临界状态，即平衡曲面方程：

$$\begin{aligned} V' &= \frac{E(W-T)}{(1-\mu^2)H}u e^{-u/u_0} + \frac{ET}{(1+\mu)(1-\mu-\mu/k)H}u \\ &\quad - \frac{\mu\sigma_c T}{2k(1-\mu-\mu/k)} - \frac{\gamma Z}{2}(0.3Z + 2W + b) \\ &= 0 \end{aligned} \tag{5-26}$$

将平衡曲面方程在 $u = 2u_0$ 处按泰勒公式展开，并截取至三次方项，引入无量纲状态变量 $m = (u - 2u_0)/(2u_0)$，进一步简化可以得到以 m 为状态变量，p、q 为控制变量的尖点突变理论标准形式的平衡曲面方程：

$$m^3 + pm + q = 0 \tag{5-27}$$

式中

$$p = \frac{3}{2}\left(\frac{(1-\mu)e^2}{1-\mu-\mu/k} \cdot \frac{T}{W-T} - 1\right) \tag{5-28}$$

由平衡曲面方程(5-27)可得系统的分叉集方程：

$$4p^3 + 27q^2 = 0 \tag{5-29}$$

显然只有当 $p \leqslant 0$ 时，式(5-29)才可能成立，即系统才能跨越分叉集发生突变，由此得

$$W \leqslant H\left(\left(\frac{\gamma Z}{C}\right)^{\frac{1}{k-1}} - 1\right)\left(\frac{(1-\mu)e^2 + 1 - \mu - \mu/k}{(1-\mu)e^2}\right) \tag{5-30}$$

当煤柱宽度满足式(5-30)时,则煤柱容易发生突然的失稳,故承载煤柱的宽度应大于不等式[式(5-30)]右面的式子才能保证巷道的稳定性。针对华亭煤矿的实际条件,γ 取 25,高度 Z 取 650m,煤的内摩擦角 $\varphi=27°$,泊松比 $\mu=0.3$,煤柱高度 H 为 3.4m,由式 (5-30)最终计算得华亭煤矿支撑煤柱不易发生失稳的条件为

$$W > 37.4\text{m} \tag{5-31}$$

2. 屈服煤柱设计

理论上,有限稳定阶段的煤柱承载力应小于施加在煤柱上的载荷才能保证煤柱进入极限抵抗阶段,即进入完全塑性区,但是如何避开形成临界煤柱,则牵涉到煤柱破坏的峰后承载特性,由于无法从理论上描述弹性核向屈服阶段转化的过程中是否会出现突然的失稳,即煤柱在宽度留设多少时才能保证这个平稳转化的过程,而数值模拟技术在使用有效的本构模型和模拟过程后可有效解决此类问题。

数值模拟模型建立依据华亭煤矿的实际开采条件,煤柱受到 250101 已采工作面采空区和 250102 回采巷道所引起的应力集中的双重影响,模拟过程中先开掘采空区,待采空区基本稳定后,再开掘巷道并在采空区与巷道间形成煤柱。在基本模型的基础上,模拟不同宽度下煤柱中的垂直应力分布。

由图 5-26 可知,当煤柱宽为 3~16m 时,煤柱垂直应力曲线只有一个峰值,对应极限抵抗阶段。煤柱宽度为 3m、5m 时,垂直应力最大值分别为 5.88MPa 和 18.36MPa,均低于单轴抗压强度,煤柱顶底板中的应力值也很低,位于煤柱中部的最大垂直应力距巷道左侧的距离分别为 1.5m 和 2.5m;此时,对应的实际情况为煤柱中的煤体比较破碎,裂隙多,结构体被切割成较小的块体,结构体中仅有少量的弹性变形能。当煤柱宽度增加到 8m、10m 和 12m 时,如图 5-26(b)所示,煤柱最大垂直应力分别达到 35.13MPa、45.8MPa 和 52.54MPa,均高于单轴抗压强度,最大垂直应力距巷道侧煤壁的距离分别为 4m、5m 和 6.5m。由图 5-26(a)、图 5-26(b)可知,煤柱宽度为 3~12m 时,煤柱中的最大垂直应力(应力集中程度)迅速提高。当煤柱宽度增加到 14m、15m 和 16m 时,如图 5-26(c)所示,煤柱中的最大垂直应力分别为 60.8MPa、64.75MPa 和 66.2MPa,最大垂直应力距巷道侧煤壁的距离分别为 6.5m、7m 和 7.5m;最大垂直应力增长的速度减缓,但应力值均在 60MPa 以上,应力集中系数(原岩应力约为 21.3765MPa)分别为 2.84、3.03 和 3.1,在如此高的应力集中程度情况下,煤柱具有很高的冲击危险。

由此可见,数值模拟得到的煤柱应力分布特征与 Wilson 理论相符,当煤柱宽度小于等于 5m 时,煤柱中的垂直应力小于 20MPa,应力水平很低,煤柱已完全进入屈服状态,而此时巷道右侧实体煤中的最大应力在 50MPa 以上,说明屈服煤柱失去承载特性后,把多余的载荷转移到了实体煤侧,冲击危险性较低;当煤柱宽度

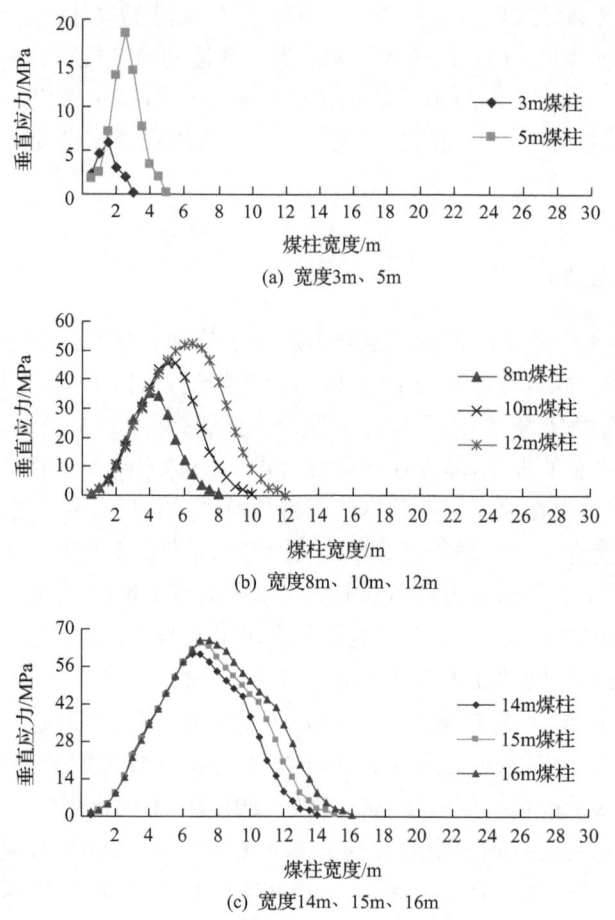

图 5-26　不同宽度煤柱中的垂直应力分布

为 14~18m 时,煤柱中的最大垂直应力达到 60MPa 以上,并随着煤柱宽度的增加,应力高于 60MPa 的范围逐渐扩大,随着应力集中程度的增加,煤柱中以及顶底板"弹性压缩核"内积聚的弹性变形能也将相应增多,并向煤柱顶底板中延伸,由于煤柱没有足够的承载能力,煤柱将从有限稳定阶段向极限抵抗状态转变,煤柱塑性区域开始增加,直至完全进入屈服阶段。

由数值模拟结果可见,针对华亭煤矿实际开采条件,最有利于防冲的屈服煤柱宽度为 5m,能够保证煤柱承载过程中从有限稳定阶段向极限抵抗阶段的平稳过渡。

3. 条带防冲煤柱设计

条带开采时将留下孤岛煤柱,孤岛煤柱上的载荷,是由煤柱上覆岩层重量及煤柱一侧或两侧采空区悬露岩层转移到煤柱上的部分重量引起的。

如图 5-27 所示，单位长度煤柱上的总载荷 P 为

$$P = \left[(B+D)H - \frac{D^2 \cot\delta}{4}\right]\gamma \quad (5\text{-}32)$$

式中，B 为煤柱宽度，单位为 m；D 为采空区宽度，单位为 m；H 为巷道埋深，单位为 m；δ 为采空区上覆岩层垮落角；γ 为上覆岩层平均体积力，一般取 $2.5 \times 10^3 \text{kN/m}^3$。

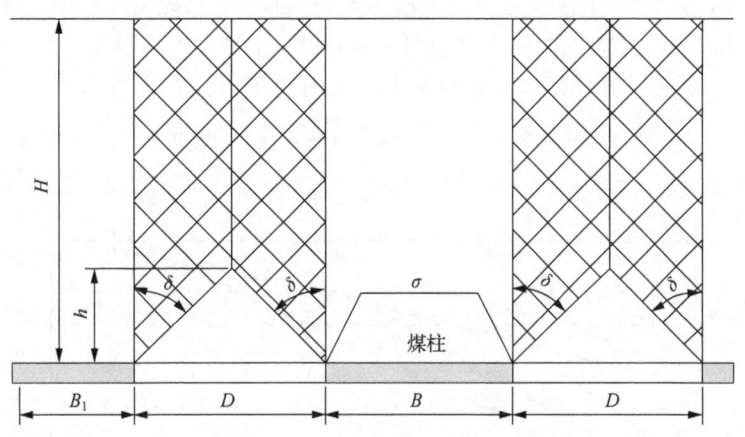

图 5-27　煤柱载荷估算模型

煤柱保持稳定的基本条件是：煤柱两侧产生塑性变形后，在煤柱中央存在一定宽度的弹性核，该弹性核宽度应不小于煤柱高度的 2 倍。例如，星村矿 3 号煤层厚 7.88m，因此，保持煤柱稳定的最小宽度为

$$B = 2x_0 + 2m = 32.96 \sim 36.36 \text{m}$$

此外，要维持煤柱的长期稳定，需满足煤柱的宽高比大于 10，则星村矿 3 号煤层煤柱宽度应大于 78.8m，可取 80m，这是保持煤柱长期稳定的最小宽度。

煤柱宽度留设还应考虑避免煤柱的动力失稳，即冲击破坏。为估算方便，不妨取工作面宽度相等，为 D，孤岛煤柱宽度相等，为 B，则采留比为 $\mu = D/B$，孤岛煤柱内应力服从对称的梯形分布，则有

$$\sigma(B - x_0) = P = \left[(B+D)H - \frac{D^2 \cot\delta}{4}\right]\gamma \quad (5\text{-}33)$$

将采留比代入，得煤柱内应力为

$$\sigma = \left(DH\frac{1+\mu}{\mu} - \frac{D^2 \cot\delta}{4}\right)\gamma \Big/ \left(\frac{D}{\mu} - x_0\right) \quad (5\text{-}34)$$

对某煤层,取 $H=1000\mathrm{m},\delta=15°,\gamma=2.5\times10^3\mathrm{kN/m^3},x_0=20\mathrm{m}$,可求得保持煤柱长期稳定前提下不同采留比对应的煤柱冲击危险程度,如图 5-28 所示,可以看出,孤岛煤柱的冲击危险性随着煤柱宽度的增大和采留比的减小而降低;同等冲击危险状态下,采留比随煤柱宽度增大而增大。例如,在弱冲击危险状态下,煤柱宽度留设 80m、100m、120m 时允许的最大工作面宽度分别为 48m、73m、100m,对应的采留比分别为 0.6、0.73、0.83;在中等冲击危险状态,煤柱宽度留设 80m、100m、120m 时允许的最大工作面宽度分别为 67m、100m、135m,对应的采留比分别为 0.83、1、1.125。因此,为保证煤柱不失稳,且尽可能提高煤炭采出率,煤柱宽度留设应取大些,这样工作面宽度也可相应取大,并增大了采留比。对于煤柱宽度 80m、100m、120m 三种情况,首先应选 120m,对应工作面宽度可选取 135m 以下。

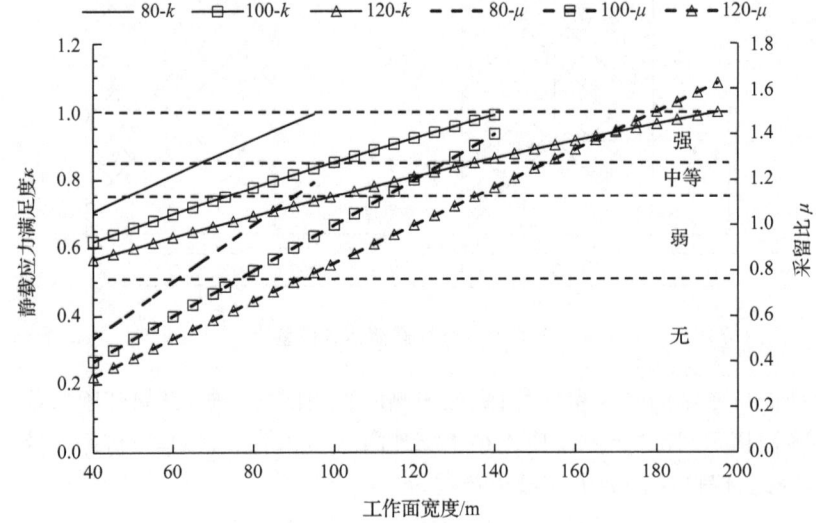

图 5-28 不同工作面及煤柱宽度下煤柱冲击危险程度
μ 为采留比;k 为应力集中系数

需指出的是,采深显著影响计算结果,对星村矿深井开采而言,工作面及煤柱宽度设计需要根据开采区域具体地质条件和开采条件仔细核定。

5.7 上覆厚层坚硬关键层的控制

海孜煤矿的地质及水文地质条件复杂,断层等地质构造较多,煤层赋存不稳定,采深也较大,而且,矿区岩浆活动较为强烈,1~10 煤层均有不同程度的岩浆侵入,尤其是Ⅱ102 采区有厚度高达 120m 的巨厚火成岩,随着采区内Ⅱ1022 工作面和Ⅱ1021 工作面回采完毕,工作面上方的巨厚火成岩至今尚未破断,地表下沉量较小,严重威胁采区后续工作面甚至中组煤的安全生产,随着火成岩悬露面积和离层的不断加大,火成岩一旦破断,将会产生强烈的矿山震动,甚至产生严重的冲击危险。

5.7.1 火成岩分布情况

海孜矿中、西部沿 5 煤层侵入的岩浆岩(俗称赵庙岩体)呈岩床分布,沿走向绵延长度为 6.5km,厚度分布稳定。在 19 勘探线附近,地层有轻微褶曲,巨厚火成岩厚度突变,19 勘探线以西厚度大于 110m,最大厚度达 169.18m,19 勘探线以东厚度小于 50m。图 5-29 为巨厚火成岩沿走向展布的平面示意图。

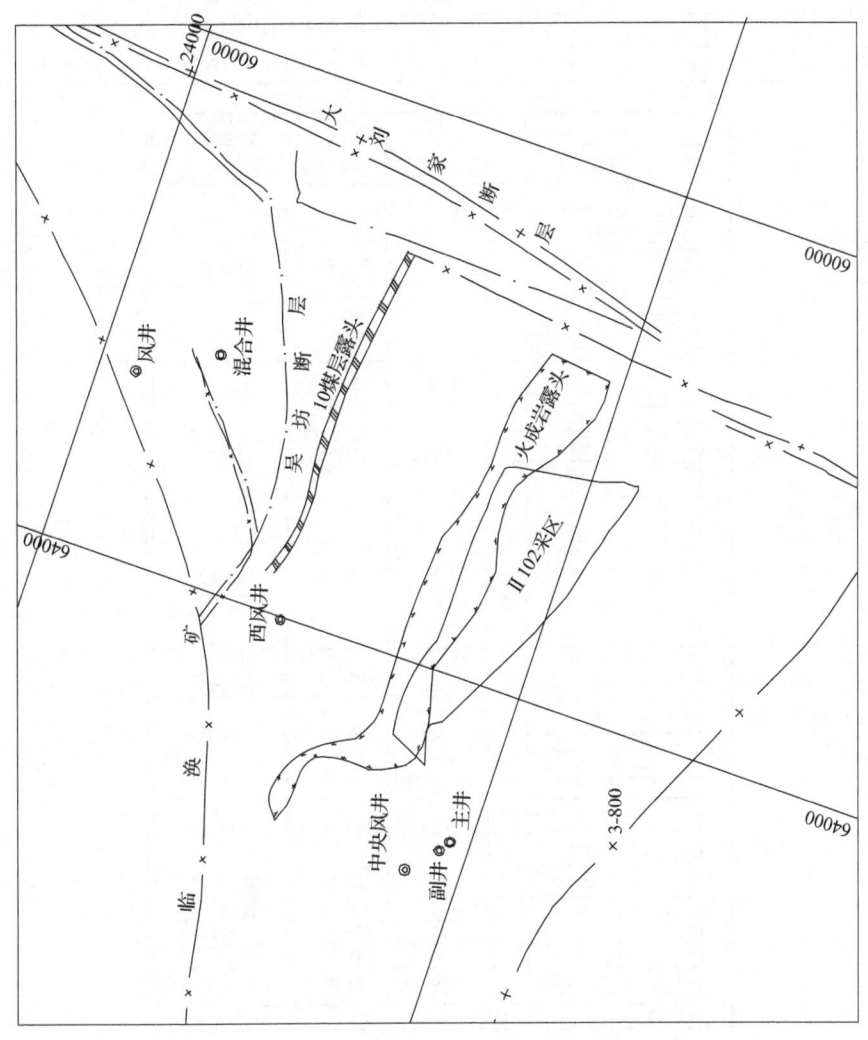

图 5-29 巨厚火成岩沿走向展布的平面示意图

巨厚火成岩在Ⅱ102采区分布稳定,其厚度一般大于120m。采用关键层判别软件KSPB对柱状关键层位置的判别结果表明,巨厚火成岩为覆岩主关键层。通过Ⅱ102采区内所有取心钻孔柱状资料的统计,得到Ⅱ102采区内10煤层与中组煤厚度以及距巨厚火成岩的距离如表5-2所示。图5-30为21B3钻孔柱状图。

表5-2　Ⅱ102采区各煤层厚度及距巨厚火成岩距离一览表

表层名称	厚度/m	平均厚度/m	距巨厚火成岩距离/m	
			距离范围	平均距离
巨厚火成岩	117～136	123	0	0
7煤层	0～3	1.64	44～96	61.3
8煤层	0.9～3	1.86	76～96	86
9煤层	1.1～3.3	2.22	80～100	90
10煤层	1.5～4.0	2.67	161～185	174

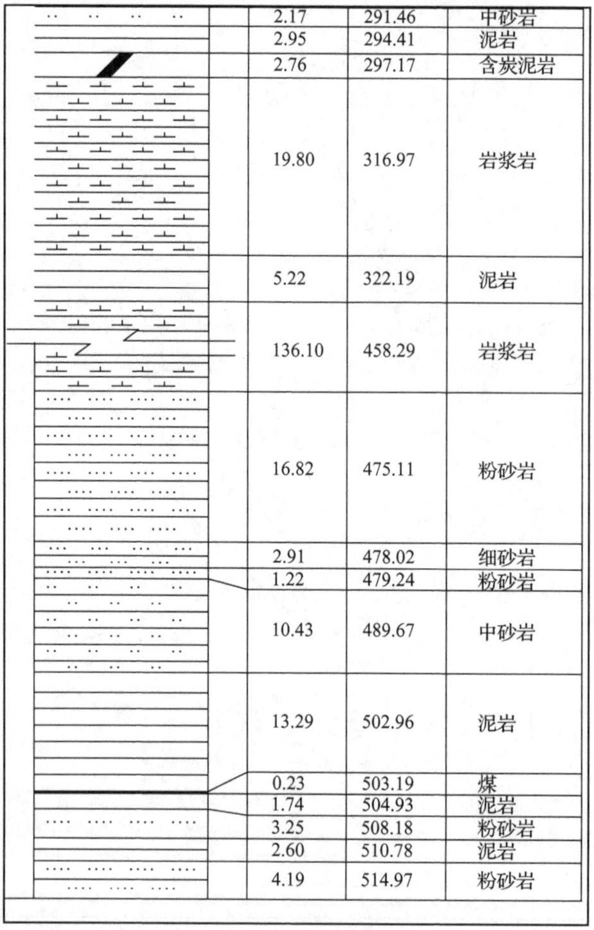

厚度	累深	岩性
2.17	291.46	中砂岩
2.95	294.41	泥岩
2.76	297.17	含炭泥岩
19.80	316.97	岩浆岩
5.22	322.19	泥岩
136.10	458.29	岩浆岩
16.82	475.11	粉砂岩
2.91	478.02	细砂岩
1.22	479.24	粉砂岩
10.43	489.67	中砂岩
13.29	502.96	泥岩
0.23	503.19	煤
1.74	504.93	泥岩
3.25	508.18	粉砂岩
2.60	510.78	泥岩
4.19	514.97	粉砂岩

图5-30　21B3钻孔柱状图

巨厚火成岩以闪长玢岩为主,浅灰色、绿灰色,斑状结构、似斑状结构,基质及斑晶成分以斜长石为主,次为角闪石,少量黑云母、石英、辉石。巨厚火成岩的力学特性参数的测试结果表明,其平均抗压强度为 96.4MPa。

5.7.2 火成岩的稳定性分析

海孜矿火成岩属于浅成侵入体,由于靠近地表,热量容易散失,岩浆冷凝比较快,矿物结晶颗粒度比较细小,而且组成岩石的矿物组成结晶有先有后,结晶体的大小差别比较明显,较大的颗粒为斑晶,斑晶与斑晶之间的物质为基质。海孜矿火成岩矿物主要以斜长石和角闪石为主,这些矿物都是硬度较大的矿物,而且矿物颗粒主要由隐晶质、玻璃质、细粒显晶质组成,宏观上火成岩强度比较大,稳定性比较好,整体性较强。

火成岩平均厚度为 $h=120\mathrm{m}$,距离 10 煤 160m,Ⅱ102 采区 Ⅱ1022 工作面回采范围走向长 560m,倾向宽 210m。Ⅱ1024 工作面走向长 560m,倾向宽 160m。Ⅱ1026 工作面走向长 560m,倾向宽 150m。由此可得,总的倾向宽度为 210m+160m+150m=520m。同时,火成岩厚度为 120m 与工作面倾向宽 520m 比值约为 1∶5,由薄板理论,如果板的厚度远小于中面的最小尺寸,这个板就称为薄板。

众所周知,求解矩形薄板小挠度问题最简洁最有效的方法是纳维叶解法,它可以获得用简单的三角级数表示的挠度解析式,而且运算简单,力学概念清晰,能运用多种载荷情况。其局限性在于只能适用于四边简支的边界条件,由于所设满足边界条件的挠曲函数通常是复合的三角级数,故其多阶偏导数异于所设的挠曲函数,从而导致在弹性曲面微分方程中不能约去变量函数而获得待定系数的解析表达式。也正因为如此,四边固支边界条件下矩形板的小挠度问题的求解通常是用能量法、叠加法或有限元法等方法。这里通过研究纳维叶解法的特征和三角级数展开的规律,将偏导数后与所设挠曲函数相异的项展开为对应的相同形式,然后仿照纳维叶解法的求解步骤约去变量,得到挠曲函数的解析表达式,达到求解四边固支矩形薄板的目的(郭晓强等,2011)。

由实际情况可得,火成岩可近似成一四边固支的薄板,如图 5-31 所示。

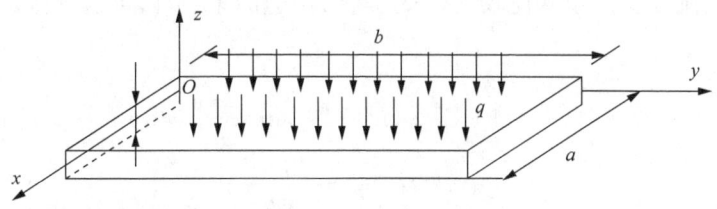

图 5-31 四边固支薄板

其边界条件为

$$\begin{cases} \text{当 } x = 0 \text{ 或 } a, w = 0, \dfrac{\partial w}{\partial x} = 0 \\ \text{当 } y = 0 \text{ 或 } b, w = 0, \dfrac{\partial w}{\partial y} = 0 \end{cases} \quad (5\text{-}35)$$

取挠度 W 的表达式为

$$W = \sum_{m=1}^{\infty} \sum_{n=1}^{\infty} W_{mn} \sin^2 \frac{m\pi x}{a} \sin^2 \frac{n\pi y}{b}, \quad m, n = 1, 3, 5, \cdots \quad (5\text{-}36)$$

可满足式(5-34)的边界条件。

等厚板的弹性挠曲面微分方程为

$$\frac{\partial^4 w}{\partial x^4} + 2 \frac{\partial^4 w}{\partial x^2 \partial y^2} + \frac{\partial^4 w}{\partial y^4} = \frac{q}{D} \quad (5\text{-}37)$$

式中，q 为分布载荷；D 为弯曲刚度。

将式(5-36)中 W 的各阶偏导数代入式(5-36)，并将各导数表达式中的 $\cos \dfrac{2m\pi x}{a}$、$\cos \dfrac{2n\pi y}{b}$ 展开为对应的 $\sin^2 \dfrac{m\pi x}{a}$、$\sin^2 \dfrac{n\pi y}{b}$，得到

$$\frac{\partial^4 w}{\partial x^4} + 2 \frac{\partial^4 w}{\partial x^2 \partial y^2} + \frac{\partial^4 w}{\partial y^4} = \sum_{m}^{\infty} \sum_{n}^{\infty} 8\pi^4 \left(\frac{2m^4}{3a^4} + \frac{4m^2 n^2}{9a^2 b^2} + \frac{2n^4}{3b^4} \right)$$

$$\cdot W_{mn} \sin^2 \frac{m\pi x}{a} \sin^2 \frac{n\pi y}{b}, \quad m, n = 1, 3, 5, \cdots \quad (5\text{-}38)$$

将式(5-37)右边的 $\dfrac{q}{D}$ 也展为式(5-36)的形式，即

$$\frac{q}{D} = \frac{64}{9ab} \sum_{m}^{\infty} \sum_{n}^{\infty} \left(\int_0^a \int_0^b \frac{q}{D} \sin^2 \frac{m\pi x}{a} \sin^2 \frac{n\pi y}{b} \mathrm{d}x \, \mathrm{d}y \right) \cdot \sin^2 \frac{m\pi x}{a} \sin^2 \frac{n\pi y}{b},$$

$$m, n = 1, 3, 5, \cdots \quad (5\text{-}39)$$

仿照纳维叶解法步骤比较式(5-37)等号两边的系数，即可得到待定系数 W_{mn} 的表达式

$$W_{mn} = \frac{4 \int_0^a \int_0^b q \sin^2 \dfrac{m\pi x}{a} \sin^2 \dfrac{n\pi y}{b} \mathrm{d}x \, \mathrm{d}y}{\pi^4 abD \left(\dfrac{3m^4}{a^4} + \dfrac{2m^2 n^2}{a^2 b^2} + \dfrac{3n^4}{b^4} \right)} \quad (5\text{-}40)$$

当薄板受均布载荷时,式(5-40)简化为

$$W_{mn} = \frac{q}{\pi^4 D \left(\frac{3m^4}{a^4} + \frac{2m^2 n^2}{a^2 b^2} + \frac{3n^4}{b^4} \right)} \tag{5-41}$$

回代到式(5-36)后,即可得到四边固支矩形薄板受均布法向载荷的挠度解析式

$$W = \frac{q}{\pi^4 D} \sum_{m}^{\infty} \sum_{n}^{\infty} \frac{\sin^2 \frac{m\pi x}{a} \sin^2 \frac{n\pi y}{b}}{\frac{3m^4}{a^4} + \frac{2m^2 n^2}{a^2 b^2} + \frac{3n^4}{b^4}} \tag{5-42}$$

取$(m,n=1)$级数第一项,并分别对x,y求2阶偏导数,得

$$\begin{cases} \dfrac{\partial^2 w}{\partial x^2} = \dfrac{2q}{a^2 \pi^2 D} \cdot \dfrac{1}{\dfrac{3}{a^4} + \dfrac{2}{a^2 b^2} + \dfrac{3}{b^4}} \sin^2 \dfrac{\pi y}{b} \cos \dfrac{2\pi x}{a} \\ \dfrac{\partial^2 w}{\partial y^2} = \dfrac{2q}{a^2 \pi^2 D} \cdot \dfrac{1}{\dfrac{3}{a^4} + \dfrac{2}{a^2 b^2} + \dfrac{3}{b^4}} \sin^2 \dfrac{\pi x}{a} \cos \dfrac{2\pi y}{b} \end{cases} \tag{5-43}$$

由弹性挠曲面微分方程的推导公式

$$\alpha_x = -\frac{Ez}{1-\mu^2} \left(\frac{\partial^2 w}{\partial x^2} + \mu \frac{\partial^2 w}{\partial y^2} \right) \tag{5-44}$$

将式(5-43)代入式(5-43),并取$\left(x=\dfrac{a}{2}, y=\dfrac{b}{2}, z=\dfrac{h}{2} \right)$中心点处应力,即得到$x$方向最大正应力

$$\alpha_{x\max} = \frac{13Eqh}{10\pi^2 D (1-\mu^2) \left(\dfrac{3}{a^2} + \dfrac{2}{b^2} + \dfrac{3a^2}{b^4} \right)} \tag{5-45}$$

式中,E为弹性模量;q为分布载荷;h为火成岩厚度;D为弯曲刚度,$D = \dfrac{Eh^3}{12(1-\mu^2)}$;$\mu=0.3$,为泊松比。

根据实验研究,火成岩的单向抗拉强度为35MPa。b为520m,a约为353m。表5-3为各岩体的力学参数。

表 5-3　岩体力学参数

岩层	岩性	体积模量/GPa	层厚/m	体积力/(kN/m³)
1	火成岩	43.5	155.9	30
2	泥岩	1.43	20.09	22
3	中砂岩	24	4.44	24
4	粉砂岩	1.11	7.03	23
5	细砂岩	2.78	21.82	25
6	泥质砂岩	10	6.01	25.9
7	表土层	0.02	243	13.5

假设 10 煤与火成岩之间的岩层移动角为 65°～75°,如图 5-32 所示。

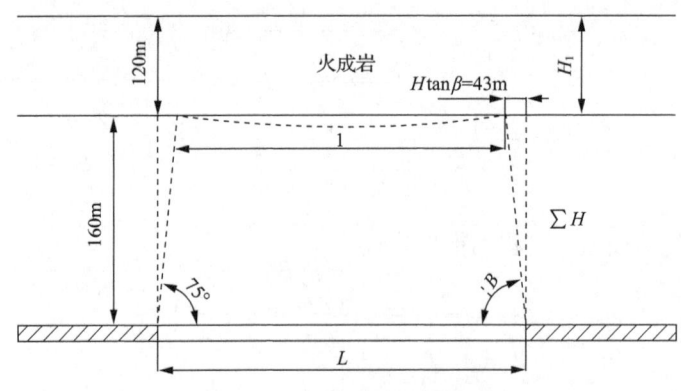

图 5-32　力学模型示意图

则当 10 煤的工作面回采后,火成岩下部的部分岩层下沉,其跨距为

$$l = L - 2\sum H\tan\beta \qquad (5\text{-}46)$$

式中,L 为 10 煤工作面的回采宽度;$\sum H$ 为 10 煤与火成岩之间的距离;β 为岩层移动角。则火成岩破断时的跨距为 353m,对应 10 煤的采空区宽度为 439m。

5.7.3　离层注浆减沉控制关键层的技术原理

对于像新汶华丰煤矿 4 号煤层上方存在的近 550m 巨厚砾岩岩层条件和淮北海孜煤矿煤层上方存在的近 120m 巨厚火成岩的条件,由于其距煤层远,岩层厚,在其破断、运动时,产生强烈的震动,释放大量的能量,造成井下工作面的强烈冲击,就无法采用常规措施进行冲击矿压危险防治。

中国矿业大学钱鸣高院士提出了岩层控制关键层理论(钱高鸣等,2003)。基于关键层理论,可采用关键层下离层注浆,从而达到减沉,保护地面方面的目的。国内外对这方面的研究已有相应的报道。但对于采用离层注浆技术等来控制主关键层的破断,从而达到控制、减弱或消除冲击矿压危险等方面的研究,目前进行得较少,也少有这方面的文章。本节从能量的角度,来分析顶板主关键层的破断运动对冲击矿压发生的影响,从而提出采用离层注浆技术控制主关键层的破断,控制冲击矿压发生的原理和技术。

根据钱鸣高院士提出的岩层控制关键层理论,在采场上覆岩层中存在着多层岩层时,有一个对岩体活动全部或局部岩层起控制作用的关键岩层。该关键岩层破断将导致全部或相当部分的上覆岩层产生整体运动。

实验和实测研究结果均证明,主关键层对地表移动过程起控制作用,主关键层的破断将导致地表的快速下沉,地表下沉速度随主关键层周期破断而呈现跳跃变化。

一般情况下,工作面开采初期,关键层呈梁或板的形态,其下产生离层。随着工作面的推进,离层量不断增加,最大离层量位于采空区中部。当工作面推进到一定程度后,关键层断裂垮落,中部的离层量消失,如图5-33所示。

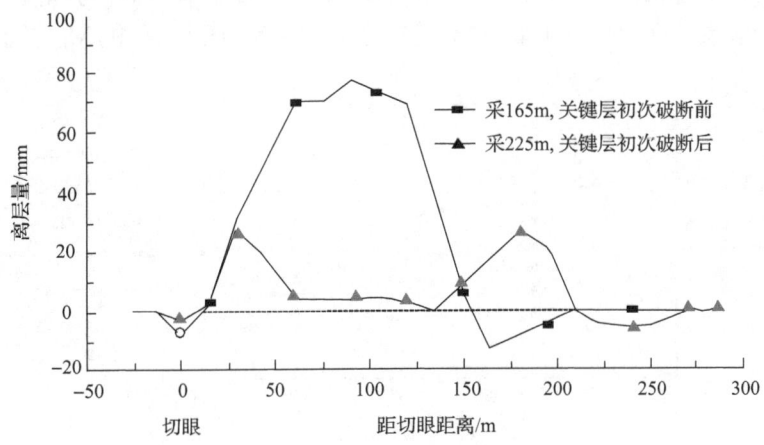

图 5-33 关键层初次破断前后离层规律

为了控制关键层岩层不破断和释放能量,可对关键层岩层初次破断前离层发育区离层注浆。采用上述技术,第一,可保证主关键层不破断失稳,达到控制岩层减沉的目的,保证地面建筑物不受损害;第二,可保证关键层岩层的完整和不断裂,消除关键层的破断对冲击矿压发生的影响。

关键层初次破断前的离层区发育、离层量大。易于注浆充填;而一旦关键层初次破断后,关键层下离层量明显变小,仅为初次破断前的 1/3~1/4,注浆难度加大。因此,离层注浆必须在关键层临初次破断前进行。始终保持关键层不发生初次破断是钻孔布置和注浆减沉效果的最佳选择。

5.7.4 主关键层运动对冲击矿压的影响

当主关键层岩层破断时,产生的能量就会以震动、地震波的形式释放出来。从主关键层岩层的破断处开始,在长度为 dl 的范围内,能量的变化值为 dU。在通过距离为 l 后,有一定比例的能量损失,其变化可以写成:

$$-\mathrm{d}U = \lambda U \mathrm{d}l \tag{5-47}$$

式中,$-\mathrm{d}U$ 为能量的负增长,或者说是能量的损失。

因此,主关键层破断产生的能量到达巷道或工作面时,由于部分能量的损失,其剩余能量为

$$U_f = U_w e^{-\lambda l} \tag{5-48}$$

这里 U_w 为 $l=0$ 时的震动能量,单位为 J,即主关键层岩层破断释放的震动能量;λ 为能量的衰减系数,它与巷道和工作面类型,震中释放能量的大小有关。震中释放的能量越大,λ 也越大。一般 $\lambda=0.012$~0.039。图 5-34 为传播到巷道和工作面的能量与震中释放能量、传播距离之间的关系(图 5-34 中,M_L 表示里氏震级)。

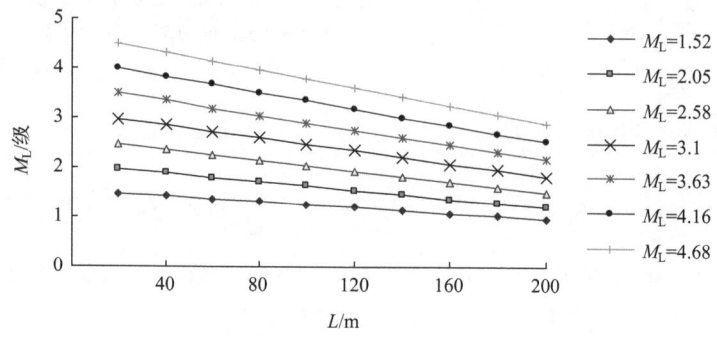

图 5-34 U_f 与震中能量、传播距离 l 的关系

由此可知,主关键层岩层破断释放的震动能量 U_w 越大,传播到巷道或工作面的能量 U_f(单位为 J)也就越大,越容易发生冲击矿压;主关键层岩层破断的位置距巷道或工作面越近,传播到巷道或工作面的能量 U_f 也越大,也越容易发生冲击矿压。

新汶华丰井田位于新蒙向斜之南翼西端,井田东西走向长为 7km,南北倾斜

宽为 2.2 km，地层倾角为 26°～38°。可采煤层共 7 层，其中 4 煤层是主采煤层，平均厚度为 6.5m。目前 4 煤层已开采 −750m 水平，采煤方法为走向长壁分三层开采，顶板管理为垮落法。地表地势平坦，标高 +115m。4 煤层上覆岩层主要特点是，表土层厚仅为 0～4m，表土层下有一层完整性好的坚硬巨厚砾岩层，砾岩层平均厚度约为 550m。根据关键层理论的判别方法，其中的巨厚砾岩层为主关键层。

华丰煤矿是我国典型的深部冲击矿压矿井。而主关键层巨厚砾岩的破断运动是形成强烈冲击矿压的重要影响因素。砾岩的破断运动是底部离层平衡系统失稳垮落的结果。在离层孕育失稳过程中，砾岩体内积聚了大量的弹性能，并作用于采空区周围的岩体内，形成高应力集中带。当离层面积达到一定程度后，平衡条件被破坏，砾岩层就会发生断裂垮落运动。

华丰矿由于第四纪表土层较薄（0～4m），而古近系砾岩层又厚度大，为 550 多米，且砾岩层整体性较好，所以其地表移动变形情况实质上反映了上覆岩层的运动情况，地表沉降规律即反映了砾岩层的移动规律。图 5-35 为华丰矿联合布置工作面 1407 和 1408 推采距离、地表移动下沉速度和冲击矿压之间的关系（M_L 表示里氏震级，不同的符号表示相应的震级）。

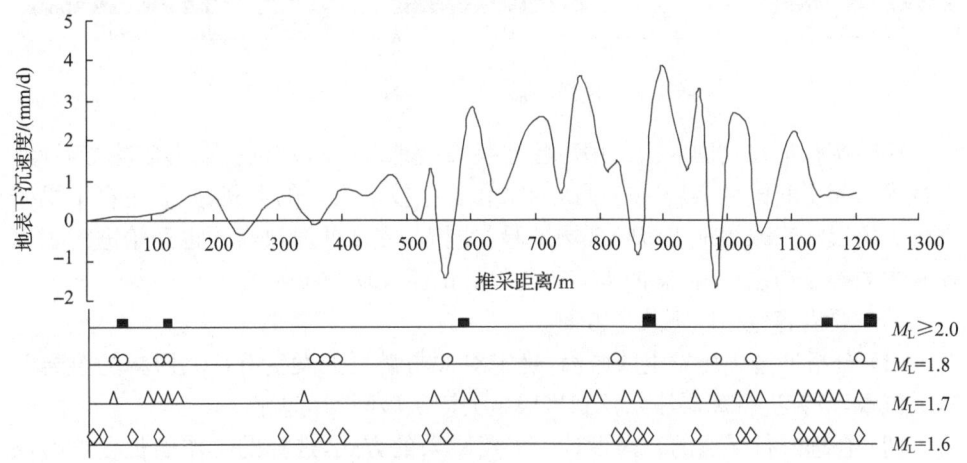

图 5-35　工作面推采距离、地表移动下沉速度和冲击矿压之间的关系

从图 5-35 中可以看出冲击矿压绝大部分发生在砾岩的断裂运动阶段，剧烈活动时冲击矿压震级较大。

5.7.5　离层注浆控制关键层的技术

由上述分析可知，主关键层的破断，将释放大量的弹性能，从而引发冲击矿压的发生。因此，采用关键层理论，可进一步优化冲击矿压条件下煤层的开采设计，其基本原则是保证上覆岩层中的主关键层不破断并保持长期稳定。通过覆岩离层注浆等技术手段来保证覆岩主关键层的稳定。

覆岩离层注浆是控制主关键层破断和运动的新技术。离层注浆的基本原理是利用岩层移动过程中上覆岩层内形成的离层空间，从地面布置钻孔向离层空洞充填外来材料来支撑上覆岩层，从而控制覆岩主关键层的断裂和运动，达到消除由于主关键层破断引起的冲击矿压和减缓地表下沉的目的，如图5-36所示。

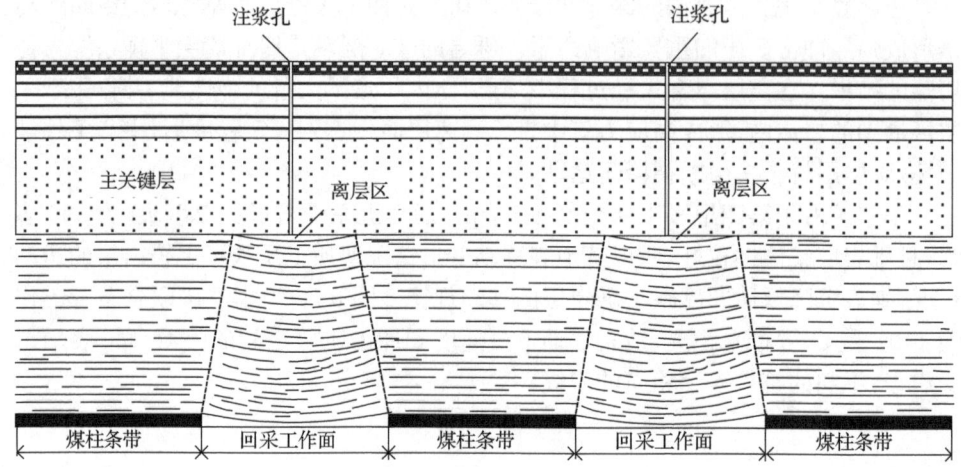

图5-36 离层注浆控制主关键层的示意图

抚顺矿务局在我国首次采用离层注浆减缓地表下沉的试验取得成功之后，此项技术引起了我国从事岩层控制的专家和工程技术人员的重视，先后在多个煤矿进行了离层注浆减缓地表沉降现场试验。同时，在淮北海孜煤矿也开始进行了以控制主关键层为主，来控制冲击矿压危险的试验及现场研究工作。

其主要内容包括以下几个方面。

（1）分析冲击矿压发生的原因，确定对冲击矿压的发生有巨大影响的覆岩关键层位置，研究进行离层注浆控制岩层主关键层破断的可能性。

（2）合理进行煤层的开采设计。采用跳采的方式，选择的工作面长度能够保证顶板主关键层岩层不断裂。

（3）合理布置注浆钻孔。这是离层注浆控制主关键层破断技术成功应用的关键之一。注浆钻孔的注浆层位应选择在关键层下。主关键层下部将是离层注浆的最佳层位。而亚关键层下部也能形成较为明显的离层区，在其下部注浆既能起到保护主关键层作用，又能起到地表减沉的效果。沿走向的第1个注浆钻孔应布置在关键层初次破断前的离层区内，距切眼距离为关键层初次破断距的一半。相邻注浆钻孔间距应小于关键层初次破断距。

(4) 优化离层注浆工艺。主要包括注浆材料选择，合理注浆压力、注浆孔孔径与单孔最大注浆能力的选择等。好的注浆材料应既保证其流动性又有一定的支承能力。目前的注浆材料中水的比重过大，随着煤层的不断开采和时间的推移，注浆材料中的水将流动和析出，不能对关键层进行有效的支承。研制新的注浆材料将是离层注浆减沉技术进一步发展的重点。

第6章 冲击矿压的局部解危

6.1 煤体深孔爆破参数的选择与优化

当前针对冲击矿压的治理手段中最为有效的一种是深孔爆破法,即利用在应力集中区的爆破将煤体中的应力转移至深部,缓解临近开采空间(巷道及采场等)煤体的应力状况,使其处于低应力状态下,从而达到防治冲击的目的。对承压煤体进行爆破处理,关键在于选取合适的爆破参数,爆破参数的选择既要达到有效转移煤体应力的目的,又不能对煤体造成整体性破坏。爆破参数如钻孔深度、钻孔间距、钻孔高度、起爆方式等均需针对矿井具体条件进行合理设计。

根据深孔爆破理论,爆破后从钻孔中心沿径向向外依次形成三个区,即压碎区、破裂区及弹性震动区。其中,压碎区的岩石在爆炸冲击波的作用下粉碎,岩石变为粉状;破裂区岩石结构破坏,且原有裂隙扩展,产生新裂隙;弹性震动区属于弹性变形区,其变形属于可恢复变形,其岩石结构并未受到破坏。前两区属塑性变形区,其岩石结构受到破坏,裂隙增多加大,而弹性震动区属于弹性变形区,岩石结构在应力恢复之后并未发生变化。

6.1.1 卸压爆破对煤体的弱化减冲作用

根据煤岩体的强度弱化减冲理论,卸压爆破是对已形成冲击危险的煤体,用爆破方法减缓其应力集中程度的一种解危措施。卸压爆破的作用有两种:同时局部解除冲击矿压发生的强度条件和能量条件,即在有冲击矿压危险的煤柱煤壁一定宽度的条带内破坏煤的结构,改变煤层的物理力学特性,加长煤体破坏峰后的长度,降低峰后曲线的斜率,使它不能积聚弹性能或达不到威胁安全的程度。这样在工作面前方形成一条卸压保护带,隔绝了工作空间与处于煤层深处的高应力区,并且提高了发生冲击矿压的最小能量水平。

监测到有冲击危险的情况下,利用较多药量进行爆破,释放大量的爆破能量,人为地诱发冲击矿压,使冲击矿压发生在一定的时间和地点,从而避免更大的损害。这种爆破一般采用大药量、集中装药和同时引爆的方法,以便使煤岩体强烈震动,诱发冲击矿压,或造成煤体强烈卸压、释放能量,把高应力带向煤体深部转移。集中爆破的药量越多,诱发冲击矿压的可能性越大。因为这样在煤体中造成的动应力就大,加在原来存于煤体中的静应力上的总和越大,超过临界应力值的机会就越多,当超过诱发冲击矿压的最小能量值时就会诱发冲击矿压。

因此,可以说卸压爆破的作用是改变煤岩体的物理力学性质、诱发冲击矿压的可能性,并且还使高应力区向煤岩体的深部转移。即在爆破的瞬间释放炸药的爆炸能,其诱发冲击矿压;并且炸药爆破后,释放爆炸能,其从而达到释放能量、卸压和防止发生冲击矿压的目的。

6.1.2 爆破参数的选择与优化

以甘肃华亭煤电公司华亭煤矿为例,该矿冲击矿压危险性较大,两工作面之间留设有20m左右的煤柱护巷,在本区段工作面安装期间出现了巷道巷帮鼓起及底鼓等现象,对矿井安全造成了巨大的影响,下面主要以对该煤柱实施爆破为例进行分析(张翔宇等,2009)。

1. 炮眼深度

根据深孔爆破理论,其爆破深度的确定应符合深入应力集中区的原则,爆破范围应在应力集中区以达到最佳卸压效果。

1) 大煤柱结构分析

该矿两工作面间留设有20m护巷煤柱,属大煤柱护巷,其结构:中部为弹性核区,是大煤柱稳定的关键;两边为塑性变形区。合理的钻眼深度应使爆破段深入弹性核区。大煤柱支承压力分布规律如图6-1所示。

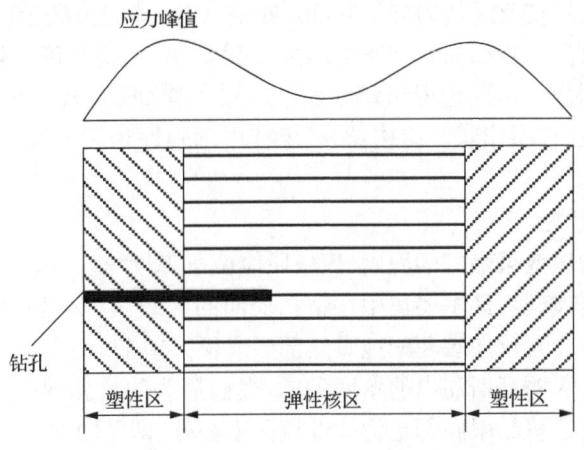

图6-1 大煤柱支承压力显现规律

大煤柱上支承压力分布是两侧分别为应力峰值,中部应力降低,但仍属支承压力升高区。留设大煤柱护巷时,其上压力显现明显,不利于巷道维护,同时也会造成资源浪费,这也进一步说明沿空掘巷和沿空留巷的优越性。

2) 煤柱弹塑性区的确定

采用钻屑法分析煤柱应力集中区,由于钻屑量和煤体所受应力间的关系,即煤体支承压力越大,钻屑量值越大。因此可根据钻屑量分析煤柱内受力状况,并确定其弹性核区及塑性区宽度,钻屑量为确定爆破深度提供了理论依据。

根据所测定煤柱两侧钻屑量,并考虑到前1m、2m钻屑量受煤体破碎的影响,以及工人所实施操作方法给第10m带来的误差(第10m全抽出),取中间第3~9m钻屑量平均值作为确定煤柱结构的依据,如图6-2所示。

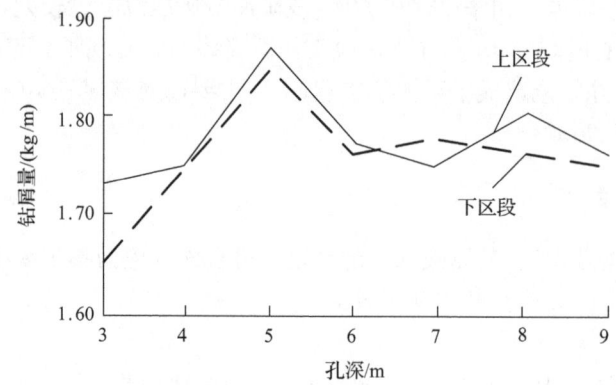

图 6-2 煤柱上、下区段侧沿钻孔钻屑量变化

由图6-2可以看出:上下区段钻屑量均为5m处钻屑量最大,根据应力和钻屑量的关系可确定煤柱支承压力峰值在5m处;6~9m处应力高于3m处,说明弹性核区支承应力较高。再根据煤柱支承压力显现规律,可初步确定煤柱靠下区段巷侧塑性区的范围为5m,同理得出煤柱靠上区段工作面(250101面)采空区侧塑性区宽度为5m。这样得出煤柱结构:20m煤柱中部弹性核区宽度为10m,两侧塑性区宽度均为5m。

3) 孔长的确定

根据爆破卸压效果最好的原则,爆破段应位于弹性核区,即孔深应该位于15m之内。考虑到爆破破坏区主要集中在钻孔径向的破裂区内(爆破影响的范围将在后面讨论),而不会对反向装药的炮眼底部形成很大冲击。

从防止采空区防瓦斯涌出的角度考虑,爆破应为煤柱留出一定的未破坏其结构的弹性区。所以将钻眼底部定为弹性核区中心处,即钻眼深度取10m,即孔底刚好位于弹性区中部。

2. 孔距的确定

确定孔距的原则为:深孔爆破后所形成的破坏区(压碎区和破裂区)应相互贯通,以便使两者连接形成完全的卸压带。

根据爆破理论,最佳的爆破间距应使相邻两爆孔的破碎区贯通(图 6-3),因此根据压碎区和破裂区的宽度就可确定孔距。

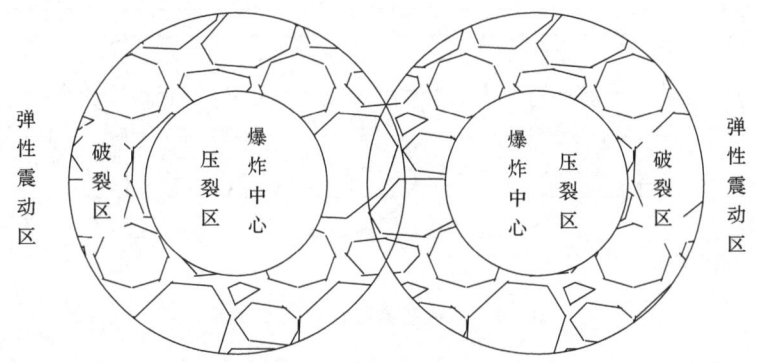

图 6-3 深孔爆破最佳效果

根据华亭煤矿具体地质条件和爆破条件,可以计算出运输巷进行深孔爆破(采用前述爆破参数爆破)形成的理论破裂区的大小。

$$R = r_c \left(\frac{bP_r}{\sigma_t}\right)^{\frac{1}{a}} = 1.3 \qquad (6-1)$$

式中,R 为爆炸破碎区半径;r_c 为炮孔半径;σ_t 为煤的抗拉强度;P_r 为爆炸初始冲击力,和炸药性能及钻孔形状有关;b 为波速比,$b = \mu/1-\mu$,μ 为煤体泊松比;a 为应力波递减系数,$a = 2 - b$。

实际破碎区的大小要大于理论破碎区,因没有在两钻孔之间钻控制孔,故取破碎区增大系数为 1.55。即实际破碎区大小为 $R_1 = 1.55R = 2.02\mathrm{m}$,故爆破最佳间距 $H = 2R_1 = 4.04\mathrm{m}$(取 4m),此间距的爆破可以在沿巷道方向形成卸压带,达到对本区段工作面(02 工作面)运输巷卸压的目的。

3. 孔高的确定

巷道爆破卸压带分布见图 6-4。

根据爆破形成的卸压区大小,爆破垂直有效卸压距离为 2.02m(垂直于巷道走向),孔高取为 1.2m,则爆破作用范围在钻孔周围 2.02m 之内。而 02 工作面运输巷高 3.5m,故爆破可对煤柱相当于巷高的空间进行卸压(图 6-4),从而使煤柱压力不会向自由面(运输巷帮)释放,导致巷道产生片帮等现象。除此之外,1.2m 的孔高也便于工人操作。

因此,孔高确定为 1.2m。需要说明的是:在沿炮眼轴方向上,根据爆破相关理论,柱状反向装药能量的传播方向为径向,而对轴向的冲击主要集中在聚能穴方向(眼口方向),若炮眼封孔长度和要求均按要求实施的,则不会对巷帮形成有效冲

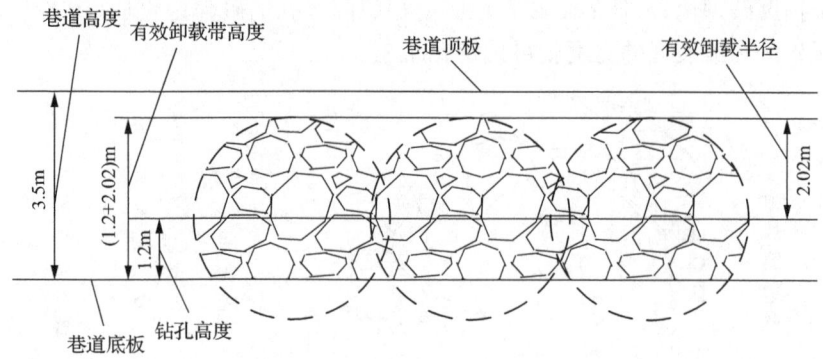

图 6-4 运输巷道爆破卸载带分布

击,也不会使巷帮破坏。

4. 装药量确定

装药量是关系爆破卸压效果的关键参数,不合理的装药量不仅不能达到卸压效果,反而还可能对巷道产生破坏,甚至诱发冲击矿压。在空气不耦合装药条件下,炮眼壁上产生的冲击压力为

$$P_r = \frac{1}{8}\rho_c D^2 \left(\frac{d_c}{d_b}\right)^6 n\left(\frac{L_c}{L_c+L_a}\right) \tag{6-2}$$

式中,L_c 为炮眼装药长度;L_a 为炮眼中封孔长度;d_c 为炸药直径;d_b 为炮孔半径。

当 $P_r \leqslant K_b S_c$ 时,充分考虑到初始爆炸冲击波压力在煤体破碎区的衰减,由式(6-2)可求得每米炮眼的装药长度为

$$L_c = \frac{8K_b S_c}{n\rho_c D^2}\left(\frac{d_b}{d_c}\right)^6 \left(\frac{d_b}{d_c}\right)^\partial \tag{6-3}$$

式中,∂ 为爆炸冲击波在破碎区的衰减指数,一般取值为 3;K_b 为体积应力状态下煤体抗压强度增大系数,一般取 10;S_c 为煤体的单轴抗压强度。

根据布里克曼利用套管分离爆炸冲击波和爆生气体分析研究爆破能量的分区情况,得出的结论是冲击波能占炸药总能量的 10%~20%,爆生气体膨胀能量占炸药总能量的 50%~60%,而其余的 20%~30% 的爆炸能量损失掉而变成无用能。

考虑到爆炸冲击波作用于煤体裂隙区的形成和扩展,其能量只占爆炸总能量的 10%~20%,取平均值为 15%。经计算,则每米炮眼需要的装药长度为

$$L_c = \frac{8\times10\times32\times9.8\times10^5}{12\times1200\times4400^2}\left(\frac{42}{35}\right)^9 \Big/ 0.15 \text{m} = 0.31 \text{m} \tag{6-4}$$

一般矿用乳胶炸药每卷长度在 0.17m 左右,重 0.15kg,即每孔需装药 17~24 卷(2.5~3.5kg)。

5. 起爆与爆破方式

实施爆破时,采用毫秒雷管分组爆破,每次 3~5 个孔同时起爆。研究表明,瓦斯爆炸时其在空气中的含量范围为 5%~16%。经测定,高瓦斯矿井,爆破后 160ms 时,瓦斯体积分数为 0.3%~0.5%;260ms 时,瓦斯体积分数为 0.3%~0.5%;360ms 时,瓦斯体积分数为 0.35%~16%;只要毫秒爆破最后一段延期时间不超过 130ms(360ms 的 1/3 多一点)是完全可以防止瓦斯爆炸的。可见,对 250102 工作面运输巷采用毫秒雷管分组爆破方式的安全系数是足够的。

另外,毫秒分组爆破可以减少爆破间隔等待时间,能有效提高爆破工作效率。因此采用毫秒分组爆破。

6.1.3 爆破效果检验

爆破后,10 月份钻屑量明显降低,考虑到爆破对煤柱产生的破碎作用,钻屑量在原标准上有所增大,但仍小于爆破前指标值,如图 6-5 所示。且巷道未出现冲击现象(9 月份出现 3 次),煤爆次数明显减少,且爆破后巷道无变形。

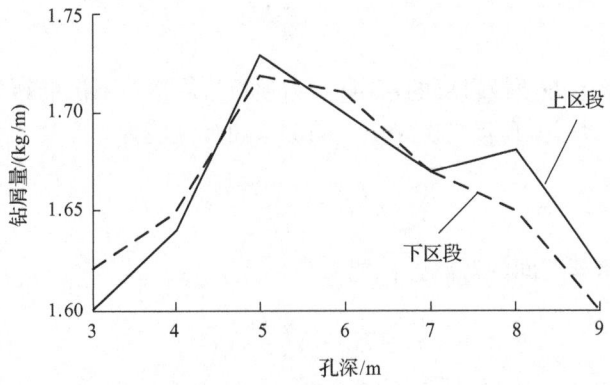

图 6-5 爆破后煤柱两侧钻屑量变化

根据上述方案得出的爆破参数可以有效地对冲击矿压进行防治,据华亭矿实施的爆破防治冲击矿压实例可得出,采用爆破法人工诱发冲击矿压发生,可有效转移煤体内应力,降低临近工作空间煤体的弹性能积累,从而达到防治冲击矿压的目的。从钻屑量指标来看,爆破后钻屑量有了明显降低,表明煤柱内部应力大大降低,可有效缓解和防止冲击矿压发生。爆破法防治冲击矿压,关键是选择合理的爆破参数:沿巷道走向方向,必须形成连续相接的爆破卸载带;沿巷道高度方向,则必须尽量使整个巷道侧帮均处于卸载状态。

6.2 深孔断顶爆破技术

6.2.1 坚硬板对冲击矿压的影响

深孔断顶爆破技术是将控制爆破技术引入冲击矿压防治领域。可以通过对顶板进行爆破，人为地切断顶板，进而促使采空区顶板冒落，削弱采空区与待采区之间的顶板连续性，减小顶板来压时的强度和冲击性。此外，爆破可以改变顶板的力学特性，释放顶板所集聚的能量，从而达到防治冲击矿压发生的目的。

为了分析在不同爆破参数下的爆破效果，采用电磁辐射法对顶板爆破效果进行监测对比，为确定合理的爆破参数提供了依据。采用 FLAC 数值模拟软件，以济三矿 6303 工作面地质条件为背景，对顶板爆破进行系统有效的数值模拟。

根据前苏联阿维尔申的观点，煤层内的弹性能由体变弹性能 U_v、形变弹性能 U_f 和顶板弯曲弹性能 U_w 三部分组成，即：

$$U = U_v + U_f + U_w \tag{6-5}$$

式中，顶板弯曲弹性能 U_w 为

$$U_w = \frac{1}{2} M\varphi \tag{6-6}$$

式中，M 为煤壁上方顶板岩层的弯矩；φ 为顶板岩层弯曲下沉的转角。

由此，相应地可得顶板初次垮落期间的弯曲弹性能为

$$U_w = \frac{q^2 L^5}{576 EJ} \tag{6-7}$$

顶板周期垮落期间的弯曲弹性能为

$$U_w = \frac{q^2 L^5}{8 EJ} \tag{6-8}$$

式中，q 为顶板及上覆岩层附加载荷的单位长度载荷，单位为 N/m；L 为顶板来压步距，单位为 m；E 为顶板岩层弹性模量，单位为 Pa；J 为顶板端面惯性矩，单位为 m^4。

由式(6-7)和式(6-8)可以看出，顶板弯曲弹性能 U_w 与岩层悬伸长度的 5 次方成正比，即顶板跨距(悬顶)L 值越大，积聚的能量也越多。一般，厚度越大的坚硬岩层越不易冒落，形成的跨距(悬顶)L 值也就越大，所以厚度大的坚硬岩层顶板发生冲击矿压的可能性很大。对于顶板中聚集的弯曲弹性能，其主要的散能手段就是破坏顶板，缩短顶板来压步距，降低顶板中聚集的弯曲弹性能。

6.2.2 顶板深孔爆破及其对煤体的作用

数值模拟采用美国 Itasca 公司开发 FLAC 4.0 数值模拟软件。本次数值模拟岩层属性参照济三煤矿位于 6303 工作面的 C_{8-9} 钻孔资料,因为 C_{8-9} 钻孔资料比较完整,并且该钻孔顶板岩石属性与六采区西部顶板岩石属性相同,因此对西部采区顶板爆破具有很好的指导意义,模型上边界上覆岩层厚度为 650m。

1. 顶板爆破设计

采用顶部锚杆钻机,1.5m 六角中空钢钎配合 ϕ30.5mm 钻头施工。炮眼深度为 10.0m,炮眼间距为 3.0m,单排布置,炮眼口距采空区侧巷帮 300mm,与水平方向成 75°夹角朝向采空区,见图 6-6,封孔长度为 3~3.5m,装药长度为 6.0m。

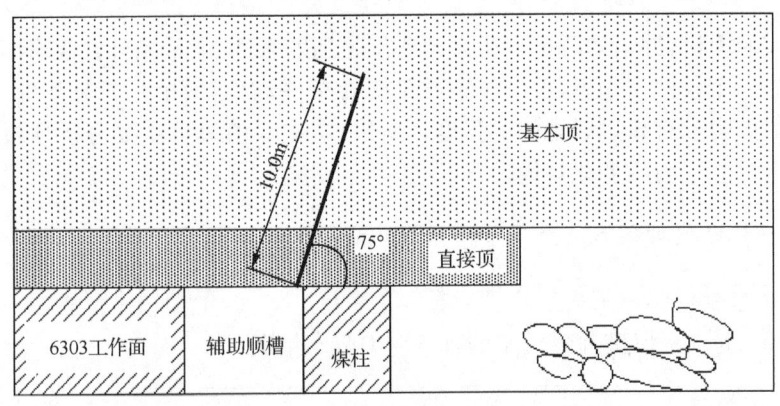

图 6-6　6303 辅助巷道顶部炮眼布置示意图

2. 顶板爆破数值模拟设计

顶板爆破参数:顶板爆破破坏了顶板的完整性,相当于在顶板中形成了宽度为 3m 的卸压带,见图 6-7,改变了原岩的力学性质,根据钻孔裂隙发育程度及参考大量的资料,确定破碎带的力学性质如表 6-1 所示。

表 6-1　卸压带岩石属性

岩性	体积/Pa	剪切面/Pa	密度/(kg/m³)	内摩擦角/(°)	内聚力/Pa
卸压带	4.16×10⁸	4×10⁸	20×10²	10	4×10⁵

模拟步骤:先模拟出爆破深度为 20m,爆破倾角为 45°、60°、75°、90°的几种情况,结果分析表明炮眼为 75°和 90°两种情况卸压效果较好,并且 75°炮眼在施工过程中便于操作,因此再模拟倾角为 75°,爆破深度分别为 10m、15m、25m、30m 等几种情况。

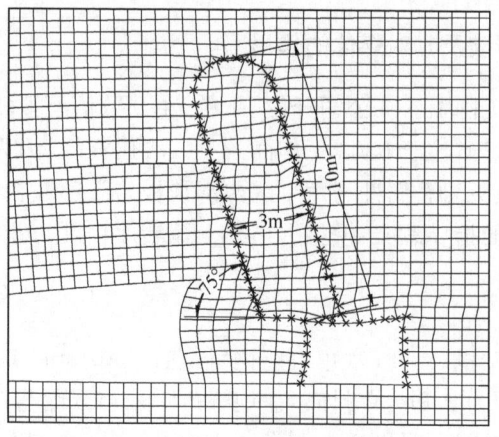

图 6-7 顶板爆破模型图

从实质上讲,冲击矿压的发生必须要满足强度条件、能量条件及煤岩体具有冲击倾向性三个条件。这里,前一个条件是必要条件,而后两个是充分条件,即煤岩体所受的应力没有超过煤岩体的强度。所以,本次数值模拟主要分析顶板爆破前后煤体中垂直应力的变化规律。

3. 顶板爆破对煤体应力分布的影响

1)爆破前煤体中的垂直应力分布

图 6-8 为顶板爆破前煤体中的垂直应力分布情况。

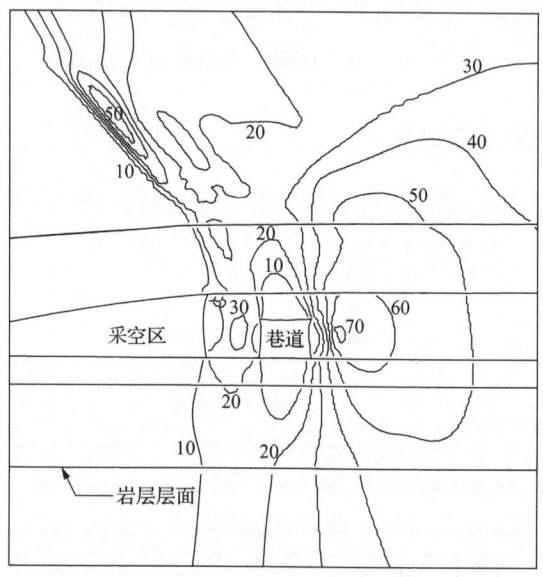

图 6-8 爆破前垂直应力分布(MPa)

由于六采区顶板为厚而坚硬的砂岩,6302工作面采空区的顶板还没有完全破断,使得6303工作面辅助巷道临近6302工作面采空区一侧的顶板存在较大范围的悬顶,在6303辅助巷道实体煤中形成了很高的应力集中,垂直应力最大值达到70.95MPa。

2) 不同爆破角度煤体中的垂直应力分布

图6-9为爆破深度为20m,炮眼角度分别为45°、60°、75°和90°几种不同爆破角度时煤体中的垂直应力分布情况。

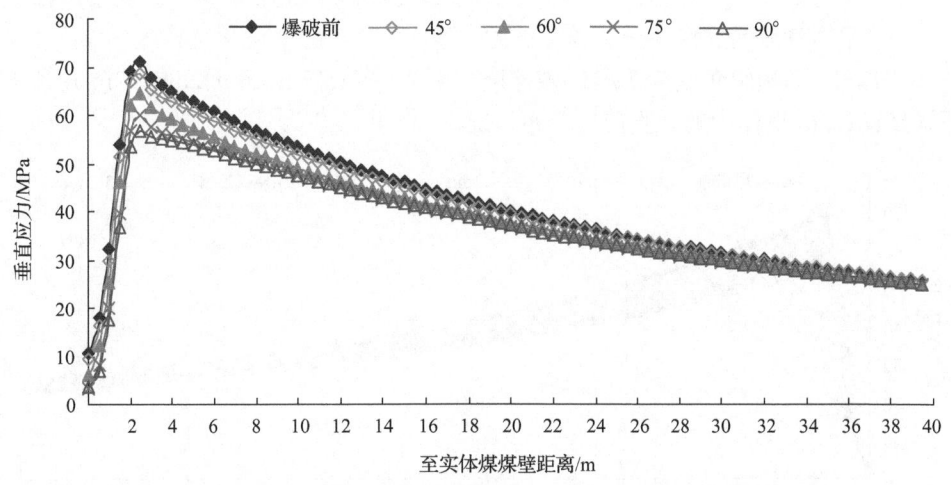

图6-9 不同爆破角度煤体中垂直应力分布图

由图6-9可以看出,在炮眼深度为20m,不同角度实施顶板爆破后,煤体中应力峰值均有所下降(表6-2),如在75°时,煤体中垂直应力峰值降为59.82MPa,降低了15.69%,降低了发生冲击矿压的危险性。采取不同角度顶板爆破时,顶板下沉量随着炮眼的角度增加而增加,表6-3数值模拟表明在相同爆破深度下,炮眼为75°和90°时顶板爆破效果相差不大,考虑到75°炮眼便于施工,所以济三矿六采区顶板爆破参数采用75°。

表6-2 煤体垂直应力峰值

炮眼角度/(°)	应力峰值/MPa	应力降低率/%
45	68.68	3.20
60	64.55	9.02
75	59.82	15.69
90	56.88	19.83
爆破前	70.95	

表6-3 顶板下沉量

炮眼角度/(°)	顶板下沉量/mm
45	226.6
60	237.8
75	382.2
90	406.8
爆破前	219.6

3）不同爆破深度煤体中的垂直应力分布

图6-10为炮眼角度为75°,爆破深度分别为10m、15m、20m、25m、30m几种不同爆破深度时煤体中的垂直应力分布情况。

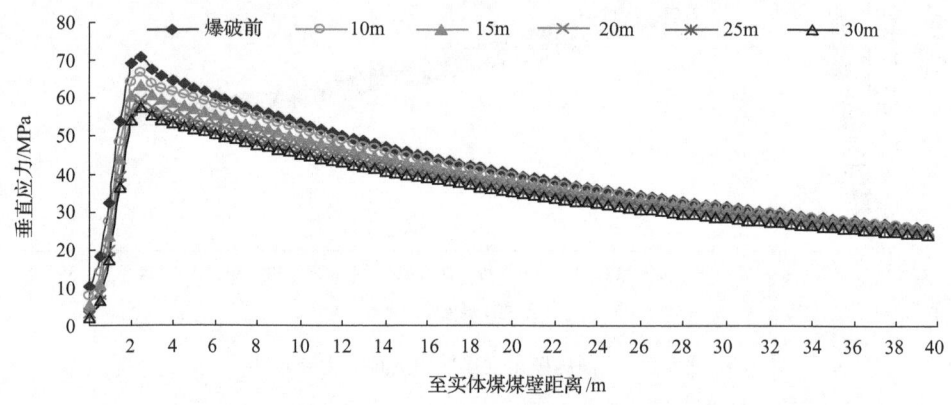

图6-10 不同爆破深度时煤体中的垂直应力分布图

从图6-10可以看出,在炮眼角度相同,深度不同的情况下实施顶板爆破后,煤体中应力峰值随着爆破深度的增加而降低,见表6-4。在爆破深度为15m左右时应力峰值降低幅度最大,证明此时卸压爆破利用率最高。炮眼深度超过25m后,应力峰值降低率变化不大,见图6-11。

表6-4 煤体垂直应力峰值

炮眼深度/m	应力峰值/MPa	应力降低率/%
10	66.59	6.15
15	63.33	10.74
20	59.82	15.69
25	57.99	18.27
30	57.64	18.76
爆破前	70.95	

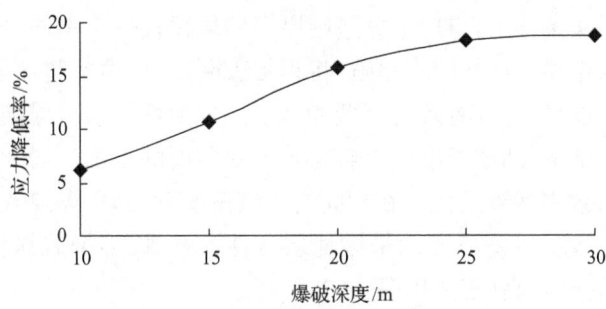

图 6-11　不同爆破深度垂直应力降低率

4. 顶板爆破的效果检验

图 6-12 分别为顶板爆破前后电磁辐射监测结果。可以看出,放炮卸压前,电磁辐射强度值较高,其中 1500m 处为煤层隆起的轴部,电磁辐射强度值在 120V 以上,脉冲数也较高。放炮卸压后,电磁辐射强度值和脉冲数都明显降低。

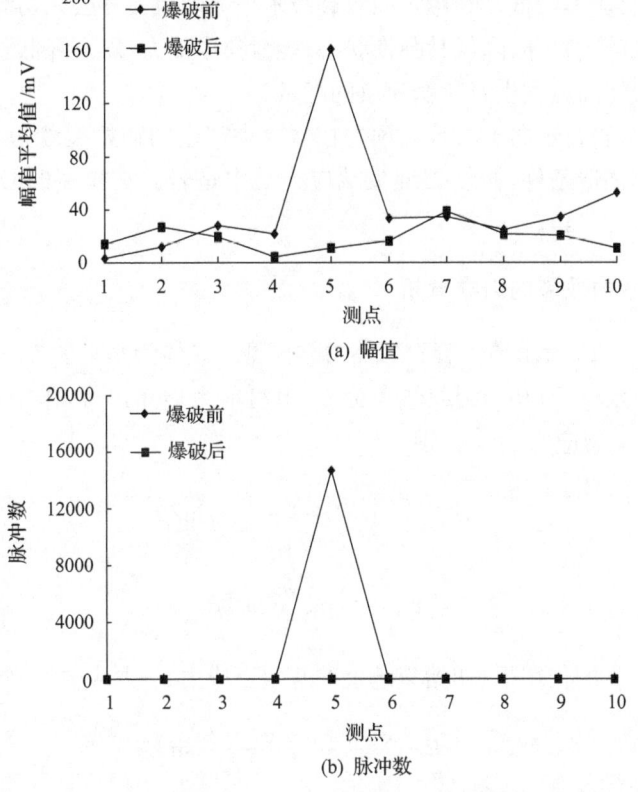

图 6-12　11 月 26 日距切眼 1460～1550m 范围内实体煤帮电磁辐射观测值

在一定的采深条件下,煤层上方坚硬厚层砂岩顶板是影响冲击矿压发生的主要因素之一。采用顶板深孔卸压爆破,将顶板破断,降低顶板整体强度,释放因压力聚集而产生的能量,可以有效地降低冲击矿压危险性。顶板爆破数值模拟表明在相同的爆破深度下,卸压爆破效果会随着炮眼角度的增加而增大。当炮眼角度达到 90°时,爆破效果达到最优。在相同的爆破角度下,卸压爆破效果会随着炮眼深度的增加而增大。以济三矿六采区地质条件为背景,当炮眼深度为 15m 左右时,爆破利用率达到最高(李志华等,2006)。

6.3 定向水力致裂技术

坚硬顶板厚度大、强度高、整体性强、结构致密,构造弱面和节理裂隙不发育,井下开采时顶板来压强度高,严重威胁工作面的安全,坚硬顶板控制一直是矿山压力研究的热点和难点。坚硬顶板的处理方式有预裂爆破和采空区强制放顶等技术。岩石定向水力致裂为处理坚硬顶板提供了一种简单、有效的改变岩石物理属性的方法,而且成本较低。利用定向致裂技术把坚硬顶板分层或切断,破坏岩层和围岩的结构及其完整性,降低其弹性状态、能量集中能力,以及降低震动能量、降低冲击矿压和岩体卸压发生时急剧释放的能量。

研究表明,岩石定向水力致裂预先在岩体中产生的初始裂缝为岩石的起裂扩展制造方向和创造条件,初始裂缝尖端应力集中是岩石被拉裂的必要条件(杜涛涛,2010;范军,2014)。

6.3.1 定向水力致裂的力学分析

建立如图 6-13 所示的含裂隙岩体力学模型。岩体受水平应力 σ_h、垂直应力 σ_v 的作用及高压水作用,初始裂缝倾角为 β,由材料力学知识得,作用在初始裂缝面上的正应力 σ_y,剪应力 τ_{xy},分别为:

$$\sigma_y = \frac{\sigma_h + \sigma_v}{2} + \frac{\sigma_h - \sigma_v}{2}\sin2\beta \qquad (6-9)$$

$$\tau_{xy} = \frac{\sigma_h - \sigma_v}{2}\cos2\beta \qquad (6-10)$$

在高压水 p 的作用下,初始裂缝上的有效正应力 σ,剪应力 τ,分别为

$$\sigma = P - \frac{\sigma_h + \sigma_v}{2} - \frac{\sigma_h - \sigma_v}{2}\sin2\beta \qquad (6-11)$$

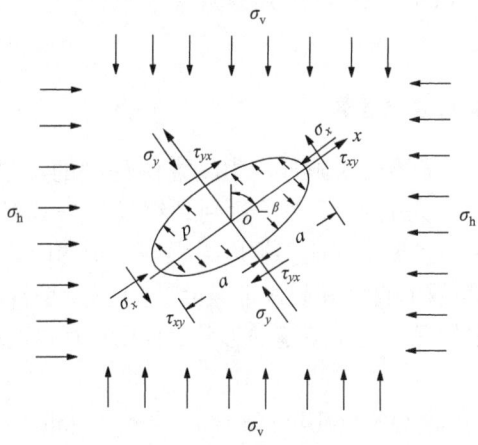

图 6-13 初始裂缝受力分布图

水压对初始裂缝没有剪应力,因此,

$$\tau = \frac{\sigma_h - \sigma_v}{2}\cos2\beta \qquad (6-12)$$

裂纹尖端受到与裂纹面正交的拉应力 σ 作用,裂纹面将出现张开位移,属于张开型(Ⅰ型)、同时有作用平行于裂纹面的剪切应力 τ,产生沿裂纹面相对滑动的一种裂纹,属于滑开型(Ⅱ型),因此尖端模型属于Ⅰ、Ⅱ复合型,尖端应力强度因子:

$$K_{\mathrm{I}} = \sigma\sqrt{\pi a} = \left(P - \frac{\sigma_h + \sigma_v}{2} - \frac{\sigma_h - \sigma_v}{2}\sin2\beta\right)\sqrt{\pi a} \qquad (6-13)$$

$$K_{\mathrm{II}} = \tau\sqrt{\pi a} = \frac{\sigma_h - \sigma_v}{2}\sqrt{\pi a}\cos2\beta \qquad (6-14)$$

将 K_{I},K_{II} 代入确定起裂角 θ_0 的方程式,

$$K_{\mathrm{I}}\sin\theta_0 + K_{\mathrm{II}}(3\cos\theta_0 - 1) = 0 \qquad (6-15)$$

$$\frac{P - \sigma_h - \sigma_v - (\sigma_h - \sigma_v)\sin2\beta}{(\sigma_h - \sigma_v)\cos2\beta} = \frac{3\cos\theta_0 - 1}{\sin\theta_0} \qquad (6-16)$$

最大周向应力断裂准则:

$$\cos\frac{\theta_0}{2}\left(K_{\mathrm{I}}\cos^2\frac{\theta_0}{2} - \frac{3}{2}K_{\mathrm{II}}\sin\theta_0\right) = K_{\mathrm{IC}} \qquad (6-17)$$

式(6-16)和式(6-17)包含相关影响因素,未知数的个数虽多,但工程应用中可通过工艺及施工设计消除未知数。当初始裂缝位置选定后垂直应力和水平应力就相当于已知量,定向方向设计好后,倾角就已知,K_{IC} 是岩石固有的属性为定值,

就可以通过式(6-16)、式(6-17)计算出开裂角 θ_0、所需泵的压力,反代回去就可知道临界压力 σ_c。

6.3.2 定向水力致裂的数值计算

应力强度因子 K 是描述裂纹附近应力场强弱程度的参量。当裂纹的弹性体在外载荷的作用下,裂纹尖端的 K 因子达到裂纹发生失稳扩展时材料的临界值 K_{IC} 时,裂纹就发生失稳扩展。影响尖端应力强度因子的因素有地应力、裂纹的形状、有效拉应力大小、裂纹的直径和裂纹的角度。地应力是自然条件,是人为不能改变的,人为所能控制的只是初始裂缝的形状、注水压力的大小、初始裂缝的直径和初始裂缝的角度。

FLAC 是由美国 Itasca Consulting Group,Inc 开发的显式有限差分程序,其建立在拉格朗日算法的基础上,采用有限差分显式算法来获得模型全部运动方程(包括内变量)的时间步长解,从而可以追踪材料的渐近破坏和垮落,目前已经广泛应用于水利、采矿、地震、地质、石油和土木等领域进行应力场及位移场分析,取得了很好的效果,用它可以建立二维或三维的地质模型。

本节采用 $FLAC^{2D}$ 5.0 数值模拟软件,主要模拟研究上述影响因素(杜涛涛等,2012)。

1. 计算模型

模型边界的确定:采矿工程问题数值模拟本身要能真实地再现开采前开采后实际岩体应力、位移及其变化情况。这就要求建立合理的模型边界和合理的施加模型边界条件。本次模拟考虑模拟区域和尖端图形比例协调性,模型范围取 $60cm \times 70cm$,模型总共为 $100 \times 100 = 10000$ 个单元格,材料的本构模型为连续各向同性的弹性模型。

边界条件:左右边界横向位移为"0",底部边界竖向位移为"0",模拟深度为 400m,故模型上边界施加 10MPa 的垂直应力载荷,重力加速度为 $9.8m/s^2$。

模拟方案:注水前后初始裂缝尖端的应力集中情况;不同注水压力初始裂缝尖端的应力集中情况;不同形状初始裂缝尖端的应力集中情况;不同初始裂缝的角度应力集中情况。

2. 计算结果与分析

1) 注水前后初始裂缝尖端应力集中分布规律

如图 6-14(a)所示,注水前,初始裂缝的尖端在原岩应力下出现压应力集中,应力集中系数达到 3.7;如图 6-14(b)所示,注水后,初始裂缝的尖端形成拉应力集中,应力集中系数达到 4.8,岩石抗压不抗拉,当初始裂缝尖端应力集中达到岩石极限断裂强度时,初始裂缝尖端在高拉应力的作用下开始起裂。

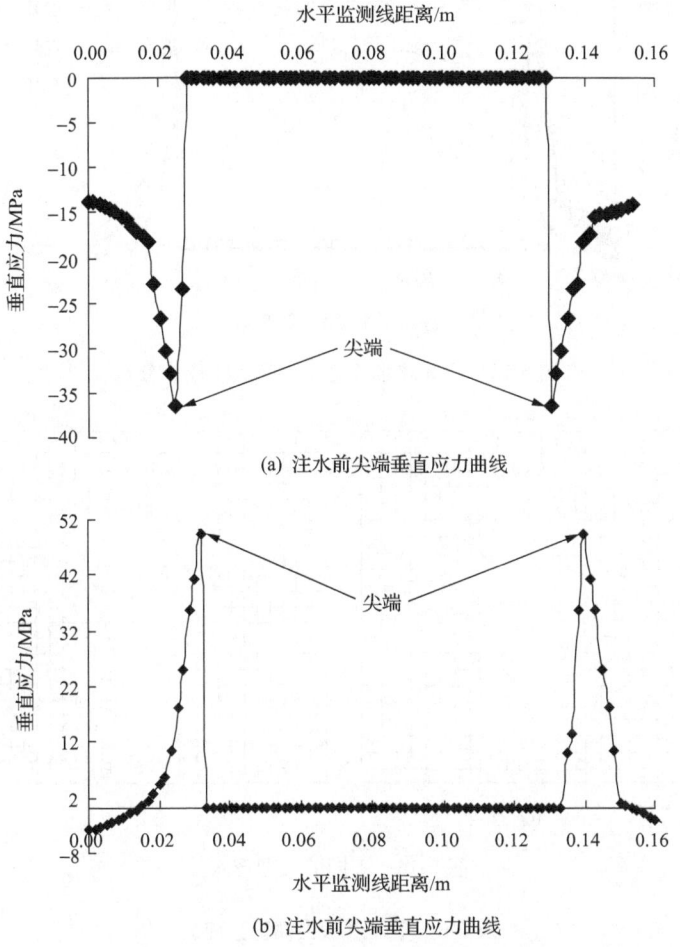

图 6-14 注水前后尖端垂直应力曲线

2) 不同注水压力对裂缝尖端应力的影响

从图 6-15 可以看出,改变注水压力,初始裂缝的尖端应力集中程度随注水压力的增加而增大。也就是说,注水压力的大小影响致裂效果,当注水压力不能达到致裂所需的压力时,尖端就不会起裂,也就不会沿初始裂缝方向扩展。

3) 不同裂纹形状对裂缝尖端应力的影响

建立如图 6-16 所示的两种不同裂纹形状,模拟研究切割刀具形态对裂纹尖端应力分布的影响。由表 6-5 知,初始裂缝的形状对尖端应力大小有影响,线性初始裂缝 Shape1 尖端的垂直应力为 23.4MPa,非线性初始裂缝 Shape2 尖端的垂直应力为 39.7MPa,非线性形状的初始裂缝在相同注水压力下应力集中程度更大些。

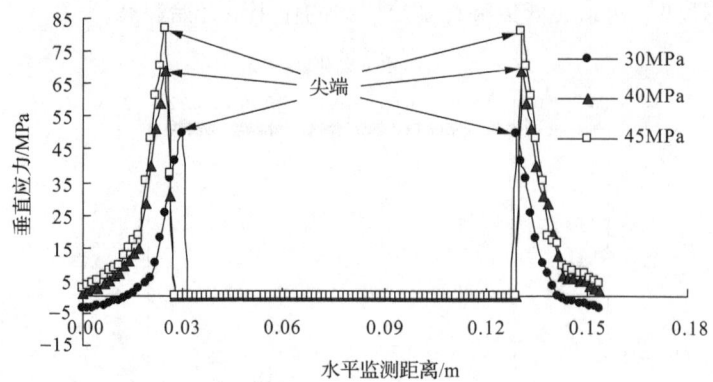

图 6-15　不同注水压力下尖端垂直应力分布

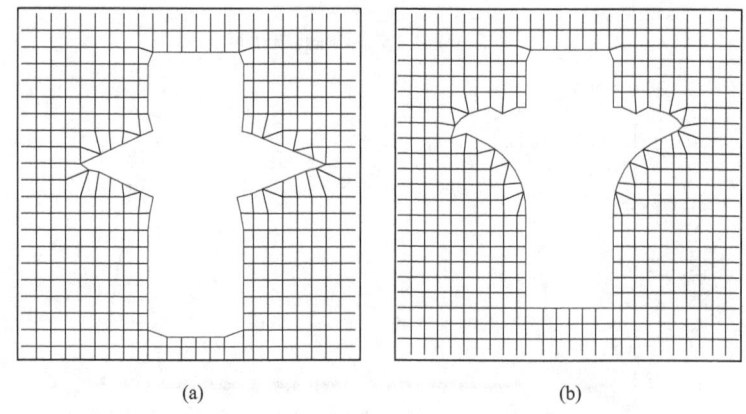

图 6-16　不同的致裂形状

表 6-5　不同形状尖端垂直应力

形状	Shape1	Shape2
强度/MPa	23.4	39.7

4）不同尖角角度对裂缝尖端应力的影响

由表 6-6 知，随尖端角度减小应力集中增大，角度的大小影响尖端是压应力集中还是拉应力集中，当夹角达到一定角度时，尖端由拉应力集中变为压应力集中。

表 6-6　不同尖角尖端垂直应力

项目	角度/(°)		
	74	42	37
强度/MPa	−0.8	25	50

6.3.3 定向水力压裂的工业性试验

1. 岩石定向水力致裂的技术工艺

该工艺所用设备、机具有高压水泵、压力表、截止阀、钻杆、普通岩石钻头、开槽钻头、封孔胶管或封孔器、高压胶管等。

（1）施工钻孔：首先利用钻机在需压裂的巷道或工作面坚硬顶板上打深孔。其次根据围岩硬度及压裂范围，设计布置钻孔的数量、孔距、孔径、孔深等参数。

（2）初始裂缝：利用普通钻杆连接 $\phi38mm$ 的专门割缝刀具，在已钻深孔底部开一个楔形槽。

（3）封孔：将封孔器与高压管通过连接器进行紧密连接，送到钻孔的底部，然后将封孔器退回 3～5cm，并将其固定。

（4）注水及效果检验：注入高压水。注水几秒钟后，从控制孔可观察到，开始流出的水混浊，含有顶板岩渣；后来水质变清，如图 6-17 所示。同时，观察控制阀上压力表的压力变化来确定孔底部楔形槽开裂与否。

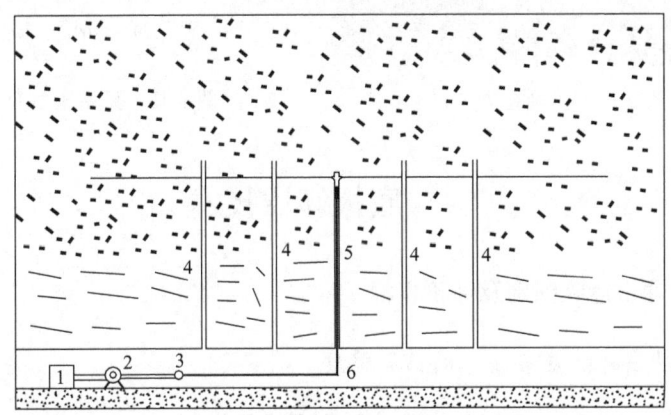

图 6-17　定向水力致裂工艺
1.水箱；2.高压泵站；3.压力表及控制阀；4.控制孔；5.致裂孔；6.高压管及封孔器

2. 现场试验

大同矿区顶板普遍存在有 10～25m 的厚层状整体砂岩，普氏系数 $f=8～16$。煤层厚度为 0.80～13.02m，普氏系数 $f=3.0～4.5$，节理裂隙不发育，线节理裂隙度为 1.1 条/米。属典型的坚硬煤层、坚硬顶板条件。

试验地点在某矿 410 盘区 81008 工作面的工艺巷Ⅰ入口 10m 处。用钻头打 8m 深垂直于顶板的钻孔，然后把钻头换上致裂刀具完成初始裂缝，如图 6-18 所示，再钻一系列直径为 42mm、深度为 10m 的控制钻孔以便观测水力致裂半径的大小。封孔器与高压管连接后密封致裂孔,泵的注水压力为 36MPa,开泵注入高压液体,完成致裂,停止泵站。

压力值的变化由安装在高压装置上的压力计记录,当初始裂缝的尖端开裂后压力峰值将会降低,如果压力上升再超过岩石的断裂极限强度岩石将再次起裂,直至压力稳定不能致裂为止,如图 6-19 所示。观察控制孔周围的顶板情况,在距离致裂钻孔 5m 半径范围内,有注入液体流出。水箱中用于致裂的液体减少 20%。试验完成了初始裂缝尖端的起裂,并且岩石致裂半径不小于 5m。

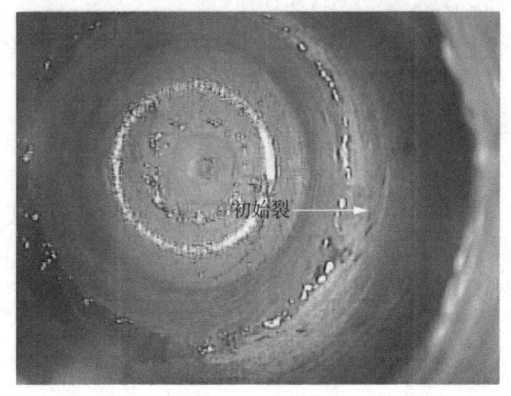

图 6-18 初始裂缝

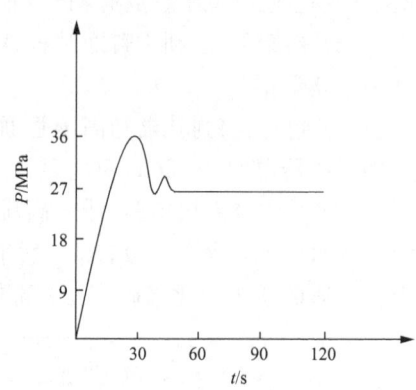

图 6-19 泵站压力变化示意图

6.4 底板卸压技术

6.4.1 底板冲击危险判别及评价指标

1. 底板冲击矿压层裂破坏的临界厚度

由 2.8 节分析可知,底板冲击危险判别可采用指标 K_{fb} 进行判断。

由于煤层诱发冲击矿压破坏以层裂破坏的形式表现出来,当底板煤层发生冲击矿压显现破坏时,先产生微小的破裂结构,在动载作用下,层裂破坏结构迅速扩大,发生底板冲击矿压显现。这里最终的破坏形式以大尺度的层裂结构表现出来,这个大尺度的层裂破坏结构反映了底板煤层的物理力学性质,包括强度、层理结构、内聚力等,也影响着冲击矿压显现的规模。不同矿井的煤体性质不同,发生层裂破坏的结构厚度也不同,但对同一矿井这个值是基本相同的。

以胡家河 401012 工作面为例,由上述分析可知,底板发生冲击矿压破坏的危险性系数 $K_{fb} = K_1 K_2 \lambda K H \gamma_r \dfrac{B^2}{Eh^2}$,根据实测结果显示,401102 工作面下巷煤层中的原岩垂直应力约为 15.82MPa,401101 工作面开采后形成大范围的支承压力,胡家河矿实测最大主应力均接近水平方向,最大水平主应力 σ_H 量值上约为垂直主应力 σ_V 的 1.84~2.20 倍,应力场特征为 $\sigma_H > \sigma_V > \sigma_h$,且顶板为坚硬顶板,因此厚硬顶板影响系数 K_1 取 1.20;煤层泊松比取 0.4;水平构造应力影响系数 K_2 取 2.0;K 为 1.60~1.72,K 取 1.7;$\gamma_r = 25\text{kN/m}^3$。同时,实验室测试的 4 煤下分层煤块弹性模量为 3.36GPa,由于巷道开挖后底板煤层的弹模远远小于实验室测试数值,这里底板煤体的弹性模量取 0.672GPa,巷道宽度按初始设计取 4m。胡家河矿 401102 工作面平均埋深 $H = 650\text{m}$,其他条件参考以上的数值。则该工作面巷道底板诱发冲击矿压层裂破坏的临界厚度为

$$h \leqslant \sqrt{\frac{K_1 K_2 K \lambda H \gamma_r B^2}{E}} = 1.26\text{m}$$

当 h 小于 1.26m 的临界厚度时,底板的水平应力能使巷道底板发生破坏。

根据以上分析,巷道底板煤层能产生层裂破坏的厚度越小,越容易发生冲击矿压破坏。煤层发生层裂破坏,与煤层的内聚力和内摩擦角等煤体属性有关,对底板应加强主动支护如锚索、锚杆等,从而强化底板煤体的强度,提高煤体抵抗层裂破坏的能力。

2. 底板冲击矿压危险的判别指标

据此,根据底板冲击矿压危险性系数,对水平应力作用下底板冲击矿压危险程度进行初步分类,如表 6-7 所示。该指标是通过华亭、胡家河等矿部分工作面的采掘地质条件和多次冲击矿压灾害资料初步建立的,对于其他褶皱等复杂构造区特厚煤层开采底板冲击矿压危险性的判别具有一定指导意义,同时还有待大量资料进行修正和完善(徐学锋等,2010)。

表 6-7 底板型冲击矿压危险等级判别指标

判别指标	无底板冲击矿压危险	弱底板冲击矿压危险	强底板冲击矿压危险
底板冲击矿压危险性系数(K_{fb})	<1	1~2	≥2

6.4.2 动静载组合作用对底板应力分布规律的模拟研究

模型以砚北矿 250204 工作面地质条件为基础,以 250204 运输顺槽为研究对象,采 FLAC^{2D} 建模,并运用其 Dynamic 动态功能模块进行动力学响应分析。巷道采深取 500m,模型尺寸为 80m×60m(长×宽),巷道断面形状为马蹄形,实际断面尺寸为 5.5m×3.8m(长×宽)的,顶帮锚杆、顶部锚索采用 CABLE 结构单元以实际支护参数进行模拟。模型下部边界为固支约束,上部边界施加 12.3MPa 的均布载荷,两侧施加梯形压应力并限定 x 方向位移,重力加速度 $g = 9.81\text{m/s}^2$。

将冲击震源简化为简谐波,应力波施加在巷道右帮顶板上方 20m 偏右 13m 位置,震动频率为 20Hz,扰动峰值强度为 40MPa,作用时间为 0.27s。视巷道围岩为平面应变问题,模型的岩性参数如表 6-8 所示。

表 6-8 巷道围岩的力学特性参数

位置	厚度/m	体积模量/GPa	剪切模量/GPa	密度/(kg/m³)	摩擦角/(°)	内聚力/MPa
基本顶	20	15.7	10.8	2600	35	34.7
直接顶	5	4.4	1.5	2500	28	6
煤层上	15	3.3	0.71	1350	25	1.7
煤层下	20	3.3	0.71	1350	25	1.7
底板	20	17.9	13.4	2600	40	2.9

取水平应力 $\lambda=0.6,1.0,1.5,2.0,2.5$ 共 5 个模型,分析不同构造应力条件下应力波对巷道底板冲击矿压的影响。监测底板煤层的水平应力、应力差、垂直位移及底板塑性区变化等动态响应规律,从而揭示褶皱构造区不同水平应力对动载诱发巷道底板冲击矿压的影响规律(谢龙,2013)。

1. 底板水平应力动态响应规律

如图 6-20 和图 6-21 所示,动载作用下,巷道底板的水平应力发生明显变化,随着时间变化水平应力出现波动,底板的集中水平应力先瞬间升高后瞬间降低,与动载作用前相比底板冲击后水平应力集中现象消失;且随着水平应力的增大,水平应力降越大,再现了动力扰动的作用是使处于极限应力下的煤体应力增加并打破平衡状态的过程。随着水平应力由 0.6 增加至 2.5,临界水平应力及应力差双双呈线性增加,在 0.02~0.03s 期间临界水平应力由 12.05MPa 升高至 46.69MPa,

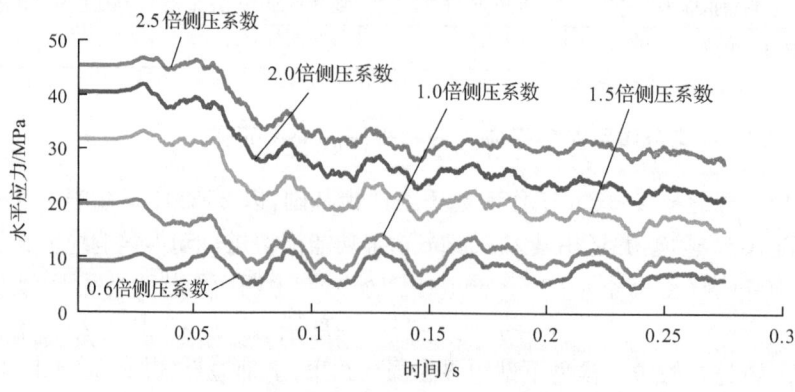

图 6-20 底板煤体中的水平应力动态响应

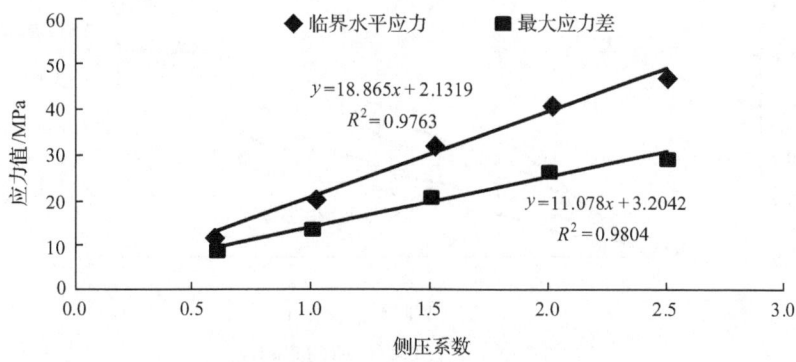

图 6-21　底板煤体临界水平应力及最大应力差拟合

应力差由 9.18MPa 升高至 29.47MPa。由此表明,不同水平应力情况下,底板突然破坏所需临界水平应力不同,随着水平应力的增加巷道底板的临界水平应力值呈线性增加;同时,应力差呈线性增加说明极限应力下的底板煤体受动载扰动后更容易失稳。

不同水平应力下底板临界动态水平应力为

$$y = 18.865x + 2.1319 \tag{6-18}$$

相关度

$$R^2 = 0.9763$$

不同水平应力下底板最大应力差方程为

$$y = 11.078x + 3.2042 \tag{6-19}$$

相关度

$$R^2 = 0.9804$$

2. 底板位移动态响应规律

由图 6-22 可知,受动载影响下巷道底板的瞬间垂直位移在 $\lambda = 2.0$ 时最大(0.433m),垂直位移初始明显变化区间集中在 0.06~0.08s,在 0.25s 之后趋于稳定;垂直位移初次明显变化的时间比应力降低的时间滞后约 0.02s。

由图 6-23 知,受动载扰动时,当 $\lambda < 2.0$ 时底板最大垂直位移随着水平应力的增加呈非线性增加(由 0.224m 增加至 0.433m),之后便出现微降(0.411m),表明 $\lambda > 2.0$ 后冲击矿压显现强度不再增加。这主要是随着水平应力的增加,底板塑性区深度呈指数型增加,使得积聚弹性能的煤体距离巷道较远,导致围岩能量密度分布因子变小,冲击矿压显现强度变弱,见图 6-24。

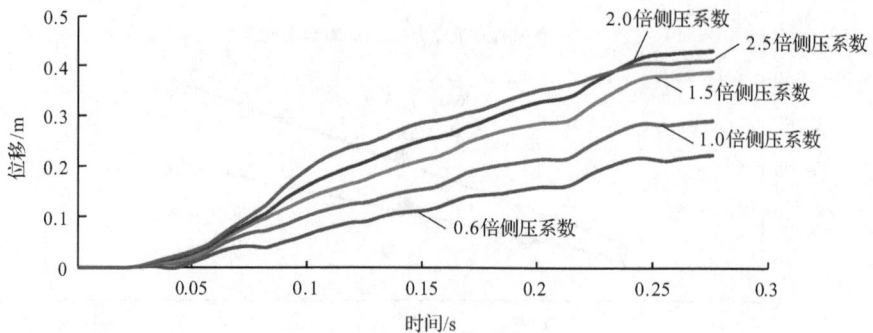

图 6-22　底板垂直位移动态响应

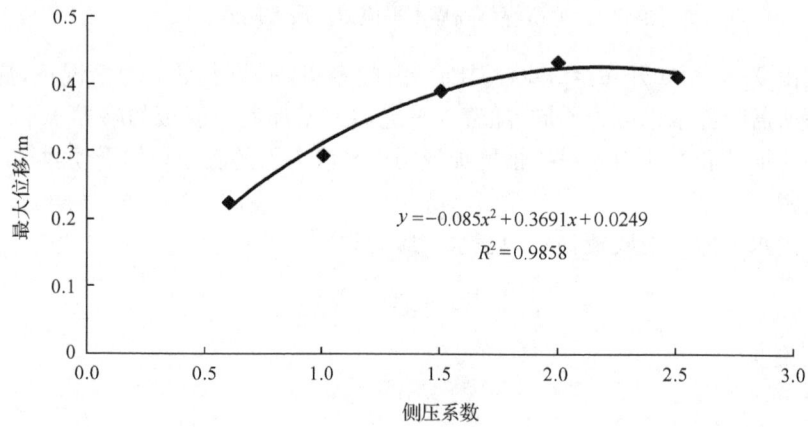

图 6-23　动载作用下底板最大垂直位移拟合

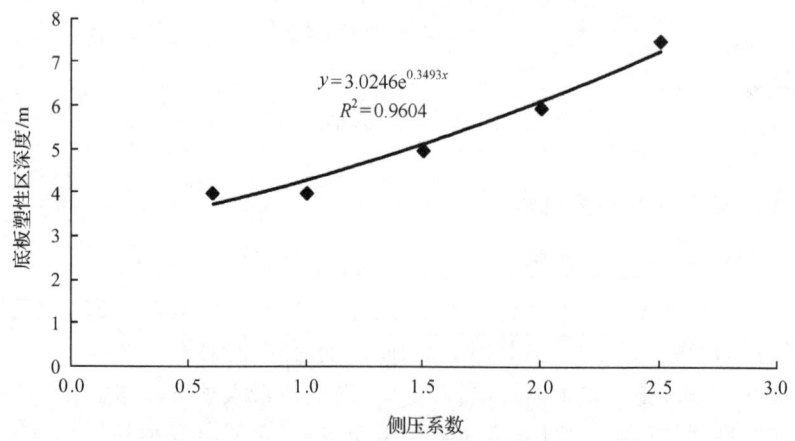

图 6-24　静载作用下底板塑性区深度拟合

不同水平应力下底板最大动态垂直位移方程为

$$y = -0.085x^2 + 0.3691x + 0.0249 \tag{6-20}$$

第6章 冲击矿压的局部解危

相关度

$$R^2 = 0.9858$$

不同水平应力下底板塑性区深度方程为

$$y = 3.0246e^{0.3493x} \quad (6-21)$$

相关度

$$R^2 = 0.9604$$

3. 动载作用下塑性区分布规律

在动载荷作用下，底板煤层发生剪切和拉伸破坏，巷道底板的塑性区分布变化直接反映了底板煤层的破坏情况。由图 6-25 知，在不同水平应力下，随着水平应力的增加，底板塑性区相应扩大，表明底板失稳释放的能量增大，在某种程度上预

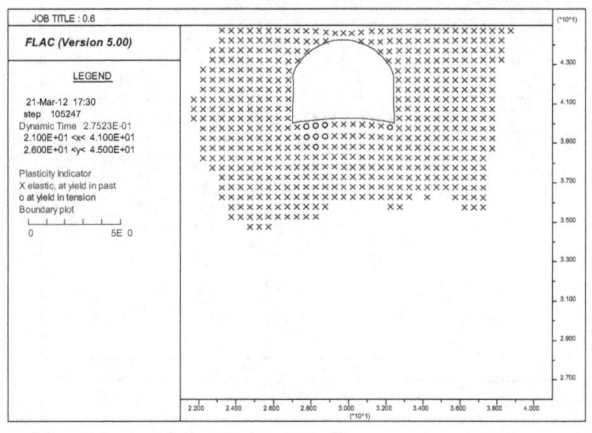

(a) $\lambda = 0.6$

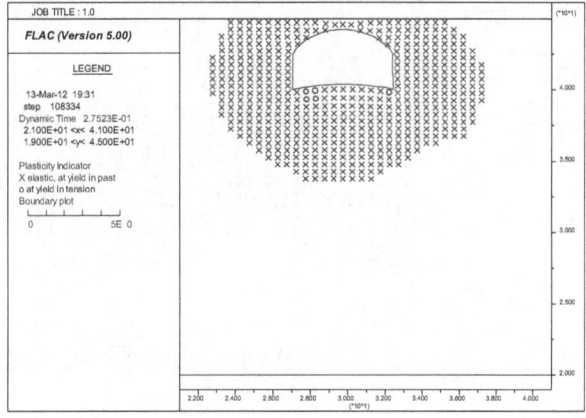

(b) $\lambda = 1.0$

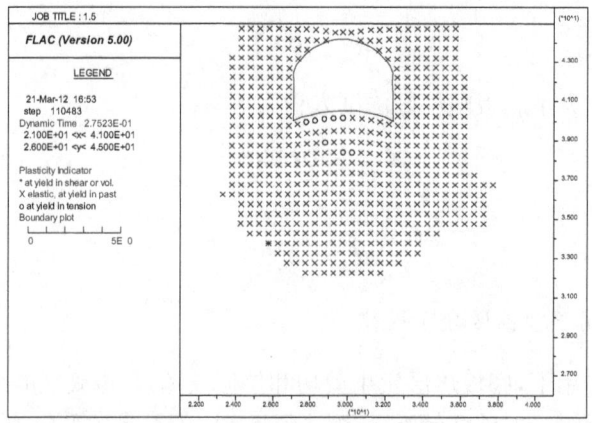

(c) $\lambda = 1.5$

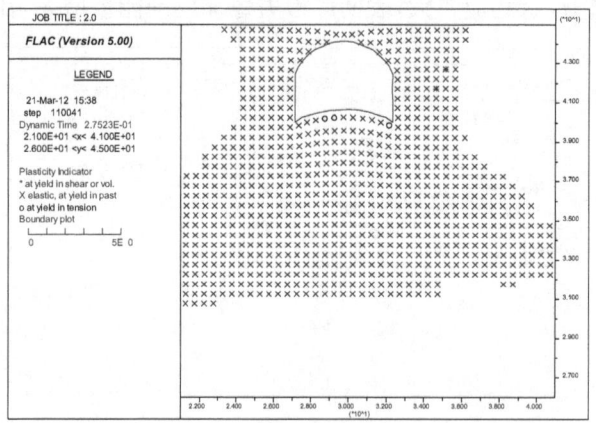

(d) $\lambda = 2.0$

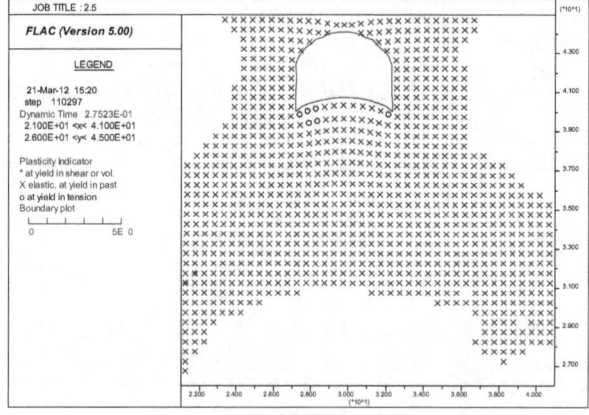

(e) $\lambda = 2.5$

图 6-25　动载作用下巷道底板塑性区变化（横纵坐标为模型尺寸，单位为 m）

示冲击矿压的强度变大。在整个作用过程中,底板总是出现明显的拉伸破坏和剪切破坏现象,底板表面出现拉伸破坏。

4. 250204 掘进工作面实践分析

通过对砚北煤矿地应力测量可知,最大水平应力与垂直应力的比值 σ_H/σ_V 最小为 1.62,最大为 1.95,地应力以水平应力为主,为典型褶皱构造型应力场。图 6-26 为 250204 工作面运输顺槽掘进至距向斜轴不同距离时底板矿震频次-能量变化图。由图可知,距离向斜轴部越近,矿震频次越大,矿震释放能量总体越大。例如,距向斜轴 800～1000m 时矿震频次仅为 11 次,矿震能量为 3.52×10^5J;当距向斜轴 0～200m 时矿震频次升高至 202 次,矿震能量增至 1.65×10^7J;当距向斜轴 600～800m 时,运输顺槽掘进至小背斜轴附近,此时大能量震动相对较多,导致总累积能量较 400～600m 时大。由此表明,当 $\lambda<1.95$ 时,距向斜轴距离越小,水平应力越大,底板矿震活动越频繁并且越剧烈,这与上述分析结果一致。

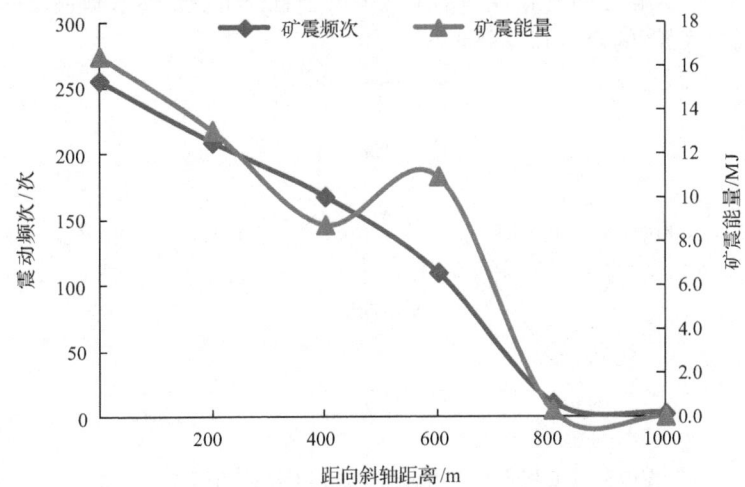

图 6-26 距向斜轴不同距离时底板矿震能量-频次图

综上,由褶皱构造区动载扰动诱发底板冲击矿压分析可知:

(1) 不同水平应力情况下,特厚煤层底板突然破坏所需临界水平应力不同,随着水平应力的增加煤层底板的临界水平应力值呈线性增加;随着水平应力的增加,应力差呈线性增加,表明极限应力下的底板煤体受动载扰动后更容易失稳破坏;底板塑性区随着水平应力的增加而相应扩大。

(2) 受动载扰动时,当 $\lambda<2.0$ 时特厚煤层底板最大垂直位移随着水平应力的增加呈非线性增加;静载作用下底板塑性区深度呈指数型增加,使得围岩能量因子变小,导致 $\lambda>2.0$ 之后底板最大垂直位移出现微降,冲击显现强度不再同步增加。表明特厚煤层底板失稳难易程度与底板冲击显现强度不完全呈正相关。

(3) 根据不同水平应力下底板受动载扰动应力、位移、塑性区等物理力学参数的变化,再现褶皱区特厚煤层底板冲击矿压的过程:底板的水平应力瞬间变化,底板塑性破坏区域扩大,致使弹性能瞬间释放,最终导致底板垂直位移突然增大产生冲击矿压。

6.4.3 底板冲击矿压控制的工程实践

1. 底板水平应力解危的结构效应

在水平应力作用下,底鼓现象十分明显,而已有的解危措施多注重巷帮和顶板,对底板的重视不够。在应力释放中应重点考虑底板的卸压。分别考虑水平力的定向问题,卸压孔如何形成类似楔形体的梯形机构锁,以及重点卸压的手段。如图 6-27 所示,当水平应力来临时,会在巷帮钻孔上分解为沿着钻孔向上的力和垂直钻孔向下的力,巷道两侧底板的水平应力的垂直分量会挤压底板使之向下运动,进而会减弱"底鼓"的产生和发展。

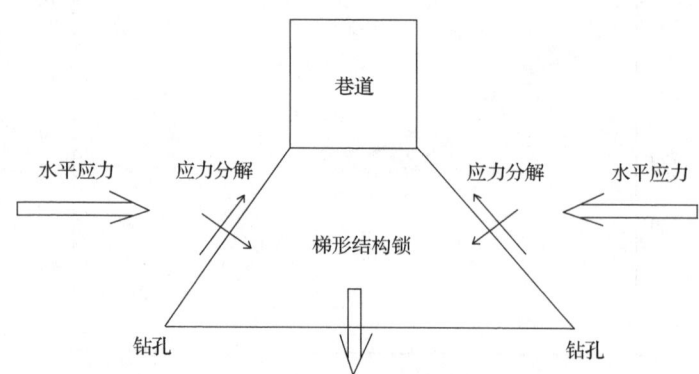

图 6-27 底板水平应力定向解危梯形结构锁形成原理图

底板水平应力定向解危结构的形成可采用底板卸压爆破与底板钻孔卸压实现。

2. 底板水平应力定向解危的大直径钻孔卸压技术

1) 底板大直径钻孔卸压孔径优化

底板大直径钻孔卸压作为底板诱发冲击矿压控制的一种措施,在有底板冲击矿压危险的矿井中使用较多。但大直径卸压的参数大多都是根据现场经验,没有进行更加深入的理论和数值研究,具有一定的盲目性。对底板大直径钻孔卸压的不同实施方案的卸压效果进行数值模拟研究,对不同的卸压参数进行对比分析,并最终确定较优的卸压参数。

由于受动载扰动后应力和能量分布均有所不同,不同程度的扰动对卸压参数选取有直接的影响,考虑到研究的普遍性,本次卸压模拟研究基于模型未受动载扰动这一前提。为减小应力传递的误差对整个模型进行加密处理,取侧压系数 $\lambda = 2.0$、底煤厚度 $h = 10\mathrm{m}$。

影响钻孔卸压效果的基本参数有两点,即孔径和深度。为研究不同钻孔深度和钻孔孔径对底板卸压效果的影响,本次模拟采用巷道中线钻孔卸压方案,通过对底板钻取不同孔径及不同孔深的钻孔,对比分析卸压效果,最终确定合理的钻孔参数。

为分析孔径大小对卸压效果的影响,在相同孔深情况下取孔径分别为 50mm、100mm、150mm 和 200mm 共计四种模拟方案,模拟结果如下。

通过对特厚煤层底板实施孔径不同的大直径钻孔卸压,使得底板应力和能量得以重新分布,卸压孔附近末端以上底板区域均得以不同程度卸压,而卸压孔末端以下区域较未卸压前应力和能量均出现进一步集中;随着卸压孔径的不同,卸压孔末端底板的应力和能量积聚程度不尽相同。

由图 6-28 知,当孔径 $\phi = 50\mathrm{mm}$ 时,应力和能量集中最严重;当孔径 ϕ 增大至 100mm 时,最大水平应力和最大弹性应变能密度分别下降;当孔径 ϕ 进一步增大至 150mm 时,最大水平应力和最大弹性应变能密度继续下降;当孔径 ϕ 为 200mm 时,最大水平应力和最大弹性应变能密度出现上升。

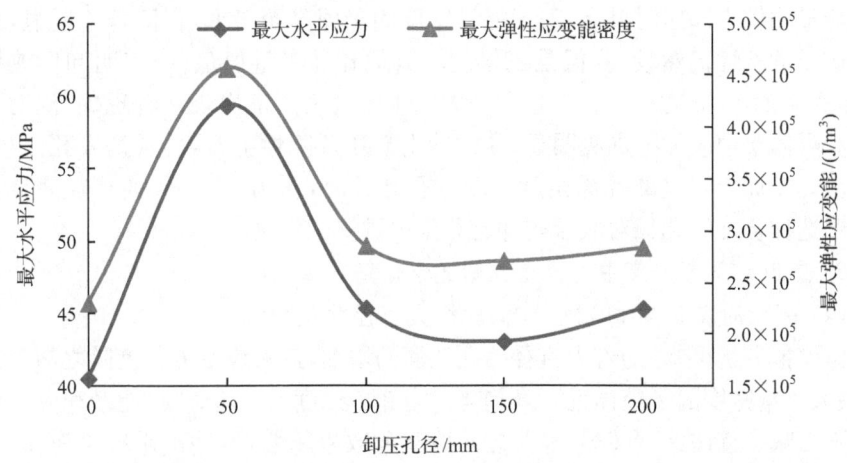

图 6-28　不同卸压孔径下底板最大水平应力和最大能量密度因子 k 曲线图

由图 6-29 可以看出,随着卸压孔径的增加,最大应变能密度深度随之增加;当 $\phi = 50\mathrm{mm}$ 时,最大能量密度因子 k 值最大,进一步表明此孔径不仅未起到卸压效果,反而可能导致冲击矿压危险性升高;当 $\phi = 100\mathrm{mm}$ 时,最大能量密度因子 k 值降低;当 $\phi = 200\mathrm{mm}$ 时,最大能量密度因子 k 值回升。

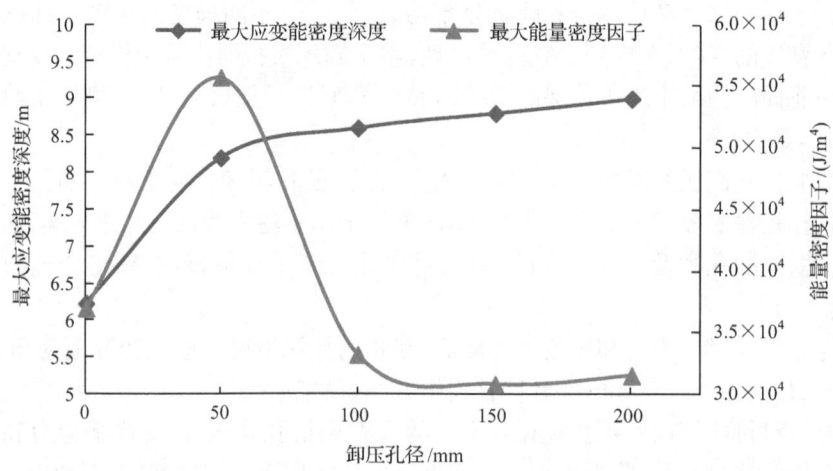

图 6-29　不同卸压孔径下底板最大应变能密度深度和最大弹性应变能密度曲线图

由此说明，卸压孔的存在使得高应力、高能量向煤体深部转移，但由于卸压孔末端应力和煤体应力叠加，使得应力和能量密度值双双增加，孔径不同应力和能量积聚程度不同；当 $\phi=50mm$ 时，应力、能量和最大应变能密度因子均较未卸压时有明显升高，表明冲击危险性上升；当 $\phi=100mm$ 时，应力和能量均较未卸压时升高，而最大能量密度因子值基本持平，说明冲击危险性上升；当 $\phi=150mm$ 时，应力和能量均较未卸压时升高，最大能量密度因子值降至最低，但降低不明显，表明冲击矿压危险性仍然较高，但是三参量较其他孔径参量值最低，表明卸压效果最佳；当 $\phi=200mm$ 时，应力、能量和最大能量密度因子值出现回升现象，说明孔径越大和煤体集中应力叠加越明显，导致冲击矿压危险性上升，容易诱发孔内冲击；故从应力叠加最明显的孔深角度选取钻孔孔径时，认为 150mm 的孔径最佳。最终说明选择合理的孔径对底板防冲起着至关重要的作用。

2) 底板水平应力集中的大直径钻孔定向解危工程实践

(1) 胡家河煤矿 401102 工作面底板大直径钻孔卸压。

由模拟分析可知，随着大直径钻孔孔深的增加，最大应变能密度随之向深部转移，最大能量密度因子整体呈下降趋势。当卸压深度 $L=10m$ 时，能量和应力集中区亦随之减小且往深部转移，表明此阶段解危效果越明显，冲击矿压危险性越低，故建议孔深选取 10m。

综上分析，结合胡家河矿 401102 工作面实际地质开采条件，在底板施工大直径卸压钻孔，钻孔直径为 113mm，孔间距为 1.4m，钻孔长度为 10m 左右。钻孔布置如表 6-9 和图 6-30 所示。

第6章 冲击矿压的局部解危

表 6-9 底板大直径钻孔卸压设计参数

施工位置	钻孔长度	钻孔倾角/(°)	孔径/mm	孔间距/m
401102 回风巷底板	10m 左右	60	113	1.4

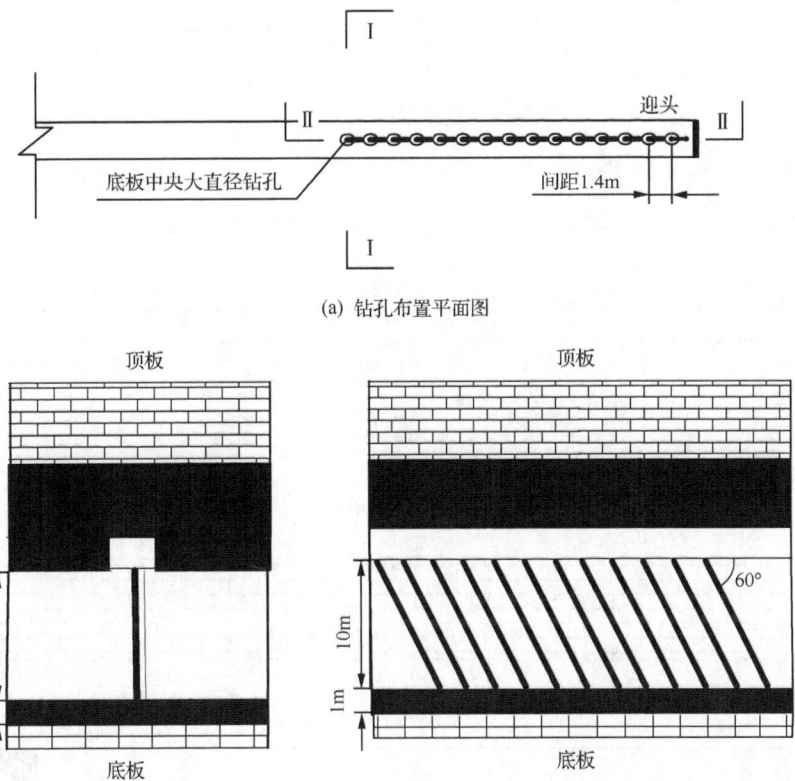

图 6-30 底板大孔径卸压钻孔布置示意图

(2) 华亭煤矿 250103 工作面底板大直径钻孔卸压。

根据华亭煤矿地质条件与矿压显现特征,对工作面前方 100m 范围实施底板大直径钻孔卸压。大直径钻孔采用 ZYJ270/170 钻机施工,孔径 96mm(可引进新型钻进,扩大孔径),每组三个钻孔,分别位于底板中央与巷帮边角。巷帮边角孔垂直于顺槽方向,与水平方向成 60°;底板中央孔沿顺槽方向斜向下 60°,朝向工作面端。孔深 15m(根据预警程度可扩大为 17~20m),每组大直径钻孔间距为 2m。钻孔布置平剖面示意图如图 6-31 所示。

(3) 砚北煤矿 250204 掘进工作面底板大直径钻孔卸压。

根据砚北煤矿冲击矿压显现特点,掘进头后方为应力峰值区域,是防治的重

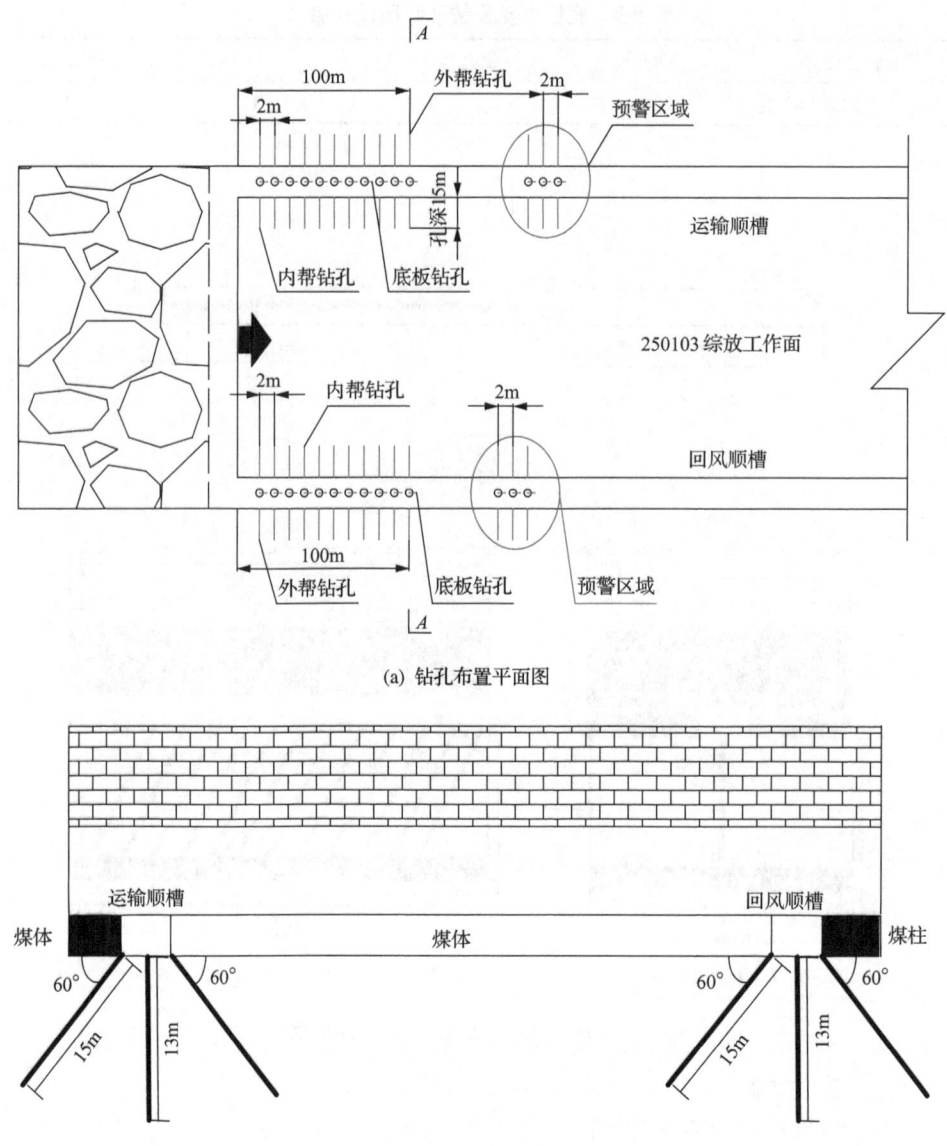

图 6-31 250103 工作面底板大直径钻孔卸压布置示意图

点。因此,配合底板深孔爆破,在掘进头后方或监测有冲击矿压危险区域实施底板大直径钻孔卸压。

每组三个钻孔,分别位于底板中央与巷帮边角。巷帮边角孔垂直于顺槽方向,与水平方向成 60°;底板中央孔沿顺槽方向斜向下 60°,朝向掘进头端。对于运输顺槽掘进头孔深 15m(根据预警程度可扩大为 17~20m),对于切眼掘进头孔深

20m，每组大直径钻孔间距为 5m。钻孔布置平剖面示意图如图 6-32 所示。

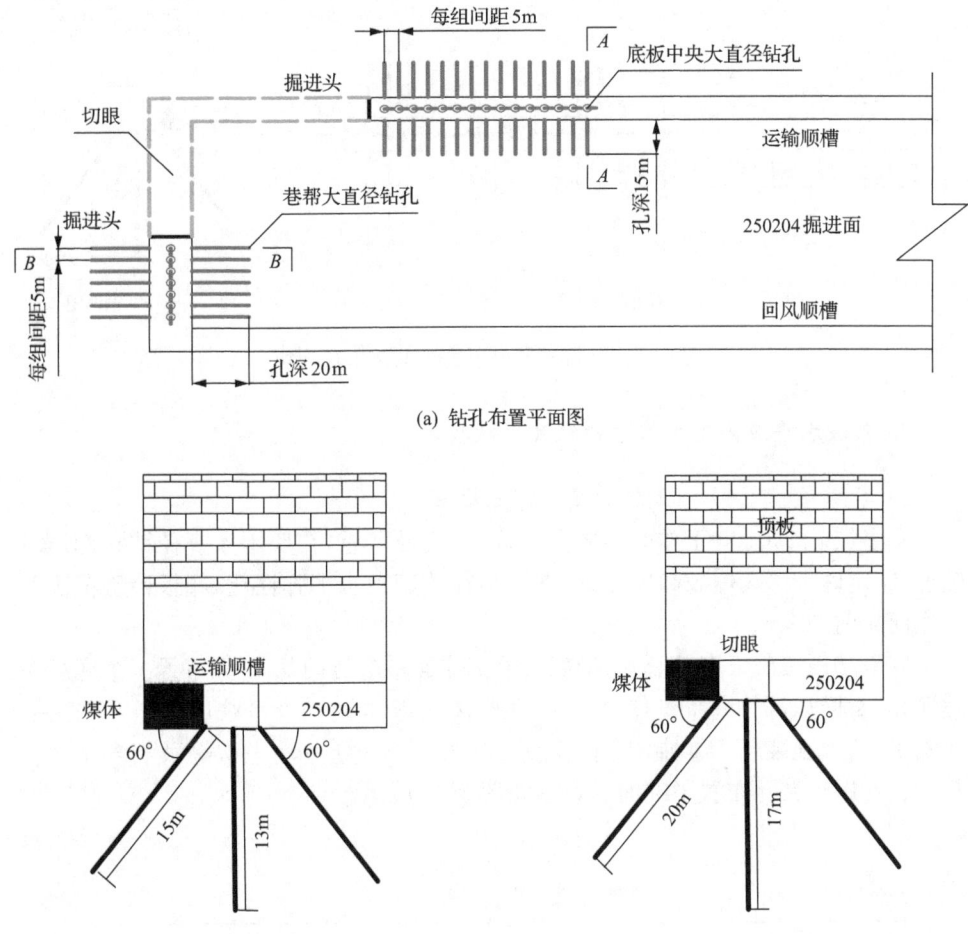

图 6-32　底板大直径钻孔卸压布置示意图

(4) 山寨煤矿 11051 运输顺槽底板大直径钻孔卸压。

11051 工作面运输顺槽掘进过程中，在巷道两帮和迎头实施大直径钻孔卸压后，进一步在掘进头后方 100m 范围或监测有冲击矿压危险区域进行底板大直径钻孔卸压。方案如下：每组三个钻孔，分别位于底板中央与巷帮边角。巷帮边角孔垂直于顺槽方向，与水平方向成 60°；底板中央孔沿顺槽方向斜向下 60°，朝向掘进头端，孔深 15m，每组大直径钻孔间距为 5m，钻孔直径为 108mm。

钻孔布置平剖面示意图如图 6-33 所示。

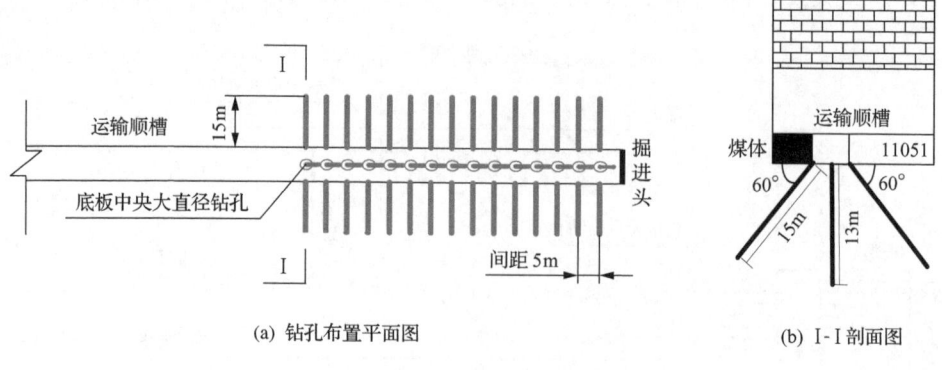

(a) 钻孔布置平面图   (b) I-I 剖面图

图 6-33　底板大直径钻孔卸压布置示意图

3. 底板水平应力定向解危的深孔爆破技术

1) 华亭煤矿 250103 工作面底板卸压爆破

华亭煤矿 250103 工作面构造应力较高,底鼓严重,在底板大直径钻孔卸压基础上,制定底板深孔爆破卸压方案,进一步释放底板水平弹性能,底板爆破范围为工作面超前 200m。

底板卸压爆破方案:运输顺槽底板沿工作面推进方向每 10m 布置一个底板爆破深孔,对回风顺槽每 5m 布置一个,在距离实煤体 1~1.5m 往底板斜 80°打钻,孔深 15m,单孔装药 5kg,封孔用速凝水泥,长度不小于 6m,一次爆破不多于 2 个孔。深孔爆破钻孔布置平剖面示意图如图 6-34 所示。

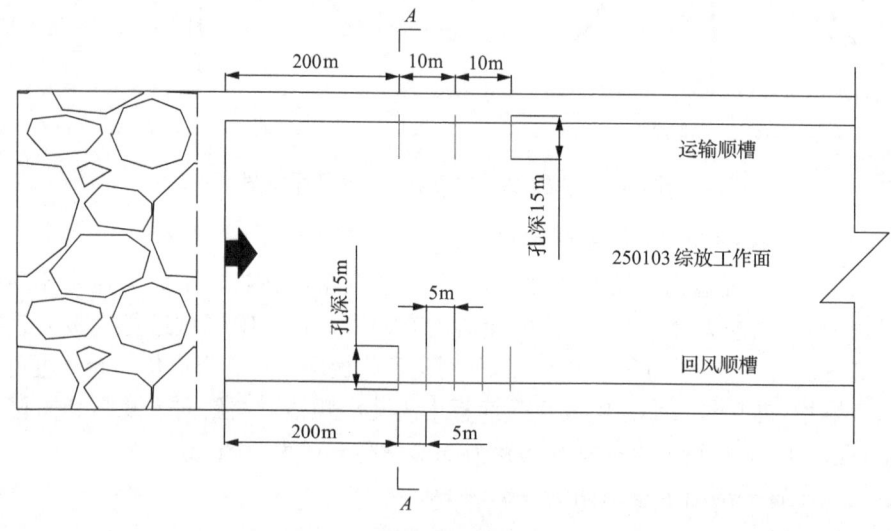

(a) 钻孔布置平面图

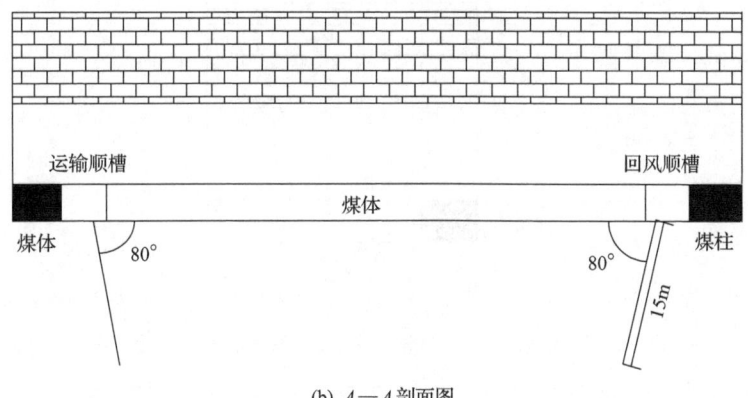

(b) $A-A$ 剖面图

图 6-34 华亭煤矿底板深孔爆破钻孔布置示意图

2）砚北煤矿 250204 工作面底板爆破卸压

同样，对于砚北煤矿 250204 工作面运输顺槽也进行了底板深孔爆破卸压方案。

方案如下：对运输顺槽与切眼掘进头后方底板，沿巷道中心方向每隔 10m 布置一组底板爆破孔，距离两帮 1～1.5m；倾角为 80°；孔深为 10m，单孔装药 3kg，封孔长度不小于 6m，一次爆破不多于 2 个孔。底板深孔爆破钻孔布置示意图如图 6-35 所示。

3）山寨煤矿 11051 工作面底板卸压爆破

对于 11051 工作面回采过程中，底鼓严重区域，则需进一步实施底板卸压爆破。

底板卸压爆破方案如下：沿巷道中心方向对两顺槽底板每隔 2m 布置一组底板爆破孔，爆破孔实施于相邻底板大直径钻孔之间，孔深 8～10m，孔径 42mm，朝回采面方向，单孔装药 3kg，封孔长度不小于 4m。如图 6-36 所示。

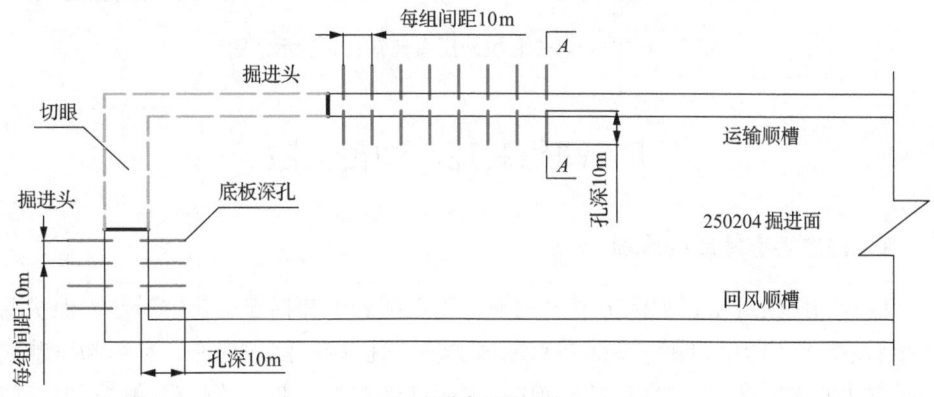

(a) 钻孔布置平面图

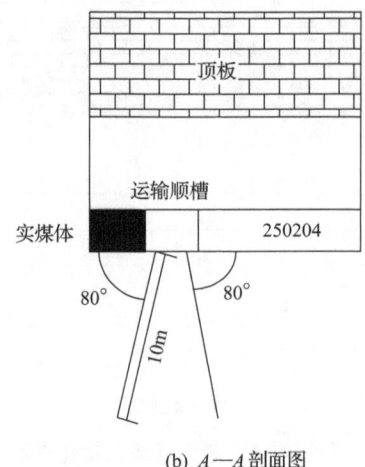

(b) A—A 剖面图

图 6-35 砚北煤矿底板深孔爆破钻孔布置示意图

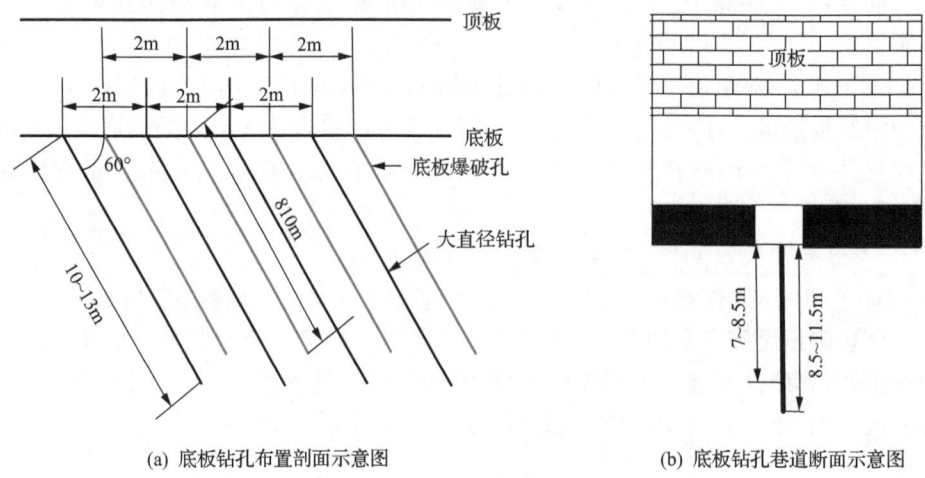

(a) 底板钻孔布置剖面示意图　　(b) 底板钻孔巷道断面示意图

图 6-36 山寨煤矿底板卸压爆破钻孔布置示意图

6.5 卸压巷控制冲击危险

6.5.1 掘进巷道卸压的原理

掘巷卸压法就是在被保护巷道和硐室附近围岩中开掘卸压巷(槽)使被保护巷道和硐室处于应力降低区,从而提高围岩的稳定性,减小围岩变形。利用卸压巷硐卸压方法的实质是,在被保护的巷道附近(通常是在其上部、一侧或两侧)开掘专门用于卸压的巷道或硐室。转移附近煤层开采的采动影响,促使采动引起的应力再次重新分布,最终使被保护巷道处于开掘卸压巷硐而形成的应力降低区内。同时也可以使煤体中积聚的弹性能能够得到释放。卸压巷卸压法一般分为两种,即顶部卸压法和侧帮卸压法,如图 6-37 所示。

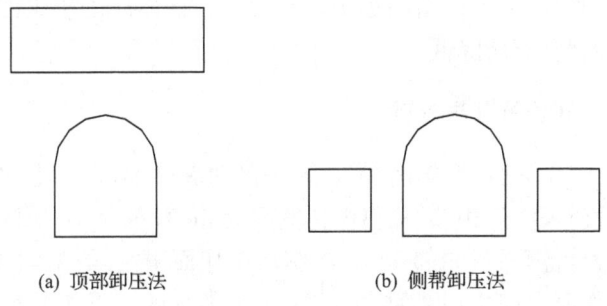

(a) 顶部卸压法　　　　(b) 侧帮卸压法

图 6-37　掘巷卸压法示意图

在巷道顶部布置卸压巷硐时,卸压巷硐的宽度 L 及其与被保护巷道的垂直距离 h 是影响卸压效果的主要参数。一般情况下,卸压巷硐与被保护巷道间的垂直距不应小于卸压巷硐底板破坏深度与至少 2m 的安全岩柱之和。依据卸压巷硐与被保护巷道间的垂距和支承压力传递影响角,卸压巷硐的宽度应确保被保护巷道在其形成的应力降低区内。

巷道开挖后,在弹性应力条件下巷道断面围岩中的最大应力是周边的切向应力,且周边应力的大小和 E、μ 弹性参数无关。图 6-38(a) 表示矩形孔周围的正应力分布,图 6-38(b) 表示矩形孔周围最大切应力的分布。

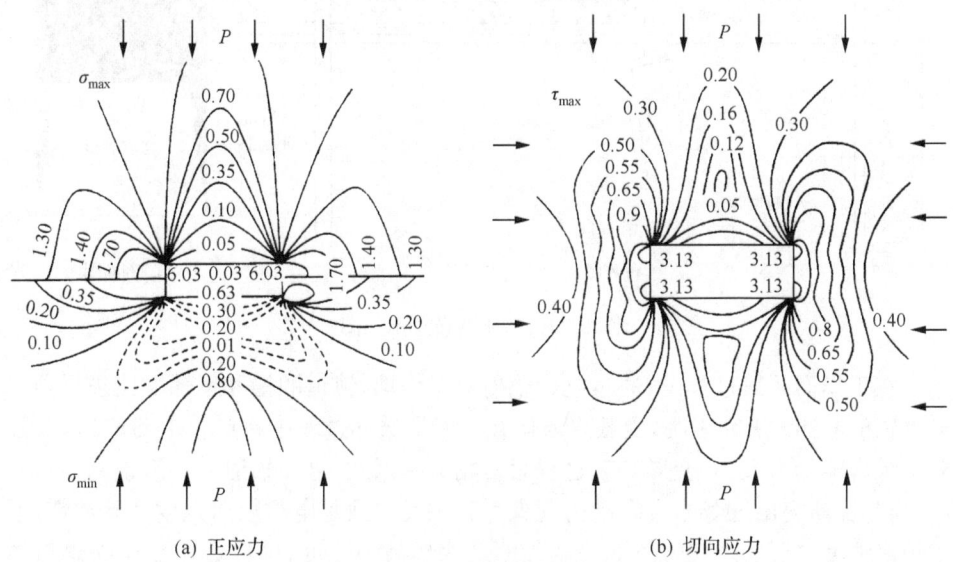

(a) 正应力　　　　　　(b) 切向应力

图 6-38　矩形孔周围应力分布图

如果将被保护巷道布置在卸压巷的下面,也就是在卸压巷周围应力较小的地区,那么被保护巷道就处于应力相对较小的地方,煤岩体中的弹性能也相对较低。同时卸压巷的开掘也可以释放煤岩体中积聚的一部分弹性能。冲击矿压大多数发生在巷道(72.6%),回采工作面则很少(27.4%)。这样冲击矿压工作面回采过程中的冲击危险性就将有所降低。

6.5.2 现场掘巷卸压及效果检验

东滩煤矿 $143_上06$(西)工作面位于 14 采区西翼中部,东西走向布置。切眼西侧与 14315 综放面采空区相邻(隔离煤柱宽度为 3m);东至 14 采区运输机上山西 90m 为本采区设计停采线;北邻 $143_上07$ 综放工作面采空区;南邻 $143_上05$ 综放工作面采空区;工作面走向中段上部为 $143_上06$-1 采空区。工作面走向回采长度为 1349.60m,倾斜长度为 144.5m。煤层平均厚度为 5.50m,采煤高度为 2.8m。如图 6-39(a)所示。工作面分三个块段,采用先综放,后二分层,再综放的开采形式。

为了降低运输顺槽所受的应力,减小巷道变形和释放在运输顺槽上方的 $143_上$06-1 切眼位置以西沿 3 上煤顶板施工一条 80m 长的卸压巷,卸压巷与顺槽上下重叠。如图 6-39(b)所示。

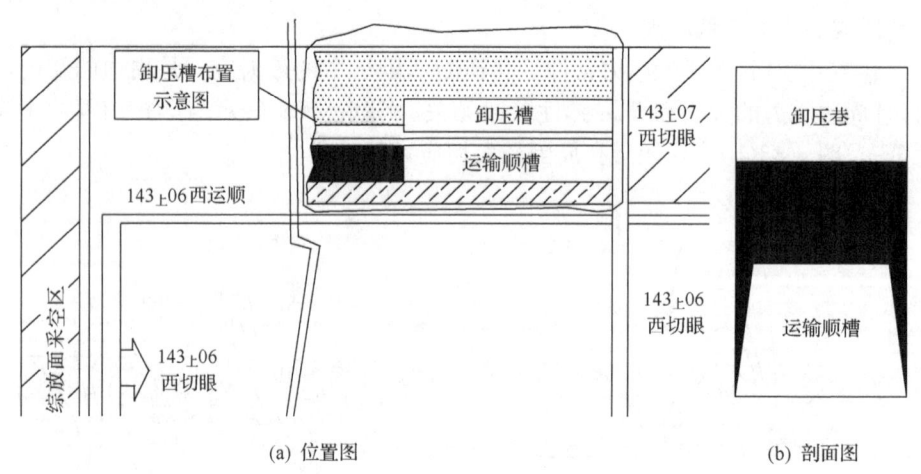

(a) 位置图 (b) 剖面图

图 6-39 卸压巷布置示意图

在工作面回采过程中,通过电磁辐射对工作面、轨道顺槽和运输顺槽进行顶点电磁辐射监测。研究表明,受载煤岩体在其变形破坏过程中将产生电磁辐射,其强弱与煤岩体受力大小、变形破裂过程紧密相关。因此,电磁辐射可用来预测冲击矿压、煤与瓦斯突出等煤岩灾害动力现象。其主要参数是电磁辐射强度和脉冲数,电磁辐射强度主要反映煤岩体的受载程度及变形破裂强度;脉冲数主要反映煤岩体变形及微破裂的频次。而关键层的剧烈运动,使得煤体受力变化幅度大,煤体破裂剧烈,这将引起工作面及其周围巷道内电磁辐射的全面升高。

通过监测到的电磁辐射数据,在卸压巷开掘的范围内运输顺槽电磁辐射的幅值很低(图 6-40,图 6-41),这说明运输顺槽所受的应力较低,煤岩体中所积聚弹性能得到了释放,卸压巷起到了一定的卸压效果。

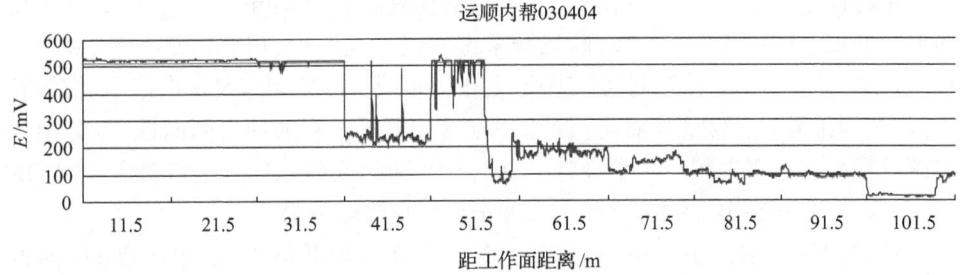

图 6-40　运输顺槽未进入卸压巷范围和已进入卸压巷范围内的电磁辐射监测

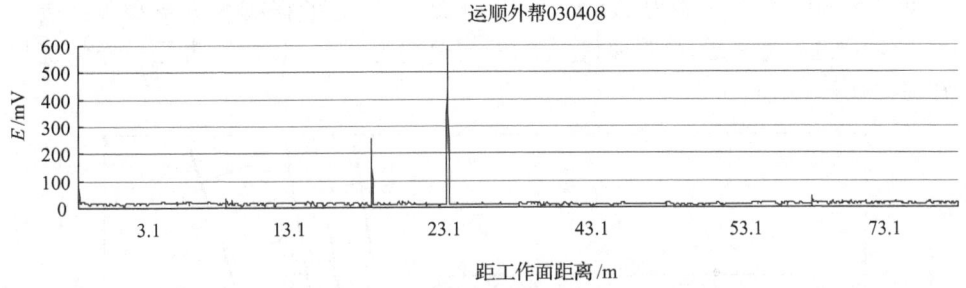

图 6-41　在卸压巷范围内的运输顺槽电磁辐射监测结果

在图 6-41 中,工作面前方 48m 以后运输顺槽进入卸压巷的下部。由图可以明显地看出电磁辐射的幅值在进入卸压巷的下部后有明显的下降,这说明其所承受的应力相对来说要小。图 6-42 中,运输顺槽已经全部位于卸压巷的下部,电磁辐射的幅值很低,此处煤岩体所受的应力相对较小,积聚的弹性能得到了释放。这对工作面冲击矿压的防治有着重要意义。

6.6　深部煤巷过断层群期间防冲对策

统计结果显示,大多数的冲击矿压事故发生在巷道位置,特别是周边地质构造较为复杂的区域。在深埋煤层回采巷道掘进施工过程中,由于受到断层构造的影响,特别是巷道过断层群期间,掘进工作面周围矿压显现异常强烈,煤炮响声沉闷且数量增多,片帮、掉渣等现象明显,煤粉钻屑量高于正常水平,潜伏的冲击危险性增大,增加了巷道施工的难度,影响了工作进度。因此,针对掘进施工回采巷道时受到的冲击威胁,采取合理有效的措施并加以贯彻落实,预防冲击矿压事故的发生,对保证矿井安全生产极为必要(张明伟等,2010)。

6.6.1 现场地质概况与矿压显现

星村矿地处华东平原,区内地势平坦,地面高程在+53m左右,全区地形东高西低。井田范围内煤层赋存较深,以开采山西组3煤为主,煤层均厚7.88m,煤质松软,结构简单,层位稳定,厚度有一定变化。顶板为砂质泥岩及灰白色中、细粒砂岩,底板为细砂岩。该煤层具有强冲击危险性,顶板具有弱冲击倾向性,且为中等冒落性顶板。井田东翼一水平设计采深为-870m,区内地质构造极为复杂,断层繁多,其"三高一突出"的赋存特征,为冲击矿压危险埋下隐患。

目前,在掘进施工东一采区E3101东工作面运输巷道时,于导线点D3前方33m的迎头位置处逐渐揭露多条断层。通过实地勘测及打钻孔探测等方法判断,确定掘进工作面遇到DF86大断层,全断面为砂岩,该断层产状为:走向95°,倾向5°,倾角80°,最大落差为5.5m。并且据此推断,之前揭露的三条密布断层为DF86断层的衍生断层,呈阶梯状分布,断层落差为0.5~1.1m。断层分布情况如图6-42所示。

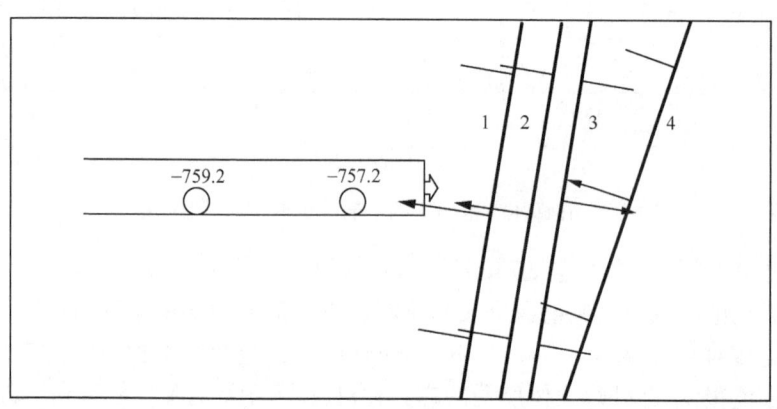

图 6-42 巷道揭露断层平面图

1. 倾角45°,落差0.65m;2. 倾角50°,落差0.5m;3. 倾角50°,落差1.1m;4. 倾角80°,落差5.5m

受断层群构造的影响,巷道迎头段在掘进施工期间矿压显现尤为强烈,围岩内煤炮增多,偶尔出现片帮、落渣等现象,煤粉钻屑量超出正常水平。根据观察到的矿压显现特征,预测巷道迎头段围岩有潜在的冲击矿压危险。强烈的矿压显现严重阻碍了巷道预定的掘进施工进度,急需采取有效的冲击矿压预防及治理措施,弱化巷道围岩强度,转移断层群区域内的应力集中,减冲解危,以保证巷道安全正常施工。

鉴于矿井安全生产的需要,矿方采用波兰 SOS 微震监测系统,对巷道过断层群之前迎头附近区域内的煤岩体震动活动进行实时时空矿压监测,获得了巷道过断层群前期该区域内震源点的位置变化与能量变化情况,从中选取部分监测时间内震源分布较为活跃、集中且强烈的煤岩体震动分布情况,如图 6-43 所示。

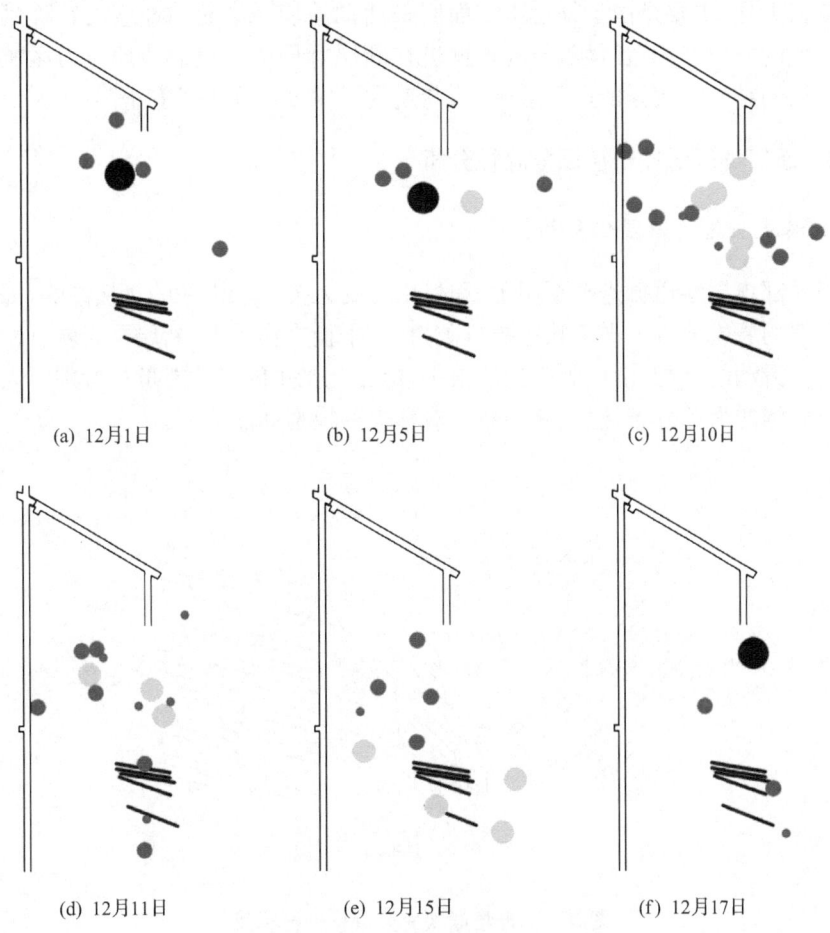

图 6-43 巷道过断层群前期震源分布

图 6-43 中,圆点直径越大代表震动释放的能级越高。从监测结果来看,巷道在开始朝向断层群开挖掘进时,由于迎头距离断层较远,掘进活动对断层的影响较小,断层群周围应力分布基本仍处于原岩应力作用状态,煤岩体震动活动主要集中在迎头前方与两帮附近,震动次数少,震动能量低,矿压显现弱。但当迎头距离断层群约为 80m 时,迎头附近区域内矿压显现渐强烈,煤炮次数增加不多,但出现较大能量级别的矿震,震源集中位置相对于巷道迎头位置主要偏向于断层群侧前部,意味着自该位置开始,巷道周围煤岩体应力分布可能开始受断层群构造应力的影

响。随着巷道继续掘进,该区域内矿压显现逐渐强烈,巷道前方及断层群周围地应力均出现集中现象,能量活跃,震动源点逐渐向断层群周围靠拢,出现矿震的总次数及较大煤岩体震动的次数渐多,最大震级在 1.4 级左右。

结合巷道周边区域内实际煤岩体采掘情况综合考虑来看,目前该区域内矿压显现较为强烈,主要是由于临近工作面回采活动迫使采场超前地应力转移延伸至相对活跃的断层群构造区域,与巷道掘进在断层群周围形成的高地应力区域叠加综合作用的结果。较强的矿压显现,给巷道的正常掘进埋下了安全隐患。

6.6.2　断层群区域冲击矿压危险性分析

1. 巷道掘进对断层位移的影响

当深部煤层巷道掘进至断层附近时,由于受人为掘动因素的直接影响,深部煤岩体内部的原岩地应力平衡状态被打破,在不平衡力作用下,断层围岩就有发生微距离错位滑动的可能,滑移距离虽然很小,但由此聚集的弹性能量却特别巨大。根据断层周围的力源分布,建立断层断块滑移失稳模型如图 6-44 所示。

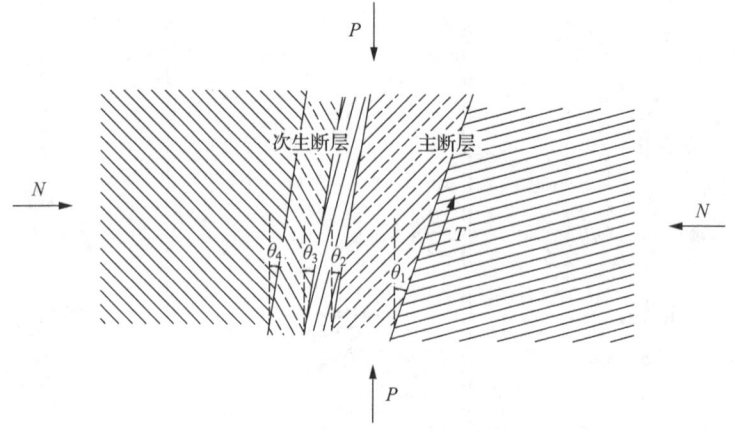

图 6-44　断层断块完全滑移失稳模型

假设断层围岩主要受垂直地应力 p 及水平地应力 N 的作用,不连续粗糙接触断面上的最大静摩擦因数为 μ,断层倾角为 θ,原岩切向力为 T(由于断层面处的黏结力很小,可不予考虑),主要考虑巷道掘进位置断层的滑移现象,因断面处的原岩水平地应力 N 与原岩切向力 T 的大小不同而存在不同的滑动失稳情况。由于最大静摩擦因数 μ 与断层倾角 θ 为常数,取系数 $k = \sin\theta - \mu\cos\theta$,则 k 也为常数,对于不同的断层面,k 值也不相同。断层断块微距离滑动失稳的临界条件为

$$T = kN \tag{6-22}$$

当 $T>kN$ 时,断块在围岩应力场作用下不发生滑移;当 $T<kN$ 时,断层断块将发生微距离滑移。

由于该断层群除有一条主断层外,还包含有三条次生断层,一旦断层面上力的作用超过其临界条件,且因巷道的掘进提供了断块移动所需的自由空间时,在每一个断面上都具有微距离滑移的可能。在断块微距离滑移失稳过程中,由于断层上、下两盘接触面处受力不同、接触点的摩擦作用不同,每一断面的滑移结果将有所不同,微距滑移将从 T/k 最小的断层面开始。在垂直地应力变化不大的条件下,水平原岩地应力作用越大,可能导致失稳面的滑移距离就越大,也可能使得其他断面继续发生微距离移动,甚至所有的断层面都可能发生微距离滑动。产生的初始滑移动力越大,滑移断块的初始加速度就越大,一旦因断层移动聚集的弹性能量突然释放,将造成较大的冲击危险性。实践同时证明,断层附近具有发生冲击矿压的较高可能性。

2. 断层群应力变化对冲击的影响

根据矿区内巷道掘进过程中矿压显现资料的统计结果显示,巷道在煤岩体发生转换地段,特别是断层构造处,断层上盘发生冲击的次数和强度明显高于断层下盘。由于巷道前方揭露的是正断层,该回采巷道是从断层的上盘掘进至断层的下盘,可以预测,受人为掘动活动对周围地应力场的影响,巷道在断层上盘掘进期间矿压动力显现将强于下盘。受断层错动移位的影响,由断面往上、下两盘方向各 10m 左右的范围内将形成一个裂隙较为发育的煤岩体破裂松动区(图 6-45),当巷道掘进至该部分区域时,掘动活动对裂隙松散区的挠动影响造成顶煤的控制难度相对加大,一旦出现较大能量的震动,释放的能量就会进一步助推煤岩体的破裂进程。

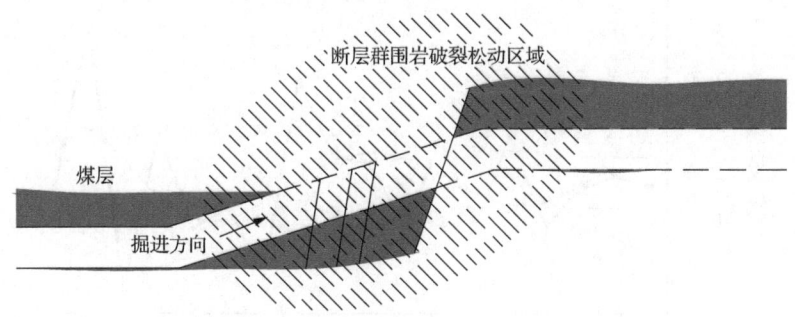

图 6-45 断层断面周围的破裂松动区域

此外,巷道掘进期间受断层影响发生煤岩转换继而转变为上山掘进的区域,多数情况下属于挑顶方式施工，巷道顶板逐渐变为坚硬的岩石直接顶或基本顶，地应力发生改变，垂直地应力与水平地应力在巷道周边区域及断层面附近积聚，岩石顶板结构受应力集中影响而不稳定。结合巷道掘进过程矿压显现的控制经验，断层破裂松动区域内发生冲击的概率较高，随着新的巷道空间被掘出，顶板受挠动易在顶部不远位置出现能量大小不一的震动，此种类型的煤岩体震动，易将过断层之前的巷道区段内顶板上方的煤岩体震裂松动而发生冒落。自断面往上、下两盘方向各 20m 左右的范围内，巷道在煤岩体内掘进施工过程中，煤岩体结构破坏较大，人为辅助挠动现象较为明显，诱发地应力重新分布和积聚，具备发生冲击矿压等动力灾害现象的条件，特别是在断层处起坡位置，引起顶板应力集中，起坡点是巷道力传输的关键破断点。

本区域由于煤层埋藏较深，煤质较硬，煤体的冲击倾向性实验及煤与老顶组合的冲击倾向性实验结果显示，回采煤层具有强冲击倾向性，且煤岩组合体亦具有强冲击危险。结合迎头在掘进过程中矿震显现逐渐强烈的特点推断，该断层区域冲击倾向性理论上较强。

3. 煤岩体震动对冲击矿压的影响

煤岩体因高地应力在某位置集中而积聚大量的弹性能量，每一次较大能量的震动活动，既是聚集在煤岩体内弹性能量的释放过程，又是对震源点附近坚硬实体煤岩的松散破碎过程，起到了能量释放、松散煤体及转移高地应力的作用。当巷道距离断层较远时，震动分布距离断层也较远，但随着巷道不断向断层掘进，人为掘进活动将逐渐对断层构造产生影响。根据巷道掘进前期的矿震分布，总结其每日震动总能量与每日震动总次数的变化情况见图 6-46。

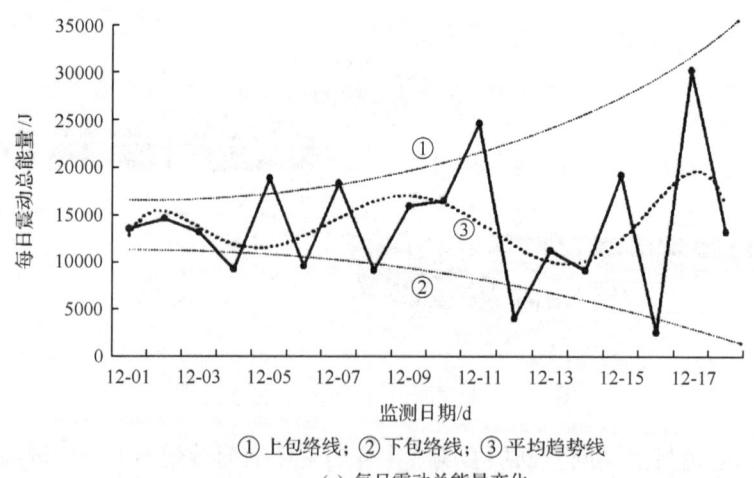

① 上包络线；② 下包络线；③ 平均趋势线

(a) 每日震动总能量变化

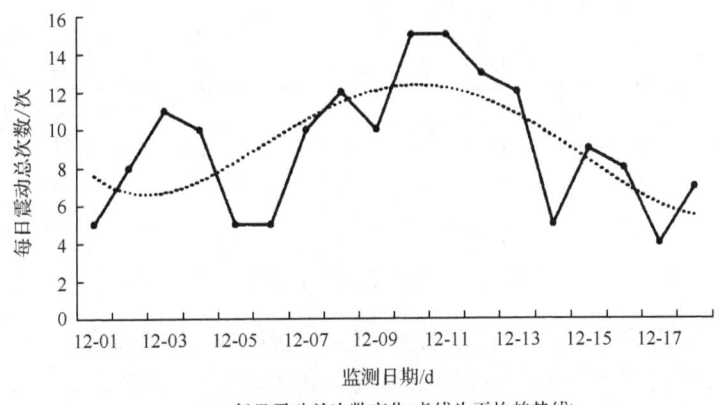

(b) 每日震动总次数变化(虚线为平均趋势线)

图 6-46 巷道过断层前期震动能量与次数变化曲线

图 6-46 显示,随着巷道不断向断层群掘进,自 12 月 1 日起,每天震动活动的总次数变化呈现先升后降的趋势,特别是自 12 月 11 起,震动总次数下降趋势和幅度特别明显。但每日震动总能量却呈现忽大忽小的变动态势,变动幅度差距增大,将较小震动能量与较大震动能量分别单独观察比较发现,低能量呈现逐渐下降而高能量呈现逐渐攀升的趋势。特别是 12 月 17 日于巷道迎头左前方发生的一次较大能量的矿震,对巷道围岩结构及应力变化扰动很大,矿压显现尤为强烈。综合判断,预测在巷道及断层群附近区域可能有高能量潜伏,具备发生冲击矿压危险的条件和可能性。因此,在该巷道过断层期间必须做好必要的防冲措施,加强顶板控制和管理,防止冲击危险事故的发生。

6.6.3 过断层群期间的防冲解危措施

针对巷道周围煤岩体内矿压显现逐渐增强至有可能发生冲击矿压的潜在危险,矿方及时采取监测手段与防治措施,对巷道周围煤岩体矿压显现进行实时监测,并根据监测结果采取有效的预防措施加以治理。主要采取的监测手段包括电磁辐射监测和钻屑法监测,主要的卸压措施包括钻孔卸压爆破和大直径钻孔卸压。

1. 电磁辐射监测预报

采用 KBD5 型电磁辐射监测仪对由巷道迎头向后约 100m 的两帮范围内煤岩体应力集中程度进行实时监测。总共布置 23 个监测点,分别位于巷道两帮及迎头断面的腰线位置,其中,巷道左、右两帮各布置 10 个监测点,间距为 10m;迎头断面均匀布置 3 个监测点,间距依断面大小而定(图 6-47)。每天观测一次,每次每点监测 2 分钟,对监测数据做好记录。

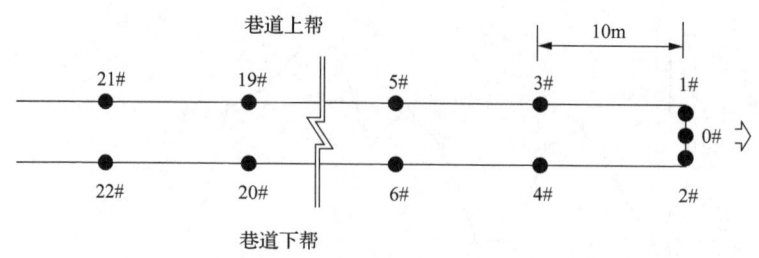

图 6-47 电磁辐射测点布置示意

在实时监测过程中,以电磁辐射强度临界值的 60% 作为基准。如果监测所得的数据偏大,强度高于 60mV,脉冲数超过 960 次,则意味着监测地点地应力积聚程度高、冲击能量潜伏的可能性比较大,此时须进行复测,以核实该处电磁辐射的强度,根据监测数据,预测预报矿震及冲击矿压发生的强度。如果监测所得的数据没有达到临危值,但辐射强度或脉冲数等动态值在不断缓慢升高,抑或突然有较大幅度的升高,此时也须加强监测力度,监测次数可提高到每班监测一次,各点监测时间提高到 2 分钟,以通过观察辐射强度和脉冲数的变化来预测预报冲击矿压发生的可能性。实施监测过程中如果发生报警现象,先要排除可能的影响因素,若报警依然不停,则意味着报警地点能量积聚至释放的可能性较大,此时须立即采用钻屑法进行钻屑量监测,对冲击危险性进行检验。

2. 钻屑法监测预报

采用钻屑法对冲击矿压危险性进行监测时,监测地点往往选择在迎头或巷道两帮电磁辐射强度增高至可能发生冲击矿压危险的地点,主要监测每米钻孔的钻屑量,并对打钻孔过程中出现的卡钻、吸钻、异响及孔内异常动力显现等现象进行实时监测,预报冲击矿压发生的可能。巷道内实施钻屑法监测冲击危险性时,在迎头和巷道两帮均打监测钻孔,钻孔直径为 42mm,孔深 7~8m,钻孔距底板 1.2m 左右。迎头中心位置布置 1 个监测钻孔,两帮监测钻孔的布置位置结合电磁辐射法预测预报的冲击矿压危险性较高的区域来确定,顺巷道掘进方向布置间距为 5~6m,单排布置,监测钻孔方向为平行于煤层,垂直巷帮。

如果某处钻孔深度小于 4.0m 且钻屑量大于 4L/m,或者钻孔深度大于 4.0m 但钻屑量大于 6L/m,则判定该处发生冲击矿压的可能性较大。判别工作地点冲击矿压危险性的钻屑量指数见表 6-10。

表 6-10 判别工作地点冲击矿压危险性的钻屑量指数

项目	钻孔深度/煤层厚度		
	1.5	1.5~3	3
钻屑量指数/(kg/m)	1.5	2~3	≥4

3. 松动爆破与大直径钻孔卸压解冲措施

依据电磁辐射和钻屑法对巷道冲击危险性的实地监测结果,矿方研究讨论决定采用"迎头打爆破钻孔、两帮打大直径钻孔"的综合卸压措施,对迎头前方及断层群周围进行充分卸压,以降低该区域内的冲击危险性。

实施松动卸压爆破时,于迎头中线位置布置1个钻孔,炮眼距巷道底板1.0～1.5m,炮眼直径为42mm,眼深8m左右,炮眼水平方向与掘进方位一致,垂直方向与巷道倾角一致,并略微偏向煤层底板方向布眼,以减少人为打钻对巷道顶板的振动影响,防止煤顶冒落影响支护。遇特殊冲击情况时,爆破参数可以根据生产地质条件做适当调整,特别是巷道两帮冲击危险较为明显的区域,根据监测到的位置范围现场确定,适当打卸压爆破钻孔,炮眼位置布置在设计巷道断面的中下部,其水平方向应垂直煤壁,垂直方向须与煤层坡度一致。

在掘进施工过程中,如果电磁辐射监测到的煤岩体内震动辐射强度没有达到临界值的60%,但周围煤岩体内煤炮等动力显现较为明显,采用钻屑法鉴定该处钻屑量又不超过标准时,为了预防冲击危险,需要采取打大直径钻孔卸压的措施,使巷道周围地应力继续向外围转移,使断层群的卸压带进一步拓宽。实施大直径钻孔卸压时,迎头布置两个超前卸压大孔,孔深10m,布置在中线左右各1m的位置,偏差在±0.2m以内,孔眼距离巷道底板1.0～1.5m。巷道两帮电磁辐射监测值偏高、煤粉量超标地点打大直径卸压孔时,采用孔眼单排布置,孔深15m左右,间距为2～3m,钻孔距离巷道底板1.0～1.5m,并保持与帮壁垂直。巷道过断层掘进期间,巷道每前进5m左右即刻重新打卸压大直径钻孔,始终保证大孔超前掘进工作面5m开外,以使迎头在大直径孔的卸压作用范围内施工。

钻孔卸压爆破与大直径钻孔卸压在巷道内的综合实施布置方案如图6-48所示。

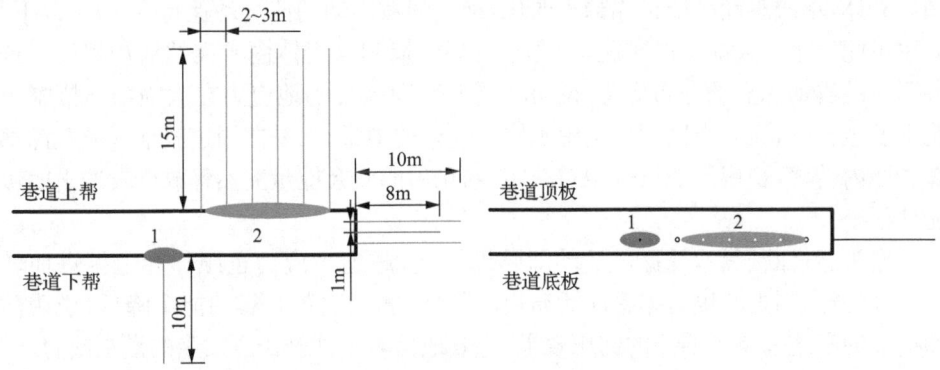

图6-48 防冲措施综合实施方案
1. 冲击危险高区域;2. 冲击危险较高区域

如果高度集中的地应力得不到有效缓解,煤岩体内能量转移和释放效果不甚明显,可采取二次卸压爆破和打大直径钻孔的补救措施进行卸压,直至解除冲击危险为止。

6.6.4 解危效果实时监测检验

采取如上所述的冲击矿压监测和防治综合措施之后,由 SOS 微震监测系统对过断层中期与后期全程实时时空监测,获得该段时间内震动源点变化及能量分布趋势如图 6-49 所示。

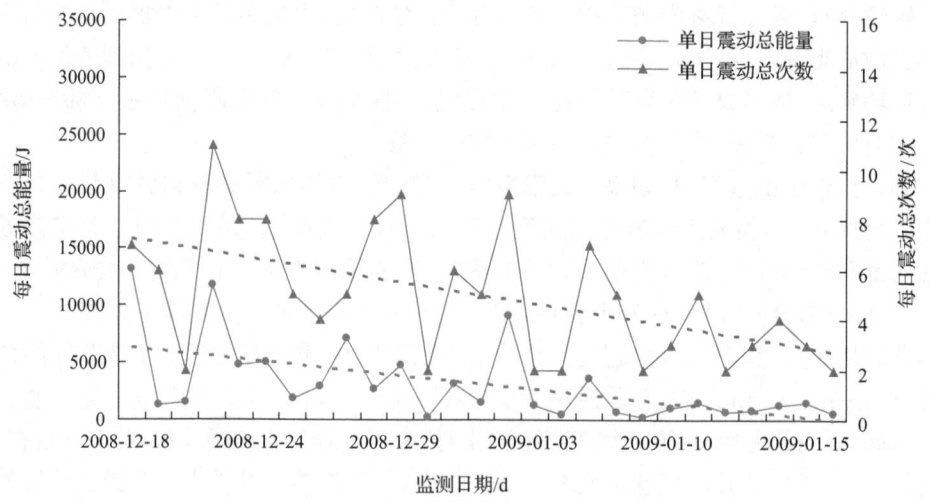

图 6-49 防冲措施实施后震动能量及次数变化

从监测结果看,防冲措施实施之后,断层群周围每日震动总次数不断减少,每日震动总能量逐渐降低,震源点分布不再密集,而是离散地分散于巷道及断层群周围煤岩体,单次震动的能量亦趋于弱化,绝大多数震动的能量均保持在 10^3 J 以下,偶尔可能发生较大能量的矿震,符合巷道掘进期间煤岩体内矿震的活动规律。这种明显的震动源点的分布变化,说明断层群周围聚集的地应力在人为预防措施干扰下发生转移,高应力区不再集中于构造复杂的地带,而是向周边较远区域及深部煤岩体内转移,积聚的能量也相对减弱,弱化后的残余能量突然释放诱发冲击的可能性很小。

迎头通过断层后,受掘进活动前移的影响,超前地应力也跟随巷道掘进而转移,断层群周围内的煤岩体震动活动频度降低,震动次数和震动能量降低,说明防冲措施的实施取得了明显的卸压效果,有效地抑制了冲击矿压发生的潜在威胁。

6.7 高冲击危险巷道的柔性蓄能支护体系

6.7.1 锚杆支护预防巷道冲击的机理

研究表明，巷道冲击矿压显现与煤壁层裂结构的形成失稳有关。巷道一经开掘，周围煤岩体原岩应力状态遭到破坏，由原来的三向受力状态变为平面受力状态，甚至出现单向受力状态，局部出现高应力集中区，并在巷道煤壁附近煤岩体内产生大量的次生裂纹。次生裂纹扩展和贯通及自由表面影响是层裂板结构形成的主要因素，对巷道围岩的稳定性起重要作用，是形成巷道冲击矿压显现的根源之一。如图 6-50 所示。煤壁附近裂纹端满足开裂条件 $K_{\mathrm{I}}=K_{\mathrm{IC}}$（$K_{\mathrm{IC}}$ 为材料的断裂韧性）时主应力 σ_1 值为

$$\sigma_1 = \frac{\sqrt{b\sin(\pi l/b)}\left[K_{\mathrm{IC}}+\sigma_2\sqrt{2b\tan(\pi l/b)}\right]}{2l_0\cos\theta(\sin\theta\cos\theta-\mu\cos^2\theta)} + \frac{\sigma_2\theta(\sin\theta\cos\theta+\mu\sin^2\theta)}{\sin\theta\cos\theta-\mu\cos^2\theta} \tag{6-23}$$

式中，l_0 为初始单个源裂纹长度；θ 为预存裂纹与压应力方向的倾斜角；l 为裂纹扩展后长度；μ 为滑移面摩擦系数；b 为两裂纹间距。

形成层裂板结构破坏的临界应力 σ_{cr} 为

$$\sigma_{\mathrm{cr}} = \frac{E}{1-\mu^2}\frac{\pi^2 h^2}{3L^2} + \sum_{\lambda_i}^{n}\frac{G}{\lambda_i}h \tag{6-24}$$

式中，L 为裂纹贯穿后总长；h 为裂纹距自由面距离；n 为两板间相互接触面的总个数；λ_i 为第 i 个接触面上的有效长度。

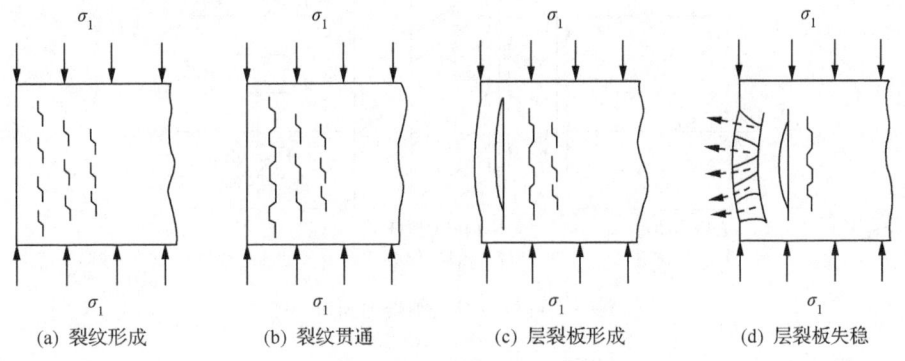

(a) 裂纹形成　　(b) 裂纹贯通　　(c) 层裂板形成　　(d) 层裂板失稳

图 6-50　滑移裂纹扩展的冲击矿压模型

由以上冲击巷道冲击矿压形成的机理，可以明显看出，U 形钢、型钢及木支护

很难主动防止冲击矿压形成,也不能达到与围岩共同形成放冲"强结构",不是冲击矿压合理的支护形式。而作为一种主动支护手段,锚杆支护可以改变围岩的力学状态,增强围岩的自承能力,并且能充分利用围岩的自承能力,较好地适应围岩压力的变化,使围岩保持稳定。图 6-51 为锚杆加固作用的示意图。根据锚杆支护理论,高强度预应力锚杆能对巷道围岩表面施加径向应力,从而可以改善巷道表面围岩的应力状态,增加径向的 σ_2,由式(6-23)可知,形成层裂结构时所需要的 σ_1 随着 σ_2 的提高而增加,即锚杆的作用提高了形成层裂结构的条件,从一定意义上说可以阻止冲击矿压的形成。由锚杆支护的围岩强度强化理论知,锚杆不止是对巷道围岩施加了径向及切向应力,阻止岩层移动和破坏,重要的是,锚杆可以提高围岩自身的力学性质,提高围岩自身的 E、C 和 φ 等值,从而提高围岩的自承能力。从式(6-24)可以看出,裂纹不稳定扩展所需临界应力值随着围岩力学性质的提高而加大,即围岩越完整坚硬,裂纹的失稳滑移越困难,同时锚杆支护具有组合梁功能,通过锚杆作用可以将层状结构组合在一起,增加了层裂板之间的摩擦力,提高了板的稳定性。因此,通过高强度预应力锚杆支护作用,可以有效阻止层裂结构的形成与失稳。因此,高强度预应力锚杆能够对巷道围岩施加较高的径向应力,并提高围岩自撑能力形成强度高整体性强的锚固体,从而主动防止冲击矿压发生,并形成有效"强结构",是冲击矿压巷道支护的合理选择(贺虎等,2010)。

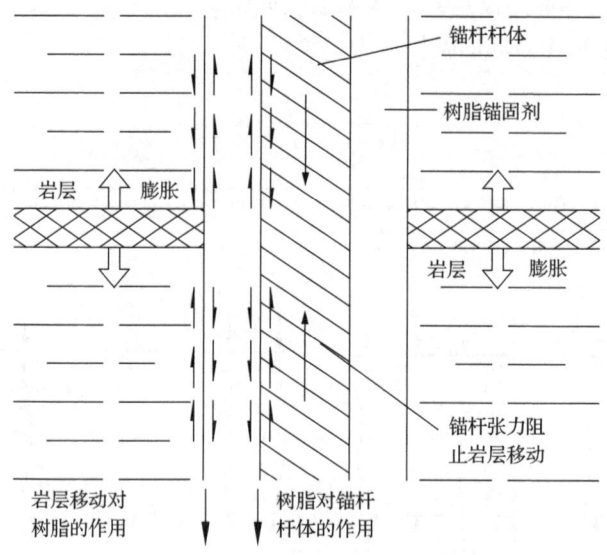

图 6-51 锚杆对巷道围岩加固作用图

6.7.2 支护体"强结构"让压抵御冲击的机理

从上面的分析可知,锚杆支护在一定程度上可以阻止巷道围岩层裂结构的形成,防止巷道冲击矿压的形成,但是,现场实践表明,使用高强度预应力锚杆支护系统的巷道,冲击矿压仍然经常发生。通过微震监测技术,对震源进行定位可知,震源位置很多时候和矿压显现位置不同,甚至相距很远。发生在煤体深部的高能级震动,通过应力波的形式携带震动能量对巷道突然施加一冲击载荷,即使通过增强锚杆支护系统的强度及支护密度,巷道依然变形强烈,锚杆锚索大面积被拉断。并且利用微震监测系统在现场的实测资料可知,冲击矿压的震动能量级别一般都在 10^6 J以上,因此,单纯依靠提高锚杆支护系统的强度抵御冲击矿压是不科学、不明智的,是对"强结构"的错误理解,也不是冲击矿压巷道支护的正确方向。锚杆支护"强结构"不光要具备比普通支护高的强度,同时更要具有主动让压、卸压的"柔让"强,这时才能达到保护巷道的目的。

冲击发生时,震源所发出的地震波以应力波的形式对巷道围岩施加冲击载荷,巷道围岩及锚固体在极短的时间间隔内速度发生很大的变化,其加速度 a 很难测出,无法计算惯性力,故无法使用动静法。在实用计算中,一般采用能量法,而冲击矿压的发生就是弹性能积聚释放的结果,从能量角度出发更接近冲击矿压实质,并且可以避开岩体不均质等因素的影响。如图 6-52 所示为力学模型。假设巷道为圆形,受均匀围压作用。震源的能量为 E_S,震源到巷道周边的距离为 l,巷道围岩所聚集的弹性应变能为 E_E。震源的能量与巷道围岩聚集的弹性应变能叠加后,对巷道围岩做功过程中,发生不可逆的能量耗散主要有三个方面。

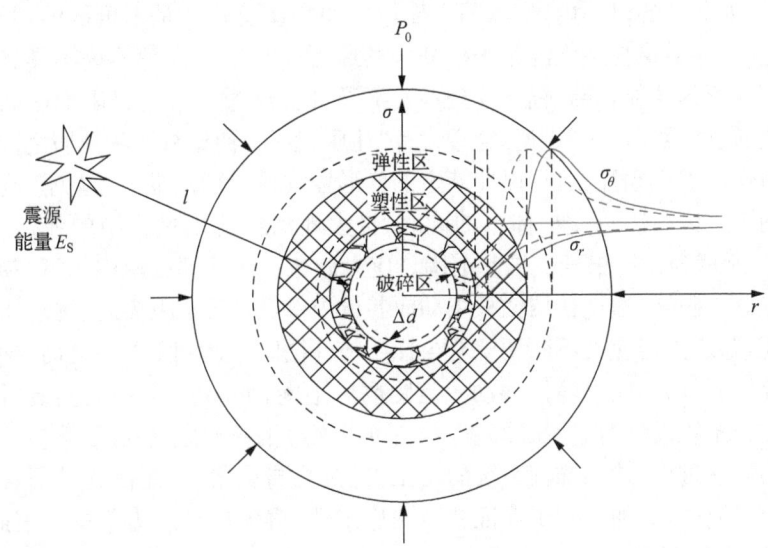

图 6-52 让压锚杆对巷道支护作用

(1)造成一部分巷道围岩破坏成松散体,这部分能量消耗遵守岩体破坏的最小能量原理为 $E_{\min} = \sigma_C^2/2E$ 或 $E_{\min} = \tau_C^2/2G$;

(2) 使巷道围岩发生塑性变形,消耗的能量为 E_P。

(3) 能量在不均质岩体中传递过程中表面能的耗散为 E_D。余下的能量转化为围岩与锚固体的变形能 E_R 及诱发巷道冲击的动能 E_K。

根据弹性理论,半径为 R_0 的圆形巷道开挖后,单位体积围岩内聚集的弹性能为

$$E_E = P_0^2[3(1-2\mu) + 2(1+\mu)R_0^4/r^4]/2E \tag{6-25}$$

由能量守恒定律可知:

$$E_S e^{-\lambda l} + E_E - E_{\min} - E_P - E_D = E_R = \frac{1}{2}\Delta\sigma_d(\Delta d + \Delta\varepsilon_d) + E_K \tag{6-26}$$

式中,λ 为能量衰减系数,与震源能量大小,以及岩体类型有关;Δd 为锚杆主动让压距离;$\Delta\varepsilon_d$ 为冲击载荷作用下产生的应变。

为了防止冲击矿压的发生,要尽量使 E_K 小,甚至没有,因此为安全起见令 $E_K=0$,则

$$\Delta\sigma_d = \frac{2(E_S e^{-\lambda l} + E_E - E_{\min} - E_P - E_D)}{\Delta d + \Delta\varepsilon_d} \tag{6-27}$$

从式(6-27)可以看出,巷道围岩及锚杆支护体所受到的冲击载荷与外部能量大小成正比,而与围岩允许的变形量成反比。冲击发生的过程一般非常短暂,仅有几秒钟,在如此短的时间内,依靠围岩变形使冲击载荷减小是不可能的,所以冲击矿压发生时,巷道锚杆锚索经常被拉断。其原因就是锚杆支护系统不具有能够主动"让压"变形的功能,导致锚杆受到冲击载荷应力超过其强度极限而破断。锚杆支护系统通过设置"让压"机构,合理设计"让压"载荷,使锚杆达到屈服之前保持高支护应力作用下主动让压,可以使巷道的变形控制在合理范围内,避免因变形而增加的附加围岩应力影响支护体系的同时,极大地消耗震动过程中的弹性应变能。如图 6-52 所示为让压锚杆支护巷道围岩应力分布。在外部震源作用下,巷道发生进一步变形与破坏,通过让压锚杆主动向巷道内部让压 Δd 距离后,震动能量大部分被消耗,巷道围岩应力不断调整至与让压锚杆锚固力达到平衡。此时,塑性区也会向深部发展,切向应力峰值移动一定距离后平衡,如图 6-52 中的实线所示。同时锚杆支护系统设计有"让压"装置后,还可以通过锚杆的主动让压,顺应围岩应力重分布的调整过程,达到锚杆系统的均压支护,共同承载,从而使巷道围岩处于均压的应力环境中,更加有利于保证巷道的稳定性,避免局部应力集中。因此,支护体系"强结构"必须包括高强让压特征,即"柔让强"。

从式(6-27)同时可以看出,震源能量的衰减系数同样影响传播到巷道附近能量及动载荷的大小,因此可以通过对煤岩体内部采取深孔爆破等措施,破坏煤岩体完整性,释放围岩周围的弹性能 E_E,增大地震波传播过程中的衰减系数 λ,达到防

充的限制。这与"强弱强"结构模型中设置弱结构原理是相同的。但是爆破的实施需要有严格的要求和技术,参数不合理会适得其反,造成巷道的剧烈变形支护困难,有时会诱发冲击导致人员伤亡。因此通过改变锚杆形式,采用让压锚杆,使围岩与锚固体"强结构"能够主动控制引导能量的释放与转化,使能量在让压过程中消耗掉,不能急剧释放,从而达到抵御冲击矿压,保持巷道稳定性的目的。当然,如果能够结合合理的卸压爆破,放冲效果会更好。

6.7.3 高强让压锚杆控制冲击危险巷道实践

1. 案例一

某矿采深 400m 左右,由一个综放工作面生产,同时掘进下区段顺槽。区段静煤柱 14m。工作面生产过程中多次出现强烈矿震,震动对与之相邻的下区段回风顺槽影响较大,造成巷道严重变形,顶底板移近量大于 1000mm,煤帮明显向巷道突出。回风顺槽使用锚网索支护。锚杆均为 $\Phi 20mm \times 2400mm$ 高强度螺纹钢锚杆;锚索规格为 $\Phi 15.24mm \times 7300mm$;锚杆间排距为 $800mm \times 800mm$。在没有收到矿震影响的区域对巷道进行矿压观测,得到结果为:巷道顶板离层量最大为 10mm,底板相对移近量最大为 15mm,两帮为 60mm,顶锚杆最大载荷为 50kN,顶锚索载荷未超过预紧力 120kN,顶锚杆拉拔力最小达到 70kN,帮锚杆最大载荷为 25kN,帮锚杆拉拔力最小达到 30kN。巷道围岩变形位移量不大,顶、帮锚杆载荷变化不大,未达到破断载荷,锚索载荷未变化。

从观测结果可以看出,在不受矿震影响时,巷道围岩压力不大,普通锚杆支护对巷道的支护效果较好。但是,巷道经受矿震影响能力有限,矿震发生时经常造成大面积锚杆锚索被拉断,支护失效。加大锚杆支护的强度和密度,依然作用甚微。经分析矿压显现程度发现,普通锚杆支护满足平时巷道围岩控制要求,但是发生矿震能量较大,盲目依靠加大锚杆支护密度和强度难以抵御冲击动载荷,反而增加了支护成本。此时,明智的做法是改变锚杆形式,采用让压锚杆支护,通过锚杆的主动让压,保证冲击载荷不超过支护体的强度极限,同时消耗释放大部分的冲击能,即主动让压原理,引导控制能量的转化形式和耗散方式。从而保证巷道围岩的稳定性。

2. 案例二

某矿采用市场上已有的高强高预应力让压锚杆产品,对受矿震动压影响剧烈的巷道进行支护变革。让压锚杆通过设计的让压环实现保持让压载荷不变的情况下主动让压。锚杆参数:杆体直径,20mm;杆体材料,Q500 矿用高强螺纹钢,屈服强度 16t,最大抗拉强度 23t。让压装置,最大让压距离 30mm;让压载荷,12~15t。让压载荷在锚杆的弹性极限范围内。锚杆间排距为900mm×900mm,锚索采用2~3布置,排距为900mm。巷道支护参数如图6-53所示(图中单位为mm)。

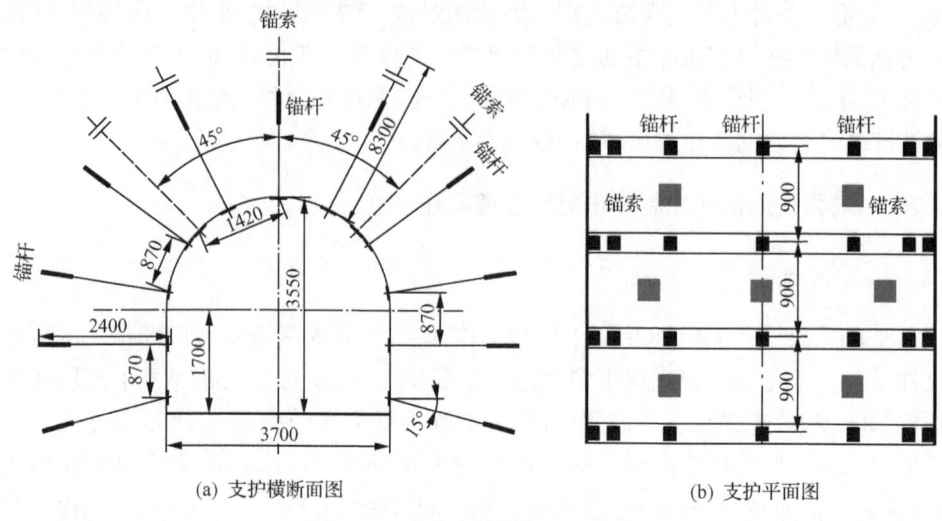

图6-53 巷道支护断面图与参数

在距回采工作面40m处设置1号测点,随着上工作面回采测定巷道变形量。如图6-54所示。可以看出,掘进巷道受上区段工作面采空区影响明显高于超前支承压力的影响。在工作面后方20~40m范围内,巷道变形速度明显增加,变形量明显上升,40m以后保持在较稳定阶段。通过多巷道变形的观测,表明在使用让压锚杆支护的巷道,虽受动压影响,但巷道变形量还是控制在较为理想的范围内。在使用让压锚杆的巷道内,也多次经受强烈矿震的影响,但变形和破坏明显小于上区段工作面掘进期间,也没有出现锚杆被大面积拉断的情况。表明让压锚杆达到了冲击矿压巷道支护的效果。

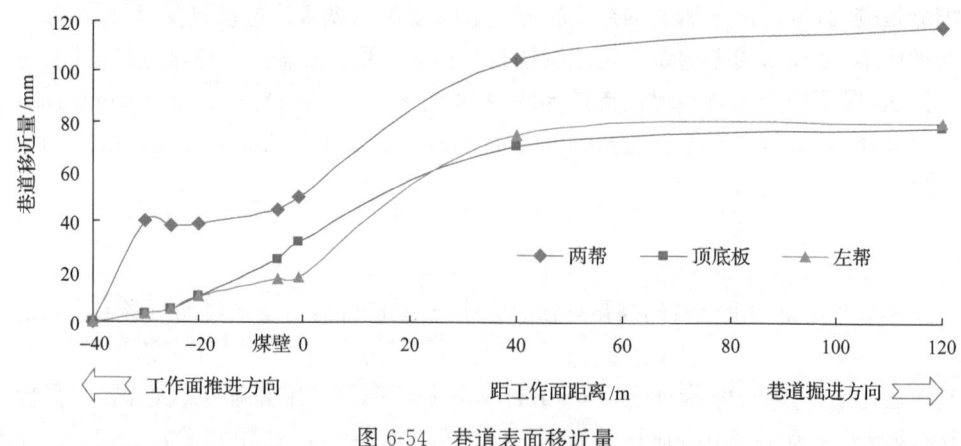

图6-54 巷道表面移近量

3. 案例三

某矿某采区煤层上覆顶板岩层厚而坚硬,但煤体相对较软,冲击倾向性中等,因此设定发生震级 $M_L=2.2$ 的冲击矿压,再考虑一定的安全系数取震级 $M_L=2.5$ 进行支护设计。同时考虑到本巷道埋深大,煤层倾角大,现场实际调研发现地压显现大,厚煤层煤体相对松软,围岩变形剧烈,巷道自身围岩的稳定性很难控制。加之厚层坚硬顶板聚能孕冲,防冲难度相应也加大。巷道煤层厚度变化较大,最大厚度超过 20m,围岩控制还要充分考虑顶板厚层煤体的稳定性。

在顶板赋存厚煤层的情况下,单一的普通锚索因其直径小,和钻眼及树脂锚固药卷之间的"三径"不匹配,因而存在内锚固点不稳定的缺陷;于是采用三维锚索,其直径相对较大,可以较好地实现"三径"合理匹配,从而增大内锚固点的稳定性;此外,普通单体锚索只在外露尾部采用锁具单向张拉预紧,而三维锚索在外露尾部采用四向锁具四向张拉紧固,对顶板煤岩体进行三维挤压,提高了顶板煤岩体的稳定性。所以在支护设计时没有选用 $\Phi 15.24mm \times (4 \sim 6)m$ 的 I 级低松弛预应力钢绞线普通锚索,而采用新型的三维锚索配合普通锚梁网的支护方案,有效地达到了冲击矿压巷道支护的效果。

6.8 避让与个体防护

根据冲击矿压发生前的一般规律,可以观察到某些宏观前兆。例如,冲击矿压发生前,岩体应力和变形将发生变化。特别是顶板岩层活动加剧,下沉量增加,支柱受压变形加大。在顶板活动方面,表现为断裂声加剧,能听到清脆的断裂声、采空区里的闷雷声,当响声逐渐增大加密,由清脆到沉闷时,可能预示着冲击危险。在煤体方面,表现为煤壁有片帮、炸帮现象。煤壁内有受压咕咕叫声,钻孔时,钻杆跳动剧烈,且易被卡住拔不出来。在支柱方面,表现为支柱折断劈裂,柱帽和顶梁变形加剧。

采用爆破法掘进或采煤时,在通过或遇到冲击危险地带,将发生某些特殊现象,主要有爆破效率异常提高,炮眼利用率增加,残眼减少,甚至没有;岩石的破碎程度加剧,崩落的单个岩块失去整体结构;爆破后的岩壁上出现鳞片状痕迹,产生岩石分化或薄片。

冲击矿压对井下工作人员的危害,主要是使人员受外伤,以及被抛出和冒落的煤岩石击伤和埋住,另外还有瓦斯等有害气体的威胁。因此,为了保证井下工作人员的安全,必须采取防护措施。

1) 及时预测预报,撤离人员

必须将肉眼可见的冲击矿压危险性特征、冲击前兆,减缓或消除事故的方法及自救措施等有关事项，向井下人员进行培训和详细指导。平时应积极组织冲击矿压的预测预报工作，出现危险时应积极组织人员撤离。

2) 个体防护

冲击矿压发生时能量突然释放，易造成大量煤体或巷道内堆积物品的抛出或弹起伤人，人体在颠簸过程中与巷道帮顶、支架、设备及锚杆等突出物碰撞造成人身伤害，防冲帽、防冲服可以很大程度地保护人体头部、胸部等主要器官，降低对作业人员身体的冲击伤害。

因此，进入严重冲击矿压危险区域的人员，必须采取个体防护措施，穿戴防冲服与防冲帽等。

3) 特别支护

在厚煤层中的巷道要用可缩性拱形支架或圈形金属支架。在采煤工作面，用全部垮落法管理顶板时，必须用高强度切顶支柱，如金属支柱。移架后必须从采空区撤除全部支柱。单体金属支柱和木支架必须加强支柱之间的整体性，打好撑木，钉上把钉，刹牢顶，以免冲击时震倒棚子，引起冒顶伤人。为了尽可能地用机械设备保护工人，应采用专用的支架、护架和保护板，以及其他结构设施，以便在发生岩石弹射和微冲击时起保护作用。例如，苏联、波兰、德国等国家在有冲击或突出危险的情况下，安装保护安全的护架和隔离物。它们通常安装在离工作面 3～4m 处，有足够的强度和可缩性，并便于快速安装。

在冲击矿压和突出危险特别大的情况下，应远距离控制和操纵采掘机械，实现"无人工作面"的回采和掘进方式。

在急倾斜采煤工作面，冲击地点下方的工人易遭外伤，而上方工人易受瓦斯威胁。所以必须预先规定撤人路线，常用矸石带维护专用小巷经采空区撤出的安全出口。

为了防止瓦斯积聚，必须规定有快速恢复正常通风条件和向被冒落矸石隔离的地区供给新鲜空气的专门措施，以及用于个人自救的工具（自救器等）。

4) 特殊的工作制度

在冲击矿压和突出危险地点，根据预测预报，在某一时间内采用无人工作的制度，甚至临时撤离人员。有条件的尽量采用远距离操纵。必须按《冲击矿压煤层安全开采暂行规定》执行特殊的放炮制度。对于冲击矿压危险的巷道，应把人员通过和停留的时间减到最小限度。

参 考 文 献

蔡美峰,乔兰,李华斌. 1995. 地应力测量原理和技术. 北京:科学出版社.

蔡武. 2014. 断层型冲击矿压的动静载叠加诱发原理及其监测预警研究. 徐州:中国矿业大学博士学位论文.

曹安业,窦林名,江衡,等. 2011. 采动煤岩不同破裂模式下的能量辐射与应力降特征. 采矿与安全工程学报, 28(3): 350-355.

曹安业,窦林名. 2008. 采场顶板破断型震源机制及其分析. 岩石力学与工程学报, 27(A2): 3833-3839.

曹安业,范军,牟宗龙,等. 2010. 矿震动载对围岩的冲击破坏效应. 煤炭学报 35(12): 2006-2010.

曹安业. 2009. 采动煤岩冲击破裂的震动效应及其应用研究. 徐州:中国矿业大学博士学位论文.

曹安业. 2011. 采动煤岩冲击破裂的震动效应及其应用研究. 煤炭学报, 36(1): 177-178.

陈炳瑞,冯夏庭,李庶林,等. 2009. 基于粒子群算法的岩体微震源分层定位方法. 岩石力学与工程学报, 28(4): 740-749.

陈国祥. 2009. 最大水平应力对冲击矿压的作用机制及其应用研究. 徐州:中国矿业大学博士学位论文.

陈彭年,陈宏德,高莉青. 1990. 世界地应力实测资料汇编. 北京:地震出版社.

董陇军,李夕兵,唐礼忠,等. 2011. 无需预先测速的微震震源定位的数学形式及震源参数确定. 岩石力学与工程学报 30(10): 2057-2067.

窦林名,高明仕,张农. 2008. 巷道围岩的强弱强结构效应及防冲机理探讨. 全国冲击矿压研讨会论文集. 徐州:中国矿业大学出版社.

窦林名,何江,曹安业,等. 2012. 动载诱发冲击机理及其控制对策探讨//中国煤炭学会成立五十周年高层学术论坛论文集. 北京:中国煤炭学会, 11.

窦林名,何江,曹安业,等. 2015. 煤矿冲击矿压动静载叠加原理及其防治. 煤炭学报, 40(7): 1469-1476.

窦林名,何学秋. 2007. 煤矿冲击矿压的分级预测研究. 中国矿业大学学报, 2007(06): 717-722.

窦林名,何学秋,Drzezla B. 2000. 冲击矿压危险性评价的地音法. 中国矿业大学学报, 29(1): 85-88.

窦林名,何学秋,王恩元,等. 2001. 由煤岩变形冲击破坏所产生的电磁辐射. 清华大学学报(自然科学版), 41(12): 86-88.

窦林名,何学秋. 2001. 冲击矿压防治理论与技术. 徐州:中国矿业大学出版社.

窦林名,何学秋. 2002. 煤岩混凝土冲击破坏的弹塑脆性模型//第七届全国岩石力学大会论文. 北京:中国科学技术出版社, (9): 158-160.

窦林名,何学秋. 2004. 煤岩冲击破坏模型及声电前兆判据研究. 中国矿业大学学报, 33(5): 14-18.

窦林名,贺虎. 2012. 煤矿覆岩空间结构 OX-F-T 演化规律研究. 岩石力学与工程学报, 31(3): 453-460.

窦林名,陆菜平,牟宗龙,等. 2005. 冲击矿压的强度弱化减冲理论及其应用. 煤炭学报, 2005, 30(6): 690-694.

窦林名,陆菜平,牟宗龙,等. 2006. 组合煤岩冲击倾向性特性实验研究. 采矿与安全工程学报, 23(1): 43-46.

窦林名,牟宗龙,陆菜平,等. 2014. 采矿地球物理理论与技术. 北京:科学出版社, 53-63.

窦林名,田京城,陆菜平,等. 2005. 组合煤岩冲击破坏电磁辐射规律研究. 岩石力学与工程学报, 24(19): 143-146.

窦林名,王云海,何学秋,等. 2007. 煤样变形破坏峰值前后电磁辐射特征研究. 岩石力学与工程学报, 26(5): 908-914.

窦林名,许家林,陆菜平,等. 2004. 离层注浆控制冲击矿压危险机理探讨. 中国矿业大学学报, 33(2): 145-149.

窦林名, 赵从国, 杨思光, 等. 2006. 煤矿开采冲击矿压灾害防治. 徐州：中国矿业大学出版社：1-10.
杜涛涛, 窦林名, 蓝航. 2012. 定向水力致裂防冲原理数值模拟研究. 西安科技大学学报, 32(4)：444-449.
杜涛涛. 2010. 坚硬顶板定向水力致裂防冲原理研究. 徐州：中国矿业大学硕士学位论文.
范军. 2014. 煤矿定向割缝高压水力致裂防冲机理研究. 徐州：中国矿业大学博士学位论文.
冯涛, 潘长良. 2000. 室岩爆机理的层裂屈曲模型. 中国有色金属学报, 10(2)：287-290.
高明仕, 窦林名, 张农, 等. 2008. 冲击矿压巷道围岩控制的强弱强力学模型及其应用分析. 岩土力学, 29(2)：359-363.
高明仕, 张农, 窦林名, 等. 2007. 基于能量平衡理论的冲击矿压巷道支护参数研究. 中国矿业大学学报, 36(4)：426-430.
高明仕. 2006. 冲击矿压巷道围岩的强弱强结构控制机理研究. 徐州：中国矿业大学博士学位论文.
巩思园, 窦林名, 何江, 等. 2012a. 深部冲击倾向煤岩循环加卸载的纵波波速与应力关系试验研究. 岩土力学, 33(1)：41-47.
巩思园, 窦林名, 徐晓菊, 等. 2012b. 冲击倾向煤岩纵波波速与应力关系试验研究. 采矿与安全工程学报, 29(1)：67-71.
巩思园. 2010. 矿震震动波波速层析成像原理及其预测煤矿冲击危险应用实践. 徐州：中国矿业大学博士学位论文.
郭晓强, 窦林名, 陆菜平, 等. 2011. 覆岩主关键层断裂规律研究. 矿业安全与环保, 38(1)：23-27.
郭晓强. 2012. 厚煤层临空区巷道外错布置防冲技术研究. 徐州：中国矿业大学硕士学位论文.
何江. 2013. 煤矿采动动载对煤岩体的作用及诱冲机理研究. 徐州：中国矿业大学博士学位论文.
何学秋, 刘明举. 1995. 含瓦斯煤岩破坏电磁动力学. 徐州：中国矿业大学出版社.
何学秋, 王恩元, 聂百胜, 等. 2003. 煤岩流变电磁动力学. 北京：科学出版社.
何学秋, 王恩元, 魏建平. 2007. 煤岩电磁辐射的力-电耦合模型. 科技导报, 25(17)：46-51.
何学秋. 1995. 含瓦斯煤岩流变动力学. 徐州：中国矿业大学出版社.
贺虎, 窦林名, 巩思园, 等. 2010. 巷道防冲机理及支护控制研究. 采矿与安全工程学报, 27(1)：40-44.
贺虎, 窦林名, 巩思园, 等. 2011. 冲击矿压的声发射监测技术研究. 岩土力学, 32(4)：1262-1268.
贺虎. 2012. 煤矿覆岩空间结构演化与诱冲机制研究. 徐州：中国矿业大学博士学位论文.
黄庆享, 高召宁. 2001. 巷道冲击矿压的损伤断裂力学模型. 煤炭学报, 26(2)：156-159.
康红普. 2013. 煤岩体地质力学原位测试及在围岩控制中的应用. 北京：科学出版社.
李会义, 姜福兴, 杨淑华. 2006. 基于Matlab的岩层微地震破裂定位求解及其应用. 煤炭学报, 31(2)：154-158.
李世愚, 和雪松, 潘科, 等. 2007. 矿山地震、瓦斯突出、煤岩体破裂——煤矿安全中的科学问题. 物理, 2：136-145.
李四光. 1973. 地质力学概论. 北京：科学出版社.
李铁, 蔡美峰, 蔡明. 2006. 采矿诱发地震分类的探讨. 岩石力学与工程学报, 25：3679-3686.
李玉生. 1982. 矿山冲击名词探讨——兼评"冲击矿压". 煤炭学报, 2：89-95.
李玉生. 1985. 冲击矿压机理及其初步应用. 中国矿业学院学报, 3：37-43.
李志华, 窦林名, 曹安业, 等. 2011. 采动影响下断层滑移诱发煤岩冲击机理. 煤炭学报, 36(S1)：69-73.
李志华, 窦林名, 陈菜平, 等. 2010. 断层冲击相似模拟微震信号频谱分析. 山东科技大学(自然科学版), 29(4)：51-56.
李志华, 窦林名, 张小涛, 等. 2006. 坚硬顶板卸压爆破对冲击矿压防治的数值分析. 中国煤炭, 32(2)：38-41.

李志华. 2009. 采动影响下断层滑移诱发煤岩冲击机理研究. 徐州：中国矿业大学博士学位论文.

刘晓斐. 2008. 冲击矿压电磁辐射前兆信息的时间序列数据挖掘及群体识别体系研究. 徐州：中国矿业大学博士学位论文.

卢爱红, 郁时炼, 秦昊, 等. 2008. 应力波作用下巷道围岩层裂结构的稳定性研究. 中国矿业大学学报, 37(6): 769-774.

陆菜平, 窦林名, 郭晓强, 等. 2010a. 顶板岩层破断诱发矿震的频谱特征. 岩石力学与工程学报, 29(5): 1017-1022.

陆菜平, 窦林名, 王耀峰, 等. 2010b. 坚硬顶板诱发煤体冲击破坏的微震效应. 地球物理学报, 53(2): 450-456.

陆菜平, 窦林名, 吴兴荣, 等. 2005. 岩体微震监测的频谱分析与信号识别. 岩土工程学报, 27(7): 772-775.

陆菜平, 窦林名, 吴兴荣, 等. 2007b. 煤矿冲击矿压的强度弱化. 北京科技大学学报, 11: 1074-1078.

陆菜平, 窦林名, 吴兴荣, 等. 2008. 煤岩冲击前兆微震频谱演变规律的试验与实证研究. 岩石力学与工程学报, 27(3): 519-525.

陆菜平, 窦林名, 吴兴荣. 2006. 煤岩动力灾害的弱化控制机理及其实践. 中国矿业大学学报, 35(3): 301-305.

陆菜平, 窦林名, 吴兴荣. 2007a. 组合煤岩冲击倾向性演化及声电效应的试验研究. 岩石力学与工程学报, 26(12): 2549-2555.

陆菜平. 2008. 组合煤岩的强度弱化减冲原理及其应用. 徐州：中国矿业大学博士学位论文.

吕进国, 姜耀东, 赵毅鑫, 等. 2013. 基于稳健模拟退火-单纯形混合算法的微震定位研究. 岩土力学, 34(8): 2195-2203.

缪协兴, 安里千, 翟明华. 1999. 岩(煤)壁中滑移裂纹扩展的冲击矿压模型. 中国矿业大学学报, 28(2): 113-117.

牟宗龙, 窦林名, 李慧民, 等. 2009. 顶板岩层特性对煤体冲击影响的数值模拟. 采矿与安全工程学报, 26(1): 25-30.

牟宗龙. 2007. 顶板岩层诱发冲击的冲能原理及其应用研究. 徐州：中国矿业大学博士学位论文.

聂百胜, 何学秋, 王恩元, 等. 2007. 煤岩力电耦合模型及其参数计算. 中国矿业大学学报, 36(4): 505-508.

潘立友. 1997. 深井冲击矿压及其防治. 北京：煤炭工业出版社.

潘一山, 王来贵, 章梦涛, 等. 1998. 断层冲击矿压发生的理论与试验研究. 岩石力学与工程学报, 17(6): 642-649.

潘岳, 王志强. 2004a. 窄煤柱冲击矿压的折迭突变理论. 岩土力学, 25(1): 24-30.

潘岳, 王志强. 2004b. 岩体动力失稳的功、能增量——突变理论研究方法. 岩石力学与工程学报, 25(9): 1433-1438.

逄焕东, 姜福兴, 张兴民. 2004. 微地震的线性方程定位求解及其病态处理. 岩土力学, 25(1): 60-62.

平健, 李仕雄, 陈虹燕, 等. 2010. 微震定位原理与实现. 金属矿山, (1): 167-169.

齐庆新, 陈尚本, 王怀新. 2003. 冲击矿压、岩爆、矿震的关系及其数值模拟研究. 岩石力学与工程学报, 11: 1852-1858.

齐庆新, 窦林名. 2008. 冲击矿压理论与技术. 徐州：中国矿业大学出版社: 44-54.

齐庆新, 刘天泉, 史元伟. 1995. 冲击矿压摩擦滑动失稳机理. 矿山压力与顶板管理, 3(Z1): 174-177.

齐庆新, 史元伟, 刘天泉. 1997. 冲击矿压粘滑失稳机理的实验研究. 煤炭学报, 22(2): 144-148.

钱鸣高,缪协兴,许家林,等. 2003. 岩层控制的关键层理论. 徐州：中国矿业大学出版社.
钱鸣高. 1982. 采场上覆岩层岩体结构模型及其应用. 中国矿业学院学报,2:1-11.
钱七虎. 2014. 岩爆、冲击矿压的定义、机制、分类及其定量预测模型. 岩土力学,35(1):1-6.
撒占友,何学秋,王恩元,等. 2005. 煤岩变形破坏电磁辐射记忆效应实验研究. 地球物理学报,48(2):379-385.
撒占友,何学秋,王恩元. 2006. 煤岩变形破坏电磁辐射记忆效应的力电耦合规律. 地球物理学报,49(5):1517-1522.
撒占友,王恩元. 2007. 煤岩破坏电磁辐射信号的短时分形模糊滤波. 电波科学学报,191:195-211.
沈明荣. 1999. 岩体力学. 上海：同济大学出版社.
宋大钊,王恩元,刘晓斐,等. 2012. 煤岩循环加载破坏电磁辐射能与耗散能的关系. 中国矿业大学学报,41(2):175-181.
苏生瑞,黄润秋,王士天. 2002. 断裂构造对地应力场的影响及其工程应用. 北京：科学出版社.
孙广忠. 1993. 工程地质与地质工程. 北京：地震出版社.
孙强,刘晓斐,薛雷. 2012. 煤系岩石脆性破坏临界电磁辐射信息分析. 应用基础与工程科学学报,20(6):1006-1013.
唐春安. 1993. 岩石破裂过程中的灾变. 北京：煤炭工业出版社.
田玥,陈晓非. 2002. 地震定位研究综述. 地球物理学进展 17(1):147-155.
王恩元,何学秋,李忠辉,等. 2009. 煤岩电磁辐射技术及其应用. 北京：科学出版社.
王恩元,何学秋,刘贞堂,等. 2002. 受载岩石电磁辐射特性及其应用研究. 岩石力学与工程学报,21(10):1473-1477.
王恩元,何学秋. 2000. 煤岩变形破裂电磁辐射的实验研究. 地球物理学报,43(1):131-137.
王桂峰,窦林名,李振雷,等. 2015. 支护防冲能力计算及微震反求支护参数可行性分析. 岩石力学与工程学报,34(S2):4125-4131.
王金安,李飞. 2015. 复杂地应力场反演优化算法及研究新进展. 中国矿业大学学报,44(2):189-205.
王金安,刘航,李铁. 2007. 临近断层开采动力危险区划分数值模拟研究. 岩石力学与工程学报,26(1):28-35.
王金安,王树仁,冯锦艳. 2010. 岩土工程数值计算方法实用教程. 北京：科学出版社.
王正义,窦林名,王桂峰. 2015. 动载作用下圆形巷道锚杆支护结构破坏机理研究. 岩土工程学报,37(10):1901-1909.
吴建星,刘佳. 2013. 矿山微震定位计算与应用研究. 武汉科技大学学报,36(4):308-310.
吴向前. 2012. 保护层的降压减震吸能效应及其应用研究. 徐州：中国矿业大学博士学位论文.
肖红飞,何学秋,冯涛,等. 2004a. 基于力电耦合煤岩特性对煤岩破裂电磁辐射影响的研究. 岩土工程学报,26(5):663-667.
肖红飞,何学秋,冯涛,等. 2004b. 基于力电耦合冲击矿压电磁辐射预测法的研究. 中国安全科学学报,14(4):90-93.
肖红飞,何学秋,冯涛,等. 2004c. 单轴压缩煤岩变形破裂电磁辐射与应力耦合规律的研究. 岩石力学与工程学报,23(23):3948-3953.
肖红飞,何学秋,王恩元. 2006. 受压煤岩破裂过程电磁辐射与能量转化规律研究. 岩土力学,27(7):1097-1100.
谢和平,彭苏萍,何满潮. 2006. 深部开采基础理论与工程实践. 北京：科学出版社.
谢龙. 2013. 褶皱区特厚煤层巷道底板冲击机理及防治研究. 徐州：中国矿业大学硕士学位论文.

谢兴楠, 叶根喜, 姜福兴, 等. 2014. 矿山尺度下微震定位精度及稳定性控制初探. 岩土工程学报, 36(5): 899-904.

徐方军, 毛德兵. 2001. 华丰煤矿底板冲击矿压发生机理. 煤炭科学技术, 29(4): 41-45.

徐学锋, 窦林名, 刘军, 等. 2010. 煤矿巷道底板冲击矿压发生的原因及控制研究. 岩土力学, 31(6): 1977-1982.

徐学锋. 2011. 煤层巷道底板冲击机理及其控制研究. 徐州: 中国矿业大学博士学位论文.

曾佐勋, 樊光明. 2008. 构造地质学. 武汉: 中国地质大学出版社.

张军. 2007. 煤柱冲击核效应及其控制研究. 徐州: 中国矿业大学硕士学位论文.

张明伟, 窦林名, 王占成, 等. 2010. 深井巷道过断层群期间微震规律分析. 煤炭科学技术, 38(5): 9-16.

张少泉. 1988. 地球物理学概论. 北京: 地震出版社.

张少泉, 张诚, 修济刚, 等. 1993a. 矿山地震研究述评. 地球物理学进展, 8(3): 69-85.

张少泉, 张兆平, 杨懋源, 等. 1993b. 矿山冲击的地震学研究与开发. 中国地震, 9(1): 1-8.

张翔宇, 窦林名, 王晓亮, 等. 2009. 深孔爆破防治煤柱冲击参数优化及应用. 采矿与安全工程学报, 26(3): 292-296.

张晓春, 缪协兴, 杨挺青. 1999. 冲击矿压的层裂板模型及实验研究. 岩石力学与工程学报, 18(5): 507-511.

张晓春, 缪协兴, 翟明华, 等. 1998. 三河尖煤矿冲击矿压发生机理分析. 岩石力学与工程学报, 17(5): 508-513.

张晓春. 1999a. 煤矿岩爆发生机制研究. 武汉: 华中理工大学博士学位论文.

张晓春. 1999b. 煤矿岩爆发生机制研究. 岩石力学与工程学报, 18(4): 492-492.

章梦涛, 潘一山, 刘成丹. 1992. 矿井煤岩体变形失稳问题的研究. 辽宁工程技术大学学报, 11(2): 13-19.

章梦涛, 徐曾和, 潘一山. 1991. 冲击矿压和突出的统一失稳理论. 煤炭学报, 4: 48-53.

章梦涛. 1987. 冲击矿压失稳理论与数值模拟计算. 岩石力学与工程学报, 3: 197-204.

朱权洁, 姜福兴, 王存文, 等. 2013. 微震波自动拾取与多通道联合定位优化. 煤炭学报, 38(3): 397-403.

左宇军, 李夕兵, 马春德. 2005. 动静组合载荷作用下岩石失稳破坏的突变理论模型与试验研究. 岩石力学与工程学报, 24(5): 741-746.

Alber M, Fritschen R, Bischoffet M, et al. 2009. Rock mechanical investigations of seismic events in a deep longwall coal mine. International Journal of Rock Mechanics and Mining Sciences, 46(2): 408-420.

Blake W, Hedley D G F. 2003. Rockbursts: case studies from North American hard-rock mines. Society for Mining Metallurgy and Exploration, Inc., Littleton, CO., 5-15.

Boyce G, McCabe W, Koerner R. 1981. Acoustic emission signatures of various rock types in unconfined compression // Acoustic Emissions in Geotechnical Engineering Practice, VP Drnevich and RE Gray (eds.), 750: 142-154.

Cai M. 2013. Principles of rock support in burst-prone ground. Tunnelling and Underground Space Technology, 36: 46-56.

Cai W, Dou L M, He J, et al. 2014. Mechanical genesis of Henan (China) Yima thrust nappe structure. Journal of Central South University. 21: 2857-2865.

Casten U, Fajklewicz Z. 1993. Induced gravity anomalies and rock-burst risk in coal mines: a case history. Geophysical prospecting, 41(1): 1-13.

Casten U, Gram C. 1989. Recent developments in underground gravity surveys. Geophysical prospecting, 37(1): 73-90.

Chen X H, Li W Q, Yan X Y. 2012. Analysis on rock burst danger when fully-mechanized caving coal face passed fault with deep mining. Safety Science, 50: 645-648.

Cook N G W. 1963. The seismic location of rockbursts//Proceedings of the Fifth Rock Mechanics Symposium. Oxford: Pergamon Press, 493-518.

Cook N G W. 1964. The application of seismic techniques to problems in rock mechanics. International Journal of Rock Mechanics and Mining Sciences, 1: 169-179.

Cook N G W. 1965. A note on rockbursts considered as a problem of stability. Journal of the South African Institute of Mining and Metallurgy, 65: 437-446.

Cook N G W. 1967a. The design of underground excavation//Proceedings, 8th Symposium on Rock Mechanics. University of Minnesota, AIME, New York, 167-193.

Cook N G W. 1967b. Contribution to discussion on pillar stability. Journal of the South African Institute of Mining and Metallurgy, 68: 192-195.

Cook N G W. 1978. Rockburst and rockfills. Chamber of Mines of South Africa Publn, No. 216.

Cook N G W. 1983. Origin of rockburst//Rockbursts: Prediction and Control, Institution of Mining and Metallurgy, London, 1-9.

Dou L M, Drzezla B. 1998. Zmodyfikowanakompleksowametodaocenystanuzagrozeniatapaniami w kopalniachweglakamiennego. PrzegladGorniczy, No. 11

Dou L M, He X Q, He H, et al. 2014. Spatial structure evolution of overlying strata and inducing mechanism of rockburst in coal mine. Transactions of Nonferrous Metals Society of China, 24: 1255-1261.

Dou L M, Lu C P, Mu Z L, et al. 2005. Application of dynamic prevention method for rock burst in Sanhejian Coal Mine//XII International Scientific-Technical Conference Natural Mining Hazards, Ustron, Poland, 11, 21-24.

Dou L M, Lu C P, Mu Z L, et al. 2009. Prevention and forecasting of rock burst hazards in coal mines. Mining Science and Technology, 19(5): 585-591.

Dou L M, Mu Z L, Li Z L, et al. 2014. Research progress of monitoring, forecasting, and prevention of rockburst in underground coal mining in China. International Journal of Coal Science and Technology, 1(3), 278-288.

Dou L, Chen T J, Gong S Y, et al. 2012. Rockburst hazard determination by using computed tomography technology in deep workface. Safety Science. 50(4): 736-740.

Drzezla B. 1993. Warunki niejednoznacznosci zadania lokalizacji ognisk wstrzasow i niektore aspekty praktyczne z nia zwiazane. Materialy Szkoly Eksploatacji Podziemnej '93, Ustron 1-5marca.

Dubinski J, Konopko W. 2000. Tapnia-ocena, prognoza, zwalczanie. Poland: Glowny Instytut Gornictwa, Katowice.

Dubinski J., Konopko W., 1995. Kierunki zwiekszenia efektwnosci protilaktyki tapanio wej. Przeglad Gomiczy, No. 4.

Dyskin A V. 1993. Model of rockburst caused by crack growing near free surface//Rockburst and Seismicity in Mines, 1993(93): 169-174.

Fajklewicz Z, Jakiel K. 1989. Induced gravity anomalies and seismic energy as a basis for prediction of mining tremors//Seismicity in Mines. Springer, 535-552.

Fan J, Dou L M, He H, et al. 2012. Hydraulic fracturing to control rock-burst caused by hard roof in coal mine. International Journal of Mining Science and Technology, 22(2): 177-181.

Friedel M J, Jackson M J, Scott D F, et al. 1995. 3-D tomographic imaging of anomalous conditions in a deep silver mine. Journal of Applied Geophysics, 34(1): 1-21.

Ge M. 2003. Analysis of source location algorithms part II: iterative methods. Journal of Acoustic Emission, 21: 29-51.

Ge M. 2005. Efficient mine microseismic monitoring. International Journal of Coal Geology, 64(1~2): 44-56.

Gibowicz S J, Kijko A. 1994. An Introduction to Mining Seismology. San Diego: Academic Press: 11.

Gibowicz S J. 1990. The mechanism of seismic events induced by mining- a review. Rockbursts and seismicity in mines, Faihurst ed. Rotterdam: Balkema, 3-27.

Gilbert P. 1972. Iterative methods for the three-dimensional reconstruction of an object from projections. Journal of Theoretical Biology, 36(1): 105-117.

Glazer S, Lurka A. 2007. Application of passive seismic tomography to cave mining operations based on experience at Palabora Mining Company, South Africa//Proceedings of The Southern African Institute of Mining and Metallurgy, 1st International Symposium on Block and Sub-Level Caving. Cape Town, South Africa, 369-388.

Hast N. 1969. The state of stresses in the upper part of the Earth's crust, Technophysics, 8: 169-211.

Hazzard J F, Young R P. 2004. Dynamic modelling of induced seismicity. International Journal of Rock Mechanics and Mining Sciences, 41(8): 1365-1376.

He H, Dou L M, Fan J, et al. 2012. Deep-hole directional fracturing of thick hard roof for rockburst prevention. Tunnelling and Underground Space Technology, 32: 32-43.

He H, Dou L M, Li X W, et al. 2011. Active velocity tomography for assessing rock burst hazards in a kilometer deep mine. Mining Science and Technology, 21(5): 673-676.

He X Q, Chen W X, Nie B S, et al. 2011. Electromagnetic emission theory and its application to dynamic phenomena in coal-rock. International Journal of Rock Mechanics and Mining Sciences. 48(8): 1352-1358.

Hosseini N, Oraee K, Shahriar K, et al. 2012a. Passive seismic velocity tomography and geostatistical simulation on longwall ming panel. Archives of Mining Sciences, 57(1): 139-155.

Hosseini N, Oraee K, Shahriar K, et al. 2012b. Passive seismic velocity tomography on longwall mining panel based on simultaneous iterative reconstructive technique (SIRT). Journal of Central South University, 19(8): 2297-2306.

Hosseini N, Oraee K, Shahriar K, et al. 2013. Studying the stress redistribution around the longwall mining panel using passive seismic velocity tomography and geostatistical estimation. Arabian Journal of Geosciences, 6(5): 1407-1416.

Iannacchione A T, Tadolini S C. 2016. Occurrence, predication, and control of coal burst events in the U. S. International Journal of Mining Science and Technology, 26(1): 39-46.

Kornowski J. 1994. Podstawy aktywnych sejsmoakustycznych metod oceny zagrozenia lokalnym zniszczniem gorotworu. Katowice, Poland: PraceNaukowe w GIG, No. 793.

Leeman E R. 1968. The determination of the complete state of stress in rock in a single borehole. Laboratory and Underground Measurement, International Journal of Rock Mechanics and Mining Sciences, 5: 31-56.

Leeman E R. 1969. The measurement of stress in rock. A review of recent developments//Proc. Int. Symp. on Determination of Stresses in Rock Masses, Laboratorio Nacional de Engenharia Civil, Lisbon: 200-229.

Lockner D A. 1993. The role of acoustic emission in the study of rock failure. International Journal of Rock

Mechanics and Mining Sciences and Geomech. Abstr., 30(7): 883-899.

Lu C P, Dou L M, Liu B, et al. 2012. Microseismic low-frequency precursor effect of bursting failure of coal and rock. Journal of Applied Geophysics, 79(4): 55-63.

Lu C P, Dou L M, Wu X R. 2007. Strength Weakening Mechanism of Rockbursts and Its Practice//Progress in Mining Science and Safety Technology. Jiaozuo, China, (PARTA): 578-584.

Lu C P, Dou L M, Zhang N, et al. 2013. Microseismic frequency-spectrum evolutionary rule of rockburst triggered by roof fall. International Journal of Rock Mechanics and Mining Sciences. 64(12): 6-16.

Lu C P, Liu G J, Liu Y, et al. 2015. Microseismic multi-parameter characteristics of rockburst hazard induced by hard roof fall and high stress concentration. International Journal of Rock Mechanics and Mining Sciences, 76: 18-32.

Luxbacher K D. 2008. Time-Lapse Passive Seismic Velocity Tomography of Longwall Coal Mines: A Comparison of Methods. Blacksburg: Virginia Polytechnic Institute and State University.

Luxbacher K, Westman E, Swanson P, et al. 2008. Three-dimensional time-lapse velocity tomography of an underground longwall panel. International Journal of Rock Mechanics and Mining Sciences. 45(4): 478-485.

Marcak H, Zuberek W M. 1994. Geofizyka gornicza. Katowice: SWT.

McGarr A. 1993. An implosive component in the seismic moment tensor of mining induced tremor. Geophysical Research letters, (19): 1579-1582.

McGarr A. 2000. Energy budgets of mining-induced earthquakes and their interactions with nearby stopes. International Journal of Rock Mechanics and Mining Science, (37): 437-443.

Obert L, Duvall W I. 1967. Rock Mechanics and the Design of Structures in Rock. New York: John Wiley & Sons.

Qian M G. 1982. A study of the behaviour of overlying strata in longwall mining and its application to strata control. Strata Mechanics, New-Castle-upon-Tyne, 13-17.

Shemyakin E I, Kurlenya M V, Kulakov G I. 1986. Classification of Rock Bursts. Institute of Mining, Siberian Branch, Academy of Sciences of the USSR, Novosibirsk. Translated from Fiziko-Tekhnicheskie Problemy Razrabotki Poleznykh Iskopaemykh. 5: 3-12.

Slawomir J G, Stanislaw L. 2001. Seismicity induced by mining: ten years later. Advances in Geophysics, 44: 39-181.

Tang B Y. 2000. Rockburst control using destress blasting. McGill University, Canada.

Tang C, Chen Z, Xu X, et al. 1997. A theoretical model for Kaiser effect in rock. Pure and Applied Geophysics, 150(2): 203-215.

Vardoulakis I. 1984. Rock bursting as a surface instability phenomenon. International Journal of Rock Mechanics and Mining Sciences and Geomechanics. Abstracts, 21(3): 137-144.

Wang E Y, He X Q, Wei J P, et al. 2011. Electromagnetic emission graded warning model and its applications against coal rock dynamic collapses. International Journal of Rock Mechanics and Mining Sciences, 48(4): 556-564.

Zoback M L, Zoback M D. 1980. State of stress in the Conterminous United State. Journal of Geophysical Research, 85(B11): 6113-6156.

Zorin A N. 1972. The physical principles of rock bursts. Translated from Fiziko- Tekhnicheskie Probemy Razrabotki Poleznykh, 5: 34-41.